本书由国家自然科学基金项目（42161060、41801325）、江西省“双千计划”高层次人才项目（DHSQT42023002）、江西省杰出青年基金（原创探索类）项目（20232ACB213017）、2024年度铀资源探采与核遥感全国重点实验室项目（2024QZ-TD-26）、江西省自然科学基金项目（20242BAB25176、20192BAB217010）、中国博士后科学基金资助项目（2019M661858）资助

LiDAR点云处理与应用

惠振阳　喻圣博　夏元平　何海清　陈文波　曹先革　李卓宣　蔡诏晨　胡海瑛　著

图书在版编目(CIP)数据

LiDAR 点云处理与应用 / 惠振阳等著. -- 武汉：武汉大学出版社，2024.12. -- ISBN 978-7-307-24795-6

Ⅰ. TN249

中国国家版本馆 CIP 数据核字第 20245Z75F8 号

责任编辑:王　荣　　　责任校对:汪欣怡　　　版式设计:马　佳

出版发行:**武汉大学出版社**　(430072　武昌　珞珈山)

(电子邮箱:cbs22@ whu.edu.cn 网址:www.wdp.com.cn)

印刷:湖北云景数字印刷有限公司

开本:787×1092　1/16　印张:21　字数:384 千字　插页:1

版次:2024 年 12 月第 1 版　2024 年 12 月第 1 次印刷

ISBN 978-7-307-24795-6　定价:79.00 元

前　言

LiDAR(Light Detection And Ranging)技术是一种先进的全自动高精度立体扫描技术，是测绘领域继 GPS 技术之后的又一次技术革命。它突破了传统单点测量技术(如传统大地测量、GPS 测量、全站仪测量等)的局限性，采用国际领先的非接触主动测量方式直接获取高精度三维数据方法，能够对任意物体进行扫描，且没有白天和黑夜的限制，快速将现实世界的信息转换成可以处理的数据。此外，LiDAR 系统发射的激光脉冲能够穿透植被打到地面，可以有效避免植被冠层的影响。因此，LiDAR 技术已广泛应用于城市道路提取、建筑物建模、植被结构参数计算、生物量估测等领域。

而实现以上诸多应用，急需进行 LiDAR 点云智能处理方法的研究，具体包括点云去噪、点云滤波、点云分割、点云分类等。目前，上述点云数据处理环节依然存在诸多难点与挑战。例如，点云去噪方法依然难以有效去除距离有效点云较近的噪声点。点云滤波方法往往对平坦地区的滤波效果较好，而针对地形坡度变化较大区域的滤波效果较差；此外，针对林下地形探测，难以有效保护地形细节信息。在点云分割环节，依然存在大尺度分割容易欠分割，而小尺度分割容易过分割的问题。针对点云分类，如何实现同类点云的正确划分依然是难以解决的问题。

本书将针对上述点云数据处理环节所存在的难点进行研究。在点云去噪环节，将提出一种基于空间密度与聚类的分布点云噪声去除方法。该方法将点云去噪过程分为两步，分别利用噪声点和有效点之间不同的特性，分步去除点状噪声和簇状噪声。经实验表明，该方法不仅能够有效滤除以上两类噪声，而且还能够保护有效点不被误判剔除，最终获得更小的去噪误差。

在点云滤波环节，本书进行了一系列的滤波方法研究，将分别提出基于主动学习的点云滤波法、基于高斯混合模型分离的点云滤波法及基于对象基元全局能量最小化的点云滤波法。基于主动学习的点云滤波法实现了在无样本标记情况下的点云监督分类。而基于高斯混合模型分离的点云滤波法则将点云滤波过程视为高斯混合模型分离的过程，通过计算高斯混合模型参数实现自动化点云滤波。基于对象基元全局能量最小化的点云滤波法将最终的滤波结果视为一个光滑的曲面，该曲面同时受外部能量和内部能量的约束。通过渐进迭代，最终的滤波曲面将实现全局能量最小化而达到一种稳态，即在保证曲面平滑的前提下使得曲面更接近观测值。

在点云分割环节，本书将分别提出结合 K-means 聚类的点云区域生长优化快速分割方法和基于多约束图形分割的对象基元获取方法。第一种方法将 K-means 聚类法与区域生长法相结合实现点云优化快速分割，该方法能够有效提升点云分割的精度及实现效率。第二种方法则是提出一种多约束图形分割的方法。该方法采用基于图的分割方法，首先对邻近点构建网图结构，然后分别对法向量夹角和最大边长进行阈值约束，从而获取位于同一平面的点云对象基元。

在点云分类环节，本书主要提出了一种基于多基元特征向量融合的点云分类方法。该方法分别基于点基元和对象基元提取特征向量，并结合色彩信息利用随机森林对点云数据进行分类。实验结果表明，所提的多基元分类方法相较于单基元分类方法能够获得更高的分类精度。为进一步分析随机森林用于点云分类的有效性，分别使用支持向量机（SVM）和反向传播（BP）神经网络进行对比分析。实验结果表明，随机森林方法所获得的 3 组点云分类结果在召回率及 F_1 得分 2 个评价指标中均高于另外两种方法。

基于上述 LiDAR 点云智能处理的各个环节，LiDAR 技术现已广泛应用于城市区域和森林区域。本书将主要介绍 LiDAR 技术城区应用及 LiDAR 技术林地应用。在城区应用中，本书将聚焦于城市建筑物提取研究，分别提出了适用于城区的点云滤波法、基于对象基元空间几何特征的建筑物点云提取方法，以及改进的 Alpha-shapes 建筑物轮廓线提取方法。在城区点云滤波方法研究中，本书主要针对城区的主要地物为建筑物的特点，通过采用形态学运算实现建筑物尺度的估测，从而实现自动化点云滤波。在建筑物点云提取研究中，通过计算各个分割对象的空间几何特征，实现建筑物初始点云的获取。为进一步提升建筑物点云提取的完整率，提出了一种多尺度渐进的建筑物点云优化方法。该方法采用多尺度渐进生长的方法，通过不断将满足条件的点加入建筑物点集中来实现完整建筑物点云的提取。在建筑物轮廓线提取研究中，先利用图割方法提取建筑物的屋顶点云，使用 Alpha-shapes 提取屋顶点云的初始轮廓点，用随机抽样一致（Random Sample Consensus，RANSAC）算法对初始轮廓点进行拟合来获取轮廓线，只保留距离轮廓线较近的轮廓点，用道格拉斯-普克（Douglas-Peucker，D-P）算法获取关键轮廓点，最后利用强制正交的方式优化关键轮廓点，获取最后的轮廓线。

在 LiDAR 技术林地应用中，本书主要对林地点云滤波方法、多源 LiDAR 点云（机载 LiDAR、车载 LiDAR、地基 LiDAR）单木分割方法、单木建模方法、树种识别方法及单木生物量估测方法进行研究。针对林地点云滤波方法，提出了一种基于 Mean Shift 分割的林下地形探测方法。首先采用 Mean Shift 分割方法实现树冠提取，进而实现单木冠幅估测，为形态学滤波提供尺度参数。继而，提出地形坡度去趋势化方法，提高滤波方法在地形坡度变化较大区域的滤波精度。

针对机载 LiDAR 点云单木提取，提出了基于形态学重建的多尺度树顶点探测方法。为解决对冠层高度模型（CHM）大尺度分割容易欠分割而小尺度分割容易过分割的问题，提出了一种多尺度分割融合与优化的单木分割方法。针对车载 LiDAR 点云单木分割，主要基于对象基元的空间几何特征首先实现树干点云探测。继而，基于树干点云采用空间连通分析法，实现单木点云提取。最后，通过计算点到根节点的最短路径实现单木分割优化。针对地基 LiDAR 点云单木分割，提出了一种基于连通性标记优化的单木分割方法。首先，采用移动窗口进行局部极大值探测，实现候选树顶点探测。进而，对初始树顶点进行连通性生长，通过探测连通区域的最高点，实现树顶点的优化提取，避免局部极大值误判为树顶点。接着，采用基于标记的分水岭分割方法获取树木的初始分割结果。最后，基于单木密度的分布特性对欠分割的树木进行优化，获取准确的单木分割结果。

在利用 LiDAR 技术进行树种识别方面，提出了一种基于分形几何与定量结构模型特征优化的树种识别方法。首先从单木点云中挖掘了基于分形几何与定量结构模型的多维特征向量。为减少计算负担，提高算法效率，对提取的特征向量进行了分类相对重要性计算，初步剔除了部分在分类中重要性相对较低的特征。随后，根据每个特征向量的出现频次，选取出 8 个较优特征向量作为优选特征向量集合，在支持向量机中利用该集合得到了最终的树种分类结果。在单木生物量估测方法方面，分别进行了估计树木类别的最优单木生物量估测模型构建及基于分形几何的单木生物量估测模型构建的方法研究。在第一种方法中，采用了 4 种经典的异速生长模型对多种类别单木生物量进行估测，定量分析了各估测模型对不同树木类型的实验样本的估测表现并得出针对各实验树种的最优估测模型。之后进一步量化分析了各树木类型在采用最优估测模型相较于采用同一估测模型时的估测表现提升情况。在第二种方法中，提出了一种基于分形几何进行生物量估测的理论方法。首先通过融合分形几何理论、传统生物量估测理论，以及干材形数理论，揭示了分形几何与生物量估测之间的理论关系。与此同时，建立了基于分形几何参数（分形维与分形截距）的 AGB 异速生长模型。该模型是基于传统 AGB 估测模型通过一步步推导而得出的，因此具有明确的物理意义。

本书得到了国家自然科学基金项目(42161060、41801325)、江西省“双千计划”高层次人才项目(DHSQT42023002)、江西省杰出青年基金(原创探索类)项目(20232ACB213017)、2024 年度铀资源探采与核遥感全国重点实验室项目(2024QZ-TD-26)、江西省自然科学基金项目(20242BAB25176、20192BAB217010)、中国博士后科学基金资助项目(2019M661858)等的支持。

因本书中有较多彩图，为方便读者阅读，特将这些彩图做成数字资源，读者可在封底扫描二维码下载、阅读。

惠振阳

2024 年 6 月 26 日

目　录

第1章 绪　　论

1.1 研究背景与意义

随着智慧城市建设快速发展，迫切需要我们更加及时、准确、高效地获取城市及周边的地形、地物信息。近年来，LiDAR(Light Detection And Ranging)技术为我们提供了一种全新的获取高时空分辨率地球空间信息的观测手段，它被誉为继全球定位系统以来在测绘遥感领域的又一场技术革命[1]。

LiDAR系统主要由激光扫描仪(Laser Scanner)、全球定位系统(GPS)和惯性测量系统(IMU)组成[2]。通过这三套系统的组合可以有效地获取地面测量目标物体的方位、距离及表面特性。相较于传统的遥感技术，LiDAR技术具有以下优点[1,3,4]：基本不需要地面控制点，并且数据采集速度快；不受外界环境的影响，可以24小时全天候地进行外业测量工作；激光脉冲可以穿透植被，打到地面，便于在森林或山区获取地形信息。目前，LiDAR技术已广泛应用于道路提取[5,6]、电力巡线[7,8]、植被参数估测[9,10]、变化检测[11,12]、城市三维模型建立[13,14]等生产、生活的众多领域。

而实现以上点云后处理应用，需要完成诸多点云数据处理关键技术环节，例如点云去噪、点云滤波、点云分割、点云分类等。

一般情况下，LiDAR系统所获取的点云通常由三部分组成：噪声点云、地面点云和地物点云。噪声点云通常是由仪器自身或者外界环境的影响所产生的。根据点云分布特性的不同，噪声点云可以分为孤立噪声点和簇状噪声点。噪声点的存在不仅会降低点云数据的质量，而且会严重干扰点云的后处理过程。例如，如果极低噪声点存在，会严重影响地面点云的提取结果。这是因为大多数地面点云提取方法通常假定局部最低点为准确地面点。极低噪声点的存在会导致许多地面点被误判为地物点，造成拒真误差过大。由此可见，探索准确有效的点云噪声去除方法具有重要的科学意义和应用价值。

点云去噪完成后，往往需要将地面点云和地物点云进行有效分离，此过程通常称为点云滤波。目前，虽然已有诸多点云滤波方法，但点云滤波研究依然存在诸多的难点与挑战。首先，滤波方法往往应用于地形平坦区域所得的滤波效果较好，而在地形起伏较大区域，如何有效地保留地形细节信息仍然难以解决。其次，为适应复杂的地形环境，许多点云滤波方法往往需要复杂的设置，这不仅大大降低了方法的自动化程度，而且也不利于经验缺乏的工作人员进行方法实现。再者，相较于其他区域，森林区域的点云滤波难度更大。这是因为在森林区域，密集的植被冠层仍然会遮挡部分激光脉冲，使得在森林区域地面点云数量较少。较少的地面点云不利于建立高精度林下数字高程模型。因此，探索精度高的、自动化程度强的、能够适应复杂地形环境的点云滤波方法具有重要的理论意义和实际生产价值。

由于 LiDAR 系统具有采样率高的特点，其获取的点云数据集往往较大。为减少计算量、提高算法的实现效率，在进行点云分类之前，通常采用点云分割方法获取点云对象基元，将基于点的点云处理转化为基于对象的点云处理。目前现有的点云分割方法主要包括基于边缘特征的分割、基于聚类特征的分割、基于模型特征的分割、基于图的分割、基于区域生长的分割及混合分割等。其中，基于图的点云分割方法的适用性较强，受点云空间分布特征影响较小。但是，一些分割方法的网图构建过程较复杂，计算量大，且不能有效实现同质点云分割。因此，研究快速、高效地实现点云分割对于许多基于对象的点云数据处理方法具有重要意义。

点云分类是道路提取、三维模型构建、电力巡线等诸多应用的关键环节，点云分类的结果直接关系到点云后处理应用的精度。现有的点云分类方法可以分为基于几何约束的点云分类方法和基于机器学习的点云分类方法。基于几何约束的点云分类方法需要设定大量的分类规则，且在不同点云数据场景下，算法的拓展适用能力不足。针对基于机器学习的分类方法，如何提取分类能力较强的特征向量进而提高分类精度仍然难以解决。目前，虽然深度学习方法已广泛应用于点云分类方法，并取得了不错的点云分类结果，但深度学习方法往往需要大量的样本标记。此外，所构建的深度学习模型往往不具备可解释性。因此，探索一种高精度的、适用性强的点云分类方法具有重要的理论意义和实际应用价值。

基于上述点云数据处理关键技术方法，可实现诸多点云数据后处理应用，例如建筑物点云提取、建筑物轮廓线提取、单木提取、单木建模等。具体可归纳为两方面：LiDAR 技术在城区的应用和 LiDAR 技术在林地的应用。针对 LiDAR 技术在城区的应用，如何准确实现建筑物点云提取是研究的热点问题。为实现建筑物点云提取，需首先去除地面点云对建筑物点云提取的干扰，即如何基于城市区域地物的特点，实现高精度的地面点云与地物点云分离。再者，建筑物点云通常包含于地物点云之中，如何实现建筑物准确提取依然难以解决。

目前，现有的建筑物提取方法按所需数据类型可以分为两类：仅使用激光雷达点云数据的建筑物提取方法和融合多源数据的建筑物提取方法。虽然通过融合点云和影像等多源遥感数据能够获得更准确的建筑物提取结果，但点云和影像间往往需要预先配准。而点云数据与光学影像融合时往往存在配准误差，如何提高配准精度依然难以解决。因此，采用单一的点云数据进行建筑物提取依然是研究的热点问题。目前，基于 LiDAR 点云的建筑物提取依然面临诸多难点与挑战。例如，传统的基于点的建筑物提取方法计算量大，难以适用于海量的点云数据；建筑物提取方法的鲁棒性较差，不同建筑物环境下提取的精度相差较大；部分邻近建筑物的植被点会被误判为建筑物点，建筑物提取的准确率较低等。因此，研究一种精度较高的、鲁棒性较强的建筑物提取方法具有重要的实际应用价值。

建筑物提取完成后，获取其轮廓线信息是构建数字城市的重要环节。现有的建筑物轮廓线提取方法有以下几类：基于图像提取建筑物轮廓线的方法、基于不规则三角网提取建筑物轮廓线的方法，以及基于点云数据的特征信息提取建筑物轮廓线的方法。基于图像提取建筑物轮廓线的方法利用图像处理知识，提取建筑物点云格网化后的边界，该方法存在的缺点是点云格网化时容易引入误差。基于不规则三角网提取建筑物轮廓线的方法代表是经典的 Alpha-shapes 算法，该算法能够快速、有效地提取建筑物轮廓点，但是其缺点是获取的轮廓线锯齿状较严重。基于点云数据特征信息的建筑物轮廓线提取方法在凹槽处轮廓线提取效果较差。Alpha-shapes 算法有快速高效、鲁棒性强等优点，但所提取的轮廓线往往存在较严重的锯齿状问题。因此，如何对 Alpha-shapes 算法提取的初始轮廓点不断精简与优化，以消除轮廓线的锯齿状，急需进行深入研究。

在 LiDAR 技术林地应用中，首先需要深入研究的是如何获取准确的林下地形。在郁闭度较高的森林环境下，由于植被冠层的遮挡使得能够到达地面的激光脉冲较少。此外，对于地形起伏度较大的林地环境，如何准确获取地形细节信息依然难以解决。因此，进行高精度的林下地形探测方法研究具有重要的理论意义。林下地形探测完成后，便可获取林上植被点云。树木是维持生态功能、生物多样性和地球健康的核心，与我们的日常生活息息相关。为实现准确的植被参数估测、碳循环分析等，急需完成单木分割，获取准确的一棵棵单木点云。目前，从 LiDAR 点云数据中进行单木提取主要难点在于如何有效实现两个距离较近单木的有效分离。此外，对于大树冠层遮挡下的小树的探测依然难以解决。因此，急需进行准确的单木分割方法研究。

树木等植被模型是生活场景重建的重要组成部分。在数字城市建设中，高精度、高保真度的树木模型能够增强数字城市场景的真实感与沉浸感[15]。在虚拟生态景观建设中，树木的三维模型也是构成自然景观的不可或缺的组成部分[16]。此外，准确的树木三维模型也有利于进行重要的植被参数计算与预测，例如树高、胸径、地表生物量和蓄积量等[17-19]。因此，进行树木三维模型构建具有重要的理论意义和实际应用价值。

目前采用LiDAR技术进行单木生物量估测依然存在诸多困难与挑战。在单木尺度上，通常采用地基LiDAR(TLS)获取单木点云，通过直接测量或者间接估测的方式获取相应的植被参数，例如胸径(DBH)、树高等，进而通过构建异速生长方程实现单木生物量估测[20-22]。此种模式存在两方面的问题：一是测量获得的植被参数往往存在误差。有研究表明，树高的野外实地测量值往往偏大[23]，而DBH的估测方法(如最小二乘拟合、Hough变换等)直接影响DBH的估测精度[24-26]；二是所构建的经验估测模型具有树种或植被环境依赖性[27,28]。这是因为构建生物量估测模型时，往往只能针对特定的树种或者植被环境下的单木，基于野外实测AGB进行模型系数拟合。而不同的树种，其植被参数与AGB间具有不同的拟合关系模型。当经验模型应用于其他树种或者植被环境时往往会产生估测偏差，尤其是针对一些低矮单木难以产生令人满意的估测结果[20,29,30]。因此，如何突破解决森林生物量估测模型对于树木类型的依赖性，实现高精度、高扩展性的单木生物量模型构建具有重要的理论意义和实际应用价值。

通过本书的研究，有望突破以上提及的点云数据智能处理与城区、林地应用中存在的关键技术问题，为LiDAR技术用于城市三维模型、城市交通规划与管理系统和森林资源调查等领域提供关键技术支持。

1.2 国内外研究现状

近年来，国内外一些学者深入研究了LiDAR点云智能处理与应用的理论方法，主要技术环节包括点云去噪，点云滤波，点云分割，点云分类，建筑物点云提取，建筑物轮廓线提取，单木分割，单木定量结构模型构建和单木生物量估测。下面将系统阐述针对上述各个环节的国内外研究的现状及所存在的问题。

1.2.1 点云去噪方法的国内外研究现状

噪声点根据其聚集特性可分为两类，一类为孤立噪声点，另一类为簇状噪声点。孤立噪声点通常无规律且离散分布于整个测区[31]，这类噪声由于LiDAR系统在激光发射和返回时产生距离异常值，或是接收了多次无效的激光漫反射造成的。簇状噪声点则呈聚集状分布，此类噪声大部分是由于激光脉冲信号打在飞行物上所导致的。

噪声点对点云数据的后续处理会造成很大影响，例如在大部分LiDAR点云数据滤波算法中是以局部高程最低点为地面点这一假设进行的，如果低位噪声没有去除，就会使得部分地形点被误判为地物点而被滤除。在三维建模中，噪声点的存在同样会影响建模的精度[32]。为了避免噪声点对点云数据滤波、建模等后续工作的影响，许多学者提出了去噪方法，这些方法总体上可以分为以下三类。

(1)基于距离的去噪方法：主要基于噪声点和有效点不同的分布特点进行去噪。由于噪声点分布散乱，其与邻近点的距离较有效点与邻近点的距离大得多，从而可设置距离阈值将其区别并剔除。例如，Brovelli等[33]使用判断点的二元三次样条插值与其真实值进行比较，若两者之间的差值超过阈值，则判定该点为噪声点。韩文军等[34]提出了基于三角网光滑规则的噪声剔除算法，其思想是将局部点云生成狄洛尼三角网，以点到三角网的距离大小作为判断该点是否为噪声点的依据。又如，Cloud Compare软件中使用的SOR去噪方法的原理是求判断点到其n个最邻近点的距离的平均值，若该判断点的距离平均值超过总体点云距离平均值一定范围，则作为噪声点去除[35]。

(2)基于数学形态学的去噪方法：主要利用开运算和闭运算进行滤波，当窗口大小设置得非常小时，可用于滤除噪声点。例如，Zhang等[36]提出了一种渐进形态学算法，通过逐渐增加窗口大小和选取不同的高程差值作为阈值来逐渐去除噪声、建筑物、植被及车辆等。赵明波等[37]提出了一种改进的渐进数学形态学算法，针对点云数据格网化可能产生空白数据这一问题进行改进，更加精确地去除噪声及其他地物。

(3)基于空间密度的去噪方法：利用普遍噪声点密度低于有效点密度的特点，通过设置密度阈值，则将两者进行区分。左志权等[38]提出一种基于有限元分析的去噪方法，判定某一尺度下单元体所含的点的数量，小于阈值，则将这一单元设定为噪声点单元去除，并继续设定更小尺度的单元体，直到该次去除噪声点的点数少于设定阈值，则去噪过程结束。朱俊锋等[39]在有限元分析法的基础上提出一种改进算法，使用有限元分析法去噪后的有效点构建狄洛尼三角网，逐一判断之前标记为噪声的点到狄洛尼三角网的距离是否大于所设阈值，若否，则将误判为噪声点的有效点重新标记为有效点，以达到减小纳伪误差的目的。

以上三类去噪算法虽然能够有效地去除部分噪声点，但是在去除簇状噪声上的表现不够理想。因为簇状噪声是多个噪声点聚集而成的，在一定范围内簇状噪声点与周围点的距离和有效点与周围点的距离的差别不大，以及簇状噪声密度与有效点密度相近，难以区分。此外，有些去噪方法往往需要将点云数据转化成栅格格式，而转化过程中内插会给原始数据引入拟合误差，同样会对去噪结果带来干扰。

1.2.2 点云滤波方法的国内外研究现状

近年来，关于点云滤波算法的研究有很多，根据滤波基本处理单元(基元)类型的不同，可以将这些算法分为以下三类：点基元滤波算法、对象基元滤波算法、多基元融合滤波算法。

1. 点基元滤波算法研究现状

点云本质是点的集合，点是点云滤波中最原始的基元[40]。点基元滤波算法主要通过点与邻近点间的几何关系来判定一点是否属于地面点。根据邻近点间几何关系定义的不同，点基元滤波算法具体可分为基于坡度的滤波算法、基于形态学的滤波算法和基于曲面的滤波算法[41]。

基于坡度的滤波算法主要通过点与邻近点间的坡度值是否大于阈值来判定一点是地面点还是地物点。故此类滤波算法的精度主要取决于坡度阈值的设定。Vosselman[42]指出最优坡度阈值可根据实验区域的先验知识进行设定，或通过对样本数据进行训练而得出。但地形通常是复杂多变的，对整个区域设定统一的坡度阈值，滤波效果往往较差。为优化此类型算法，Susaki[43]首先获取粗略 DTM(Digital Terrain Model)，继而计算坡度阈值，实现了坡度阈值随着地形坡度的变化而变化，提高了此类型算法在复杂地形区域的滤波精度。

基于形态学的滤波算法主要依赖形态学运算，通过计算某一点形态学运算前后高差的变化来实现点云滤波[44]。形态学滤波算法主要依赖滤波窗口的选择，滤波窗口选择过小不能滤除大型建筑物，而滤波窗口选择过大则容易平滑地形[45]。为解决上述问题，Zhang 等[36]提出一种经典的渐进式形态学滤波法。在该方法中，滤波窗口呈渐进式变化，并且不同的滤波窗口对应着不同的滤波阈值。之后许多学者都基于该方法在以下三个方面进行改进：针对格网内插引起误差的改进[37,46]，针对地形坡度假定常量的改进[47,48]，针对细节地形平滑效应的改进[49-51]。例如，Hui等[51]将传统的形态学滤波算法和曲面拟合算法进行结合，通过计算各层级局部区域的地形起伏度，有效地保护了地形细节。

基于曲面的滤波算法主要通过计算点与局部参考曲面间的距离或角度来判定该点是否属于地面点[52]。Axelsson[53]提出了一种渐进加密不规则三角网(TIN)算法。该方法采用渐进迭代的方式，通过不断计算点到TIN的反复角与反复距离，并和设定的阈值比较，来逐步获得精度越来越高的滤波结果。Kraus和Pfeifer[54]采用线性预测的方法，通过设定权重函数将不满足阈值条件的点逐步删除，该方法能在森林区域取得良好的滤波效果。在此基础上，Mongus等[55]提出一种多层级渐进加密点云滤波法。随后，Chen等[56]在种子点选取及滤波判断方面对上述方法进行了改进，提高了滤波的整体精度。Hu等[57]同样采用了薄板样条(TPS)插值方法来实现点云滤波，但是在各层级进行TPS曲面拟合的同时，计算出各层级局部区域的弯曲能量(bending energy)，并以此来实现滤波阈值的自动计算。

目前基于点基元的滤波算法较多，但此类型算法的滤波理论相对单一，基本上是在原有方法(基于坡度、基于形态学、基于曲面)的基础上进行改进的，缺乏新的滤波原理与方法。此外，点基元滤波算法往往可利用特征不足，并未充分挖掘点云数据本身的特征信息，使得该类型算法在复杂地形区域的滤波效果较差。

2. 对象基元滤波算法研究现状

对象基元是指点云分割后具有同一标号的点集[58]。对象基元滤波算法通常包含两步，首先采取某种分割方法对点云进行分割，然后再对分割的结果按照某种设定的规则进行点云滤波。点云分割的方法有很多，如扫描线的分割法、区域生长法、随机抽样一致法(Random Sample Consensus，RRANSAC)等。在对分割结果进行滤波判断时，大多数算法通常基于地面点聚类区域要低于地物点聚类区域这一假设[59]。

大多数对象基元的滤波算法是在点基元滤波算法的基础上改进的，例如Tóvári[60]首先对点云进行分割，然后对分割后的每一部分计算残差值，并根据残差值对属于同一部分的点云设置相同的权重，再按照Kraus和Pfeifer[54]所提的方法进行迭代滤波。经实验表明，此改进方法无论是在城市区域还是在森林区域都具有较强的鲁棒性，并能获取较好的滤波结果。Lin和Zhang[59]首先采用区域生长法将点云分割成不同的部分，再设定规则选择地面种子点，然后对地面种子点所在部分的所有点建立初始TIN，最后按照Axelsson[53]提出的渐进加密不规则三角网算法不断迭代获取最终的地面点云。实验结果表明，此方法能够减小 18.26%的 I 类误差和 11.47%的总误差。Chen 等[61]同样首先采用区域生长法对点云进行分割，并以此为基础改进此前提出的多分辨率渐进分类算法(MHC)。改进后的算法能够获得 2.99%的平均总误差。

在滤波原理相似的前提下，相较于点基元滤波算法，对象基元滤波算法往往能够获得更好的滤波效果。这是因为点云分割后，对象基元能够提供更多的语义信息，更有利于后续的滤波判断；分割后的点云能准确地到达地形断裂线或者高程跳跃边缘，有效减小了在此类型区域的误判误差。虽然对象基元滤波算法能够获得较高的滤波精度，但此类型算法的滤波结果严重依赖点云分割的质量，这也体现了采用单一基元进行点云滤波的局限性。

3. 多基元融合滤波算法研究现状

采用单一基元的滤波算法难以适应各种复杂的地形环境[41]，为增强滤波算法的鲁棒性，多基元(点基元与对象基元)融合逐渐成为一类崭新的算法。该类算法旨在不同的阶段使用不同类型的基元，或者同时采用多种基元以实现更好的滤波结果[40]。林祥国等[58]提出了一种基于多基元的三角网渐进加密滤波方法，该方法主要包括点云分割、对象关键点提取、基于关键点的对象类别判别三个阶段，每个阶段使用不同类型的基元。实验结果表明，该方法相较于三角网渐进加密滤波法(点基元滤波法)和基于对象的三角网渐进加密滤波法(对象基元滤波法)，具有整体上的最优性能。Yang 等[41]为克服单一基元滤波法难以适应复杂的地形环境的缺陷，提出了一种两步自适应的点云滤波算法。在该算法中，点云首先被分为两类子集——对象基元和点基元，然后对这两类点云子集分别采用对象基元滤波法和点基元滤波法。实验结果表明，该算法能够获得更高的滤波精度，算法鲁棒性更强，并且能够有效地保护地形断裂线。

目前，多基元融合的点云滤波算法刚刚兴起。此类算法由于能够顾及不同基元的空间特性，因此可以充分挖掘利用点云数据本身的特征信息，从而在复杂地形环境下获得较好的滤波效果。相较于单一基元滤波算法，多基元融合的滤波算法相对较少，缺乏相关理论框架的探讨[40]。此外，多基元融合的滤波算法由于需要顾及不同类型、不同尺度的基元信息，需要进行复杂的参数设置与阈值调节，此特点不利于经验缺乏的工作人员进行滤波实现。因此，急需探究新的多基元融合的滤波理论与方法，减少滤波算法过多的人为干预，提高滤波算法的自动化程度。

综上所述，虽然滤波方法有很多，但依然存在以下三个方面的问题急需解决：

(1)大多数滤波方法无法兼顾点云的局部尺度信息与全局尺度信息，使得滤波方法在部分复杂地形区域(如陡坡、不连续地形、斜坡上建有房屋等)难以取得良好的滤波效果。

(2)相较于单一基元滤波法，多基元滤波法缺乏拓展和深入发展。采用单一基元实现点云滤波无法充分挖掘利用点云数据的自身特征，致使滤波方法鲁棒性较差，难以适应复杂地形环境。

(3)为能适应各种地形环境，大多数滤波算法(包括点基元滤波法、对象基元滤波法、多基元滤波法)需要进行复杂的参数设置与阈值调节，这不仅降低了算法的自动化程度，而且也不利于经验缺乏的工作人员进行滤波实现。

1.2.3 点云分割方法的国内外研究现状

点云分割是点云数据处理和信息提取的重要环节，是将局部特征相似的点云分割成互不相交的子集，使分割后在同一区域内的点云具有相似属性[62]。根据算法类型，常见的点云分割算法主要有基于边缘特征的分割、基于聚类特征的分割、基于模型的分割、基于图的分割、基于区域生长的分割和混合分割等[63]。

基于边缘特征的分割是通过计算点云的几何特征，如曲率、法线和突变点等，来确定点云数据的边界。之后平滑连接点云边界点，得到若干个互不相交的点云集合，从而实现点云分割。该算法最早由 Bhanu 等[64]提出，计算点云数据的梯度信息，单位法向量的变化趋势，来确定点云数据的边缘。Jiang 等[65]提出了一种基于扫描线的边缘检测分割算法，该方法指出具有几何意义的边缘强度度量，并给出了最优边缘检测的策略。

基于聚类特征的分割方法是通过特征向量对点云数据进行分割。Filin [66]提出了用局部点云的纹理信息等作为空间特征，从而将不同地貌区域的点云数据有效分割。Zhan 等[67]提出了一种基于相似性测度的欧氏空间点云数据分割方法。该方法计算点的法向量、RGB 值和欧氏距离等空间特征，通过比较相邻点之间的相似度对原始点云进行分割等。基于点云特征聚类的分割算法不受点云分布密度的影响，分割效果的鲁棒性较强。但是，这类方法需要大量的运算时间，不适用于海量点云数据。

基于模型的分割方法，是先建立平面、圆柱和球体等基础几何模型，然后对点云数据进行数学拟合，将满足拟合条件的点云分割为一个对象。Fischler 等[68]提出了一种基于随机采样一致性的分割算法，即 RANSAC 算法。该算法首先随机选择一个点云子集，然后通过最小方差估计对其进行数学模型拟合，比较点云数据的特征，判断其是否满足拟合条件，从而完成点云分割。Chen 等[69]改进了 RANSAC 算法，提出一种基于网络一致性的自适应随机采样一致性分割方法。该方法将距离、标准差和法向量相结合，以保证获取的对象基元之间的拓扑一致性。Awadallah 等[70]提出了一种基于 Snake 模型的点云分割方法。首先将点云数据投影形成二维图像，再通过 Snake 模型对二维图像进行轮廓提取分割，进而实现点云分割。实验结果表明，该方法可以有效减少噪声点和点云密度较小等因素对分割结果的影响。梁标等[71]提出了一种基于特征模板的点云数据精确分割技术。首先对分割区域进行特征提取并生成特征模板，然后利用特征模板进行点云数据粗分割，最后采用区域生长方法对结果进行精细分割。

基于图的分割算法首先对点云数据构建网图结构，顶点即为点云数据点，相邻顶点间的边根据距离、夹角等点云的空间特征被赋予不同的权重。Sallem 和 Devy[72]提出了一种基于马尔科夫随机场模型的图分割算法，该算法运算速度快，对于城市场景点云数据的分割效果较好。Geetha 等[73]提出了一种最小生成树的点云分割算法，首先根据空间特征将点云分割成多个对象基元，然后用这些对象基元生成加权平面图，并根据图形构建最小生成树；最后，利用法向量等特征信息对其做进一步的精细分割，从而完成点云数据分割。与其他分割算法相比，基于图的点云分割方法不受点云空间分布的影响，适用性强。

基于区域生长的分割算法，首先选择合适的种子曲面作为区域生长的起点，然后根据种子曲面邻近点的曲率、法向量、距离等信息，判断这些点是否能与曲面划分为一类，从而使点云数据分割为若干个具有相似属性的独立区域。该方法最早由 Besl 等[74]提出。首先选取一个种子面，之后判断种子面邻近点到该平面的距离，若小于阈值则将该点与种子面各点分为一类，重新拟合平面。杨娜等[75]首先利用 KD 树算法获取邻近点集，将邻近点的拟合平面作为种子面，进而利用点到种子平面的距离和法向量夹角作为生长条件，完成点云分割。实验结果表明，该方法对于城市和森林地区的地面目标能够进行有效分割。VuVo 等[76]提出了一种基于 Octree 超体素的区域生长分割算法。该方法先将点云数据体素化，在每个体素内确定种子点，当点的空间特征信息满足阈值条件时，将其与对应种子点分为一类，从而实现点云分割。韩英等[77]提出了一种改进的超体素与区域生长的点云分割方法。该方法首先将点云数据体素化，并保留体素的中心点和边界；然后，以体素中心点为起点，采用空间连通性和表面光滑度作为生长条件，获取初始分割结果；最后，引入点云色彩信息优化分割结果[77]。实验结果表明，该方法的准确率和召回率均高于传统区域生长分割算法。

基于混合的分割算法，可以吸收多种算法的优势，得到较好的分割结果。Ma 等[78]首先提出结合谱聚类分割和图分割，其中谱聚类算法对于不同的点云密度适应性强，能够取得较好的分割效果。Nurunnabi 等[79]提出在区域生长分割之前，用协差方程计算点云的局部特征，这样可以避免离群点对分割结果的干扰，提高算法的鲁棒性。Green 等[80]提出了一种基于正态分布变换图割的点云分割方法，在基于图的点云分割算法中，引入八叉树结构组织点云数据，进而将点云的一系列空间特征数据作为边的权值，最终实现网图结构的分割。

1.2.4 点云分类方法的国内外研究现状

现有的点云分类方法大致可分为以下两类：基于几何约束的点云分类方法、基于机器学习的点云分类方法。

基于几何约束的点云分类方法中，需设定多个约束条件，将每个类别分出。李峰等[81]先手动提取包含高程信息和反射强度信息的种子点，使用区域生长法则对道路网进行初始分割，再对道路网进行细化和去噪。左志权等[82]将点云数据转换为二维格网数据，基于最大类间方差原理聚类，将地面点与非地面点图斑进行分离，再根据多个约束条件将非地面类分为建筑物、植被等。Brodu 和 Lague [83]使用三个二元分类器，通过三次分类依次分离植被、基岩、砂砾及水体。刘婷等[84]利用改进的渐进三角网分离地物点，结合遥感影像识别玉米。马东岭等[85]利用不规则点云的高程二次导数不为0的性质区分规则点云和不规则点云，使用高斯偏差估计设定阈值筛选不规则点云中的建筑物，再将不规则点云根据高程分为高大植被和低矮草丛。何鄂龙等[86]基于曲率提取点云局部特征，使用随机森林(Random Forest，RF)对超级体素团进行软分类以获取上下文信息，最后构建高阶随机场模型分类，实验结果表明，上下文信息能有效提升方法对电线及柱状物的识别能力。林祥国和宗浩[87]将点云数据划分成正方体块，并使得相邻正方体块存在30%的重叠，基于3D Hough 变换分割点云，使用几何约束条件判定分割面片是否属于地面面片，再将剩余的非地面面片基于多回波信息分析，划分为建筑物面片及植被面片；最后，判断相邻正方体块点云数据的重叠部分分类信息是否一致，若否，则将重叠部分点云重新分类。

基于机器学习的点云分类方法中，为了获取不同特征向量在不同尺度下的特性，众多学者通过多尺度构建特征向量进行点云分类[88,89]。郭波等[90]根据地物分布的规律性，引入贝叶斯模型，基于 JointBoost 采用优化的判定方法，达到特征向量降维的目的，减少了分类时间。Zhang 等[91]采用表面生长的方法将点云聚类，基于点云对象提取特征向量，使用支持向量机(Support Vector Machine，SVM)进行点云分类，由于聚类后的点云数据具有更多语义信息，该方法有较高的分类精度。赖祖龙和孙杰[92]将点云数据与经过正射校正后的遥感影像进行配准分割，基于分割结果提取点云的多个特征向量，并使用逆向特征消除算法挑选特征向量，精度略微得到提升。马京晖等[93]先对点云密集与稀疏区进行降采样及插值处理使点云分布均匀，为了解决 PointNet 算法无法提取局部特征的问题，采用 K-means 聚类法将点云分为 5 类，再使用 PointNet 对每个聚类结果进行并行运算。张爱武等[94]通过提取邻域点集中相邻两点的 4 个参数量化该中心点的点云分布特征来进行分类。何雪等[95]根据影像划分的超像素进行分割，并提取基于对象的特征向量，结合基于点的特征向量进行分类，对分类后的数据再利用上下文信息优化。张爱武等[96]提取了多个特征向量，并按照重要程度进行排序，当分类精度达到最高后将剩余特征向量去除，再使用皮尔逊相关系数分析去除部分特征向量。释小松等[97]采用渐进三角网算法对点云数据进行滤波，再使用最近邻支持向量机构建多个二元分类器对地物点进行分类。佟国峰等[98]将法向量夹角差信息与布料模拟算法结合得到地物点，采用密度聚类(Density-Based Spatial Clustering of Applications with Noise，DBSCN)算法对地物点进行分割，并提出两种新的特征描述子，分别为垂直方向切片采样直方图和质心距直方图，结合形状函数集合特征与投影图像特征进行分类。

1.2.5 建筑物点云提取方法的国内外研究现状

目前，建筑物点云提取方法可以分为两类，包括机器学习算法和传统算法。机器学习算法首先将获取的原始数据转换为多维特征空间，然后通过学习分类器估计最优特征空间，使特征向量映射到期望输出[99]。Ni 等[100]采用监督分类的方法。首先，使用一种逐步点云分割方法，提取平面、光滑和粗糙三种类型的点云对象基元。然后，提取每个对象基元的特征，利用随机森林方法筛选对象基元的特征并进行分类。最后，采用语义分割策略来优化分类结果。实验结果表明，该方法对小尺度目标具有较好的识别效果。Nahhas 等[101]提出了一种基于深度学习并融合 LiDAR 数据和正射影像的建筑物提取方法。首先，采用基于对象的策略提取特征向量，通过特征融合和自编码器维度，将低维特征转化为压缩特征。然后，利用卷积神经网络将压缩特征转化成高维特征，来提取建筑物。Huang 等[102]融合高分辨率航空影像和 LiDAR 点云数据，使用端对端可训练的门控残差优化网络提取建筑物。采用改进的残差学习网络作为编码部分，学习融合数据的多级特征，并引入门控特征标注单元，以减少不必要的特征传输，细化分类结果。Li 等[103]先分割未经预处理的 LiDAR 数据，将得到的大量分割样本直接输入卷积神经网络。然后利用图几何矩卷积神经网络训练并识别建筑物点。最后用得到的网络框架提取测试场景的建筑物点云。Wen 等[104]首先提出了一种图注意卷积模块。该模块可以检测点之间的空间关系，并计算卷积权值。然后设计了一个图注意力卷积神经网络，利用机载点云的多尺度特征对其进行分类。Yuan 等[105]提出了一种基于残差网络的完全卷积神经网络。结合高分辨率航空图像和 LiDAR 点云数据的优势，开发了多模态数据的训练模式。显然，训练数据的精确标签是使用卷积神经网络的必要条件。Zolanvari 等[106]为训练和测试提供了一个公开可用的基准数据集，并测试了三种著名的卷积神经网络模型。除了为机器学习技术构建的几何特征外，一些研究人员还试图计算点云分布的统计学特征，以实现无监督分割[107]。例如，Crosilla 等[108]提出了一种通过迭代计算统计特征对 LiDAR 点云数据进行滤波和分类的技术。

虽然机器学习算法可以实现建筑物提取，但这些方法不可避免地存在一定的局限性。例如，需要高质量的训练数据，而训练数据与实验场景之间的数据分布差异导致分类准确率较低[109]。为解决这些问题，一部分研究人员采用传统算法进行实现。根据使用数据的不同，进一步将方法分为两类：仅使用点云数据的建筑物提取方法，融合多源数据的建筑物提取方法[103]。在第一类方法中，点云数据是建筑物提取的唯一数据源。此类方法主要依赖建筑物点云区别于其他地物的几何形态特征来实现建筑物的提取。Dorninger 等[110]提出了一种基于平面分割检测的建筑物提取方法，采用层次聚类算法获取初始候选种子点，然后利用迭代的区域生长算法来提取建筑物。为减少计算时间，Poullis 等[111]使用基于对象的区域生长算法探测建筑物点云，并用多边形布尔运算细化边界，以得到更好的建筑物提取效果。Awrangjeb 等[112]首先利用地面点生成一个建筑物掩膜，用黑色像素表示建筑物和高大植被；然后计算相邻点间的共面性，提取独立建筑物和植被的平面基元；最后用面积和邻域特征等信息，剔除植被平面基元。实验结果表明，该方法具有较高的建筑物检测率和良好的屋顶平面提取性能。Fan 等[113]认为建筑物屋顶是由一组山墙平面组成的，先使用 RANSAC 算法检测建筑物的屋脊线，沿屋脊线方向探测种子点，然后提取与这些种子点位于同一平面的点，完成建筑物点云提取。Ural 等[114]首先分析点的特征去除非平面点，然后使用模糊 K-means算法生成平面点对象基元，最后通过断裂线融合对象基元生成集成的建筑物屋顶面。Zou 等[115]提出了一种基于条带策略的建筑物及其边缘点的提取方法。首先，将点云数据分割成若干个条带，并用自适应加权多项式过滤建筑物点。最后，采用改进的扫描线法提取建筑物边缘。实验结果表明，该方法通常适用于建筑分布密集的城市地区。Cai 等[116]提出了一种半抑制模糊 c 均值算法提取建筑物点云。在滤波的基础上，用半抑制模糊 c 均值提取建筑物候选点集，然后用添加限制条件的区域生长算法搜索更多的建筑物点，最后通过最小边界矩形优化建筑物提取结果。优化后建筑物完整率大于 89.5%，准确率大于 91%，质量大于 85.2%。Wang 等[117]采用基于语义分割的策略，结合点云上下文信息提取建筑物，并建立马尔科夫随机场优化模型，用于后处理来细化提取结果。王思远等[118]将点云数据与航空影像融合，并使用灰度共生矩阵来提取影像的纹理特征，进而采用二进制粒子群优化算法进行特征选取，最后用随机森林分类器完成建筑物点云的提取。

虽然仅使用激光雷达数据的建筑物提取方法可以取得较好的提取效果，但这些方法不可避免地存在一些局限性。例如，机载 LiDAR 系统发射的激光脉冲往往具有一定的倾斜角度，致使部分区域存在点云缺失的现象[112]。存在缺失的点云不利于提取完整的建筑物。此外，LiDAR 点云虽然能够提供准确的三维坐标信息，但缺乏纹理信息。此特点往往会导致一些具有特殊形状和大小的建筑物难以被正确提取[119]。针对这些问题，一些国内外学者通过融合其他多源数据来实现更大精度的建筑物提取。Awrangjeb 等[120]提出了一种结合激光雷达数据和多光谱正射影像的三维屋顶自动提取方法。首先，利用多光谱正射影像的归一化植被指数(NDVI)和灰度正射影像的熵值图像分别生成 DEM。然后，利用 DEM 分离地面点和非地面点，利用 NDVI 和熵值图像对灰度图像中提取的结构线进行分类。最后，用属于建筑物类的结构线来提取屋顶的平面和边缘。他们进一步地研究添加了来自正射影像的纹理信息，并利用迭代的区域生长算法来提取完整的屋顶平面，提高了建筑物提取的完整率[121]。Qin 等[122]结合高分辨率航空影像和数字表面模型，首先，用形态学指数探测阴影区域，并校正归一化植被指数；然后，通过顶帽变换重建数字表面模型以获取初始建筑物掩膜；最后，用基于超体素分割的图割优化算法，合并建筑物对象基元。实验结果表明，该算法有效提取了 94%的建筑物，且准确率达到 87%，具有实际应用潜力。Gilani 等[123]利用点云数据生成的建筑物掩膜和高差数据，以及来自正射影像的熵、归一化植被指数，实现建筑物提取并用光谱信息优化结果，提高建筑物提取精度。Siddiqui 等[124]先将点云数据的高程信息转换为强度图像，再利用强度图像的梯度信息及局部颜色匹配算法提取建筑物点云。Lai 等[125]结合点云数据与纹理信息，使用粒子群优化算法选择最优的特征组合来提取建筑物。实验表明，融合纹理特征的方法可以得到较高的提取精度，并满足实际应用。Chen 等[126]同样融合高分辨率航空影像与激光雷达点云数据，采用自适应迭代分割方法，有效避免数据的过分割与欠分割。通过分层叠加分析算法探测分割结果中的候选建筑物区域，再使用形态学运算方法优化候选区域以获得最终的建筑物提取结果。

1.2.6 建筑物轮廓线提取方法的国内外研究现状

现有的建筑物轮廓线提取方法可大致分为三类：基于图像提取建筑物轮廓线的方法，基于不规则三角网提取建筑物轮廓线的方法，基于点云数据的特征信息提取建筑物轮廓线的方法。

基于图像提取建筑物轮廓线的方法需要将三维点云数据使用二维格网组织，利用已有的图像处理知识识别建筑物轮廓线，该思想最早由 McKeown[127]提出。赖旭东和万幼川[128]利用点云格网化后建筑物与地面之间的灰度差值，分别使用经典的 Roberts 算子、Prewitt 算子和 Sobel 算子提取建筑物边缘，实验结果证明均有较好的提取效果。Zhou 和 Neumann[129]提出了一种基于拓扑性质的建筑物轮廓线提取方法，该方法可有效分离植被，快速获取建筑物轮廓线，缺点是需要较高质量的点云数据。Jarzabek[130]将图像转化为高程图像获取建筑物的粗略边界，通过随机抽样一致算法拟合边界，再将轮廓线精细化。

基于不规则三角网提取建筑物轮廓线的经典方法有 Alpha-shapes、convex-hull 等[131]，Alpha-shapes 算法最早由 Edelsbrunner[132]提出。其思想为假想用一个半径为 a 的圆遍历离散点集，从中抽象出其直观形状[133]。沈蔚等[134]首次将 Alpha-shapes 算法用于建筑物轮廓线提取，实验结果证明，该算法适用于多种类型建筑物的轮廓线提取，具有较强的鲁棒性。刘瑞等[135]对单一阈值的 Alpha-shapes 算法进行改进，提出了一种双阈值的 Alpha-shapes 算法，能获得较完整的建筑物轮廓线，但缺点是需要设定阈值，自适应性不高。Peethambaran 和 Muthuganapathy[136]针对参数设置问题提出了一种无参的 Alpha-shapes 算法，对规则建筑物较有效，但是该算法较依赖点云数据的密度。convex-hull 算法也称为 concave-hull 算法，最初由 Andrew[137]提出，方法为将最外层的点连接，包围所有的离散点集。Tsenga 和 Hungb[138]用平面拟合获取多个集合，设定屋顶集合的点云数量阈值，将集合中的点云数量大于阈值的判定为屋顶，结合 convex-hull 算法获取屋顶边界点，使用 Hough 变换提取轮廓线。该类算法对数据的密度均匀度有要求，密度不均时较难达到理想效果。

基于点云数据特征信息提取建筑物轮廓线的方法通常利用法向量、斜率、坡度等特征信息提取建筑物轮廓线。该类方法对凹槽处的轮廓线不敏感，针对在复杂区域该类方法容易出现边界遗失的现象，赵传[139]基于点云数据信息提取屋顶，通过构建投票模型，解决了屋顶面片的竞争问题。程亮和龚健雅[140]首先对每栋建筑物做缓冲区和外接矩形，估算建筑物的主方向，并在主方向的约束下检测轮廓线，最后通过密度分析和 K-means 动态聚类算法获取最终的精确轮廓。Zhang 等[141]先使用渐进滤波方法分离得到地物点，再使用平面区域生长得到建筑物点，通过连接边界点得到初始边界，简化和规则边界后，得到建筑物的轮廓线。Chen 等[142]基于 Voronoi 子图无缝追踪建筑物边界，使得相邻面片间不存在缝隙，该方法首先将原始边界划分为多个线段，从中生成关键点，用关键点与投影点结合表示边界。

1.2.7 单木分割方法的国内外研究现状

单木是森林的基本构成单元，其空间结构及相应的植被参数是森林资源调查、生态环境建模研究的关键因子[10,143]。单木分割方法可以分为两类：一类是基于栅格的单木分割法，另一类是基于点的单木分割法[144,145]。基于栅格的单木分割法，通常需要首先计算获得冠层高度模型(Canopy Height Model，CHM)。进而可采用二维图像的处理方法，例如局部极大值法、区域生长法及分水岭分割法来实现树顶的探测和单木分割[146-148]。Chen 等[149]提出一种基于标记的分水岭分割方法。该方法首先采用变长窗口从 CHM 中进行树顶探测，然后以树顶作为标记进行分水岭分割以实现单木提取。该方法对植被分布稀疏区域具有良好的单木分割效果，但对于密集植被区域仍然易存在欠分割现象。Hu 等[150]则采用滑动窗口从 CHM 进行种子点探测。如果窗口内最高点高于 2.5m，则将该点选作为种子点。然后采用区域生长法来实现单木分割。该方法原理简单且易于实现，却存在两方面的问题：一是种子点的选取易存在误判；二是区域生长法需要设定生长条件阈值，不准确的条件阈值易导致"过度生长"或者"欠生长"的现象。整体而言，基于栅格的单木分割法具有较高的实现效率，但容易出现过分割或者欠分割的现象。而且，对于多层级覆盖的林地区域，难以有效探测林下植被[151]。

基于点的单木分割方法不需要将三维点云数据转化为二维栅格数据，而是直接对 LiDAR 点云进行聚类实现单木分割。许多专家学者利用 Mean Shift 算法来实现单木分割[146,151-155]。相较于基于栅格的单木分割方法，采用 Mean Shift 进行单木分割需要更多的参数控制。Ferraz 等[156]将 Mean Shift 核函数划分为水平域与竖直域。通过设置不同的带宽参数，实现单木分割。但该方法往往需要反复进行带宽参数调节，不准确的核函数带宽难以获得准确的单木分割结果。此外，该方法难以适用于多层级覆盖的热带雨林区域。为进一步提升 Mean Shift 方法的分割精度，Dai 等[153]将光谱信息与几何空间信息相融合，共同应用于 Mean Shift 分割中，获得了不错的单木分割结果。但该方法依然未能解决核函数带宽需要反复调节的问题。虽然，基于点的单木分割方法不需要将三维点云数据转化为二维格网数据，避免了内插误差的引入。但此类方法需要大量的迭代计算，如果点云数据量较大，运算时间就会过长。此外，过多的参数设置与调节也不利于此类方法的实现。

整体而言，目前单株植被提取依然面临诸多的难点和挑战，例如如何在复杂植被环境区域获取高精度的单木分割结果，尤其是如何有效探测邻近植被和林下植被，急需解决这些难题。此外，如何减少参数设置，提高方法的自动化程度及对不同植被环境的适应性也亟待解决。

1.2.8　单木定量结构模型构建的国内外研究现状

近年来，随着 LiDAR 技术单点测量精度及采样率的提高，此项技术已广泛应用于森林资源调查中，利用 LiDAR 点云数据进行单木水平三维建模逐渐成为研究的热点问题[157]。根据建模原理的不同可划分为三类：基于 L_1-中值的方法、基于 Laplace 算子收缩的方法和基于网图结构的方法[158,159]。

Huang[160] 等和 Lu 等[161] 提出采用 L_1-中值法进行枝干骨架提取。该方法主要基于 L_1-中值原理，将点集用中值点来表示，通过构建不同采样点集的中值点形成骨架线。该方法具有较强的通用性，能够直接处理原始点云数据，但如果点云中存在较多的噪声或者点云缺失较大，可能会产生错误的输出。Mei 等[162] 结合了 L_1-中值法（L_1-median）和最小生成树（MST）的优点，提出了 L_1-MST 算法。该方法利用物体表面点受力平衡原理，建立结构和点密度感知的优化模型，实现树木骨架的高精度提取。但此方法针对完全遮挡的细枝依然无法进行有效的模型构建。此外，在密集叶片区域，枝干骨架提取的精度也较差。

基于 Laplace 算子收缩的方法由 Cao 等[163] 提出。该方法首先需要对邻近点云构建 Laplace 权阵，然后从外部向内部不断地迭代收缩，获取一系列的骨架点，最后采用最小生成树方法获得骨架线。该方法骨架线提取的结果依赖 Laplace 算子参数的设置，不准确的参数设置将导致错误的提取结果。Su 等[164] 首先采用约束拉普拉斯平滑的方法获取骨架的基本形状，进而通过渐进采样和优化的方法获取骨架模型。该方法能够获取相对完整的树木模型，方法具有一定的抗造性，但该方法难以构造复杂的树冠模型，难以针对冠层细枝进行准确的模型构建。

基于网状结构的方法则需要首先将树干点云构建为相互连通的网状结构，然后采用最短路径方法实现骨架线提取与建模[165-167]。Gao 等[168] 首先通过使用 Dijkstra 最短路径算法建立最小生成树，从输入点云中提取初始树骨架。然后，通过迭代删除冗余组件来修剪初始树骨架。最后，通过基于优化的方法拟合圆柱序列来近似树枝的几何形状。该方法的主要问题在于修剪的过程易存在过度修剪或者欠修剪的情况。He 等[169]利用局部最小二乘平面拟合估计各测点的法向量。首先，根据马氏距离将点云分割成不同的分支。然后，利用分支点云的轴对称来估计骨架节点的最优位置。最后，利用单源最短路径构造模型的线性骨架。该方法对简单几何结构的树木具有良好的建模效果，但对于复杂枝干结构的建模效果较差。

整体而言，现有的大多数树木三维模型构建方法对点云数据的质量要求较高。如果数据采集时因遮挡而存在点云缺失，则易导致骨架结构提取不完整或拓扑连接不准确，进而影响单木建模的质量。此外，现有的大多数建模方法对具有简单几何结构的树木的重建效果较好，而对具有复杂的冠层枝干结构的建模效果较差。再者，现有的大多数建模方法只能进行单一层次模型构建，无法自动构建多层次细节模型，也就无法以实际生产需求为导向，实现模型轻量化表达与应用需求的最佳匹配。

1.2.9 单木生物量估测方法的国内外研究现状

根据搭载平台的不同，LiDAR 系统可分为星载、机载及地基三维激光扫描系统[4]。近年来，以无人机为平台的轻小型三维激光扫描设备也在蓬勃发展。采用多平台 LiDAR 系统进行森林生物量估测已成为研究的热点。以下将分别针对不同平台 LiDAR 系统进行森林生物量估测的方法进行综述，系统总结已有方法的优缺点。

1. 星载 LiDAR 森林生物量估测

星载 LiDAR 运行轨道高、观测范围广，并且能够免费获取全球性的观测数据，因此往往应用于全球性或大区域尺度范围的森林生物量估测[19]。Boudreau 等[170]利用 GLAS 数据、Landsat 数据及 SRTM 数据绘制了加拿大魁北克的森林生物量分布图，证明了星载激光雷达在空间大尺度上进行生物量估测是有效的。Guo 等[171]联合 HJ-1 多光谱和 GLAS 数据实现了森林生物量估算，模型估测的平均中误差为 17. 02t/hm^2。董立新[172]等利用星载 GLAS 数据和光学 ETM 数据通过联合反演构建了复杂地形条件下的森林生物量估测 BP 神经网络模型，能够获得最大决定系数为 0. 692 的反演结果。但该方法的生物量验证数据并非实测数据，而是利用清查的蓄积量通过转换系数 (BEF) 模型来获得生物量间接验证数据。而转换系数本身存在不同区域的异质性问题，因此计算获取的生物量间接验证数据往往存在一定的误差性。庞勇等[173]综合利用星载激光雷达、机载激光雷达及光学遥感等数据进行了大湄公河次区域的生物量估测与制图，模型平均误差为34t/hm^2。王成等[174]利用实测树高与GLAS数据波形参数进行回归分析，构建树高反演模型，继而实验依据森林树高实现森林生物量估算。通过实测生物量数据验证，决定系数为0.697，证实了利用GLAS数据进行云南省森林生物量估测的有效性。但该方法的生物量估测的结果依赖树高反演的精度，如果森林高度反演精度较低将导致森林生物量估测出现较大偏差。Su等[175]利用星载LiDAR、光学影像及森林调查数据在较高空间分辨率尺度上对我国森林地表生物量分布进行了估测。Hu等[176]采用类似的方法进行了全球森林地表生物量估测，并生成了连续的生物量分布图。此种方法的关键点在于要将GLAS数据外推以实现空间上的连续分布。这主要是因为星载激光雷达的点密度往往较稀疏，地面调查点不能与GLAS激光光斑一一对应。

2. 机载LiDAR森林生物量估测

与星载LiDAR相比，机载LiDAR能够提供密度更高、光斑更小的森林植被点云数据，能更清晰地反映植被的三维结构信息[177]。但由于机载LiDAR的运行高度较低、覆盖范围较小，当应用机载LiDAR进行大尺度范围森林生物量估测时，相较于星载LiDAR往往存在成本过高的问题。利用机载LiDAR进行生物量估测的方法可分为基于区域和基于单木两类[178]。基于区域的森林生物量估测通常通过建立冠层竖直结构参数与野外实测AGB间的关系模型来实现生物量反演。Asner等[179]利用冠层剖面高度信息来估测区域生物量。Harris[180]则利用基底面积和平均树木高度来反演森林生物量。Asner和Mascaro[181]则建立冠顶高度信息与生物量间模型关系。此处的冠顶信息是指冠层的最高点至地面的距离。基于区域的生物量估测方法虽然经济高效，但估测精度往往与区域尺度是息息相关的。区域的边缘效应往往会导致较大的估测偏差。基于单木的生物量估测方法则需要首先将区域范围内的单木进行分离，通过估算单木的生物量再进行加和来求取区域森林的生物量。Wang等[182]基于冠层高度模型采用局部极大值法和区域生长法获取单木冠幅投影面积，继而结合单木胸径和树高信息采用分级贝叶斯方法构建生物量估测模型。但该方法中的胸径数据是基于树高和冠幅投影面积采用已有的模型估测得出的，本身存在一定的不确定性。Qin等[183]首先采用Ncut方法实现单木分离，然后对单木LiDAR特征参数，如树高、冠幅周长、冠层体积等，与单木生物量进行线性回归分析，建立生物量反演模型。但该方法进行回归分析时采用的单木生物量为实测树高与胸径按照异速生长方程计算得出的，通常会与单木生物量真值存在一定的偏差。整体而言，基于单木的生物量估测方法主要存在以下问题：一是由于机载 LiDAR 的点密度相对较低，冠层的遮挡部分植被参数往往难以精确获取，例如胸径；二是此类方法往往需要首先进行单木分割，在郁闭度较高的区域，部分低矮的植被往往难以被有效探测[184]。

3. 无人机 LiDAR 森林生物量估测

无人机 LiDAR 与机载 LiDAR 有着相似的数据获取模式，但其运行高度更低、点密度更高，能够获取更完整的树木竖直结构信息，现已广泛应用于森林资源调查领域[185,186]。无论是无人机 LiDAR 还是机载 LiDAR，均采用从上至下的扫描测量模式，因此采用无人机 LiDAR 进行森林生物量估测最大的挑战在于能够获取较完整的树干点云，而树干通常占有树木绝大部分的生物量。此外，准确获取胸径参数也是许多方法构建生物量估测异速生长方程的基础。Kuzelka 等[187]对挪威云杉和苏格兰松林进行实验，验证了当无人机 LiDAR 获取的点密度足够高时能够实现树干和胸径的精准探测。Guo 等[188]采用无人机 LiDAR 通过获取树高和冠幅面积构建异速生长方程来实现生物量估测。Brede 等[189]通过无人机 LiDAR 和地基 LiDAR 进行实验对比，证明了无人机 LiDAR 用于构建定量结构模型和森林生物量估测的有效性。但该方法需要对单木进行模型构建，因此需要高密度和完整的点云数据作支撑。当枝干点云较稀疏时，往往难以构建完整的枝干模型[190]。针对这种情况，Puliti 等[191]分别从无人机 LiDAR 点云数据中获取胸径信息，再从无人机影像数据中获取树种信息，通过利用胸径、树种及树高信息来实现树木体积的估测。但该方法实现的前提在于能够有效获取多棵树木的胸径信息，当树木分布较密集、森林环境较复杂时，往往难以实现。

4. 地基 LiDAR 森林生物量估测

随着地面三维激光扫描仪的快速发展，地基 LiDAR 能够快速、高精度地刻画植被内部结构信息。许多研究人员基于 DBH 和树高来构建 AGB 估测的异速生长模型[27,192]。然而，DBH 的估测往往存在误差。与此同时，LiDAR 激光脉冲往往难以准确地探测到树顶点，致使树高估测往往偏低。由于这些进行异速生长模型构建的参数存在误差，致使模型估测的结果往往存在偏差。尤其是对于不同的森林区域或不同的植被树种，采用已有的异速生长方程进行 AGB 估测的结果往往不准确。已有研究表明，针对大型的热带树木和桉树，已有的模型往往低估生物量超过 35%[193,194]。除了基于植被参数构建的 AGB 异速生长模型之外，Wang 等[195]提出一种新的，称之为 LBI

的 AGB 估测指标。实验结果表明，基于 LBI 的 AGB 估测模型能够获得与基于植被参数的 AGB 估测模型相当的估测精度。但是，对于此种方法，LBI 需要首先基于解析树进行求取。另一种 AGB 估测方法是基于树木体积和树木密度进行求取实现的[29,196,197]。树木体积可通过体素化[198,199]或者圆柱拟合[200-202]求得。采用体素化进行体积估测容易高估树干的体积，而采用圆柱体拟合的方法进行体积估测，则无法适用于非圆柱体结构的树木。更重要的是，如何确定不同树种的树木密度依然难以解决。针对此类问题，本研究将避开胸径、树高等植被参数及单木体积、树木密度的求解，从分形角度出发研究森林生物量估测的理论方法。

1.3 研究内容

本书主要针对点云智能处理方法和 LiDAR 技术在城市区域及森林区域的应用开展研究。在点云智能处理方法方面，聚焦于点云去噪、点云滤波、点云分割、点云分类等点云数据处理的关键技术环节。在 LiDAR 技术城区应用方面，主要进行了城区点云滤波方法、建筑物点云提取和建筑物轮廓线提取等研究。在 LiDAR 技术林地应用方面，主要进行了林地点云滤波方法、多源 LiDAR 点云单木分割方法、单木建模方法、树种识别方法和单木生物量估测方法等研究。具体研究内容如下所示。

1.3.1 点云智能处理方法

1. 点云去噪——基于空间密度和聚类的分步点云噪声去除方法

LiDAR 系统在获取测区目标物信息时，会产生一定数量的噪声点。噪声点的存在会对点云数据滤波、分类等后续工作造成严重影响。为有效去除噪声点，国内外许多学者对点云去噪进行了大量的研究。但现有的研究方法往往存在难以同时滤除点状噪声和簇状噪声的问题。为解决该问题，本书提出了一种基于空间密度和聚类的分步点云去噪方法。该方法将点云去噪过程分为两步，分别利用噪声点和有效点具有不同的特性，分步去除点状噪声和簇状噪声。经实验表明，该方法不仅能够有效滤除以上两类噪声，而且还能够保护有效点不被误判、剔除，获得更小的去噪误差。

2. 点云滤波——基于主动学习的点云滤波方法

针对 LiDAR 点云滤波存在的复杂地形环境下滤波精度较低及需要过多的人为干预

的问题，本书提出一种无须进行人工样本标记的主动学习模式的点云滤波方法。该方法首先采用多尺度形态学运算自动获取并标记初始训练样本，然后采用主动学习策略，渐进增加训练样本数量并更新训练模型。最后采用基于坡度的方法对分类结果进行进一步的优化。采用国际摄影测量与遥感学会提供的 3 组实验数据对本书方法进行实验，实验结果表明本书方法对 3 组实验数据均能取得良好的滤波效果。在与其他 10 种滤波方法对比中，本书方法能够取得最小的滤波平均总误差。

3. 点云滤波——基于高斯混合模型分离的点云滤波方法

针对点云滤波方法需要复杂参数调节与设置的问题，本书提出了一种基于高斯混合模型分离的点云滤波方法。该方法将地面点云和地物点云分离视为高斯混合模型分离。通过计算各个点隶属于地面点集和地物点集的概率，来实现点云滤波。主要采用期望最大算法来计算高斯混合模型参数，进而实现各个点隶属于不同点集的概率，从而实现点云滤波。采用 ISPRS(International Society for Photogrammetry and Remote Sensing，国际摄影测量与遥感学会)提供的标准数据集进行测试，实验结果表明相较于经典的渐进加密不规则三角网(PTD)算法和基于分割的 PTD 算法，本书方法能获得良好的滤波效果。本书方法的平均拒真误差相较于上述 2 种方法分别降低了 52.81%和 16.78%。

4. 点云滤波——基于对象基元全局能量最小化的点云滤波方法

针对传统滤波方法计算量大、难以适用于大范围区域的问题，本书提出了一种基于对象基元全局能量最小化的点云滤波方法。该方法首先获取各个对象基元对应的模态点，利用这些模态点构建三角网，并通过形态学滤波方法获取初始地面点生成粗拟合曲面。然后，计算各点的初始概率和能量函数，采用图割方法实现能量最小化，得到新的地面点，进而计算新的概率和能量函数。迭代计算，直至连续两次得到的地形曲面足够接近。最后，利用最终得到的地形曲面的局部坡度，来计算自适应滤波阈值。为定量评价所提方法，本书采用Ⅰ类误差、Ⅱ类误差、总误差和 Kappa 系数作为滤波精度评定指标，并与其他三种经典的滤波方法进行对比。

5. 点云分割——结合 K-means 聚类的点云区域生长优化快速分割方法

LiDAR 点云分割是点云数据处理的重要环节。区域生长法是点云分割的经典方法，但该方法通常是以点基元进行生长，在处理数据量较大的点云数据时，由于初始种子点选取的不确定性，存在分割速度慢和分割性能不稳定等问题。针对这些问题，本书提出一种将 K-means 聚类法与区域生长法结合的点云优化快速分割算法。首先，对点云进行 K-means 聚类获取对象基元并计算质心点，判断各对象基元质心点是否满足角度和高差阈值，实现基于对象基元质心点的点云滤波。继而，遍历地物对象基元，通过计算对象基元内各点的邻近点的法向量角度和距离，判断其是否满足阈值生长条件，重复迭代直至分割结束。与传统的区域生长法相比，本书方法分割速度快且分割性能更稳定。采用3组不同区域的点云数据进行实验分析，实验结果表明本书方法的分割精度可达到86.19%，相较于传统的 K-means 聚类法与区域生长法，机载 LiDAR 点云分割的精度有大幅度提升。此外，本书方法相较于传统的区域生长法能够显著提高运算效率。

6. 点云分割——基于多基元图形分割的对象基元获取方法

针对目前 LiDAR 点云对象基元获取方法存在的运算量大、不能对建筑物不同屋顶平面进行有效分割等问题，我们提出一种基于多约束图形分割的点云对象基元获取方法。该方法采用基于图的分割策略，首先，使用邻近点约束条件构建网图结构，以此来降低图的复杂度，提高算法的实现效率；然后，对相邻节点的法向量夹角进行阈值约束，从而将位于同一平面的点云分割为同一对象基元；最后，进行最大边长约束，对建筑物点云与其邻近的植被点进行分离。为验证所提方法的有效性，选用3组由国际摄影测量与遥感学会(ISPRS)提供的公开测试数据集进行测试及2组由武汉大学提供的数据集进行实验分析。实验结果表明，所提方法能够有效分割建筑物的不同屋顶平面。使用 DBSCAN 和谱聚类方法与所提方法进行对比，利用准确率、召回率和 F_1 得分作为精度评价指标。相比其他方法，在5组不同建筑物环境的点云数据中，所提方法均能取得最佳的整体分割效果，召回率和 F_1 得分均优于其他两种方法。

7. 点云分类——基于多基元特征向量融合的点云分类方法

点云分类是 LiDAR 点云应用于城市建模、道路提取等的重要阶段。虽然点云分类的方法有很多，但依然存在如多维特征向量信息冗余、复杂场景下点云分类精度不高等问题。针对这些问题，本书提出一种基于多基元特征向量融合的点云分类方法。该方法分别基于点基元和对象基元提取特征向量，并结合色彩信息利用随机森林对点云数据进行分类。实验结果表明，所提的多基元分类方法相较于单基元分类方法能够获得更高的分类精度。为了进一步分析随机森林用于点云分类的有效性，分别使用支持向量机(SVM)及反向传播(BP)神经网络进行对比分析。实验结果表明，随机森林方法所获得的 3 组点云分类结果在召回率及 F_1 得分 2 个评价指标中均高于另外两种方法。

1.3.2 LiDAR 技术城区应用

1. 点云滤波——一种适用于城市区域的自动化形态学滤波方法

针对城市区域主要地物为建筑物的特点，本书提出一种适用于城市区域的自动化形态学滤波方法。该方法采用一系列的形态学高帽运算，对点云格网数据进行尺寸标记，通过设置面积和粗糙度的约束条件，能够自动地对测量区域内最大建筑物的尺寸进行探测，实现最优滤波窗口的自动化确定。为能有效地平衡拒真误差和纳伪误差，采用基于梯度变化的阈值设定，此阈值能够根据实际地形进行自适应更新，提高算法对于复杂地形区域的鲁棒性及滤波精度。

2. 建筑物点云提取——基于对象基元空间几何特征的建筑物点云提取

建筑物是城市建设中的重要组成部分。针对目前 LiDAR 建筑物点云提取方法存在的计算量大、不同建筑物环境下提取精度相差较大等问题，本书提出了一种基于对象基元空间几何特征的建筑物点云提取方法。该方法采用点云滤波方法得到的地物点，通过计算各个分割对象的空间几何特征，实现建筑物初始点云的获取。为进一步提升建筑物点云提取的完整率，本书提出一种多尺度渐进的建筑物点云优化方法。该方法采用多尺度渐进生长的方法，通过不断将满足条件的点加入建筑物点集中来实现完整建筑物点云的提取。

3. 建筑物轮廓线提取——改进的 Alpha-shapes 建筑物轮廓线提取方法

采用 Alpha-shapes 算法进行建筑物轮廓线提取具有快速高效、鲁棒性强等优点，但提取的轮廓线往往锯齿状现象较严重。为了解决该问题，本书提出了一种改进的 Alpha-shapes 建筑物轮廓线提取方法，旨在对初始轮廓点不断精简与优化，以消除轮廓线的锯齿状。首先，利用图割方法提取建筑物的屋顶点云，使用 Alpha-shapes 提取屋顶点云的初始轮廓点；再用随机抽样一致算法对初始轮廓点进行拟合获取轮廓线，只保留距离轮廓线较近的轮廓点，用道格拉斯-普克算法获取关键轮廓点；最后，利用强制正交的方式优化关键轮廓点，获取最终的轮廓线。

1.3.3 LiDAR 技术林地应用

1. 林下地形探测——基于 Mean Shift 分割的林地点云滤波方法

针对冠层遮挡下的林下地形难以精确探测的问题，本书提出一种基于 Mean Shift 分割的林地点云滤波方法。首先采用 Mean Shift 分割方法实现树冠提取，进而实现单木冠幅估测，为形态学滤波提供尺度参数。继而，提出地形坡度去趋势化方法，提高滤波方法在地形坡度变化较大区域的滤波精度。本书使用 14 个不同环境的森林样本对本书方法进行测试和验证。实验表明，本书方法的平均总误差为 1.11%。所有样本的 Kappa 系数都大于 90%，并且平均 Kappa 系数达到 96.43%。本书方法在各项指标上均优于其他一些著名的滤波算法。

2. 多源 LiDAR 点云单木分割——基于多层次自适应优化融合的机载 LiDAR 点云单木分割

针对采用机载 LiDAR 技术，在复杂森林环境下难以实现准确单木分割的问题，本书提出一种多层次自适应优化融合的单木分割方法。该方法为基于栅格的单木分割方法和基于点的单木分割方法相结合的混合分割模型，采用基于栅格的方法获取初始的单木分割结果，继而采用基于点的分割方法来优化单木分割结果。在本书方法中，首先采用基于梯度变化的方法实现冠幅的估测。继而，依据估测的冠幅获取多尺度分割结果。为能充分利用不同尺度分割方法的优势，本书提出一种多尺度渐进优化融合的方法。最后，针对部分聚集的邻近树木，采用基于高斯混合模型分离的策略实现优化分割。经实验表明，本书方法的平均 F_1 指数为 0.84，远高于其他三种经典的单木分割方法。

3. 多源 LiDAR 点云单木分割——基于对象基元空间几何特征的车载 LiDAR 行道树提取

目前采用车载 LiDAR 技术进行行道树提取依然面临提取精度较低、鲁棒性较差、部分邻近树木难以有效分割等问题。针对这些问题，本书提出一种基于对象基元空间几何特征的车载 LiDAR 行道树提取方法。该方法首先采用基于多约束图形分割的方法将 LiDAR 点云划分为不同的对象基元，以此来减小计算量、提高实现效率。根据分割后对象基元的空间几何特征，实现树干点云提取。继而，采用空间连通分析法以树干点为基础进行初始单木分割。最后，通过计算点到根节点的最短路径实现单木优化分割。

4. 多源 LiDAR 点云单木分割——基于连通性标记优化的地基 LiDAR 单木分割方法

针对目前采用地基 LiDAR 进行单木分割的方法存在的在复杂林地区域欠分割或者过分割等问题，本书提出一种基于连通性标记优化的单木分割方法。首先，采用移动窗口进行局部极大值探测，实现候选树顶点探测。进而，对初始树顶点进行连通性生长，通过探测连通区域的最高点，实现树顶点的优化提取，避免局部极大值误判为树顶点。接着，采用基于标记的分水岭分割方法获取树木的初始分割结果。最后，基于单木密度的分布特性对欠分割的树木进行优化，获取准确的单木分割结果。本书采用 3 组不同区域的点云数据进行实验分析，实验结果表明本书方法在 3 个实验区域内均能获得良好的平均探测精度，且均优于 Mean Shift 单木分割方法和传统的基于标记的分水岭单木分割方法。

5. 单木建模——基于地基 LiDAR 自适应优化的单木定量结构模型构建方法

为实现单木自适应优化建模，首先使用双约束联合邻近生长方法将树木点云分割为若干局部对象基元，随后根据局部对象基元拟合半径与相对角度的变化情况对其进行优化调整以提高建模效率。在基于对象基元的空间连通性对单木点云进行分割得到各单枝后，使用代表对象基元的节点构建了树木拓扑网图结构。在建模过程中，各对象基元首先被拟合为子圆柱模型，随后基于网图结构自适应修正模型中的局部异常圆柱，再通过先验知识进一步优化了整体树木模型。实验结果表明，本书所提出方法能够取得良好的建模效果，所构建的模型体积与参考树木体积的平均偏差为 1.427m^3。

6. 树种识别——基于分形几何与定量结构模型特征向量优化的树种识别方法

主要基于地基 LiDAR 点云进行树种识别。首先从单木点云中挖掘了基于分形几何与定量结构模型的多维特征向量，为减少计算负担，提高算法效率，对提取的特征向量进行了分类相对重要性计算，初步剔除了部分在分类中重要性相对较低的特征。随后，根据每个特征向量的出现频次，选取出 8 个较优特征向量作为本书优选特征向量集合，在支持向量机中利用该集合得到最终的树种分类结果。实验结果表明，对于所采用的 5 个类别的 568 个实验单木样本，本书方法能够取得 93.31%的整体分类正确率。

7. 单木生物量估测——顾及树木类别的最优单木生物量估测模型构建

针对不同类别树木，本书根据其在不同生物量估测模型下的估测表现，选取了各树木类型对应最优估测模型，并量化分析了顾及树木类型的最优单木生物量估测异速生长模型与其他单一估测模型的表现差异。在本书研究中采用了四种经典的异速生长模型对多种类别单木生物量进行估测，定量分析了各估测模型对不同树木类型的实验样本的估测表现并得出针对各实验树种的最优估测模型。之后进一步量化分析了各树木类型在采用最优估测模型相较于采用同一估测模型时的估测表现提升情况。实验结果表明，相较于采用同一生物量估测异速生长模型，针对各树木类型采用其对应最优估测模型能够使估测偏差降低0.34~9.379kg。

8. 单木生物量估测——基于分形几何的单木生物量估测模型构建

传统的生物量估测模型在对不同的树种或不同的森林区域进行生物量估测时依然存在较大的偏差。此外，国内外鲜有采用全局视域指标获取较高生物量估测的相关理论研究。鉴于此，本书提出一种基于分形几何进行生物量估测的理论方法。本书首先通过融合分形几何理论、传统生物量估测理论及干材形数理论，揭示了分形几何与生物量估测之间的理论关系。与此同时，建立了基于分形几何参数(分形维与分形截距)的地表生物量(AGB)异速生长模型。该模型是基于传统AGB估测模型通过一步步推导而得出的，因此具有明确的物理意义。本书采用位于不同区域的101棵单木及对应的生物量实测真值进行实验分析。实验结果表明本书所构建的模型相较于传统的基于植被参数的模型，能够获得更高的AGB估测精度，相对均方根误差分别降低了41.3、10.2、8.1和9.9个百分点。本书同时分析了枝叶状况对生物量估测的影响，实验结果表明，本书方法针对不同的枝叶状况均能获得良好的生物量估测精度。

第 2 章　LiDAR 点云数据处理关键技术方法

本章针对 LiDAR 点云数据处理四个关键技术环节——点云去噪、点云滤波、点云分割、点云分类，介绍具体理论方法。由于受到外界环境和仪器自身的影响，所获取的点云数据往往包含噪声数据。因此，点云去噪是点云数据预处理的必要环节。本章将首先介绍一种基于空间密度与聚类的分步点云噪声去除方法。该方法将点云去噪过程分为两步，分别利用噪声点和有效点不同的特性，分步去除点状噪声和簇状噪声。点云去噪完成后，为实现诸多点云后处理应用，需要实现地面点云和地物点云分离，即点云滤波。因此，本章继而详细介绍了 3 种不同的点云滤波方法，分别为基于主动学习的点云滤波方法、基于高斯混合模型分离的点云滤波方法，以及基于对象基元全局能量最小化的点云滤波方法。此外，点云分割和点云分类也是点云数据处理的关键环节。点云分割，是诸多基于对象点云数据处理方法的基础步骤。为此，本章分别系统介绍了两种点云分割方法，一是结合 K-means 聚类的点云区域生长优化快速分割方法；二是基于多约束图形分割的对象基元获取方法。最后，针对点云分类，本章介绍了一种基于多基元特征向量融合的点云分类方法。本章将详细介绍不同基元特征向量的构建方法，以及不同机器学习方法的点云分类结果对比。

2.1　基于空间密度和聚类的分步点云噪声去除方法

噪声点根据其聚集特性可分为两类，第一类为点状噪声，点状噪声又分为高位噪声和低位噪声，特点为无规律且离散分布于整个测区。这类噪声由于 LiDAR 系统在激光发射和返回时产生距离异常值，或是接收了多次无效的激光漫反射造成的；第二类为簇状噪声点，特点为少数几个噪声点呈簇状聚集，这类噪声大部分是由于激光脉冲信号打在飞行物上导致的。

传统的去噪方法往往难以去除簇状噪声，这是因为簇状噪声是多个噪声点聚集而成的，在一定范围内簇状噪声点与周围点的距离和有效点与周围点的距离的差别不大，以及簇状噪声密度与有效点密度相近，难以区分。此外，有些去噪方法往往需要将点云数据转化成栅格格式，而转化过程中内插会给原始数据引入拟合误差，同样会给去噪结果带来干扰。为了解决上述问题，本节提出一种基于空间密度和聚类的方法。该方法使用原始点云数据，利用点状噪声密度小于有效点密度，及簇状噪声聚集数量小于有效点聚集数量的特点，可以有效去除点状噪声及簇状噪声。本节所提算法的流程可分为两个阶段，第一阶段基于空间密度去除点状噪声，第二阶段基于聚类进一步去除簇状噪声。具体流程如图 2.1 所示。

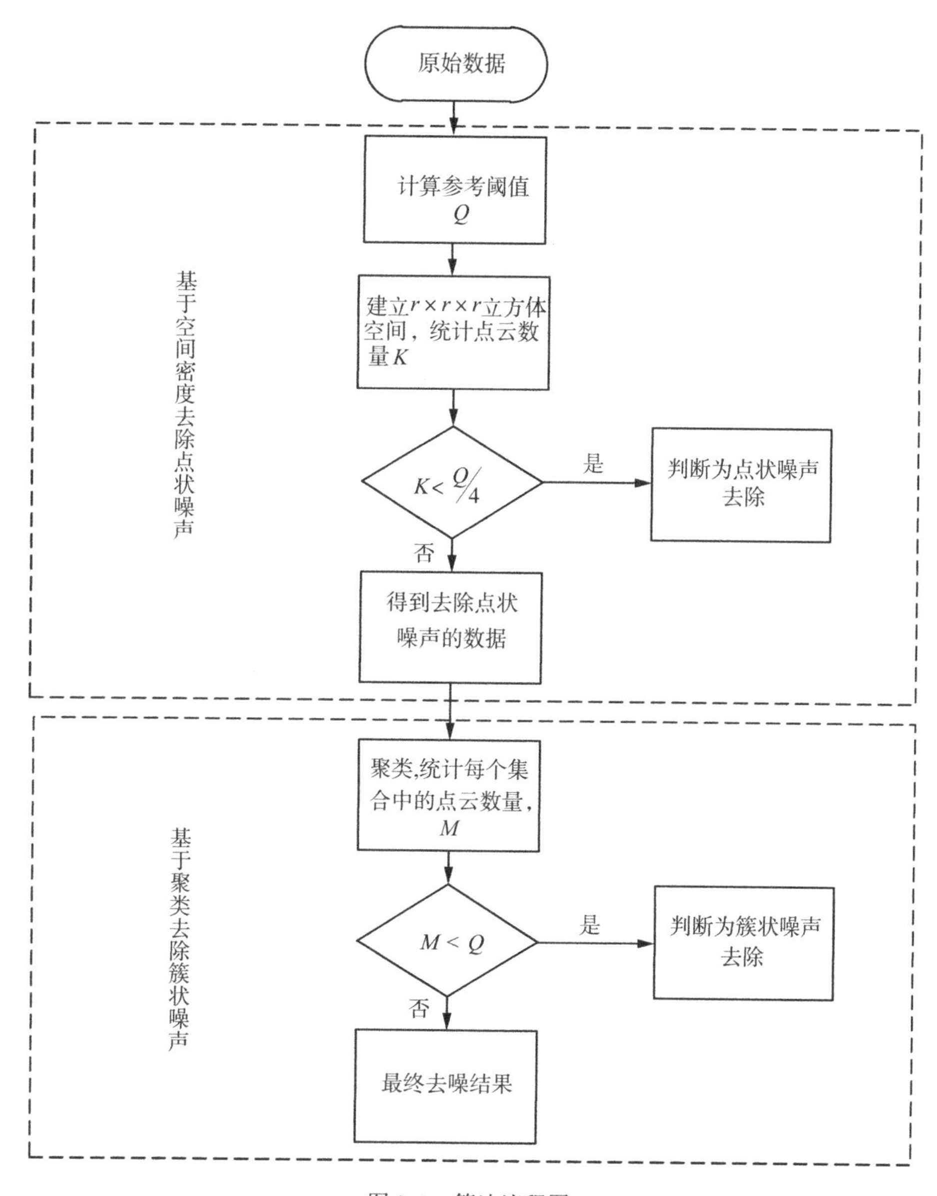

图 2.1　算法流程图

2.1.1 基于空间密度去除点状噪声

点状噪声与有效点云相比，其分布离散且无规律，利用该特点可设置空间密度阈值，去除密度小的点状噪声。由于点云数据不同，点云密度也是不同的，为了适用于各种不同点云密度的点云数据，在进行空间密度去噪前，先抽取点云数据总量10%的点云计算其点云密度，以代表整个点云数据的平均密度。统计其$r \times r \times r$立方体空间中点云平均数量Q，作为空间密度去噪法密度阈值的参考值。

定义一个$r \times r \times r$立方体空间，若当前判断点X_1坐标为X_1、Y_1、Z_1，则在点X_1的$r \times r \times r$立方体空间范围中任意一点的X、Y、Z坐标满足式(2.1)的条件。

$$\begin{cases} X \subset (X_1 - r,\ X_1 + r) \\ Y \subset (Y_1 - r,\ Y_1 + r) \\ Z \subset (Z_1 - r,\ Z_1 + r) \end{cases} \tag{2.1}$$

遍历该点云数据后将满足X_1，X_2，…，X_N坐标条件的点的总数进行累加，此时该点云数据包含于$r \times r \times r$立方体空间的点的平均数量Q可由式(2.2)获得。

$$Q = \frac{\sum_{N=1}^{N} K_N}{N} \tag{2.2}$$

式中，N为该点云数据点云数量的10%；K_N为存在于点X_N的$r \times r \times r$立方体空间中的点的总数。

得到Q的值后，遍历点云数据中的每一个点，求取该点的$r \times r \times r$立方体空间中的点云数量K，若小于阈值O，则判定为噪声点再去除。当O的取值过大会造成Ⅱ类误差过大，过小则可能达不到理想的去噪效果。经过多次实验结果对比，当O取$Q/4$时，去噪效果较理想。

2.1.2 基于聚类去除簇状噪声

经过第一阶段去噪后，部分点云数据仍然存在簇状噪声，因为簇状噪声密度与有效点密度相近，只利用密度这一特性无法将其有效区分。因此，第二阶段去噪的目的在于去除残留的簇状噪声。

基于聚类的去噪法的思想：将多个距离较近的点放在一个集合中，最终可以将整个点云数据根据距离分为多个集合，同时可以得知每个集合中包含的点云数量。由于簇状噪声点大部分是由于激光脉冲信号打在飞行物上造成的，因此其聚集的点的数量远远小于有效点的聚集数量。设定一个集合包含的点云数量阈值，即可将簇状噪声与其他有效点进行区分。簇状噪声点与有效点聚类的数量对比如图 2.2 所示。

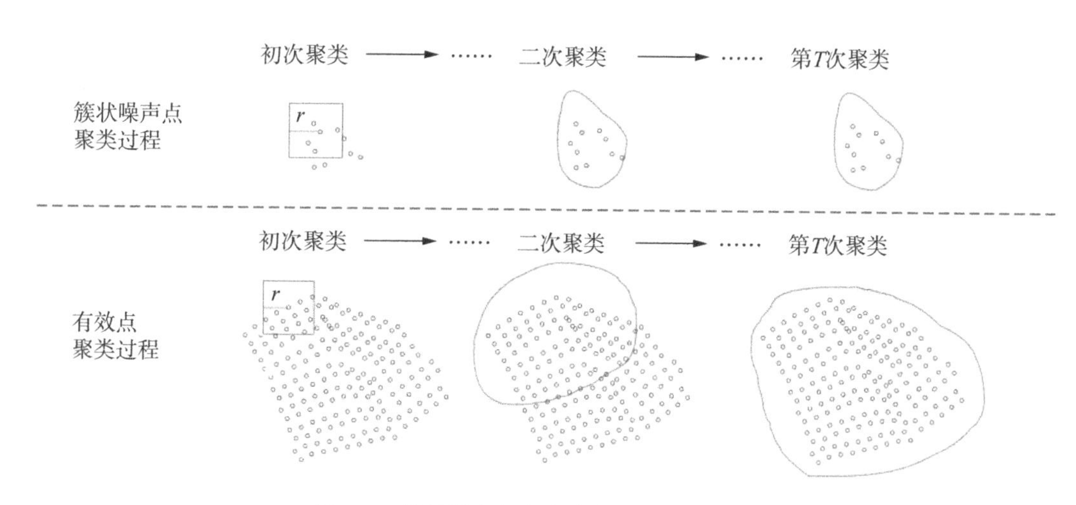

图 2.2　簇状噪声点和有效点聚类数量的对比

基于聚类的算法具体步骤如下：

(1) 读取初次去噪后的点云数据集合 I，集合 I 中此时的点云数量为 P。构建第一个读入点 x_0 的 $r \times r \times r$ 立方体空间，并将该区域内的点及点 x_0 放入同一个空集合 A_1 中，并将集合 A_1 从集合 I 中删除，此时为初次聚类，假设此时聚类加入的点数为 M_1，则此时集合 A_1 内新加入的 M_1 个点的坐标(x_1，y_1，z_1) 满足式(2.3) 的条件，集合 I 中剩余的点的数量 P_s 如式(2.4) 所示。

$$\begin{cases} x_k \subset (x_{k-1} - r,\ x_{k-1} + r) \\ y_k \subset (y_{k-1} - r,\ y_{k-1} + r) \\ z_k \subset (z_{k-1} - r,\ z_{k-1} + r) \end{cases} \tag{2.3}$$

式中，k 为聚类次数，此时 $k = 1$。x_0、y_0、z_0 为第一个读入点的坐标。

$$P_s = P - \left(1 + \sum_{k=1}^{k} M_k\right) \tag{2.4}$$

式中，k 为聚类次数，此时 $k = 1$。M_k 为第 k 次聚类加入集合 A_1 的点的个数。

(2) 进行第二次聚类，遍历集合 I 中剩余的点，将坐标符合式(2.3) 的点加入集合 A_1 中，并将加入集合 A_1 中的 M_2 个点从集合 I 中删除，此时集合 A_1 中总点数 M 如式(2.5) 所示。

$$M = 1 + \sum_{k=1}^{k} M_k \tag{2.5}$$

(3) 判断上一次聚类是否有点加入集合 A_1。判断条件如式(2.6)，若 $m > 0$，则表示在上一次聚类中有点加入集合 A_1，则继续下一次聚类，将集合 I 中剩余满足式(2.3)的点加入集合 A_1 中，并将新加入的 M_k 个点从集合 I 中删除。

$$m = M - \left(1 + \sum_{k=1}^{k} M_k\right) \tag{2.6}$$

(4) 循环步骤(3)，直到 $m = 0$，此时集合 A_1 是集合 I 中第一个完成聚类的点云集合，并且已经从集合 I 中删除。

(5) 判断集合 A_1 的点云数量是否大于阈值。这里阈值的取值为第一阶段计算出的参考阈值 Q，若大于阈值，则将集合 A_1 加入空集 B 中，若否，则不进行该操作。

(6) 判断集合 I 点云剩余数量 P_s 是否大于0：若是，则重复步骤(1) ~ (5)；否则算法结束。最终点云数据被分类为集合 A_1、集合 A_2…… 集合 A_i 数个不同点云数量的集合，其中点云数量大于阈值的集合加入集合 B，集合 B 则为不包含簇状噪声的点云数据。

2.1.3 实验数据

为检验本节所提去噪算法的有效性，选用 ISPRS 网站中提供的 3 组数据进行试验（https://www.itc.nl/isprs/wgIII-3/filtertest/downloadsites/）。该试验点云数据由 Optech ALTM 机载 LiDAR 系统获取，点间距在 1~1.5m。3 组测试样本包含不同的地形特征，例如样本 samp21 包含桥梁、不规则建筑物、低矮植被等，共 12960 个点；样本 samp24 包含大型建筑物和阶梯地形，共 7492 个点；样本 samp41 包含数据空白、不规则建筑物，共 11231 个点[203]。这 3 组样本数据都包含高位噪声与低位噪声、点状噪声及簇状噪声，如图 2.3 所示，因此，十分有利于检验本节所提去噪算法的有效性和鲁棒性。

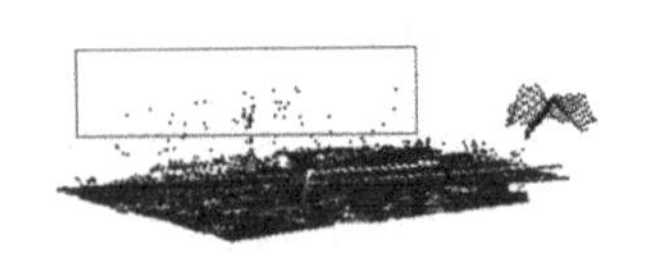

(a) samp21视图

(b) samp24视图

(c) samp41视图

图 2.3　实验数据视图

2.1.4　实验结果

本节提出的去噪算法分为两个阶段，第一个阶段基于空间密度的思想去除点状噪声；第二个阶段基于聚类的思想，不以增大Ⅱ类误差为代价，将第一个阶段未去除的簇状噪声去除。评判标准由Ⅰ类误差(Type Ⅰ)、Ⅱ类误差(Type Ⅱ)及总误差(Total)决定。公式如式(2.7)所示。

$$\begin{cases} \text{Type I} = \dfrac{a}{a+b} \\ \text{Type II} = \dfrac{c}{c+d} \\ \text{Total} = \dfrac{a+c}{a+b+c+d} \end{cases} \tag{2.7}$$

式中，a 为噪声点错误判定为有效点的点数；b 为噪声点正确判定为噪声点的点数；c 为有效点错误判定为噪声点的点数；d 为有效点正确判定为有效点的点数。

表 2.1 为 3 组实验数据初次去噪和二次去噪的精度评价结果。由以上数据可以看出，经过二次去噪后 3 组实验数据中的Ⅰ类误差得到有效降低，总误差略微降低。其中 samp21 和 samp24 两组数据在其Ⅱ类误差不增大的情况下降低了Ⅰ类误差，虽然 samp41 的Ⅱ类误差有所上升，但是其Ⅰ类误差得到大幅减小，并且总误差也得到降低。samp21 与 samp41 两组实验数据的Ⅰ类误差有较大的减小，是因为在初次去噪时存在未去除的簇状噪声点。samp24 实验组的Ⅰ类误差的降低程度较小，是因为大部分噪声是点状噪声，在初次去噪时已经得到较理想的效果。综合三组实验数据评价结果，可以发现二次去噪能尽量在保证Ⅱ类误差不增大的情况下有效减小Ⅰ类误差。

表 2.1　初次去噪与二次去噪精度评价

样本	初次去噪			二次去噪		
	Ⅰ类误差(%)	Ⅱ类误差(%)	总误差(%)	Ⅰ类误差(%)	Ⅱ类误差(%)	总误差(%)
samp21	29.14	2.33	2.96	6.95	2.33	2.44
samp24	9.55	1.82	2.00	6.74	1.82	1.94
samp41	25.00	1.50	2.35	7.09	1.85	2.04

3 组实验数据两次去噪后的效果图对比如图 2.4 所示。由 3 组实验数据 samp21、

samp24 以及 samp41 两次去噪对比图可以看出，初次去噪后，大量的孤立噪声点可以得到有效去除，但部分簇状噪声点仍然未能有效去除。这是因为簇状噪声点不同于孤立噪声点，点云分布较集中，故很难通过空间密度约束将该类噪声进行有效剔除。但通过聚类分析后，点云会聚集成不同的集合，根据簇状噪声点集合数量一般较少的特点，能够将该类噪声点与有效点进行区分并剔除。

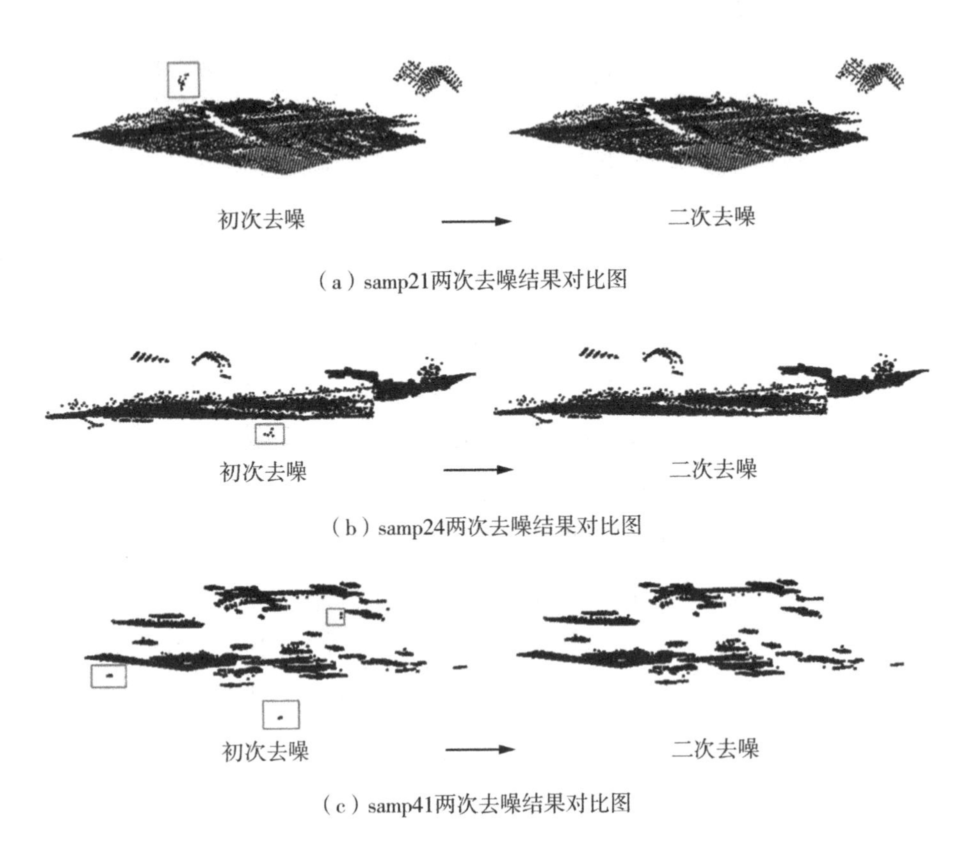

（a）samp21两次去噪结果对比图

（b）samp24两次去噪结果对比图

（c）samp41两次去噪结果对比图

图 2.4　三组实验数据两次去噪结果对比图

2.1.5　对比分析

本节采用 Cloud Compare 软件（https：//www.danielgm.net/cc/）自带的 Statistical Outlier Removal（SOR）去噪方法进行比较，SOR 去噪方法的原理：求判断点到其 N 个最邻近点的距离的平均值，将某些距离平均值超过总体点云距离平均值一定范围的点作为噪声点去除[35]。图 2.5、图 2.6 及图 2.7 是 3 组实验数据使用 SOR 去噪方法与本节所提去噪方法的结果对比图。

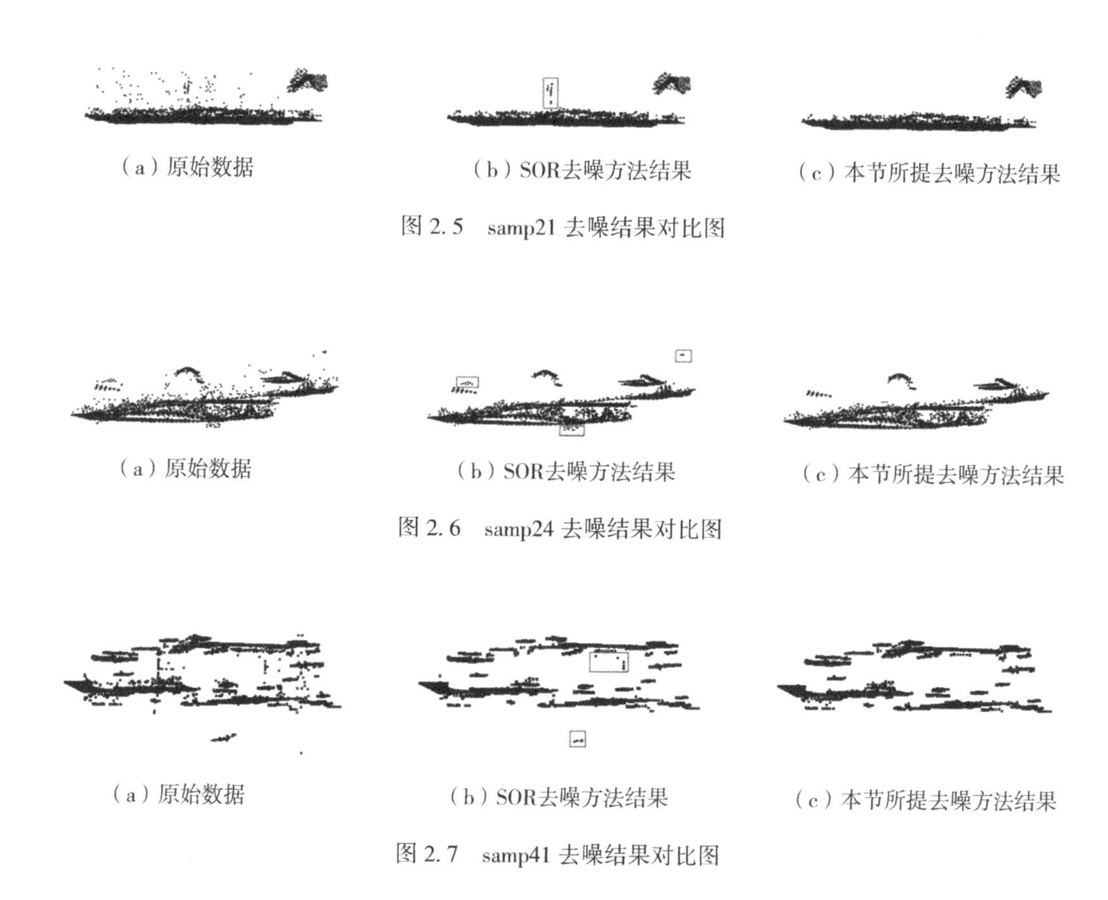

（a）原始数据　（b）SOR去噪方法结果　（c）本节所提去噪方法结果

图 2.5　samp21 去噪结果对比图

（a）原始数据　（b）SOR去噪方法结果　（c）本节所提去噪方法结果

图 2.6　samp24 去噪结果对比图

（a）原始数据　（b）SOR去噪方法结果　（c）本节所提去噪方法结果

图 2.7　samp41 去噪结果对比图

通过图 2.5、图 2.6 和图 2.7 的(a)组原始数据与(b)组使用 SOR 去噪方法的数据对比，可以看出 SOR 去噪方法能够有效地去除点状噪声，但是无法去除簇状噪声。通过图 2.5、图 2.6 和图 2.7 的(a)组原始数据、(b)组使用 SOR 去噪方法的数据与(c)组本节所提去噪方法的结果作对比，可以发现本节所提去噪方法不仅可以去除点状噪声，还能有效地去除簇状噪声。

表 2.2 为 SOR 去噪方法与本节所提去噪方法的误差对比。通过表 2.2 可以看出 SOR 去噪方法Ⅱ类误差较本节提出的去噪方法的Ⅱ类误差大，Ⅱ类误差越大表明去噪力度越大，在去除更多噪声的同时也将许多有效点判定为噪声点去除；本节所提去噪方法Ⅰ类误差较 SOR 去噪方法Ⅰ类误差小，Ⅰ类误差越小表明去除的噪声点比例越大。结合两者来看，SOR 去噪方法不能有效去除簇状噪声，且容易过度去除有效点，而本节所提的去噪方法不仅能去除簇状噪声，还能保护有效点不被过度去除。

表 2.2 SOR 去噪方法与本节所提去噪方法误差对比

样本	SOR			本节方法		
	Ⅰ类误差(%)	Ⅱ类误差(%)	总误差(%)	Ⅰ类误差(%)	Ⅱ类误差(%)	总误差(%)
samp21	24.50	4.15	4.62	6.95	2.33	2.44
samp24	20.22	2.40	2.83	6.74	1.82	1.94
samp41	32.84	3.87	4.92	7.09	1.85	2.04

2.1.6 小结

点云噪声会对点云后处理应用带来极大的干扰，为能有效去除点状噪声和簇状噪声，本节提出一种基于空间密度和聚类思想的分步去噪方法。该方法初次去噪利用噪声点密度远小于有效点密度的特点，以求出的参考阈值作为参考，设置密度下限将点状噪声去除；二次去噪使用初次去噪的数据，将点云数据分为数个集合，将点云数量过少的集合判定为簇状噪声去除，从而得到最终结果。经实验表明，本节提出的去噪方法可以有效去除多种复杂地形中的点状噪声及簇状噪声，而且不会滤除有效点，对原有地形进行破坏。在与 SOR 去噪方法的对比中也可以看出，本节提出的去噪方法能够获得更小的去噪误差，并且鲁棒性较高。虽然本节提出的方法可以获得较高的去噪精度，但在参数的设置上仍然存在一定的经验性，如何实现去噪阈值自适应获取将是本节接下来的研究重点。

2.2 基于主动学习的 LiDAR 点云滤波方法

实现大多数的点云后处理应用往往需要首先将地形点与地物点进行有效分离，进而建立数字地面模型(DTM)，此过程通常称为点云滤波。虽然滤波方法有很多，但依然存在以下的研究难点和挑战：滤波算法在平坦区域的滤波效果较好，而在地形坡度变化较大区域的滤波效果较差；需要复杂的参数设置，滤波算法的自动化程度较低；鲁棒性较差，难以适应复杂的地形环境。目前，人工智能方法发展火热，部分学者将机器学习方法或者深度学习方法应用到点云滤波中，取得了不错的滤波效果。但此类监督学习方法最大的问题在于需要大量的样本标记，过多的样本标记是耗时且费力的。因此，需要探究训练样本自动化标记方法，实现点云无监督滤波，获得精度较高、鲁棒性较好的点云滤波结果。为实现这一目的，本节提出一种基于主动学习的 LiDAR 点云滤波方法。

本节所提方法的实现流程如图 2.8 所示。由于噪声点会对点云后续的特征提取以及 SVM 分类造成干扰，故首先要探测并剔除低位噪声点。然后，采用多尺度形态学运算自动获取并标记训练样本集($T^k=\{V_i, L_i\}_{i=1}^{m}$)。进而，对训练样本集进行特征提取并建立 SVM 模型。然后，采用训练模型对候选样本集($U^k=\{V_i\}_{i=m+1}^{m+u}$)进行分类，分为候选地面点集（$\{G\}$）和候选非地面点集（$\{NG\}$）。本节将神谕(oracle)设置为候选点集至拟合曲面距离的 S 型函数。每次迭代分别从 $\{G\}$ 和 $\{NG\}$ 中各选取 q 个点加入训练样本集 T^k 中并更新训练模型。一直迭代，直到候选地面点集的个数 u^G 和候选非地面

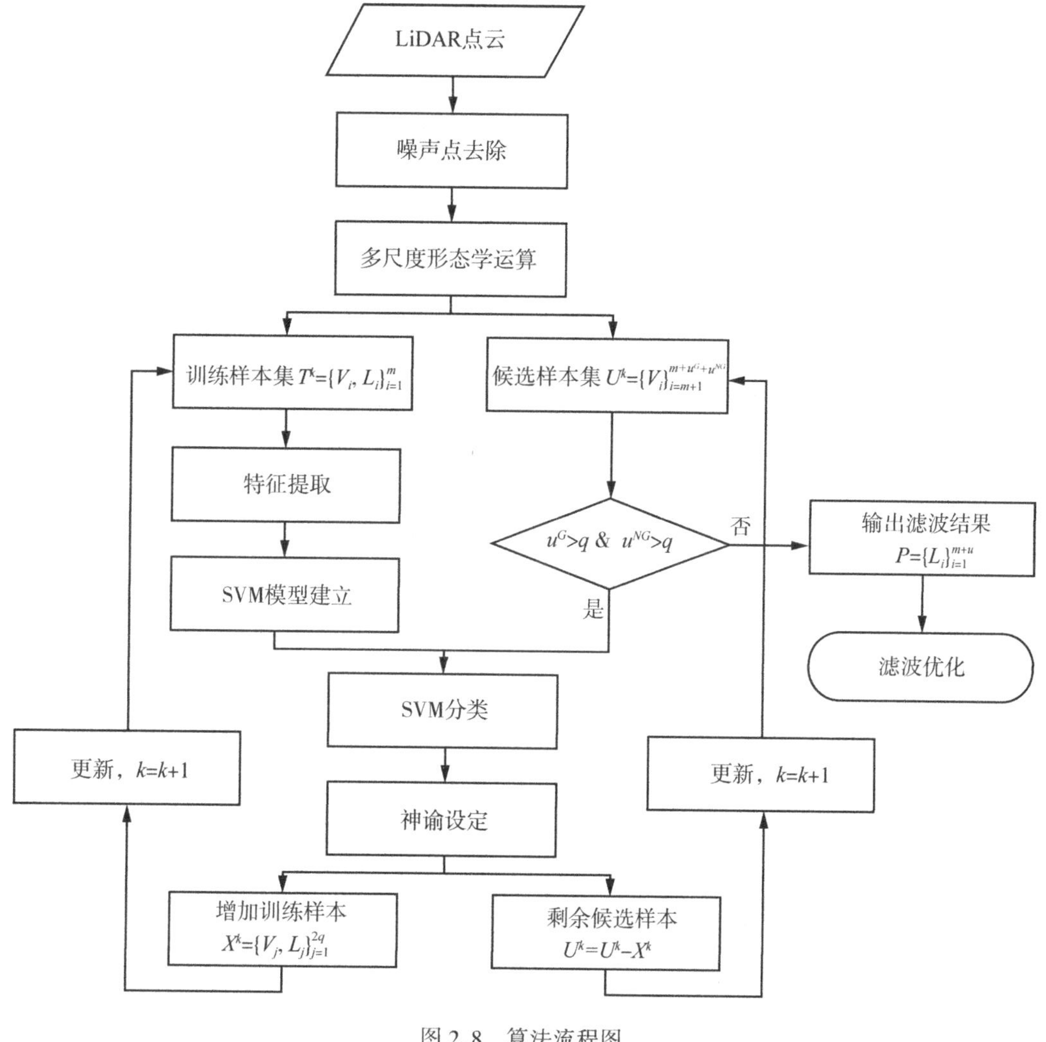

图 2.8　算法流程图

点集的个数 u^{NG} 中的点云个数均不再大于 q 为止。最后，将最新训练模型的分类作为点云滤波结果。具体包括以下四个步骤：①低位噪声点剔除；②初始训练样本获取与标记；③点云特征提取建立 SVM 模型；④神谕设定与样本选取；⑤滤波优化。

2.2.1 噪声点剔除

由于受到仪器自身或者外界环境的影响，所获取的点云数据中往往包含噪声点。噪声点存在，尤其是低位噪声点(图 2.9(b))会对点云接下来的处理操作带来干扰。如许多滤波方法往往假定局部最低点为地面点，低位噪声点的存在会对滤波结果带来严重误判。此外，噪声点的存在也会对特征提取带来干扰，影响模型建立精度。因此，首先需要去除低位噪声点。

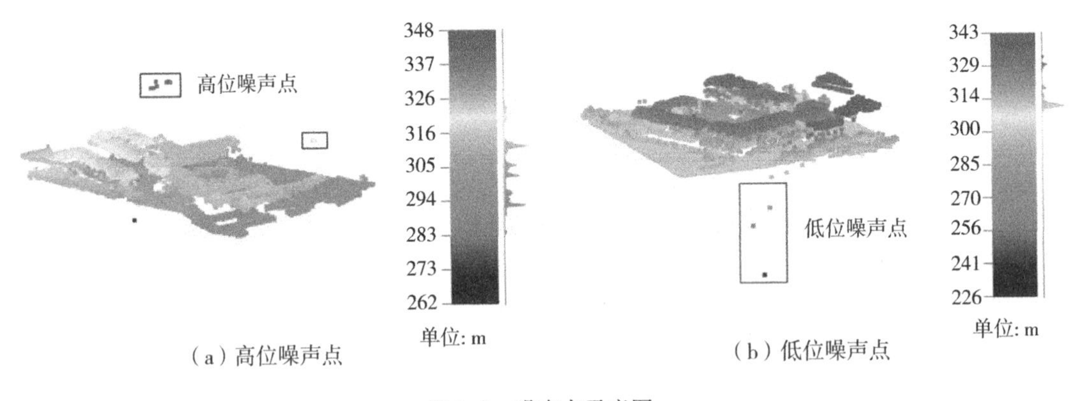

(a) 高位噪声点　　(b) 低位噪声点

图 2.9　噪声点示意图

本节采用图像处理方法来实现噪声点去除，算法流程如表 2.3 所示。首先，将三维点云数据 data(x, y, z) 转换为二维栅格数据 DSM(i, j)，保留转换映射关系 R。然后，对 DSM(i, j) 进行均值滤波得到 $\overline{\mathrm{DSM}}(i, j)$。对比 DSM($i$, j) 和 $\overline{\mathrm{DSM}}(i, j)$ 之间各个栅格特征值的变化量，将 DSM(i, j) 中变化量大于阈值栅格的特征值替换为均值滤波的结果(表 2.3)，公式如下：

$$\mathrm{DSM}(i, j) = \{\overline{\mathrm{DSM}}(i, j) \mid \mathrm{abs}(\overline{\mathrm{DSM}}(i, j) - \mathrm{DSM}(i, j)) > T_1\} \tag{2.8}$$

式中，abs(·) 为绝对值；T_1 为栅格特征值变化阈值。然后，按照数据转换映射关系 R 对 DSM(i, j) 进行逆变换，得到 data(x, y, $\hat{z}$)。对比各个点的观测高程值 z 和滤波后的高程值 $\hat{z}$，将差值大于阈值的点判定为噪声点并剔除。

表 2.3　点云去噪算法流程图

输入：三维点云数据 data(x, y, z)
过程： 1. 点云数据变换：data$(x, y, z) \xrightarrow[\Rightarrow]{R}$ DSM(i, j) 2. 均值滤波：$\overline{\mathrm{DSM}}(i, j) = \mathrm{mean}(\mathrm{DSM}(i, j))$ 3. 均值替换：$\mathrm{DSM}(i, j) = \{\overline{\mathrm{DSM}}(i, j) \mid \mathrm{abs}(\overline{\mathrm{DSM}}(i, j) - \mathrm{DSM}(i, j)) > T_1\}$ 4. 点云数据逆变换：DSM$(i, j) \xrightarrow[\Rightarrow]{R}$ data$(x, y, \hat{z})$ 5. 噪声点探测：$\mathrm{noise} = \{\mathrm{data}(x_i, y_i, z_i) \mid \mathrm{abs}(z_i - \hat{z}_i) > T_2\}$
输出：去噪结果 data ← data \ noise

2.2.2　初始训练样本获取与标记

传统的监督学习方法虽然能够获得不错的滤波精度，但需要大量的样本标记，不仅耗时费力而且算法自动化程度较低。如何在无人为干预情况下实现非监督学习，自动获取并标记正、负训练样本(即地面点和地物点)是本节研究的重点。本节采用多尺度形态学运算实现非监督学习。

采用不同尺度的滤波窗口进行形态学开运算，可以获得不同的滤波结果。从图 2.10 可以看出，当采用大尺寸的滤波窗口时(图 2.10(b))，虽然能够有效地滤除大型建筑物，但无法保护地形细节(如小的地形凸起被滤除)。当采用小尺寸的滤波窗口时(图 2.10(c))，虽然小的地形凸起得到了保护，但部分建筑物并未滤除。从另一个角度分析，若采用大窗口进行形态学滤波，虽然部分凸起地形会被滤除，但未被滤除区域的地面点却是准确的，如图 2.10(b)实线区域部分所示。若采用小窗口进行形态学滤波，虽然部分建筑物未被滤波，但滤除的建筑物部分可以保证是真实的地物点，如

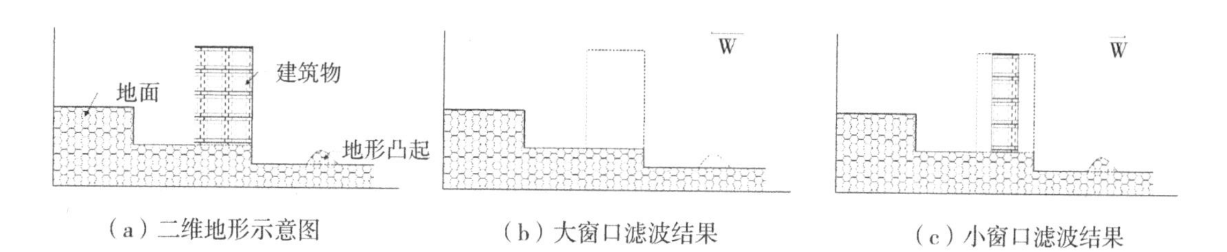

(a) 二维地形示意图　(b) 大窗口滤波结果　(c) 小窗口滤波结果

图 2.10　多尺度形态学滤波结果

图 2. 10(c)中的虚线部分所示。鉴于此，可以分别采用大窗口(50×50)和小窗口(3×3)进行形态学滤波，将大窗口形态学滤波结果中的地面点作为初始训练正样本，而将小窗口形态学滤波结果中的地物点作为初始训练负样本。

2. 2. 3　点云特征提取建立 SVM 模型

本节采用通用性更强的几何特征向量作为训练模型的输入值。几何特征向量主要由两部分组成，一部分是基于局部结构协方差张量计算得到，另一部分则基于点云的高程值计算得到。

遍历各个训练样本点，通过构建 kd 树找到各点的 k 个邻近点集合 $Kn(p)$，继而利用这 k 个邻近点集合计算各样本点的局部结构协方差张量：

$$\mathrm{Cov}_p = \frac{1}{k}\sum_{i=1}^{k}(p_i - \bar{p})(p_i - \bar{p})^{\mathrm{T}} \tag{2.9}$$

式中，$\bar{p}$ 为邻近点集合 $Kn(p)$ 的中心点，公式计算如下：

$$\bar{p} = \arg\min_p \sum_{i=1}^{k} \| p_i - p \| \tag{2.10}$$

协方差 Cov_p 为正定矩阵，可以计算得到该矩阵的3个特征值 $\lambda_0 \geqslant \lambda_1 \geqslant \lambda_2 \geqslant 0$，以及对应的特征向量 e_0、e_1 和 e_2。利用这三个特征值和三个特征向量可以分别计算得到各向异性、平面性、线性、点性、曲面变化性、垂直性，公式表示如下：

各向异性：
$$\frac{\lambda_0 - \lambda_2}{\lambda_0} \tag{2.11}$$

平面性：
$$\frac{\lambda_1 - \lambda_2}{\lambda_0} \tag{2.12}$$

线性：
$$\frac{\lambda_0 - \lambda_1}{\lambda_0} \tag{2.13}$$

点性：
$$\frac{\lambda_2}{\lambda_0} \tag{2.14}$$

曲面变化性：
$$\lambda_2 \tag{2.15}$$

基于点云的高程值可以计算另一部分的特征向量，公式表示如下：

高程变化幅度：
$$Z_{\max}\{Kn(p)\} - Z_{\min}\{Kn(p)\} \tag{2.16}$$

低点度：
$$Z_p - Z_{\min}\{Kn(p)\} \tag{2.17}$$

高点度：
$$Z_{\max}\{Kn(p)\} - Z_p \tag{2.18}$$

2.2.4 神谕设定与样本选取

在主动学习(Active Learning, AL)中，学习器可以“主动地”向学习器之外的某个神谕(oracle)进行查询来获得训练例的标记，然后将这些有标记的示例作为训练例来进行监督学习。因此，需要研究正确、恰当的神谕设置方法，以获得越来越精确的点云滤波结果。

本节将神谕设置为各待定点到拟合曲面距离的sigmoid函数，公式表示如下：

$$\begin{cases} f(p) = Z_p - \sum_{i=1}^{n} \lambda_i \phi(\| p - p_i \|) \\ S(f) = \dfrac{1}{1 + e^{-f}} \end{cases} \tag{2.19}$$

式中，p 为待定点；Z_p 为该点的观测高程值；$\sum_{i=1}^{n} \lambda_i \phi(\| p - p_i \|)$ 为采用径向基函数(Radial Basis Function, RBF)进行曲面拟合，如图2.11曲线所示。$f(p)$ 为点 p 到拟合曲面的距离。然后，按照表2.4的主动学习算法流程，每次迭代分别从地面点集 $\{G\}^k$ 中选出 q 个 $S(f)$ 最小的点作为地面点，从地物点集 $\{NG\}^k$ 中选出 q 个 $S(f)$ 最大的点作为地物点，加入训练样本集合。更新训练模型，一直迭代直到地面点集和地物点集中点的个数不再大于 q 为止。

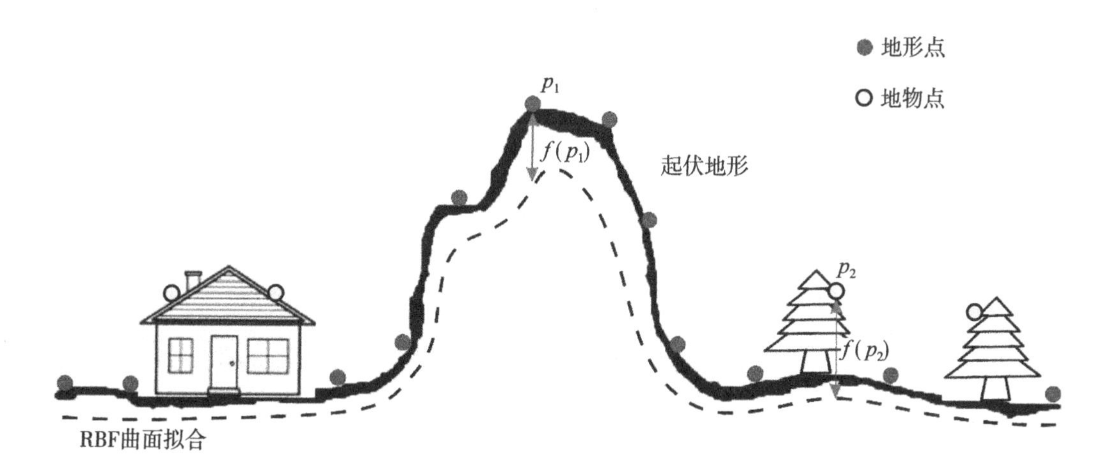

图2.11 神谕设置示意图

表2.4　主动学习下点云滤波算法流程

输入：

1. 初始训练样本集 $T^k = \{V_i, L_i\}_{i=1}^{m}$，$V_i$ 为点 p_i 所对应的特征向量，L_i 为样本标记，0为地面点，1为地物点，m 为初始训练样本个数，k 为迭代次数，初始化为1。

2. 待分类点集 $U^k = \{V_i\}_{i=m+1}^{m+u}$，$u$ 为待分类点个数。

Repeat：

1. 利用训练样本集 $T^k = \{V_i, L_i\}_{i=1}^{m}$ 建立支持向量机(SVM)模型，获取待分类点集 U^k 的分类结果 $\{G\}^k$ 和 $\{NG\}^k$，两个点集的个数分别为 u^G 和 u^{NG}。

2. 按照神谕设置方法，分别计算 $\{G\}^k$ 和 $\{NG\}^k$ 中各点的S型函数值 $S(f)$，并进行排序；

3. 分别从 $\{G\}^k$ 中取出 q 个 $S(f)$ 最小的点，从 $\{NG\}^k$ 中选出 q 个 $S(f)$ 最大的点，加入训练样本集合 T^k 中，$k = k + 1$；

4. 判断待分类点 u^G 和 u^{NG} 是否均大于 q，若不再大于，则跳出循环。

End

输出：

点云滤波结果 $P = \{L_i\}_{i=1}^{m+u}$。

2.2.5　滤波优化

本节通过计算点基元的特征向量来建立SVM模型，进而实现对点云数据的分类。但基于点基元获取特征向量往往存在误差，因此分类的结果有可能出现误判。本节采用基于坡度的方法来对分类结果进行优化。

如图2.12所示，(a)为SVM模型分类后的滤波结果。为进一步优化滤波结果，本节首先对滤波结果进行格网剖分，如图2.12(b)所示。然后获取各个格网内的最低点作为地面种子点。继而，利用这些地面种子点采用RBF函数对点云中的各个点 $(p_i(x_i, y_i, z_i), i = 1, 2, \cdots, n)$ 进行高程差值拟合计算，获取各个点的拟合高程值 $\hat{z}_i$，如图2.12(c)所示。然后，根据拟合曲面计算获取各个点所对应的横纵方向的坡度变化值 (s_i^u, s_i^v)。依次遍历点云数据，将满足式(2.20)的点判定为非地面点并进行移除。

$$\text{non\_gps} = \{p_i \mid z_i - \hat{z}_i > te + ((s_i^u)^2 + (s_i^v)^2), \quad i = 1, 2, \cdots, n\} \tag{2.20}$$

式中，z_i 为各个点的观测值；$\hat{z}_i$ 为对应的拟合高程值；te 为阈值常量，表示平均相邻地面点至拟合曲面的距离。

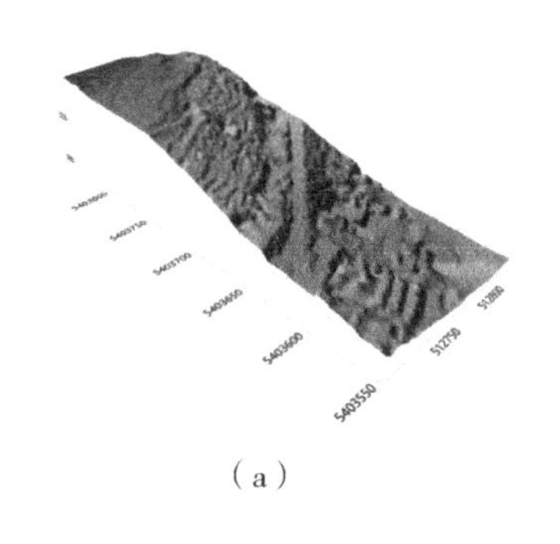
(a)

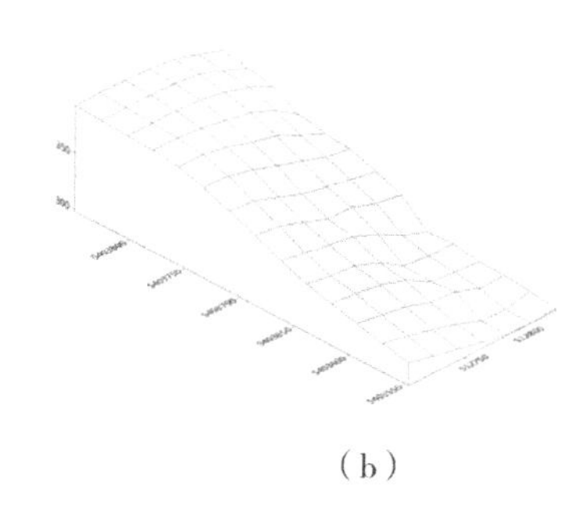
(b)

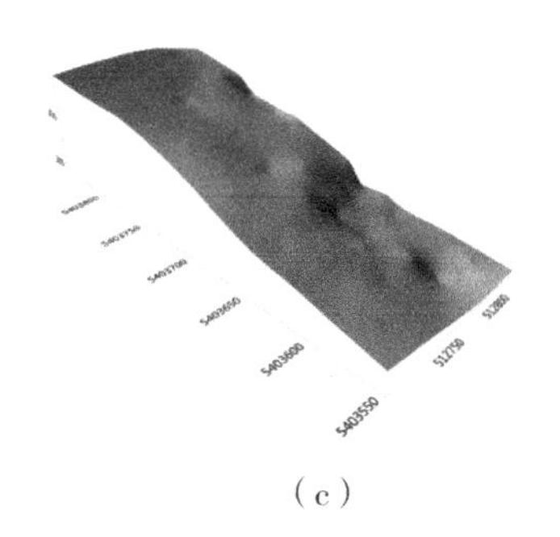
(c)

图 2.12　滤波优化示意图

2.2.6　实验结果与分析

本节采用国际摄影测量与遥感学会(ISPRS)提供的专门用于检验滤波效果的 3 组数据(sample11、sample12、sample21)进行实验分析(https://www.itc.nl/isprs/wgIII-3/filtertest/)。这 3 组实验数据由 Optech ALTM 三维激光扫描仪获取，点间距为 1~1.5m。这 3 组实验数据包含不同的地形、地貌特征，因此有利于检验滤波方法在不同环境下的滤波效果[203]。如图 2.13(a)所示，sample11 区域地形坡度变化较大，存在较密集的植被，并且斜坡上建有房屋。sample12 区域主要滤波难点在于存在复杂的建筑物(图 2.13(b))，有利于检测滤波方法在主城区的滤波效果。对于大多数滤波算法，与地形相连的地物(如桥梁)一般较难被剔除，通过对 sample21(图 2.13(c))进行实验，能检测本节方法是否能够有效滤除此类地物。

图 2.14、图 2.15 和图 2.16 分别为 3 组实验数据滤波前后的对比图。其中，(a)为各个样本数据生成的数字表面模型(Digital Surface Model，DSM)，(b)为由人工选取的准确的地面点生成的数字地面模型(DTM)，(c)为由本节方法获取的地面点生成的数字地面模型(DTM)。从图中可以看出本节的滤波结果十分接近准确的滤波结果，在 3 种不同的复杂地形环境下均能获得不错的滤波效果。sample11 中的低矮植被，斜坡上的房屋，sample12 中的复杂建筑物以及 sample21 中与地形相连的桥梁都得到有效的去除。由此可以看出，本节方法能够适应多种复杂的地形环境，滤波方法具有较强的鲁棒性。

为了更加客观地评价本节滤波方法，选用 Ⅰ 类误差(Type Ⅰ)、Ⅱ 类误差(Type Ⅱ)和总误差(Total)进行定量评价。Ⅰ 类误差又称为拒真误差，是指地面点误判为地物点的比例；Ⅱ 类误差又称为纳伪误差，是指地物点误判为地面点的比例；总误差值指所有误判点所占的比例。如表 2.5 所示，建立滤波结果的交叉矩阵，并按照式

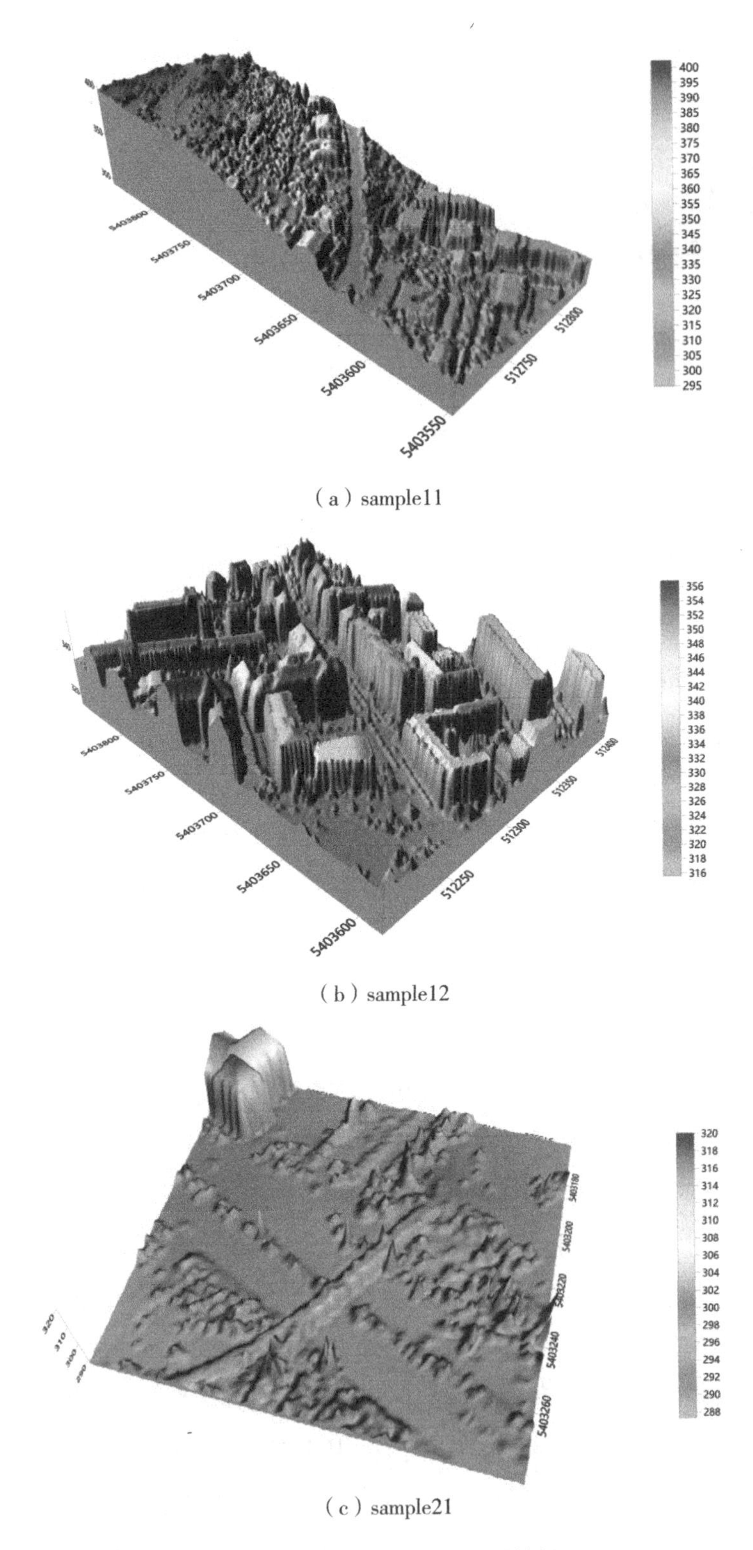

（a）sample11

（b）sample12

（c）sample21

图 2.13　三组实验数据的地形特征

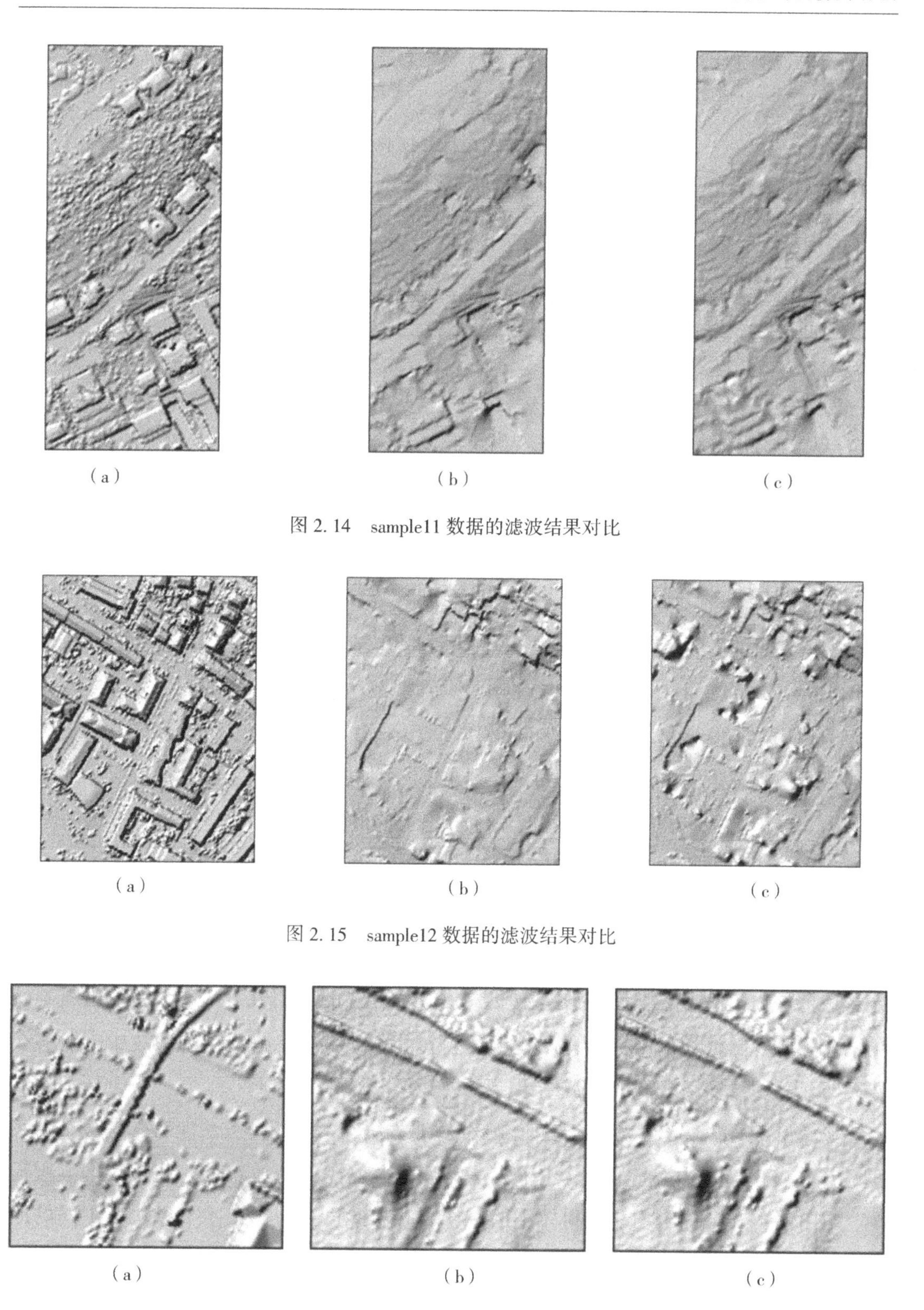

（a）　（b）　（c）

图 2.14　sample11 数据的滤波结果对比

（a）　（b）　（c）

图 2.15　sample12 数据的滤波结果对比

（a）　（b）　（c）

图 2.16　sample21 数据的滤波结果对比

(2.21)~式(2.23)计算三类误差。

表 2.5 交叉矩阵

		滤波结果	
		地面点	非地面点
准确结果	地面点	a	b
	非地面点	c	d

$$\text{Type I} = \frac{b}{a+b} \tag{2.21}$$

$$\text{Type II} = \frac{c}{c+d} \tag{2.22}$$

$$\text{Total} = \frac{a+b}{a+b+c+d} \tag{2.23}$$

本节方法的滤波结果及近年来一些代表性滤波方法的三类误差对比结果如表 2.6~表 2.8 所示。Jahromi 等[204]将 ANN 应用于点云滤波中。Mongus 和 Zalik[55]通过进行薄板样条(TPS)来实现点云滤波。Zhang 和 Lin[205]采用分割点云的方式来改进传统的渐进加密不规则三角网(PTD)算法。Li 等[50]提出一种改进的高帽滤波方法以保护地形细节。Hui 等[51]将传统的曲面拟合滤波法和形态学滤波法进行结合，获得了不错的滤波效果。Hu 和 Yuan[206]将 CNN 应用于点云滤波中取得了不错的滤波结果。需要指出的是，表 2.6 给出的是该方法在采用十组训练数据建立模型的分类结果。如果采用 1.7 亿个样本数据进行训练，能够获得更小的滤波误差[207]。Li 等[208]提出了一种不需要指定最大滤波窗口的形态学滤波改进方法，提升了算法的适用性。Ni 等[209]采用图割的方法来实现点云滤波。Rizaldy 等[207]将全卷积网络(FCN)应用于点云滤波中，能够在少量训练样本下获得较高的滤波结果。

从表 2.6 可以看出，相较于其他 10 种滤波方法，本节所提方法能够获得最小的平均总误差(5.51%)。由此可见，本节方法能够获得较高的滤波精度。此外，本节所提方法在 3 种样本数据上均能获得较小的总误差。由此可以得出，本节方法对不同的地形环境具有较强的适应性。从表 2.7 和表 2.8 可以看出，本节滤波方法的平均 I 类误差(6.68%)和平均 II 类误差(4.84%)较接近，表明本节方法既能有效去除非地面点，又能有效地保护地形细节信息不被破坏。图 2.17 为 3 组实验数据的误差分布图。从图中可以清楚地看出，sample11 的 I 类误差和 II 类误差都相对较大，这主要是因为 sample11 的地形坡度变化较大，部分地形凸起区域被误判为非地面点而被剔除，形成 I 类误差；部分建筑物屋顶与地形相连，被误判为地面点，形成 II 类误差。在 sample12 区域，部分低矮地物未被正确剔除，使得 II 类误差较大。sample21 区域地形较平坦，只要少部分点被错分，滤波结果十分接近正确结果，滤波总误差也最小（1.23%）。

由此可以得出，本书方法在地形平坦区域的滤波效果较好，而在地形坡度变化较大区域的滤波效果较差。此特点也与其他的大多数滤波方法相符[203]。

表 2.6　总误差对比结果

	sample11	sample12	sample21	均值
Jahromi 等(2011)	19.83	6.10	2.75	9.56
Mongus 等(2012)	11.01	5.17	1.98	6.05
Zhang 等(2013)	18.49	5.92	4.95	9.79
Li 等(2014)	14.18	3.26	2.55	6.66
Hui 等(2016)	13.34	3.5	2.21	6.35
Zhang 等(2016)	12.01	2.97	3.42	6.13
Hu 等(2016)	19.47	7.99	2.23	9.90
Li 等(2017)	12.67	3.54	1.82	6.01
Ni 等(2018)	18.19	8.83	7.9	11.64
Rizaldy 等(2018)	15.01	3.44	1.6	6.68
本节方法	11.03	4.28	1.23	5.51

表 2.7　I 类误差对比结果

	sample11	sample12	sample21	均值
Jahromi 等(2011)	29.10	9.97	2.92	14.00
Mongus 等(2012)	7.32	4.23	0.01	3.85
Zhang 等(2013)	25.67	8.13	1.17	11.66
Li 等(2014)	20.43	3.66	2.39	8.83
Hui 等(2016)	13.63	4.86	0.01	6.17
Zhang 等(2016)	7.23	1.15	3.89	4.09

续表

	sample11	sample12	sample21	均值
Hu 等(2016)	27. 1	13. 92	1. 63	14. 22
Li 等(2017)	12. 04	1. 95	0. 73	4. 91
Ni 等(2018)	18. 01	5. 95	8. 81	10. 92
Rizaldy 等(2019)	14. 09	2. 52	0. 24	5. 62
本节方法	14. 14	3. 41	2. 48	6. 68

表 2.8　Ⅱ类误差对比结果

	sample11	sample12	sample21	均值
Jahromi 等(2011)	7. 44	1. 99	2. 19	3. 87
Mongus 等(2012)	15. 98	6. 15	8. 87	10. 33
Zhang 等(2013)	8. 84	3. 61	18. 23	10. 23
Li 等(2014)	5. 78	2. 84	3. 13	3. 92
Hui 等(2016)	12. 96	2. 08	9. 95	8. 33
Zhang 等(2016)	18. 44	4. 9	1. 78	8. 37
Hu 等(2016)	9. 2	1. 75	4. 39	5. 11
Li 等(2017)	13. 52	5. 21	5. 63	8. 12
Ni 等(2018)	18. 44	11. 85	4. 73	11. 67
Rizaldy 等(2019)	16. 25	4. 41	6. 53	9. 06
本节方法	8. 56	5. 08	0. 88	4. 84

2.2.7　小结

LiDAR 点云滤波是点云后处理应用中非常关键的环节。针对点云滤波存在的在复杂地形环境下滤波精度较低、需要过多的人为干预的问题，本节提出一种基于主动学习的机载 LiDAR 点云滤波方法。该方法首先采用多尺度形态学运算自动获取并标记初始训练样本，然后采用主动学习的策略，通过神谕判断，渐进增加训练样本并更新 SVM 训练模型。最后，针对 SVM 模型最终的分类结果，采用基于坡度的方法对滤波结果进行进一步的优化。本节对 ISPRS 提供的专门用于检验滤波效果的 3 组数据进行滤波实验。实验结果表明，本节方法相较于其他 10 种近年来具有代表性的滤波方法，能够获得最小的滤波总误差。此外，3 组实验数据的总误差都相对较小，表明本节方

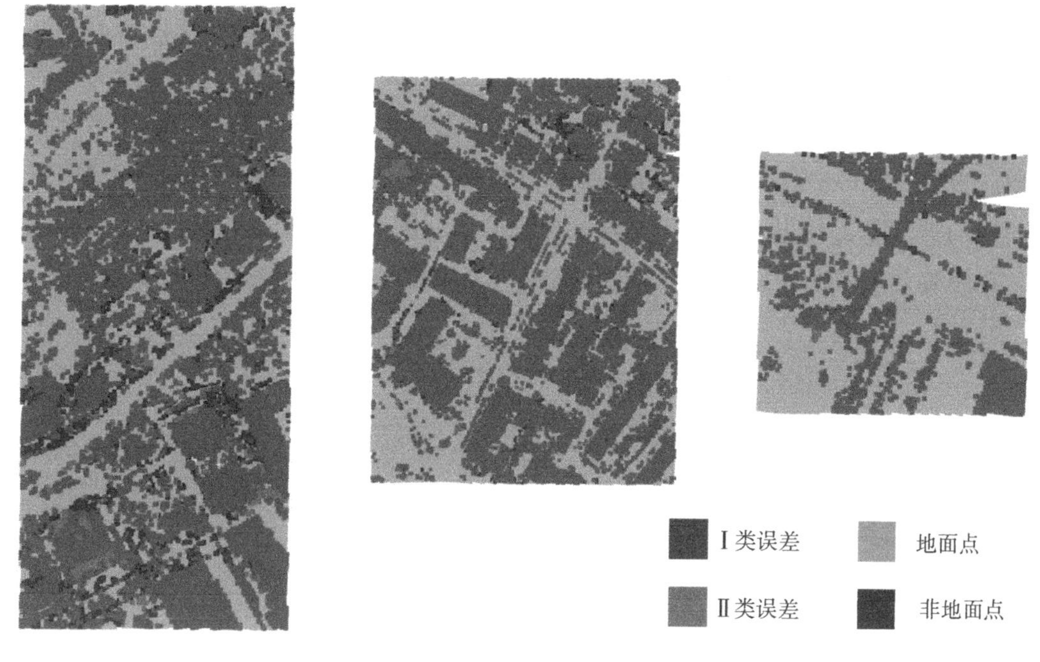

图 2.17　点云误差分布图

法在不同的地形环境下均能获得良好的滤波效果。本节方法的平均Ⅰ类误差和Ⅱ类误差较平衡，表明本节方法在有效去除非地面点的同时又能保护有效地形点。综上所述，本节实现了在无须人工样本标记前提下点云数据的自动分类，有效解决了传统监督学习方法需要过多样本标记的问题。本节方法能够适应复杂的地形环境，并能取得较高的滤波精度。

2.3　基于高斯混合模型分离的点云滤波方法

尽管现有的大多数滤波方法能取得良好的滤波效果，但在对城市、山区、森林等多种地形滤波时仍需要复杂的参数调节与设置。此过程往往是耗时且费力的。对于经验缺乏的用户来说，往往难以通过参数设置取得良好的滤波结果。为解决该问题，本节提出了一种基于高斯混合模型分离的点云滤波法。该方法将地面点云和地物点云视为高斯混合模型，通过求取各个点隶属于地面点集和地物点集的概率，实现地面点和地物点分离。

根据中心极限定理，自然测量的激光雷达数据将服从正态分布[210,211]。相反地，由于复杂的地形环境，点云可以被假定为高斯混合模型。因此，点云中地面点与非地面点的分离可以视为高斯混合模型的分离。期望最大(EM)算法是一种拟合概率分布和用于计算拟合数据的概率模型参数的最大似然估计方法。当我们不知道点属于哪一部分(地面或非地面)时，可以用 EM 来计算混合参数的最大似然估计。使用这种估计参数，可以计算每个点属于地面与非地面的可能性。很明显，点会被标记为最大可能性对应的类。图 2.18 描述了本节方法的流程图。具体步骤如表 2.9 所示，主要包括以下三个步骤：①异常点去除；②高程值修正；③基于 EM 算法进行地面点提取。

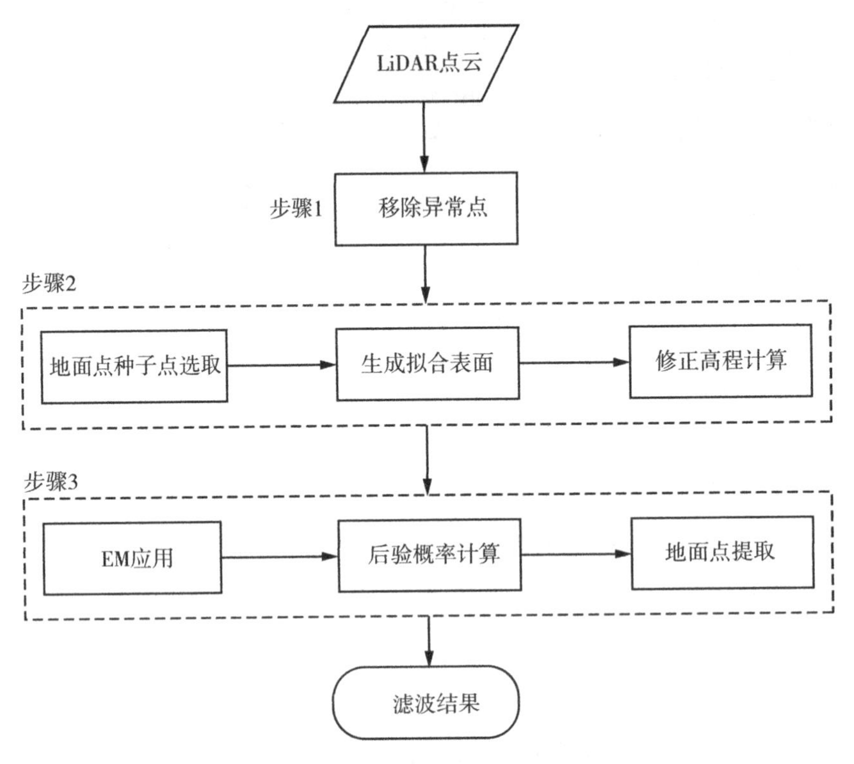

图 2.18　本节方法流程图

表 2.9　本节算法步骤

输入：包括 X，Y，Z 坐标的点云数据
输出：滤波后的地面点
步骤 1：异常点去除
1. k 维树组织的点云
2. 寻找 k 个最邻近点
3. 根据式(2.24) ~ 式(2.27) 去除异常点

续表

步骤 2：修正高程计算
1. 地面点选取
2. 最小二乘法曲面拟合
3. 修正高程计算
步骤 3：基于 EM 算法进行地面点提取
1. 对高程修正后的点云数据应用 EM 算法
2. 计算后验概率 $P(G \mid p)$
3. 如果 $P(G \mid p) > 0.5$，对应的点被标记为地面点

2.3.1 异常点去除

由于外界环境和仪器自身的影响，获得的点云往往包含噪声点，即极高异常点和极低异常点。这两种异常点可能会干扰点云数据的正态分布，尤其是极低异常点对滤波结果影响较大。这是因为许多滤波算法往往假定局部最低点为地面点。对于极高异常点和极低异常点，都可以根据其与邻近点高程值存在的高程突变进行剔除。

由于点云数据是缺乏数据组织结构的，因此从各个点的邻近点获取往往效率较低。在本节中一个点的邻近点是指一个点在 x 和 y 方向上的最近点。为了加快邻近点搜索速度，本节使用 kd 树对点云数据进行组织[212]。kd-tree 算法在每一层树结构上，都会选取数据方差最大的维度，并将该维度的数据一分为二。这种递归的二分划分策略可以将平均复杂度降低到 $O(\log n)$。在此结构中，每个非叶节点(是指子空间中的每个 LiDAR 点)都可以看作一个分割超平面，该超平面垂直于坐标轴，并将空间划分为两部分。kd-tree 构建的主要步骤如下：

(1)确定分割域。计算 LiDAR 数据在 x 和 y 维度上的方差，并选择方差较大的维度作为分割域。例如，我们可以选择 x 维度作为分割域。

(2)寻找分割超平面。将 LiDAR 数据按 x 轴方向进行排序，并找到中点作为分割节点。超平面即通过该分割节点且垂直于 x 轴的平面。

(3)确定左子空间和右子空间。根据超平面的位置，x 坐标小于分割节点的点属于左子空间，而 x 坐标大于分割节点的点则属于右子空间。

对左子空间和右子空间重复应用上述三个步骤。kd-tree 的构建是一个递归过程，当子空间中仅包含一个点时，迭代结束。当 kd-tree 构建完成后，便可以轻松地找到任意一个 LiDAR 点的 k 个最邻近点。由于异常值的海拔与其邻近点存在显著差异，例如极高或极低，因此 k 值对最终的去噪结果影响较小。k 可以设置为一个常数，如 5、7 或 9。通常，根据 Weinmann 等[213]的建议，k 值设为 10。

如果某点与其 k 个邻近点在进行形态学开运算前后的高程值变化很大，则该点将被剔除。形态学开运算通过对数据集进行侵蚀操作，然后进行如式(2.24)所示的膨胀操作来实现。

$$\begin{cases} E(p) = \min\limits_{(X_i,\ Y_i) \in \text{Neighbors}} (Z_i) \\ D(p) = \max\limits_{(X_i,\ Y_i) \in \text{Neighbors}} (Z_i) \\ O(p) = D(E(p)) \end{cases} \tag{2.24}$$

其中，$(X_i,\ Y_i,\ Z_i)$ 是点 p 的邻近点的坐标。E、D 和 O 分别是形态学腐蚀、膨胀和开运算。如图 2.19(a)所示，有 3 种 LiDAR 点云，包括地面点、非地面点和异常点。形态学腐蚀运算会选择某点邻域内的最低高程作为其新的高程。因此，部分非地面点、地面点和离群点的高程会降低，变得与其邻域点的高程相似，如图 2.19(b)所示。形态学膨胀运算会选择某点邻域内的最高高程作为其新的高程。需要注意的是，形态学开运算是对腐蚀结果进行膨胀操作。因此，如图 2.19(c)所示，一些非地面点的高程在膨胀后得以恢复，因为其邻域点拥有更高的高程。根据形态学开运算的结果，可以按照式(2.25)计算每个点的高程变化。

$$\mathrm{d}H = Z_p - O(p) \tag{2.25}$$

式中，Z_p 是点 p 的高程；$O(p)$ 是点 p 形态学开运算后的高程值。可以发现异常点(图 2.19(d))的高程变化明显很大。因此，如果高程变化比图 2.19(d) 所示的阈值大，异常点将被探测。此过程可用式(2.26) 进行表示。

$$\begin{cases} \text{abs}(\mathrm{d}H) > Z_{th}, & p \in \text{outliers} \\ \text{abs}(\mathrm{d}H) \leqslant Z_{th}, & p \notin \text{outliers} \end{cases} \tag{2.26}$$

每个点的异常点探测阈值可以根据式(2.27) 自动计算：

$$\begin{cases} Z_{th} = 3 \times Z_{\text{std}} \\ Z_{\text{std}} = \sqrt{\dfrac{1}{k}\sum\limits_{m=1}^{k} (Z_m - Z_{\text{mean}})^2} \\ Z_{\text{mean}} = \dfrac{1}{k}\sum\limits_{m=1}^{k} Z_m \end{cases} \tag{2.27}$$

式中，Z_{th} 是探测异常点的阈值；Z_{std} 是邻近点高程标准差；Z_{mean} 是邻近点高程的均值；Z_m 是点邻近点中第 m 个点的高程。很明显，由于各个点的邻近点不同，点与点之

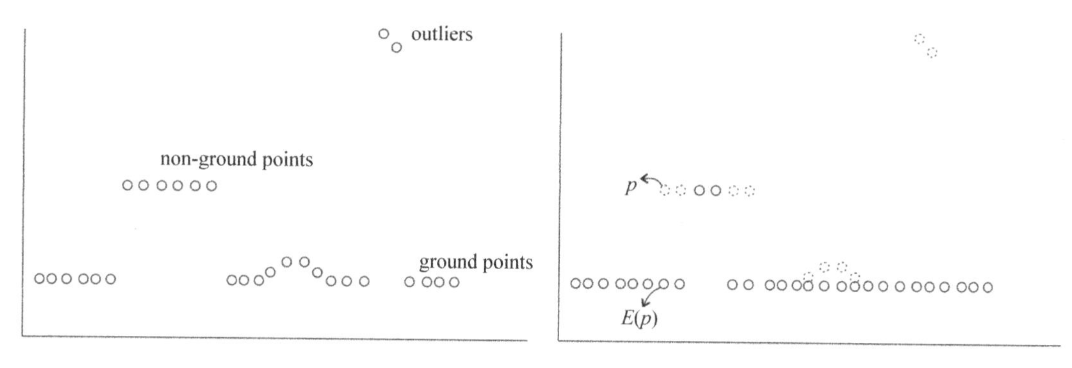

（a）带有异常点的LiDAR点云　　（b）形态学腐蚀结果

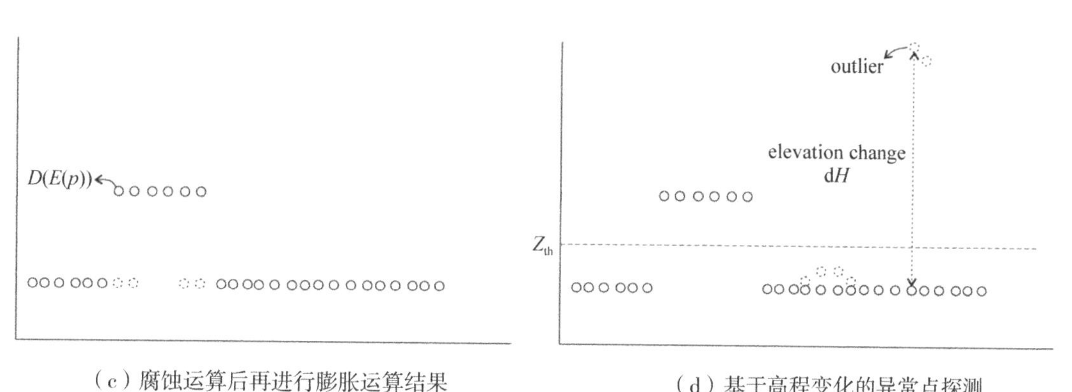

（c）腐蚀运算后再进行膨胀运算结果　　（d）基于高程变化的异常点探测

图 2.19　形态学运算示意图

间探测异常点的阈值也会不同。

2.3.2　修正高程计算

如图 2.20 所示，在遇到陡峭地形时，一些地面点的高程甚至高于非地面点。例如，陡峭地形上的地面点 P_1 的高程明显高于建筑物屋顶上的非地面点 P_2 的高程。因此，如果直接应用 EM 算法来分离地面点和非地面点，陡峭地形上的一些地面点(如 P_1)将被错误地分类为非地面点，而一些高程较低的非地面点(如 P_2)将被错误地分类为地面点。因此，在陡峭地形环境中，直接使用 EM 算法的效果不佳。

使用 EM 算法正确分离点云的关键是非地面点应高于地面点。因此，本节没有直接使用 LiDAR 点云的观测高程，而是将 EM 算法应用于修正后的高程，该高程可通过减去拟合表面提供的插值高程来计算。上述计算可用式(2.28)表达。

$$Z_{re} = Z - Z_{\text{int}} \tag{2.28}$$

式中，Z 是初始高程；Z_{int} 是插值高程；Z_{re} 是修正高程。

在图 2.20 中，虚线代表通过地面种子点拟合的曲面。拟合曲面可以被视作粗糙 DTM。基于拟合曲面，可以得到每个 LiDAR 点的修正高程。从图 2.20 中不难发现，尽管地面点 P_1 的高程明显比非地面点 P_2 高，但修正高程结果 h_1 总比 h_2 低。因此，修正后的地面点高程值往往会变得更小，而非地面点修正后的高程将会变大。在修正高程的基础上，可以使用 EM 算法进行地面点和非地面点分离。

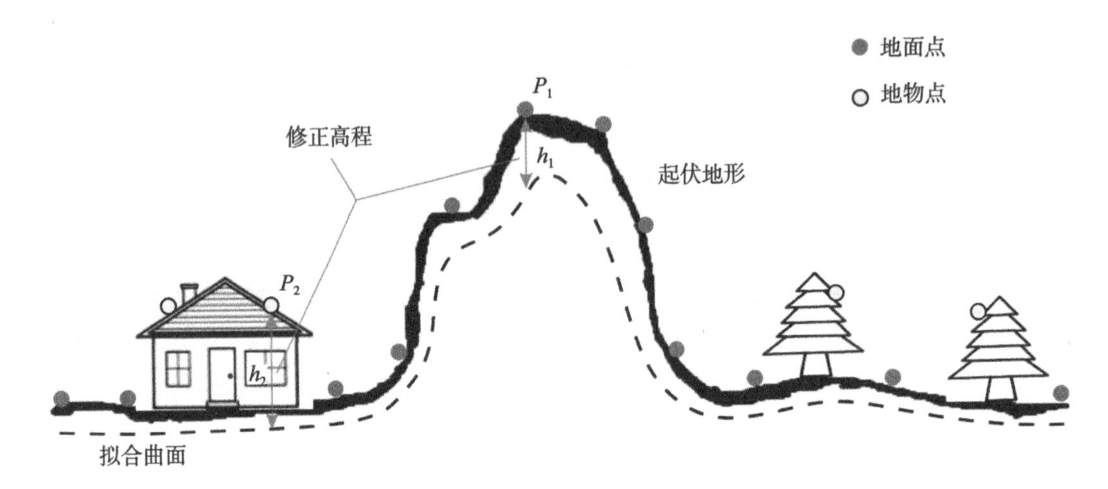

图 2.20　基于集合表面的修正高程计算

1. 地面种子点选取

地面种子点选取是生成拟合曲面的关键步骤。地面种子点是局部区域高程最低点。为了获取最低点，首先对 LiDAR 点云进行格网划分。如图 2.21 所示，尽管可能有不止一个点落入格网，但只有最低的点被保留为地面种子点。所有格网中的最低点将被用于生成拟合曲面。格网可根据式(2.29)和式(2.30)进行划分。

$$\begin{cases} \mathrm{ID}_i = \mathrm{floor}\left(\dfrac{X_p - X_{\min}}{\mathrm{cellsize}}\right) + 1 \\ \mathrm{ID}_j = \mathrm{floor}\left(\dfrac{Y_p - Y_{\min}}{\mathrm{cellsize}}\right) + 1 \end{cases} \tag{2.29}$$

$$\begin{cases} M = \mathrm{floor}\left(\dfrac{X_{\max} - X_{\min}}{\mathrm{cellsize}}\right) + 1 \\ N = \mathrm{floor}\left(\dfrac{Y_{\max} - Y_{\min}}{\mathrm{cellsize}}\right) + 1 \end{cases} \tag{2.30}$$

式中，X_{min} 和 Y_{min} 是点云平面坐标最小值；X_{max} 和 Y_{max} 是点云平面坐标最大值。cellsize 是格网的尺寸，被定义为常数。格网尺寸应大于实验区域内最大地物的尺寸。因此，格网尺寸通常是 50 ~ 70m。floor(Δ) 被用来返回不大于 Δ 的最大整数值，ID_i 和 ID_j 是点 p 的格网位置。M 和 N 分别是在水平方向和垂直方向的格网总数。

为了确保地面种子点不为非地面点，格网尺寸通常大于实验区域内的最大地物。因此地面点的数量可能不够生成准确的拟合曲面。为了获取更多的地面点，本节使伪网格逐渐移动，如图 2.21 所示。格网在四个方向中上下移动，移动步长等于栅格宽度的 1/3。

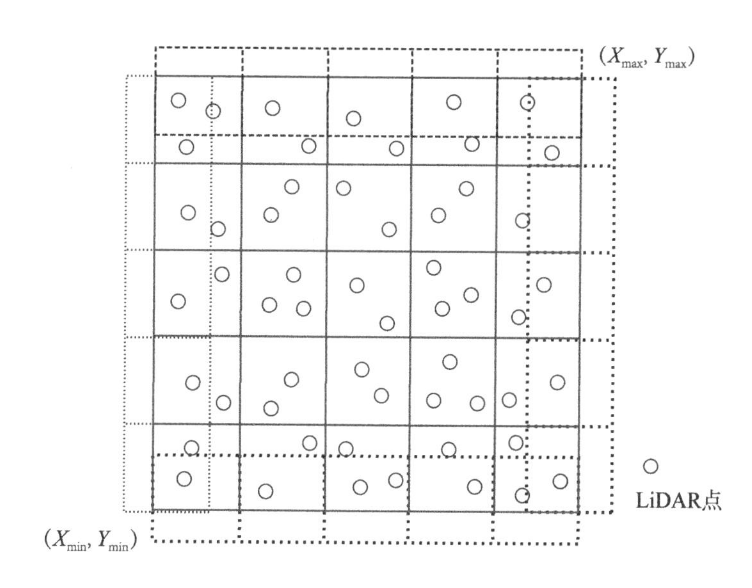

图 2.21　格网在四个方向中移动

2. 基于最小二乘的拟合平面生成

本节采用最小二乘法来生成拟合曲面，其可用二元二次多项式进行表示。

$$f(X,\ Y) = \lambda_0 + \lambda_1 X + \lambda_2 Y + \lambda_3 XY + \lambda_4 X^2 + \lambda_5 Y^2 \tag{2.31}$$

其中，λ_0，λ_1，λ_2，λ_3，λ_4 和 λ_5 为多项式系数。每个地面点的拟合误差 v_i 可以根据式(2.31) 计算。

$$v_i = \lambda_0 + \lambda_1 X_i + \lambda_2 Y_i + \lambda_3 X_i Y_i + \lambda_4 {X_i}^2 + \lambda_5 {Y_i}^2 - Z_i \tag{2.32}$$

其中，(X_i，Y_i，Z_i) 是地面种子点的坐标。使用在 2.2.1 小节中选取的全部地面种子点，系数可以根据最小二乘原理计算。最终，可以基于计算得到的多项式系数生成拟合曲面。图 2.22 展示了具有复杂地形细节的数字表面模型(DSM)。根据 2.2.1 小节所示的原理，格网单元的构造如图 2.22(b)所示。很明显，很多 LiDAR 点将落入同一个格网单元中。为了获得地面种子点，只有带有最低高程的点被保留。最终，所有地面种子点被用来根据最小二乘法生成拟合表面，如图 2.22(c)所示。

2.3.3 使用 EM 算法进行地面点提取

为了实现滤波，属于地面点 (G) 的点 p_i($i = 1, 2, \cdots, n$，n 是 LiDAR 点的总数) 的后验概率可以通过式(2.33) 计算。

$$P(G|p_i) = \frac{P(p_i|G)P(G)}{P(p_i)} \tag{2.33}$$

同样地，属于非地面点(NG) 的后验概率也可以通过式(2.34) 计算。

$$P(NG|p_i) = \frac{P(p_i|NG)P(NG)}{P(p_i)} \tag{2.34}$$

其中，$P(p_i)$ 与 $P(p_i|G)P(G) + P(p_i|NG)P(NG)$ 相同，$P(G)$ 和 $P(NG)$ 分别是地面点和非地面点的先验概率。

显然，如果 $P(G|p_i)$ 比 $P(NG|p_i)$ 更大，p_i 将被标记为地面点。由于有两类点，即地面点和非地面点，形成了混合高斯模型，$P(G)$ 和 $P(NG)$ 等于 0.5。因此，为了获取某点属于地面点的后验概率 $P(G|p_i)$，我们需要计算式(2.35) 给出的条件等级密度 $P(p_i|G)$，其可被 EM 算法预估。同样地，除了参数(C, μ, δ) 的值与 $P(p_i|G)$ 不同，$P(p_i|NG)$ 也可以根据式(2.35) 预估。

$$P(p_i|G) = \sum_{j=1}^{2} C_j \text{Gaussian}(Z_i|\mu_j, \delta_j) \tag{2.35}$$

式中，C_j 是混合系数；Z_j 是点 p_i 的高程；Gaussian(·) 是带有参数 μ_i 和 δ_i 的高斯方程，它们分别是高程的均值和标准差，其可被表示为式(2.36)。

$$\text{Gaussian}(Z_i|\mu_j, \delta_j) = \frac{1}{\sqrt{2\pi}\delta_j} \times \exp\left[-\frac{(Z_i - \mu_j)^2}{2\delta_j^2}\right] \tag{2.36}$$

EM 算法拟合是拟合概率分布的一般方法。此算法的流程图如图 2.23 所示。包括以下四个步骤。

(1) 初始化混合模型参数 C_j、μ_j 和 δ_j，$j = 1, 2$。

由于本项目假设该高斯混合模型由地面点和非地面点两部分组成，故混合系数 C_1 和 C_2 可初始化为 0.5。当然，也可以假定为其他值，只要 C_1 和 C_2 之和等于 1。μ_1、

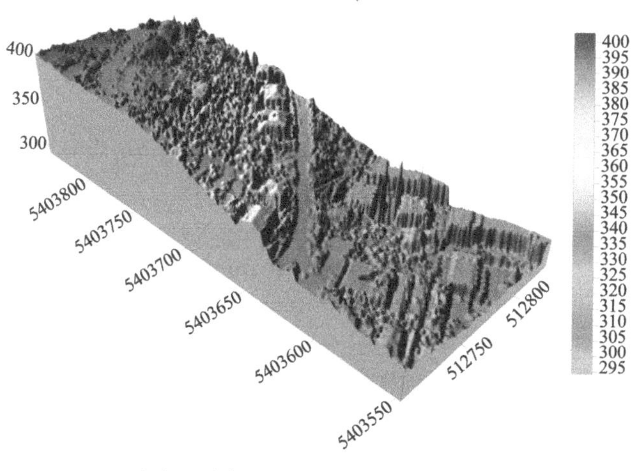

（a）具有复杂地形特征的DSM

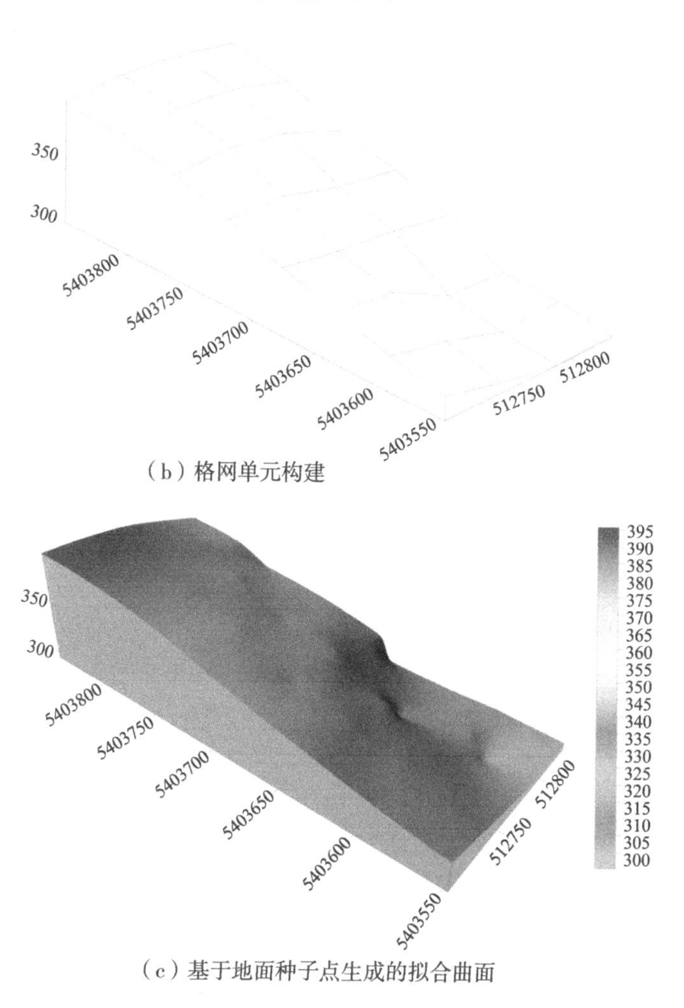

（b）格网单元构建

（c）基于地面种子点生成的拟合曲面

图 2.22　基于地面种子点生成的拟合曲面

μ_2、δ_1 和 δ_2 可由下式进行初始化：

$$\begin{cases} m_0 = \dfrac{1}{n}\sum_{i=1}^{n} Z_i \\ \sigma_0 = \sqrt{\dfrac{1}{n}\sum_{i=1}^{n}(Z_i - m_0)^2} \end{cases} \tag{2.37}$$

$$\begin{cases} \mu_1 = \mu_2 = m_0 + \sigma_0 \times \mathrm{randn}(1) \\ \delta_1 = \delta_2 = \sigma_0 \end{cases} \tag{2.38}$$

式中，Z_i 为点 p_i 修正后的高程值；n 为点云的总数；randn(1) 表示生成正态分布的随机数。

(2)"E" 步：按照式(2.33) ~ 式(2.35) 计算混合成员概率 $P(G|p_i)$ 和 $P(NG|p_i)$。

(3)"M" 步：按照式(2.39) ~ 式(2.41)，更新混合模型参数 C_j、μ_j 和 δ_j，$j = 1, 2$。

$$\begin{cases} C_1 = \dfrac{\sum_{i=1}^{n} P(G|p_i)}{\sum_{i=1}^{n} P(G|p_i) + \sum_{i=1}^{n} P(NG|p_i)} \\ C_2 = \dfrac{\sum_{i=1}^{n} P(NG|p_i)}{\sum_{i=1}^{n} P(G|p_i) + \sum_{i=1}^{n} P(NG|p_i)} \end{cases} \tag{2.39}$$

$$\begin{cases} \mu_1 = \sum_{i=1}^{n}\left(P(G|p_i) \times \dfrac{Z_i}{\sum_{i=1}^{n} P(G|p_i)}\right) \\ \mu_2 = \sum_{i=1}^{n}\left(P(NG|p_i) \times \dfrac{Z_i}{\sum_{i=1}^{n} P(NG|p_i)}\right) \end{cases} \tag{2.40}$$

$$\begin{cases} \delta_1 = \sqrt{\sum_{i=1}^{n} \dfrac{((Z_i - \mu_1)^2 \times P(G|p_i))}{\sum_{i=1}^{n} P(G|p_i)}} \\ \delta_2 = \sqrt{\dfrac{\sum_{i=1}^{n}((Z_i - \mu_2)^2 \times P(NG|p_i))}{\sum_{i=1}^{n} P(NG|p_i)}} \end{cases} \tag{2.41}$$

(4) 重复执行步骤(2) ~ (3)，直至收敛。收敛规则定义如下：

假设前后两次计算得出的混合参数分别为 C_j^{old}、μ_j^{old}、$\delta_j^{\text{old}}(j=1, 2)$ 和 C_j^{new}、μ_j^{new}、$\delta_j^{\text{new}}(j=1, 2)$，如果前后两次的参数变化量小于阈值，则表明方法已收敛。阈值 tol 定义如下：

$$\text{tol} = \sigma_0 \times 10^{-8} \tag{2.42}$$

式中，tol 为 LiDAR 点云高程值的标准差，可由式(2.42)计算得到。

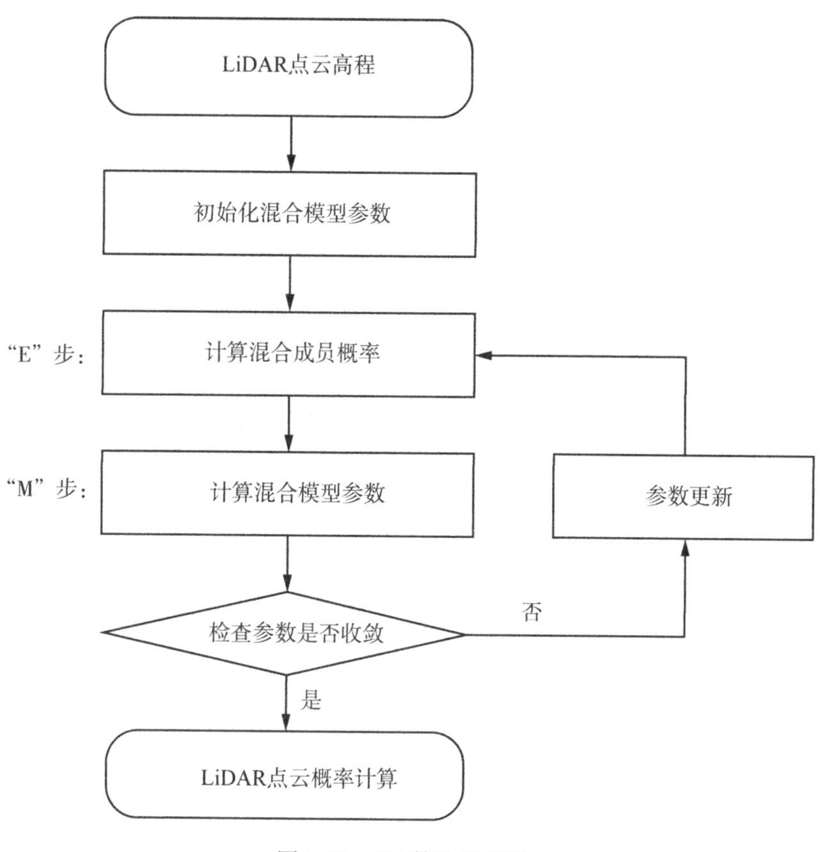

图 2.23　EM 算法流程图

2.3.4　测试数据集

本节所采用的测试数据集是 ISPRS 委员会Ⅲ/WG3(http：//www. itc. nl/isprswgⅢ-3/filtertest/)提供的标准滤波基准数据集。此数据集位于 Vaihingen/Enz 测试区域和 Stuttgart 的城市中心，使用 Optech ALTM 扫描仪获取。在数据集中有 15 个样本，涵盖了表 2.10 中所述的各种具有挑战性的滤波特征。15 个样本中由点间距为 1~1.5m 的 9

个城市区域(samp11~samp42)和点间距为 2~2.5m 的 6 个乡村区域(samp51~samp71)组成。此外，对于每个样本，均采用人工样本标记获取准确的地面点云和地物点云分类结果，以便于进行定量评价分析。

表 2.10　15 个样本数据特征

地区	点间距	样本	特　征
城市	1.0~1.5m	samp11	陡坡、密集植被、数据缺失和位于山坡上的建筑物
		samp12	
		samp21	不规则建筑、路网、隧道和桥
		samp22	
		samp23	
		samp24	
		samp31	被植被环绕的密集建筑物、数据缺失和高低地物混合
		samp41	带有火车的火车站、数据缺失
		samp42	
乡村	2.0~3.5m	samp51	带有植被的陡坡、数据缺失和不连续地形
		samp52	
		samp53	
		samp54	
		samp61	建筑物、堤坝、数据缺失和道路
		samp71	桥、堤坝、地下通道和道路

2.3.5　精度评价指标

在本节中采用了 3 种精度评价指标即拒真误差 $\text{Ommission}_{\text{error}}$、纳伪误差 $\text{Commission}_{\text{error}}$ 和总误差 Total 来评估本节方法的滤波效果。拒真误差是指地面点被错分为非地面点的百分比，纳伪误差是非地面点被错分为地面点的百分比。总误差是所有错误分类点的百分比。3 种精度评价指标定义如表 2.11 所示。

2.3.6　对比分析

为了定量评估本节方法的滤波效果，本节计算了上述三种误差类型(表 2.11)并与传统 PTD 方法和最近提出的基于分割的改进 PTD 方法进行了比较。PTD 是一种经典的点云滤波方法，该方法具有较高的鲁棒性和滤波精度，而且已在商用软件 TerraScan 中进行了应用。然而，PTD 方法在陡坡区域可能无法有效地保留地形细节。为了解决该问题，有研究者提出了一种基于分割的 PTD 方法。这种方法主要的改进是通过点云分割来获取更多的初始地面点。基于分割的 PTD 方法，同样在 ISPRS 提供的 15 个样本上进行了测试。值得一提的是，PTD 方法和基于分割的 PTD 方法都要求设置合适的阈值参数，例如迭代角度和距离。本节分析了 3 种方法(本节方法、PTD、基于分割的 PTD)的上述 3 种精度评定指标的平均值、最小值、最大值和标准差。比较的结果如表 2.12 所示。

表 2.11　3 种精度评价指标

		滤波结果		评价指标
		地面点	非地面点	$Ommission_{error} = b/(a+b)$
参考数据	地面点	a	b	$Commission_{error} = c/(c+d)$
	非地面点	c	d	$Total = (b+c)/(a+b+c+d)$

表 2.12　本节方法、PTD 方法和基于分割的 PTD 方法中 3 种误差类型比较

ISPRS 样本	滤波方法								
	本节方法			PTD 方法			基于分割的 PTD 方法		
	拒真误差(%)	纳伪误差(%)	总误差(%)	拒真误差(%)	纳伪误差(%)	总误差(%)	拒真误差(%)	纳伪误差(%)	总误差(%)
samp11	**19.94**	13.30	**17.10**	46.68	**3.40**	28.21	25.67	8.84	18.49
samp12	8.55	5.68	7.14	15.6	**1.92**	8.93	**8.13**	3.61	**5.92**
samp21	1.79	**5.23**	**2.55**	0.78	10.47	2.93	1.47	18.23	4.95
samp22	**2.90**	30.45	**11.47**	36.84	**3.23**	26.36	19.05	3.44	14.18
samp23	**2.23**	16.27	**8.86**	35.33	**3.82**	20.42	19.25	4.05	12.06
samp24	**19.44**	6.8	**15.96**	40.3	12.54	32.67	22.86	13.41	20.26
samp31	**0.21**	14.57	6.82	3.93	3.55	3.76	2.1	2.59	**2.32**
samp41	**12.28**	10.63	**11.45**	60.34	**0.91**	30.55	39.54	1.44	20.44
samp42	11.65	**1.02**	4.13	12.13	1.45	4.58	9.72	1.55	**3.94**
samp51	5.56	7.22	5.92	4.91	**3.80**	4.67	2.05	16.97	5.31
samp52	**12.05**	8.64	**11.69**	19.2	**4.95**	11.7	12.53	16.77	12.98

续表

ISPRS样本	滤波方法								
	本节方法			PTD 方法			基于分割的 PTD 方法		
	拒真误差(%)	纳伪误差(%)	总误差(%)	拒真误差(%)	纳伪误差(%)	总误差(%)	拒真误差(%)	纳伪误差(%)	总误差(%)
samp53	26.22	20.52	25.98	26.66	**1.44**	25.64	**4.25**	37.22	**5.58**
samp54	8.46	3.07	5.56	8.76	2.53	**5.41**	**3.59**	8.82	6.4
samp61	26.56	7.97	25.92	18.52	2.82	17.98	**16.62**	**2.49**	**16.13**
samp71	**5.84**	9.94	**6.30**	16.81	3.5	15.3	10.07	13.39	10.44
ave	10.91	10.75	11.12	23.12	4.02	16.34	13.11	10.19	10.63
min	0.21	1.02	2.55	0.78	0.91	2.93	1.47	1.44	2.32
max	26.56	30.45	25.98	60.34	12.54	32.67	39.54	37.22	20.44
std	8.33	7.24	7.04	16.82	3.14	10.35	10.45	9.32	6.01

注：表中粗体数值表示最小值，余下表中类同。

由表 2.12 可知，本节提出的方法在 8 个样本中明显具有更低的拒真误差，包括 samp11、samp22、samp23、samp24、samp31、samp41、samp52 和 samp71。总体而言，本节提出方法的平均遗漏误差在与 PTD 和基于分割的 PTD 方法的对比中是最低的。本节提出方法的平均拒真误差分别比传统的 PTD 方法和基于分割的 PTD 方法低 52.81%和 16.78%。就纳伪误差而言，本节提出的方法和基于分割的 PTD 方法的结果相近。它们的平均纳伪误差很接近，都比 PTD 方法高很多。尽管对于大多数样本来说纳伪误差相对较大，但本节提出的方法比 PTD 方法的平均总误差低 31.95%。这将显著减少在后处理过程中所需的人工操作。当比较平均误差时，可以发现所提出的方法在平均拒真误差(10.91%)和纳伪错误(10.75%)之间取得了很好的平衡。这意味着提出的方法可以在尽可能保留地形细节的同时，有效去除非地面点。就标准差而言，本节方法的表现也比 PTD 方法好很多。3 种误差的所有标准差都相对较低，这表明提出的方法鲁棒性较强，能够适用于不同的地形环境。

本节提出的方法在 samp53 和 samp61 中具有最大的总误差，同时在 samp21 和 samp42 中取得了最小的总误差。本节对上述 4 个区域进行了进一步分析，如图 2.24~图 2.26 所示。图 2.24(a)表明在 samp53 的区域中有许多地形不连续。尽管本节基于最小二乘法建立了一个拟合曲面来修正每个点的高程，许多地面点仍然被作为非地面点而被滤除(图 2.24(c))，从而导致更大的拒真误差。与真实 DTM 和滤波 DTM 的竖直剖面进行比较(图 2.24(d)和(e)),可以发现一些地面点被错误分类为非地面点。纳伪误差更高是因为这个区域的地面点较少,即使较少的非地面点误判为地面点也会造成较大的纳伪误差。如图 2.25(a)所示,samp61 试验区内有路堤,路堤的高程与那些地形的高程相似。此外,此区域的坡度变化较大。因此,此区域的滤波结果相对较差。对比图 2.25(b)与(c)可以看出,许多非地面点被有效去除。但是,如图 2.25(d)和(e)中所示,一些地形细节被摧毁了。

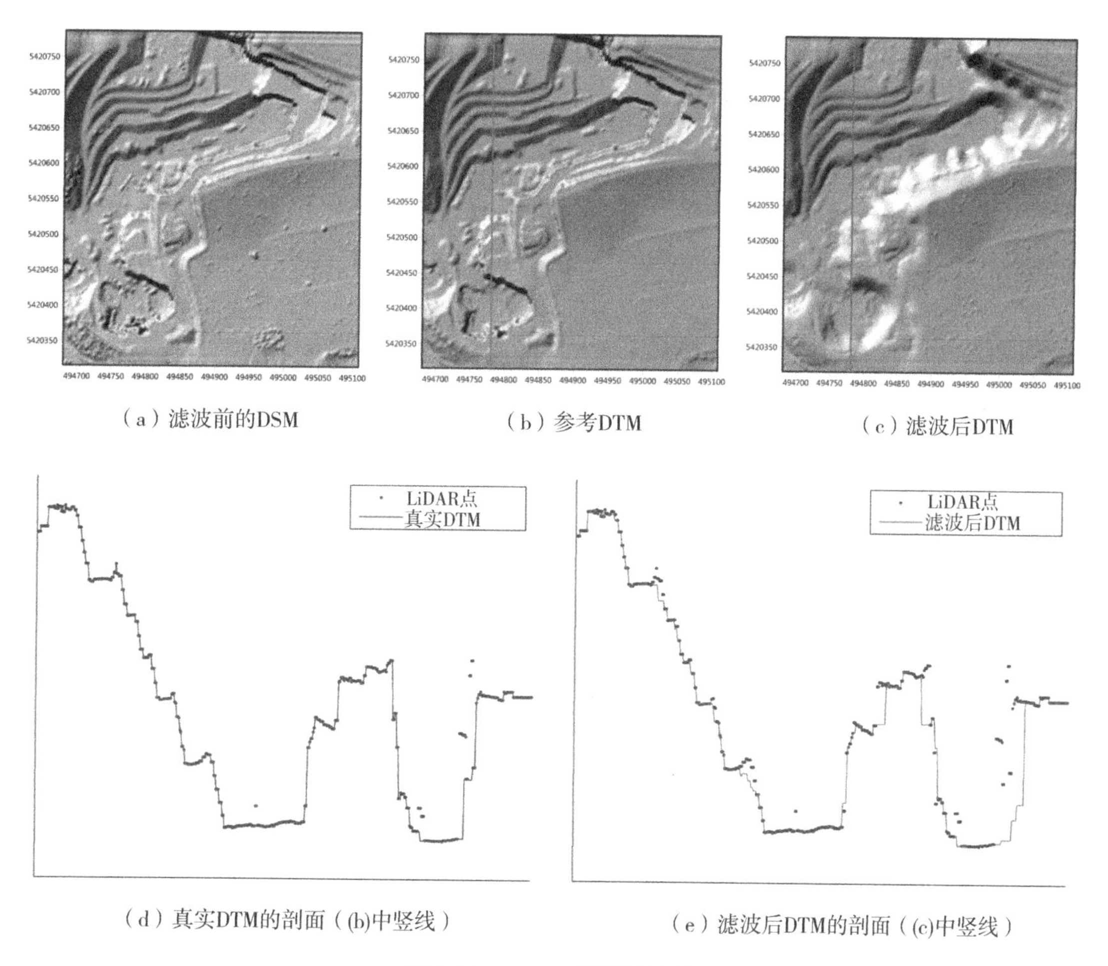

(a) 滤波前的DSM　(b) 参考DTM　(c) 滤波后DTM

(d) 真实DTM的剖面((b)中竖线)　(e) 滤波后DTM的剖面((c)中竖线)

图 2.24　samp53 的滤波结果

samp21 滤波的难点在于存在桥梁等依附地物。与参考滤波结果(图 2.26(b))相比,本节方法能够有效去除桥梁,如图 2.26(c)所示。因为地形相对平坦,本节方法在该区域表现最好。通过对图 2.26(d)和(e)进行对比验证,可以看出几乎全部的 LiDAR 点被正确分类为地面点和非地面点。在 samp42 的测试区,火车站是最大的地物

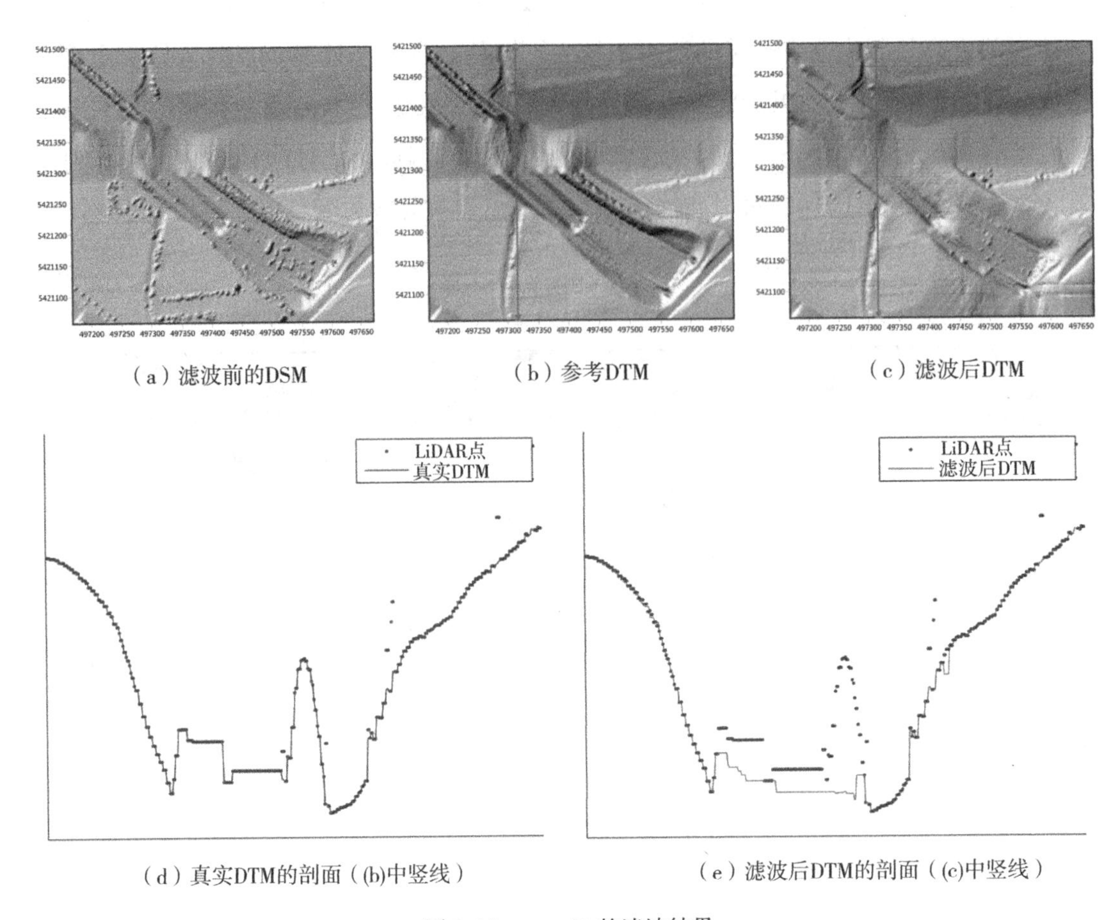

（a）滤波前的DSM　（b）参考DTM　（c）滤波后DTM

（d）真实DTM的剖面（(b)中竖线）　（e）滤波后DTM的剖面（(c)中竖线）

图 2.25　samp61 的滤波结果

(图 2.27(a))。由于地形和地物之间有明显的高差，只有少数点被错分了(图 2.27(b)和(c))。图 2.27(d)和(e)中所示的竖直剖面也证明了这点。图 2.27 描述了拒真错误和纳伪错误的空间分布。在图 2.28(a)和(b)的对比中，可以发现本节方法对于 samp21 比 PTD 方法取得了更低的拒真误差。图 2.28(c)和(d)同样显示了在本节方法的滤波结果中有更少的误分类的点。这也是对于 samp42(表 2.12)本节方法的总误差(4.13%)比 PTD 方法总误差(4.58%)更低的原因。

由于 ISPRS 数据集几乎是在 20 年前获取的数据，本节进一步采用实测数据集进行验证分析。数据集使用 Optech ALTM 三维激光扫描仪在中国荆门市获取，扫描面积为 1.20km^2，共 984998 个点。这个数据集的平均点密度为每平方米 0.82 个点。该数据集涵盖了各种土地利用和土地覆盖类型，包括住宅建筑、道路、森林和农田，如图 2.29(a)所示。正如 Maguya 等(2014)的报告中指出，具有较少地面点的复杂情况，例如密

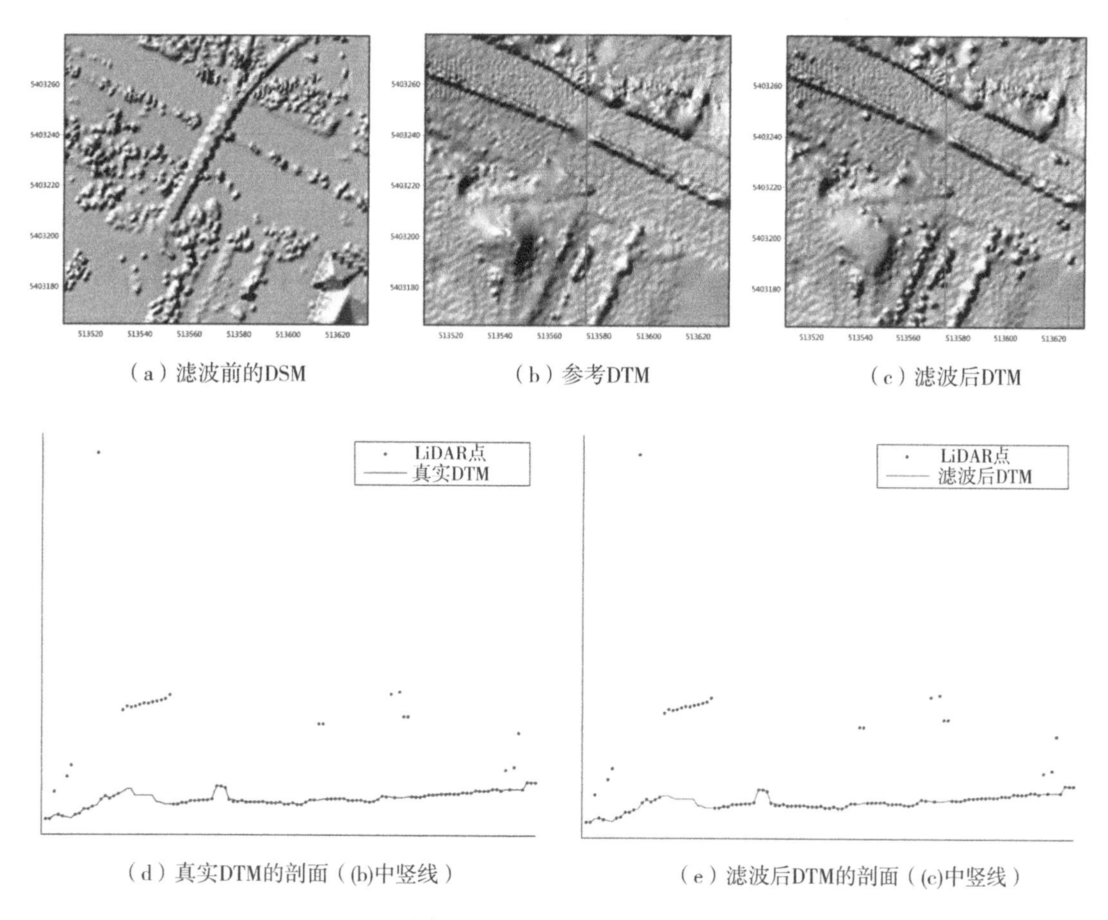

（a）滤波前的DSM　（b）参考DTM　（c）滤波后DTM

（d）真实DTM的剖面（(b)中竖线）　（e）滤波后DTM的剖面（(c)中竖线）

图 2.26　samp21 的滤波结果

集的树冠(图 2.29(a)中红色矩形标记的区域)，在滤波时往往具有更大的挑战。从图 2.29(c)所示的滤波结果中可见，提出的方法在这些区域的表现很好。虽然在一些浓密的森林区域中很少有地面点，但仍然可以使用这些区域周围的地面种子对拟合曲面进行正确插值。因此，也可以根据拟合曲面进行正确的高程修正。参考地面点使用 Terrascan 软件结合手动编辑获得，如图 2.29(b)所示。图 2.29(d)和(e)分别是真实 DTM 和滤波后 DTM 的竖直剖面图。通过对比可以看出，本节方法在该实测数据中也能获取良好的滤波结果。然而，如图 2.29(c)所示，矩形标记的区域与图 2.29(b)中的其他参考结果相比具有更大的滤波误差。这可能是由于非地面点被错误分类为地面点而造成的。针对该实测数据集，本节方法的拒真误差、纳伪错误、总误差分别是 2.81%、3.45%和 3.23%。因此，可以看出本节方法在大区域范围内依然能够获得良好的滤波效果。

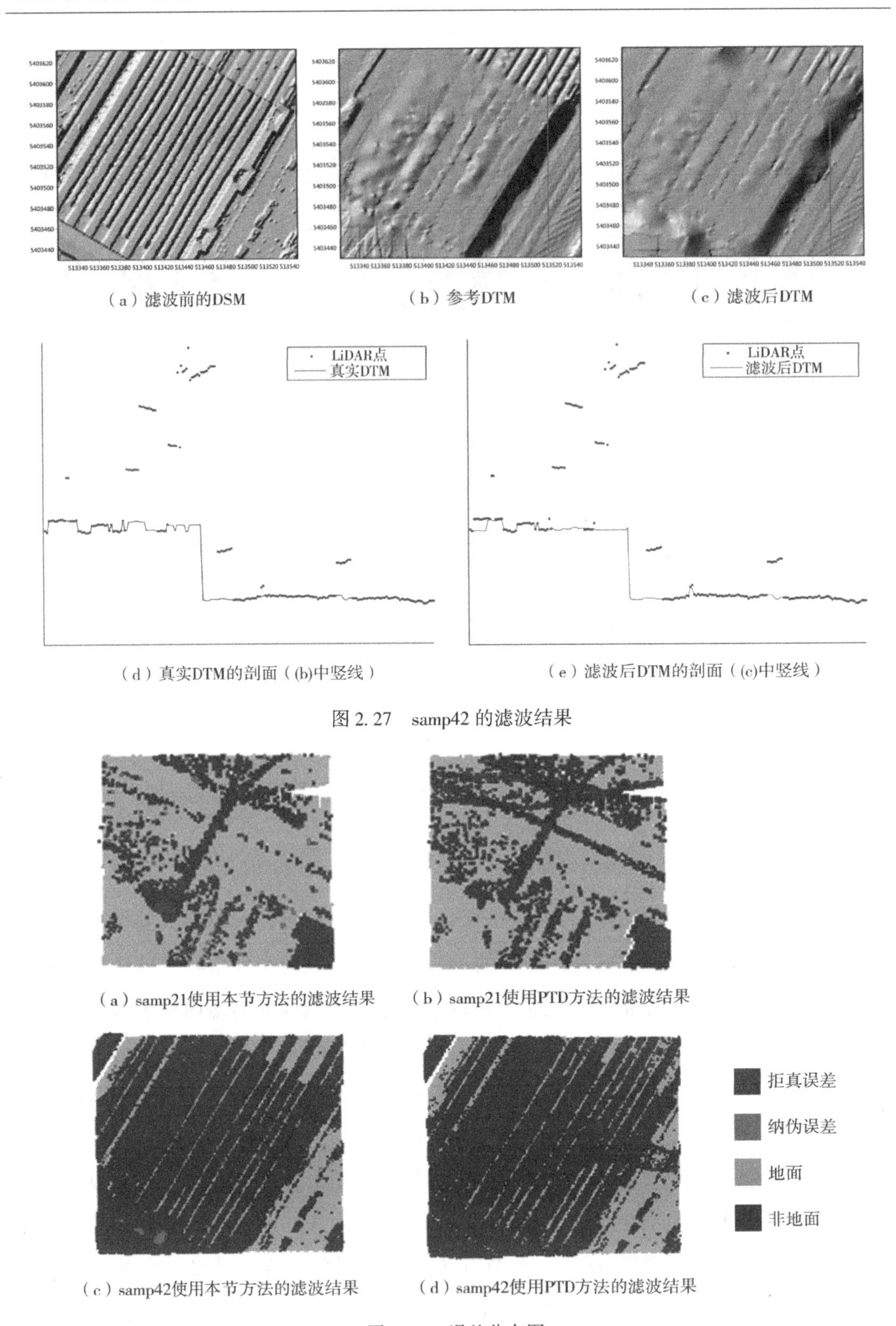

（a）滤波前的DSM　（b）参考DTM　（c）滤波后DTM

（d）真实DTM的剖面（(b)中竖线）　（e）滤波后DTM的剖面（(c)中竖线）

图 2.27　samp42 的滤波结果

（a）samp21使用本节方法的滤波结果　（b）samp21使用PTD方法的滤波结果

（c）samp42使用本节方法的滤波结果　（d）samp42使用PTD方法的滤波结果

图 2.28　误差分布图

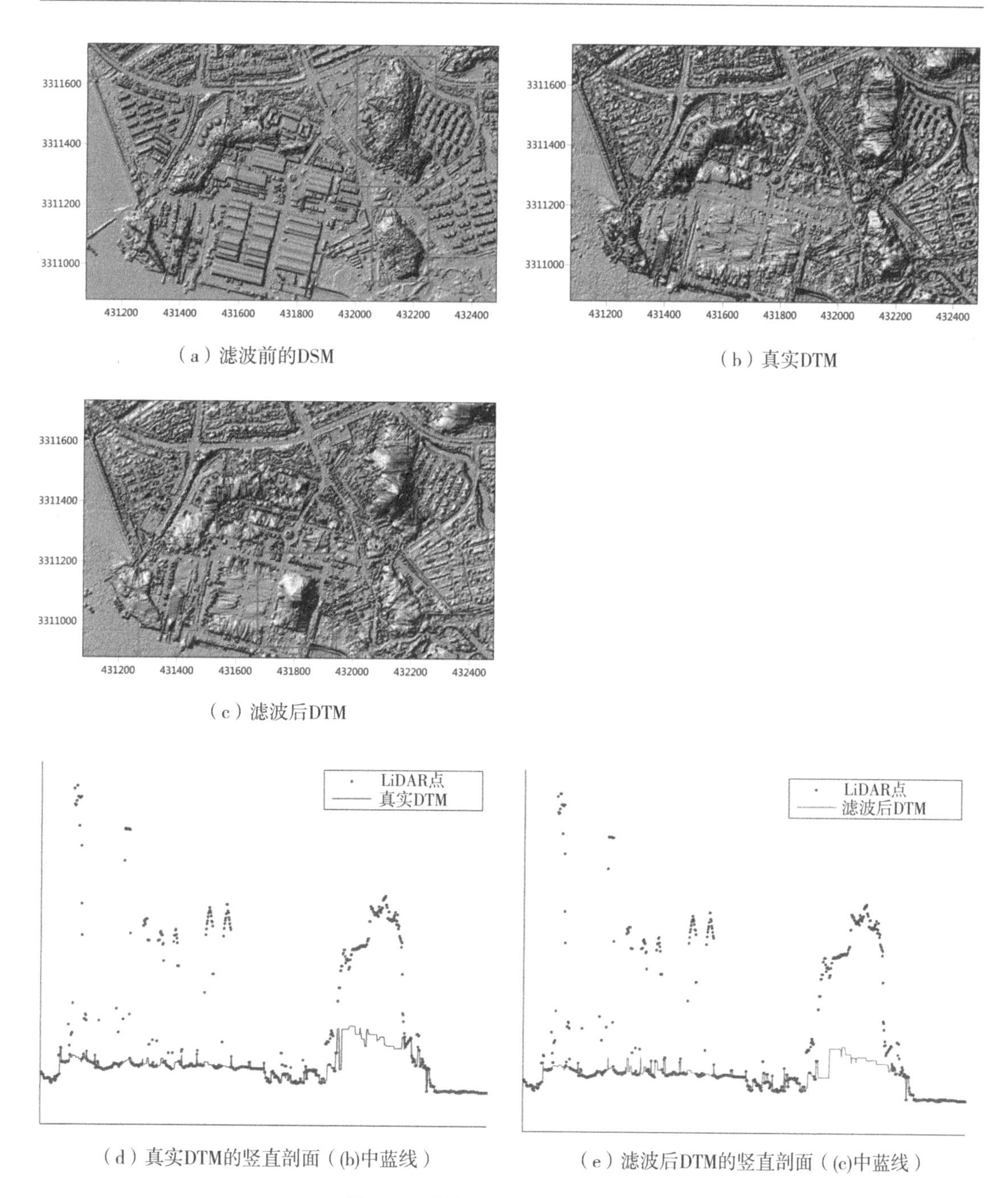

（a）滤波前的DSM　（b）真实DTM　（c）滤波后DTM

（d）真实DTM的竖直剖面（(b)中蓝线）　（e）滤波后DTM的竖直剖面（(c)中蓝线）

图 2.29　荆门市数据集的滤波结果

2.3.7　小结

点云滤波是点云处理、分析和应用的必要步骤。为了突破现有滤波算法参数设置较为复杂的局限性，本节提出了一种基于最大期望的无阈值滤波算法。在本节中，滤波过程被视为混合高斯模型分离的过程。通过将 EM 算法应用于点云的修正高程，可以自动提取地面点。实验结果表明，与传统的 PTD 方法和基于分割的 PTD 方法相比，本节方法在不需要复杂的参数设置和阈值调整的情况下，就可以得到更好的滤波效果。本节方法的平均拒真误差分别比传统 PTD 方法和基于分段的 PTD 方法低 52.81% 和 16.78%。与传统的 PTD 方法相比，本节方法的平均总误差降低了 31.95%。此外，本节方法的三类误差的标准差都相对较低，这表明该方法具有较高的鲁棒性，能够在不同的地形环境下实现良好的滤波效果。对位于中国荆门的实测数据集进行的实验分析可进一步证实这一结论。然而，尽管本节方法的拒真误差较小，但纳伪误差较大。如何控制纳伪误差将是今后研究的重点。

2.4 基于对象基元全局能量最小化的自适应滤波方法

针对目前机载 LiDAR 点云滤波方法存在的算法自动化程度低、计算量大、难以适用于海量数据、鲁棒性不强等问题，本节提出了一种基于对象基元全局能量最小化的自适应滤波方法。本节方法的流程图如图 2.30 所示。首先获取点云数据对象基元的一系列模态点。为了提高算法的实现效率，在后续运算过程中用所得的模态点表示对象基元。通过设置最大滤波窗口，得到初始地面点并生成粗拟合曲面。进而计算出各点属于地面点和非地面点的初始概率及能量函数。利用图割技术，可以实现能量函数最小化，从而得到地面点和非地面点的标记结果。然后，更新每一个地面点的概率，并用概率大于 0.5 的点拟合一个新的地面模型。再次计算新的概率和能量函数，迭代计算，直至两次连续得到的地面模型足够接近。本节方法主要包括 3 个步骤：①模态点图形构建；②全局能量最小化；③自适应渐进滤波。

2.4.1 模态点图形构建

为减少计算量，使滤波方法适用于大型 LiDAR 数据集，本节将每个对象基元的几何中心点定义为模态点，用模态点表示其对应的每一个对象基元。在图形构建的过程中，大量的 LiDAR 点云可以被一系列模态点代替，从而减少运算量，提高了方法的实现效率。

由于构建图形结构的原始点云被模态点代替，本节将该图形结构定义为模态图。同样，模态图包含两个组成部分，即节点(V)和边(E)，被定义为 $G=(V, E)$。不同的是，V 由模态点组成，而 E 作为两个模态点间的边，需要满足下列条件：

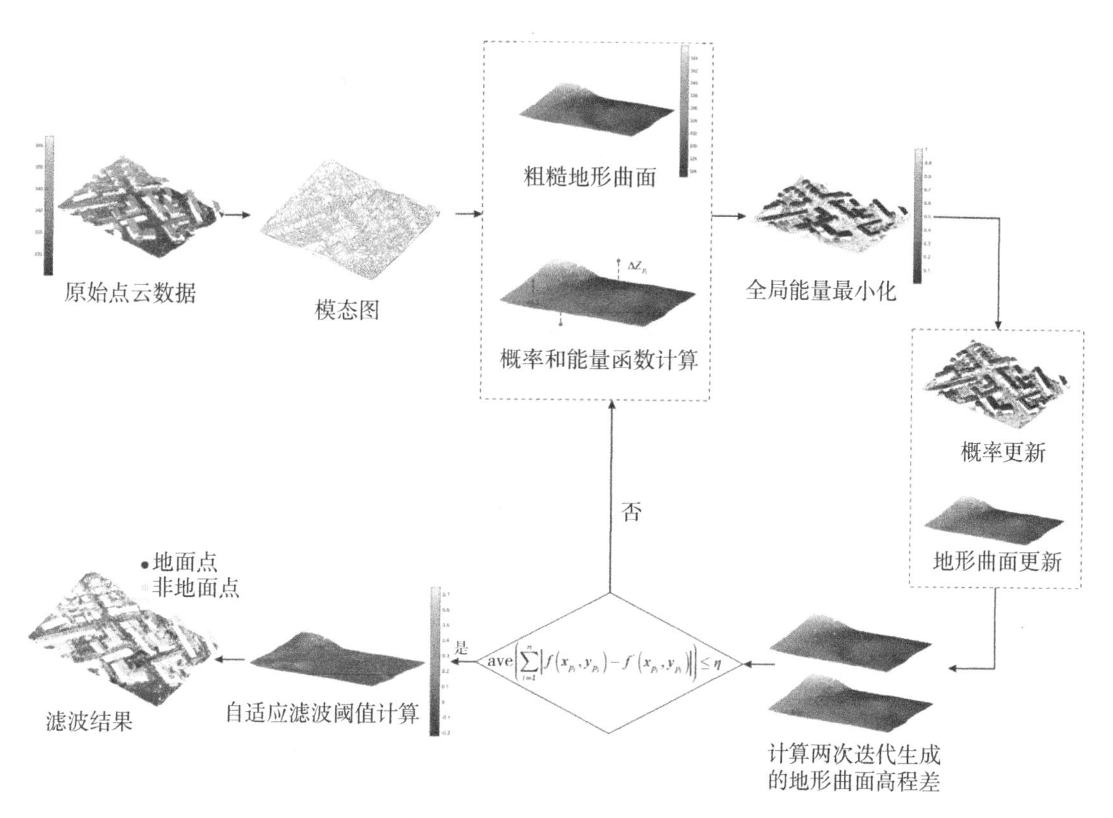

图 2.30　点云滤波方法流程图

$$\begin{cases} V = \{p_i \mid \| p_i - \text{Mode}^k \| = \min, \; p_i \in \{\text{obj}^k\}\} \\ E = \{E(V_i, V_j) \mid V_j \in \xi(V_i) \quad \& \quad \| V_i, V_j \| \leqslant \delta\} \end{cases} \tag{2.43}$$

式中，p_i 是对象基元 obj^k 中的点；Mode^k 是对象基元 obj^k 的模态点；$\|\cdot\|$ 表示欧氏距离；$\xi(V_i)$ 表示 V_i 的邻近点。本节采用三维泰森多边形准则来确定模态点的邻接关系。为消除过长边造成的影响，本节约束邻近点间的欧氏距离小于 δ，它被定义为平均距离值加上两个相邻节点之间距离的标准差。模态图的构建过程如图 2.31 所示。从图中可以看出，模态图(图 2.31(a))不但保持了不同对象基元之间的拓扑关系，而且其图形结构比原始点云数据(图 2.31(b))的图形简单得多。

2.4.2　全局能量最小化

在模态图中，每个节点与其相邻节点间有边连通。为了实现点云滤波，需要将这些节点分为两类，即地面点和非地面点。假设模态图与两个终端节点相连，起点 S 和终点 T。这样，图中的每个节点都与 S 和 T 有边相连。为了将节点分为地面点与非地面

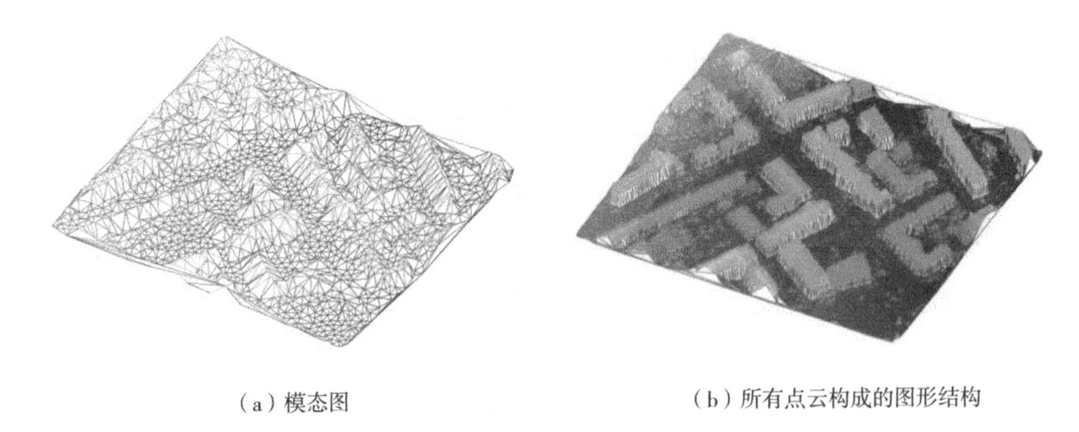

（a）模态图　　（b）所有点云构成的图形结构

图 2.31　模态图结构示意图

点两类，需要找到一条切割边的路径，从而使每个节点只与一个终端节点相连。本节采用一种著名的图割技术来实现这一过程，如图 2.32 所示。

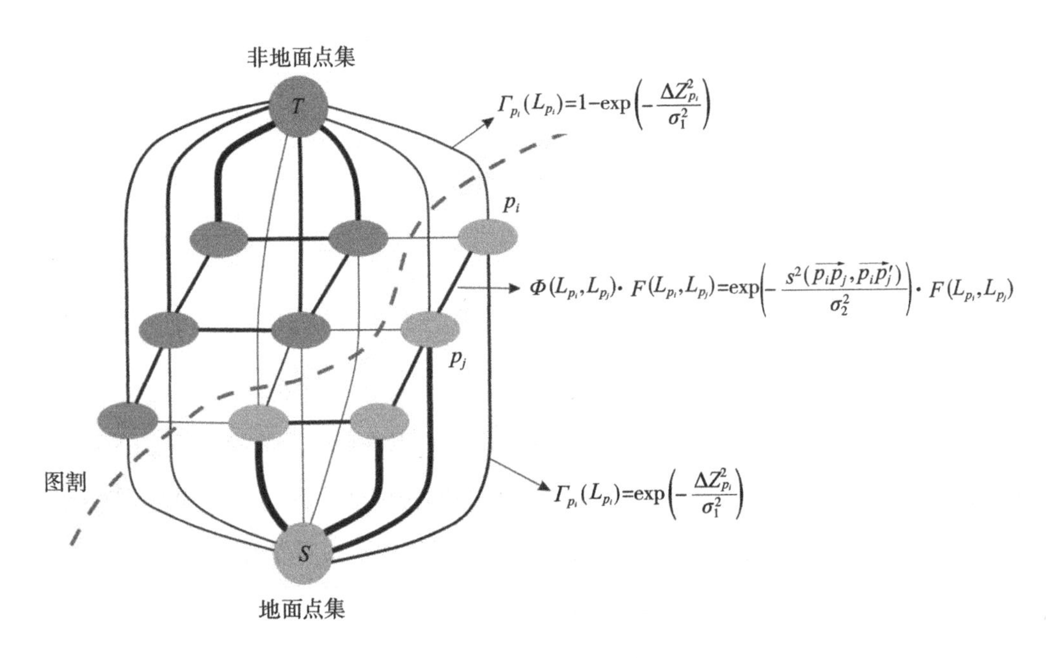

图 2.32　图割方法示意图

最小图割方法通常涉及能量最小化的概念。本章能量函数定义为：

$$E(L)=E_{\text{data}}(L)+\lambda\cdot E_{\text{smooth}}(L) \tag{2.44}$$

式中，L 表示标签，即将模态点分为地面点或非地面点；λ 是一个常数，用于平衡 $E_{\text{data}}(L)$ 和 $E_{\text{smooth}}(L)$ 对函数 $E(L)$ 的贡献；$E_{\text{data}}(L)$ 表示内部能量，表示当参考结果与实验结果不同时，点的能量值。本节中 $E_{\text{data}}(L)$ 定义如下：

$$
\begin{cases}
E_{\text{data}}(L) = \sum_{i=1}^{N} \Gamma_{p_i}(L_{p_i}) \\
\Gamma_{p_i}(L_{p_i}) = \begin{cases} \exp\left(-\dfrac{\Delta Z_{p_i}^2}{\sigma_1^2}\right), & C_{p_i} \geqslant 0.5 \\ 1 - \exp\left(-\dfrac{\Delta Z_{p_i}^2}{\sigma_1^2}\right), & \text{其他} \end{cases}
\end{cases}
\tag{2.45}
$$

式中，$\Gamma_{p_i}(L_{p_i})$ 表示点 L_{p_i} 与地面点集和非地面点集相连的程度；C_{p_i} 表示该点属于地面点的概率。C_{p_i} 定义如下：

$$
C_{p_i} = \exp\left(-\frac{\text{abs}(\Delta Z_{p_i})}{\delta_1}\right) \tag{2.46}
$$

式中，ΔZ_{p_i} 是点 p_i 到拟合曲面的距离。拟合曲面是由径向基插值函数根据地面种子点建立的。从式(2.46)中可以看出，ΔZ_{p_i} 越大，C_{p_i} 就越小，即 ΔZ_{p_i} 越大，表示该点属于地面点的概率越小。结合式(2.46)，当 C_{p_i} 大于 0.5 时，ΔZ_{p_i} 越大，导致 $\Gamma_{p_i}(L_{p_i})$ 越小。这表明当能量函数最小化时，这两点之间的边越容易被裁剪。图 2.33 展示了初次迭代时，每个点的内部能量。从图中可以看出，地面点具有更大的 $\Gamma_{p_i}(L_{p_i})$。

图 2.33　初次迭代的内部能量

$E_{\text{smooth}}(L)$ 表示外部能量，用来评价分类结果中的不平滑程度。本节将 $E_{\text{smooth}}(L)$ 定义为：

$$\begin{cases} E_{\text{smooth}}(L) = \sum\limits_{p_j \in \zeta(p_i)} \Phi(L_{p_i}, L_{p_j}) \cdot F(L_{p_i}, L_{p_j}) \\ \Phi(L_{p_i}, L_{p_j}) = \exp\left(-\dfrac{s^2(\overrightarrow{p_i p_j}, \overrightarrow{p_i p_j'})}{\sigma_2^2}\right) \\ F(L_{p_i}, L_{p_j}) = \begin{cases} 1, & C_{p_i} \geqslant 0.5 \ \& \ C_{p_i} < 0.5 \parallel C_{p_i} < 0.5 \ \& \ C_{p_j} \geqslant 0.5 \\ 0, & \text{其他} \end{cases} \end{cases} \tag{2.47}$$

式中，$\Phi(L_{p_i}, L_{p_j})$表示两个邻近点间的不一致性；$s(\overrightarrow{p_ip_j}, \overrightarrow{p_ip_j'})$表示两个向量间的夹角；$p_j$ 是点 p_i 的一个邻近点；p_j'是点 p_j 在拟合曲面上对应的点；$F(L_{p_i}, L_{p_j})$是指示函数。当 p_i 和 p_j 被赋予不同标签时，$F(L_{p_i}, L_{p_j})$取 1，否则为 0。

2.4.3 自适应渐进滤波

本节方法是一种迭代的渐进滤波方法。在每次迭代中，计算每个点属于地面点集的概率。同时，构造了包含内部能量和外部能量的能量函数。采用图割技术实现能量最小化后，得到迭代的标记结果。本节方法的详细步骤如表 2.13 所示。

表 2.13　渐进滤波方法步骤

输入：模态点和模态图
步骤 1：获取初始地形曲面 f
步骤 2：计算各点到曲面距离 ΔZ_{p_i}
步骤 3：根据式(2.46)计算概率
步骤 4：根据式(2.45)、式(2.47)计算能量函数
步骤 5：能量最小化图割，如图 2.32 所示
步骤 6：获取分类标签，根据新标记的地面点，更新地形曲面f'
步骤 7：if　$\text{ave}\left(\sum\limits_{i=1}^{n} \text{abs}\left[f(x_{p_i}, y_{p_i}) - f'(x_{p_i}, y_{p_i})\right]\right) \leqslant \eta$
得到最终地形曲面f'
break
else
$f=f'$并循环至步骤 2
end
步骤 8：根据地形曲面的局部坡度计算自适应滤波阈值
输出：滤波结果：$\{p_i \in G \mid \lvert Z_{p_i} - Z'_{p_i} \rvert \leqslant \kappa^2(f') + t\}$

从表 2.13 中可以看出，每次迭代后都可以得到一个粗糙的地形曲面。随着迭代次数增加，地形曲面的精度逐渐变高。当连续两次获得的粗糙地形曲面变化小于式(2.48)定义的阈值时，迭代停止。

$$\mathrm{ave}\left(\sum_{i=1}^{n}\mathrm{abs}\left[f(x_{p_i},\ y_{p_i})-f'(x_{p_i},\ y_{p_i})\right]\right)\leqslant\eta \tag{2.48}$$

式中，$f(x_{p_i},\ y_{p_i})$ 和 $f'(x_{p_i},\ y_{p_i})$ 代表连续两次拟合地形曲面的高程差；η 是一个常数，本节设置为 0.03m。

当得到最终的粗糙地形曲面后，计算自适应滤波阈值，使其如图 2.34 所示随地形起伏程度发生变化。该滤波阈值是根据地形曲面的坡度梯度计算的，如式(2.49)所示：

$$\mathrm{the}=\kappa^2(f)+t \tag{2.49}$$

式中，$\kappa(f)$ 表示坡度梯度，t 是一个常数。在本节中，t 设置为 0.3，表示在平坦地形中($\kappa(f)$ 值为 0 时)，高于拟合地形 0.3m 的点被判断为非地面点。

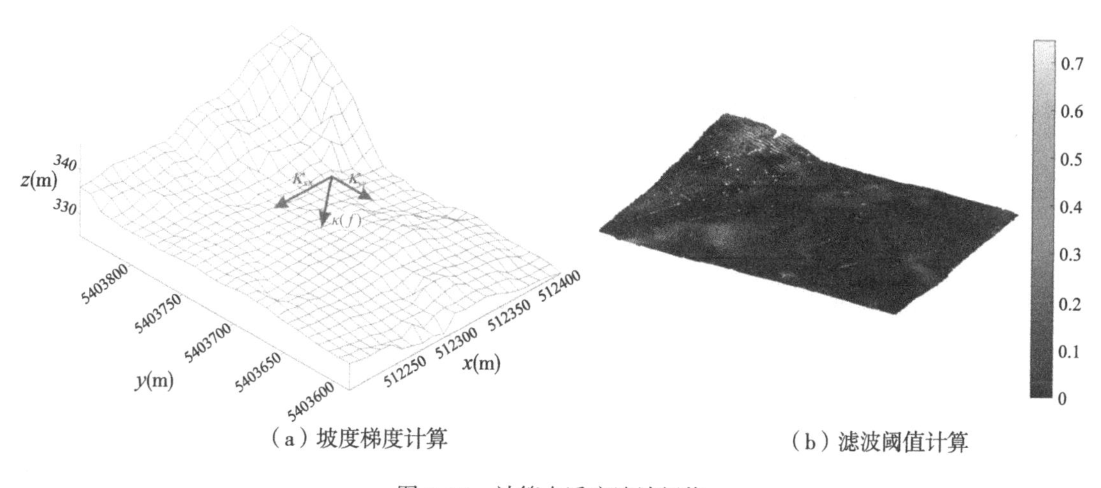

(a) 坡度梯度计算　　(b) 滤波阈值计算

图 2.34　计算自适应滤波阈值

2.4.4　实验数据

为验证本节方法的有效性，我们选用由 Qin 等提供的专门用于检验滤波效果的公开数据集 OpenGF[214]。该数据集占地总面积超过 47km²，包含 9 个不同的地形场景。其中，S1~S4 位于城市地区，用于验证本章的滤波方法。如图 2.35 所示，S1 和 S2 区域较为平坦，包含大型建筑物和植被等。S3 和 S4 区域是包含大量中型建筑物和密集植被的城市地区。4 个数据集的特征如表 2. 14 所示。从表 2. 14 可以看出，该数据集可以检验本节方法在不同城市环境、不同点云密度下的滤波效果，从而验证方法的有效性和鲁棒性。由此可见，以上 4 个区域的数据集对于大面积城市地区点云滤波非常具有代表性，有助于检测方法在复杂城市环境下的滤波效果。

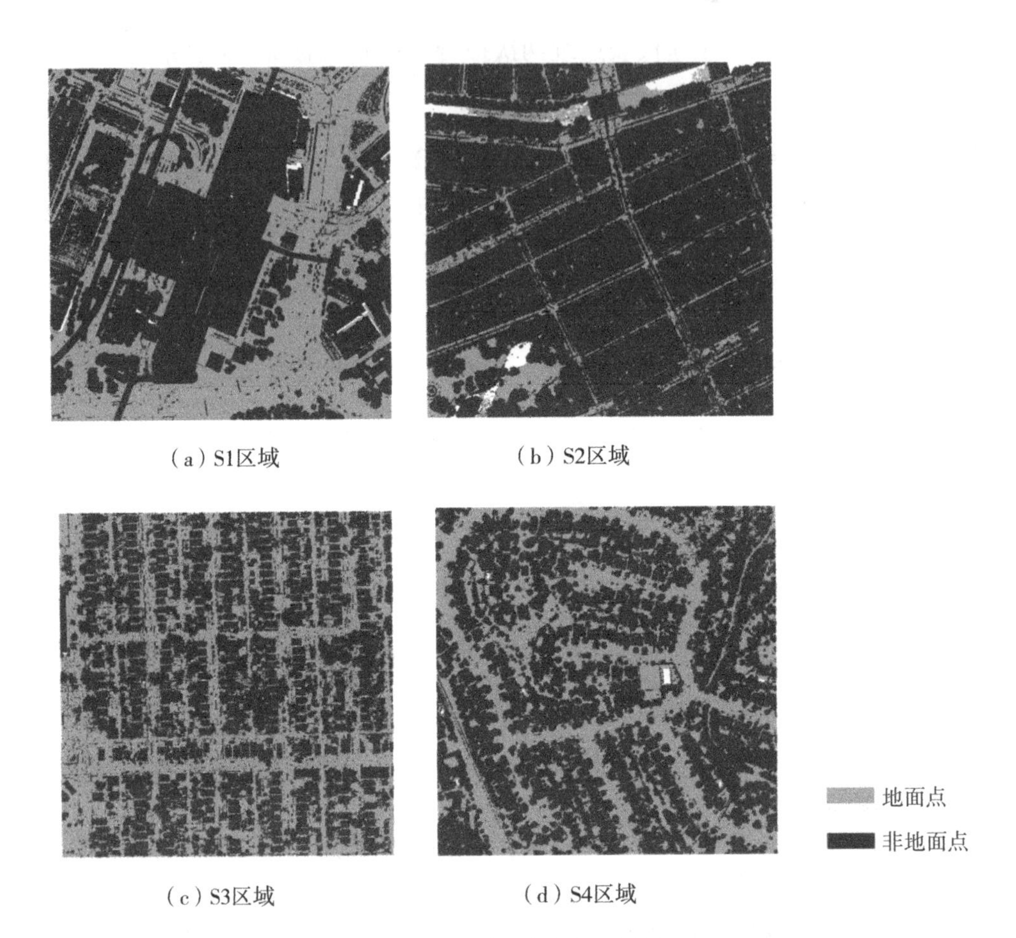

图 2. 35　滤波方法实验区域

表 2. 14　测试数据集特点

区域	地面点总数	非地面点总数	面积(m^2)	点云密度(点/m^2)	包含地物
S1	1306153	1498883	500×500	11	大型建筑物，汽车，立交桥，低矮植被，树木
S2	1783541	3690842	500×500	21	密集建筑物，汽车，小桥，低矮植被，树木

续表

区域	地面点总数	非地面点总数	面积(m^2)	点云密度(点/m^2)	包含地物
S3	137033	119707	500×500	1	中型建筑物，汽车，低矮植被，树木
S4	388303	375554	500×500	3	密集中型建筑物，低矮植被，树木

2.4.5　实验结果与分析

为定量评价本节方法的有效性，本节采用Ⅰ类误差(Type Ⅰ)、Ⅱ类误差(Type Ⅱ)、总误差(Total)和 Kappa 系数(κ)4 个精度指标[203]，来评价本节方法的滤波效果。Ⅰ类误差表示拒真误差，即相较于参考地面点未被成功探测的百分比。Ⅱ类误差表示纳伪误差，即相较于参考非地面点被错误探测的百分比。总误差表示所有分类错误的点的百分比，Kappa 系数是另一个评价滤波效果的综合指标。以上 4 个精度指标的定义如式(2.50)~式(2.55)所示。

$$\text{Type I} = \frac{FN}{TP+FN} \tag{2.50}$$

$$\text{Type II} = \frac{FP}{FP+TN} \tag{2.51}$$

$$\text{Total} = \frac{FN+FP}{TP+TN+FN+FP} \tag{2.52}$$

$$P_0 = \frac{TP+TN}{TP+TN+FP+FN} \tag{2.53}$$

$$P_e = \frac{(TP+FP)\times(TP+FN)+(FP+TN)\times(FN+TN)}{(TP+TN+FP+FN)^2} \tag{2.54}$$

$$\kappa = \frac{P_0-P_e}{1-P_e} \tag{2.55}$$

式中，FN 表示未被探测的地面点的个数；FP 表示错误探测的地面点的个数；TP 表示正确探测的地面点个数；TN 表示正确识别的地物点个数。

图 2.36 是本节方法在 4 个测试区域的滤波结果。其中，浅灰色表示正确探测的地面点(TP)，深灰色表示正确识别的地物点(TN)，蓝色表示Ⅰ类误差(Type Ⅰ)即未被探测的地面点(FN)，红色表示Ⅱ类误差(Type Ⅱ)即错误探测的地物点(FP)。从图中可以看出，本节方法在四个实验区域内均能取得良好的滤波效果。如图 2.36(a)、(b)

所示，本节方法针对含有大型建筑物的城市地区，具有较少的Ⅰ类误差。由此表明，本节方法能够有效排除大型建筑物对滤波结果的影响。S2 区域存在较多错误探测的地物点，如图 2.36(b)的黑色框中，这些地物点主要是桥面。由于这些桥面较宽并位于河道上，与城市道路高程变化较小，因此容易被误判为地面点。S3 区域存在较多的Ⅰ类误差，即未被成功探测的地面点，这些点多位于中小型建筑物周围(图 2.36(c)的黄色框中)。这是由于 S3 区域点云密度较小(1 点/m^2)，建筑物与周边的邻近点间的高程变化较大，根据局部坡度计算的滤波阈值较大，使邻近建筑物的地面点不能被成功探测。S4 区域中存在一处较集中的Ⅰ类误差，即图 2.36(d)的绿色框内。这一区域位于凸起的地形上，小块裸露的地面四周被建筑物环绕，导致地面点与邻近地物点高程差较小，从而易被误判为地物点。

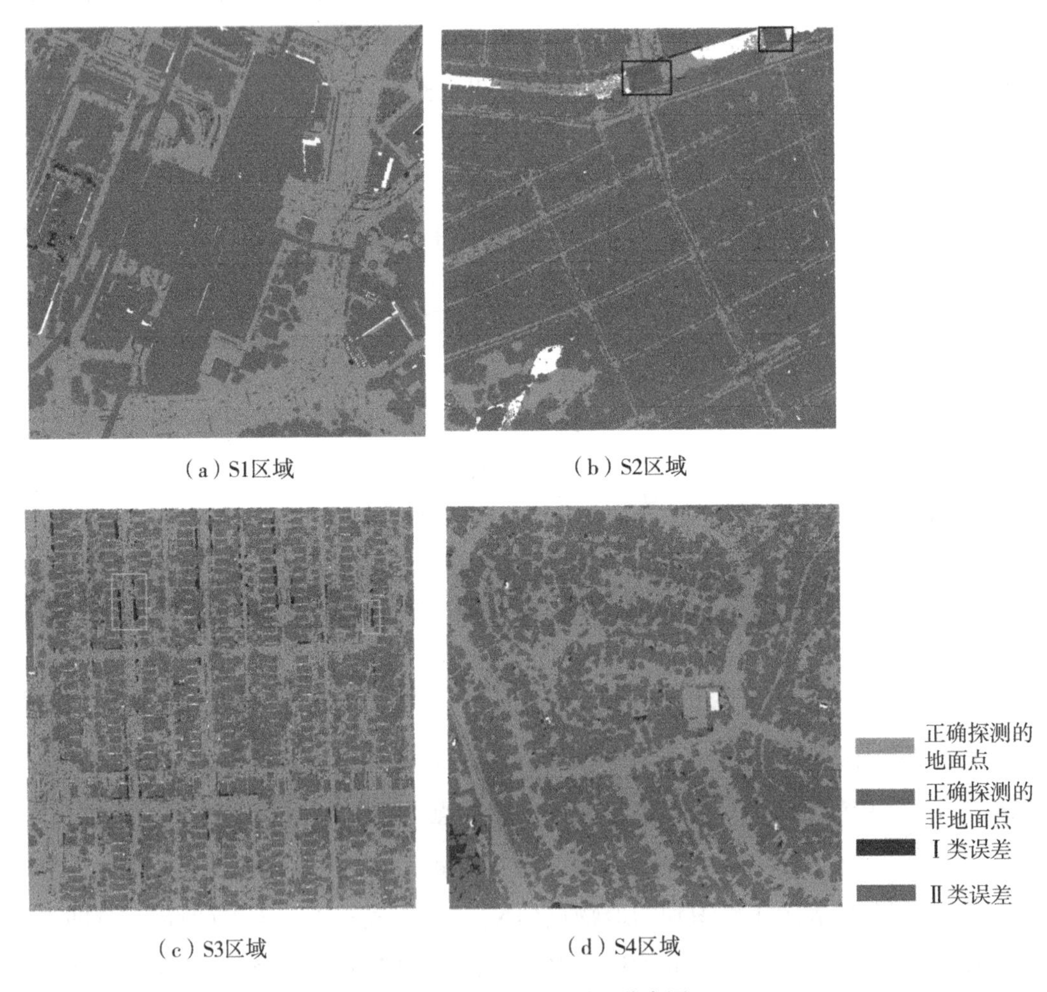

图 2.36　滤波方法误差分布图

为客观评价本节滤波方法的优劣，本节选用其他 3 种开源的经典滤波方法进行实验结果对比分析。Zhang 等[36]提出了一种基于形态学的滤波方法(ALDPAT-PM)。该方法通过逐渐改变窗口尺寸，设置不同的高程差阈值，来依次去除低矮植被及大型地物。CloudCompare-CSF 滤波方法由 Zhang 等[45]提出，该方法假设有一块弹性布料受重力自上而下落在倒转的点云数据上，最终布料的形状就可以代表所得地形。Fusion 是一种基于曲面的滤波软件。该软件首先计算出一个平均地面模型，再根据每个点的残差计算权重，通过更新点的权重，得到最终的地面模型。

表 2.15 是本节方法与上述 3 种方法在 4 个研究区域的精度对比，每个精度指标的最优结果用粗体表示。整体而言，相较于其他 3 种方法，本节方法在这 4 个研究区域均能取得较好的滤波效果。在 4 个研究区域，本节方法在 4 个精度指标中的 3 个精度指标上均达到最优。由此可以看出，本节方法相较于其他方法整体性能最优。本节方法在 4 个区域的 Kappa 系数均大于 90%，其中 S1 区域的 Kappa 系数大于 95%。表明本节方法在不同城市环境下均能取得良好的滤波精度，方法鲁棒性较强。本节方法在 4 个研究区域的总误差均小于其他 3 种方法，并且取得最优的 Ⅰ 类误差，尤其是 S1 和 S2 区域的 Ⅰ 类误差小于 1%。这表明本节方法具有较好的地面点探测能力，能提取更多的地面点，获得更多的地形细节。相较于其他区域，本节方法在 S1 区域表现最好，4 个精度指标均优于其他 3 个区域。这表明本节方法能够有效排除城市中大型建筑物对滤波结果的影响，实现地面点的正确探测。

表 2.15　四个测试区域滤波结果精度对比

区域	方法	Ⅰ 类误差(%)	Ⅱ 类误差(%)	总误差(%)	Kappa 系数(%)
S1	PM	13.81	3.87	8.5	82.83
	CSF	3.05	**2.34**	2.67	94.63
	Fusion	3.4	14.04	9.09	81.89
	本节方法	**0.49**	3.19	**1.94**	**96.12**
S2	PM	17.56	4.68	8.87	79.38
	CSF	5.65	**3.76**	4.38	90.09
	Fusion	1.46	4.86	3.75	91.65
	本节方法	**0.67**	5.21	**3.73**	**91.72**
S3	PM	3.37	8.65	5.83	88.25
	CSF	4.7	7.42	5.97	87.79
	Fusion	3.49	7.55	5.39	89.16
	本节方法	**2**	**6.92**	**4.29**	**91.35**

续表

区域	方法	Ⅰ类误差(%)	Ⅱ类误差(%)	总误差(%)	Kappa 系数(%)
S4	PM	5.01	6.18	5.58	88.82
	CSF	11.04	3.6	7.38	85.25
	Fusion	14.36	**2.87**	8.71	82.61
	本节方法	**2.08**	3.79	**2.92**	**94.15**

图 2.37 是本节方法与其他 3 种方法在 4 个研究区域的平均精度指标对比。整体而言，在 4 个平均精度指标中，本节方法有 3 个指标明显优于其他 3 种方法。其中，本节方法在 4 个研究区域的平均 Kappa 系数大于 90%。这表明相较于其他 3 种方法，本节方法能够取得较好的滤波精度。从图 2.37 中可以看出，本节方法的平均Ⅱ类误差略大于 CSF(Cloth Simulation Filter)方法，但平均Ⅰ类误差和平均总误差均明显小于 CSF 方法。这表明本节方法能够在确保正确探测的同时，提取尽可能多的地面点，从而降低总误差，提高滤波方法的整体精度。

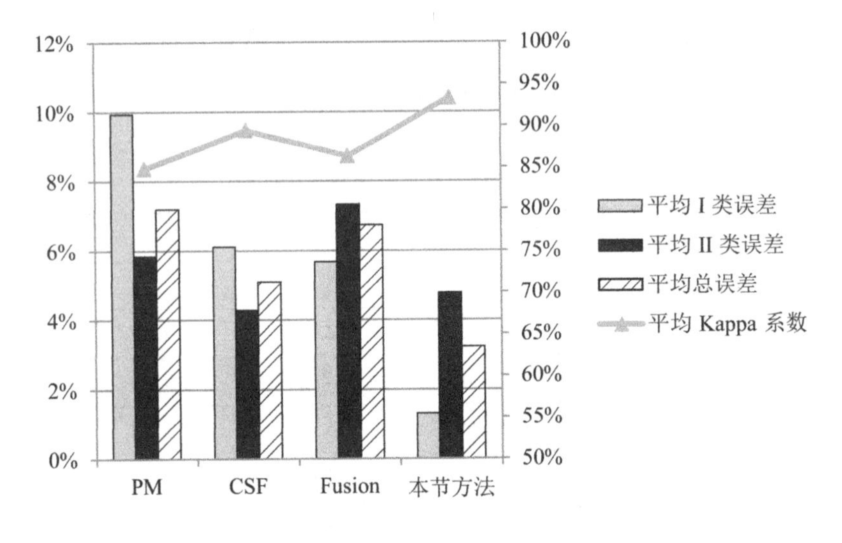

图 2.37 四种方法平均精度对比

图 2.38 展示了 4 种方法在 S4 区域某一位置的滤波结果横截面。图 2.38(a)红色实线区域对应的地物包括建筑物和高大树木等，如图 2.38(b)所示。图 2.38(c)是该区域的真实地面点云，图 2.38(d)~(g)分别是 PM、CSF、Fusion 和本节方法探测到的地面点。从图中可以看出，相较于其他 3 种方法，本节方法可以得到较完整的地面点

结果，Fusion 方法存在较多遗漏的地面点云，如图 2.38(f)中的红色框内所示。这表明本节方法在复杂的城市环境中，具有较好的地面点探测能力，能够有效排除建筑物和高大植被等地物的影响，获取较完整的地面点云。图 2.38(d)~(e)中的蓝色点表示错误探测的地物点，从图中可以看出，PM 和 Fusion 方法在该区域的错误探测较多。表明本节方法在探测尽可能多的地面点的同时，能够较好地保证滤波结果的准确性。由此可以看出，相较于其他 3 种方法，本节滤波方法具有较好的整体性能。

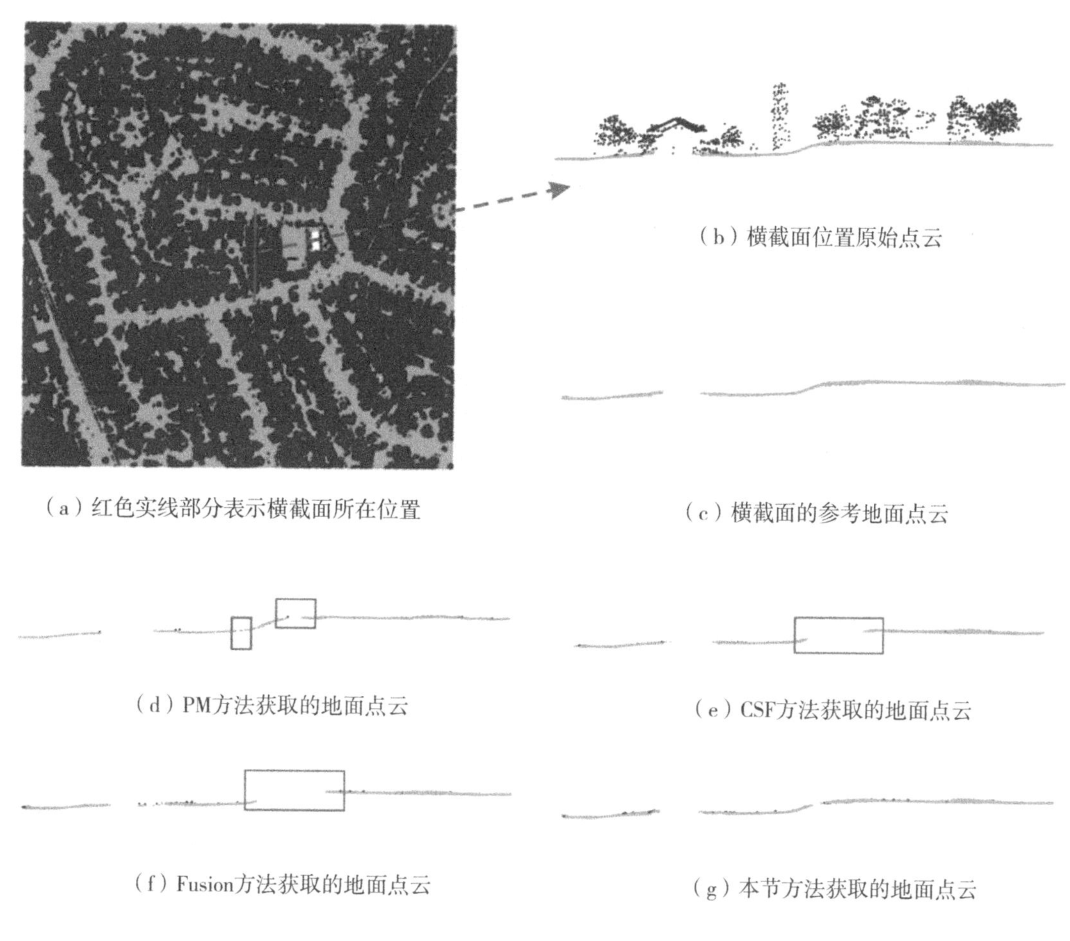

（a）红色实线部分表示横截面所在位置

（b）横截面位置原始点云

（c）横截面的参考地面点云

（d）PM方法获取的地面点云

（e）CSF方法获取的地面点云

（f）Fusion方法获取的地面点云

（g）本节方法获取的地面点云

图 2.38　S4 区域滤波结果截面图

建筑物点云提取之前，需要去除点云数据的地面点，因此本节滤波方法同时在 ISPRS 提供的用于验证建筑物点云提取精度的数据集中进行试验。图 2.39 是本节方法在该数据集的滤波结果。从图中可以看出，本节方法在 Area1、Area2 和 Area3 这 3 个区域均能取得较好的滤波效果。表 2.16 是本节方法对于该数据集的滤波精度。整体而言，本节方法在3个研究区域的Kappa系数均大于90%。这表明本节方法对于不同的建筑物环境，均能获取较好的滤波效果，鲁棒性强。本节方法在3个区域的Ⅱ类误差均小于Ⅰ类误差，这表明本节方法在该研究区域具有较少的纳伪误差，非地面点被误判为地面点的情况较少，有效避免了滤波过程中对建筑物点云的误判，保留了较完整的建筑物点云。

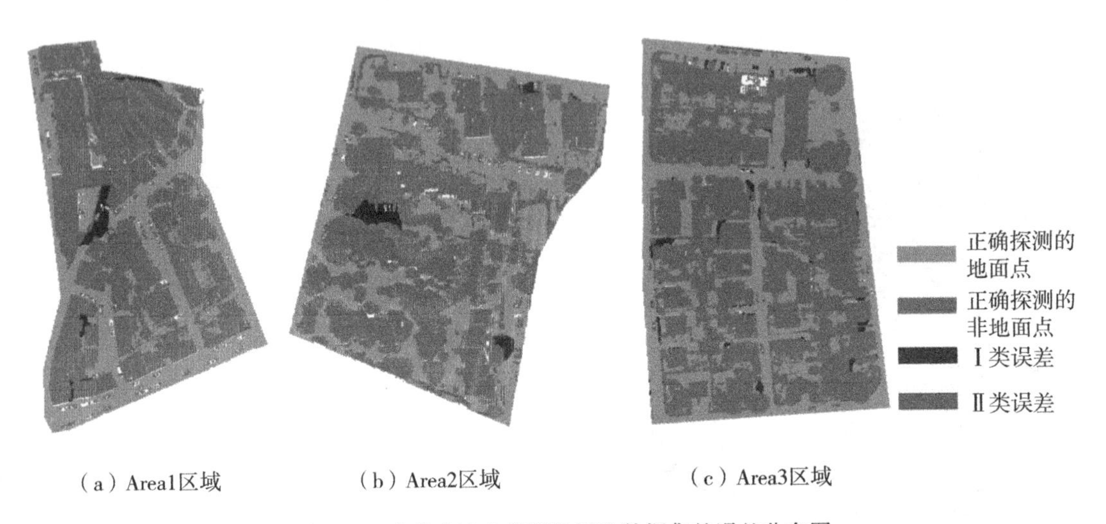

图 2.39　本节方法在建筑物提取数据集的误差分布图

表 2.16　本节方法在建筑物提取数据集的滤波精度

	Ⅰ类误差(%)	Ⅱ类误差(%)	总误差(%)	Kappa 系数(%)
Area1	3.86	1.27	2.10	95.15
Area2	6.75	2.57	4.30	91.10
Area3	2.71	2.10	2.36	95.18
平均精度	4.44	1.98	2.92	93.81

2.4.6　参数讨论分析

本节在能量最小化环节主要涉及3个参数：计算概率和能量时的系数 σ_1(式(2.45))、δ_1(式(2.46))、σ_2(式(2.47))。其中 σ_1 设置为地面模型与真实点云高程差的均值，使 σ_1 可以根据不同实验数据自适应调整，从而得到更可靠的滤波结果。δ_1 和 σ_2 是本节需要人工设置的参数。在根据式(2.46) 计算点云概率 C_p 时，δ_1 的取值直接影响初始地面点的探测，对地面模型的构建影响较大。δ_1 的值越大，点的概率计算结果越大，被保留的概率大于 0.5 的点越多，导致更多的地物点被误判为地面点，影响滤波结果的精度。σ_1 的值越小，每次迭代时探测到的初始地面点越少，从而增加迭代次数，影响方法的实现效率。经本节实验分析，当 δ_1 值取 1 时，能够较好地平衡滤波精度与方法的实现效率。为便于展示，本节选用 S4 的部分区域进行参数讨论，如图 2.40(a) 中的红色框内所示，其中浅灰色表示地面点，深灰色表示非地面点。图 2.40(b)、(c)、(d) 分别是 δ_1 取 0.5、1、2 时的初始地面点提取结果。图 2.40(b) 中

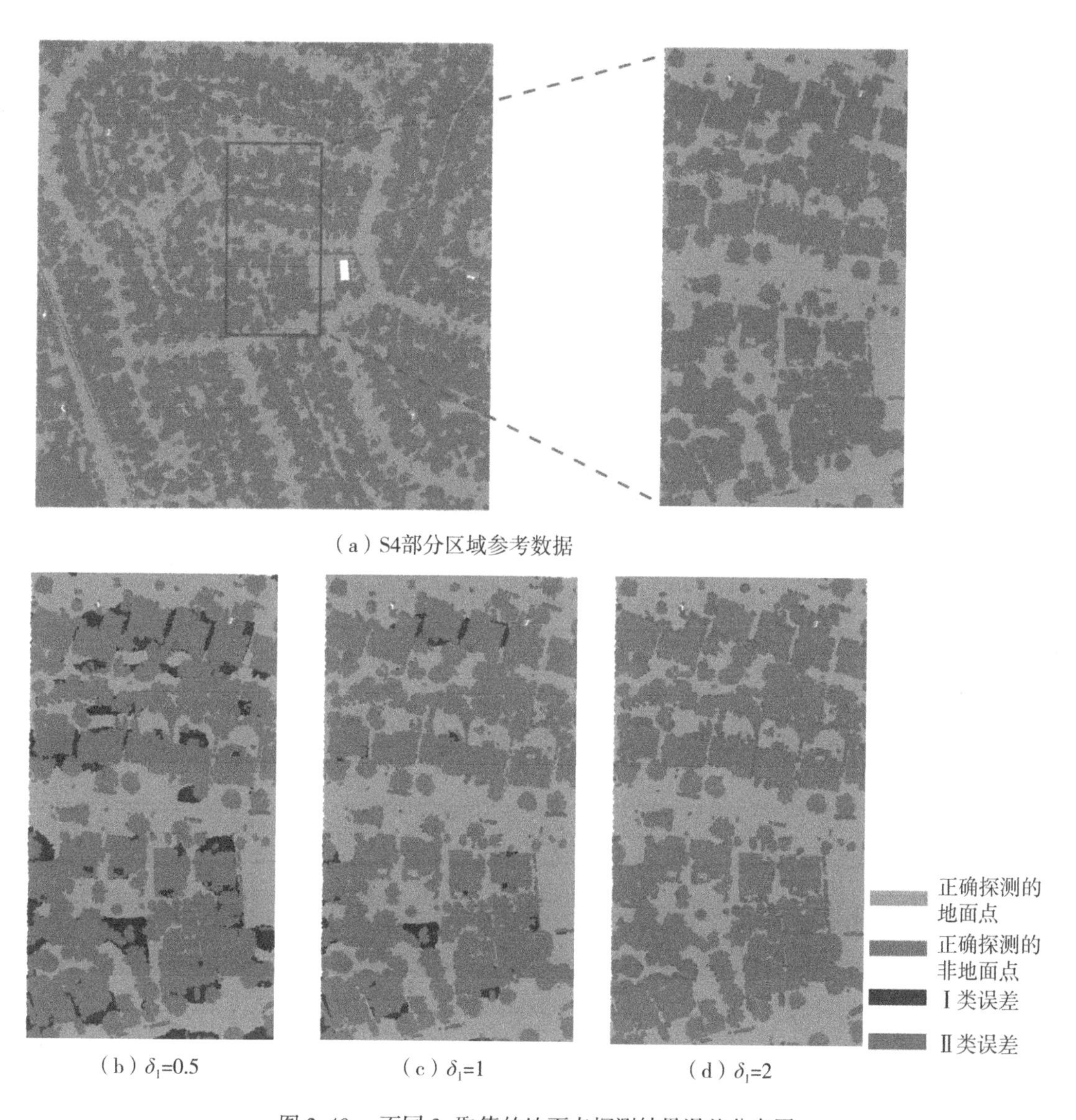

(a) S4部分区域参考数据

(b) δ_1=0.5　(c) δ_1=1　(d) δ_1=2

图 2.40　不同 δ_1 取值的地面点探测结果误差分布图

存在较多的 Ⅰ 类误差(蓝色点)，这表明有较多的地面点未被成功探测。未被成功探测的地面点过多，容易增加算法的迭代次数，继而降低方法的实现效率。如图 2.40(d) 所示，δ_1 取 2 时，虽然能够探测到更多的地面点，不存在明显的 Ⅰ 类误差，但是一些低矮的小型地物被错误探测。这会影响初始地面模型的准确性，导致 Ⅱ 类误差变大(红色点)，不利于地面点的正确探测。经试验表明，当 δ_1 取 1 时，能够取得较好的地面点探测效果，如图 2.40(d) 所示，没有遗漏较多的地面点，同时也较少存在错误探测的小型地物。

本节方法中另外一个需要人工设置的参数是在计算 E_{smooth} 时用到的 σ_2。图 2.41 分别是 σ_2 取 2、4、6 时，S4 各点间 E_{smooth} 的分布直方图。从图中可以看出 σ_2 取值越大时，E_{smooth} 的分布越集中，即各点间的 E_{smooth} 差异越小。当 $\sigma_2=2$ 时，E_{smooth} 的取值范围是[0.3，1]；$\sigma_2=4$ 时，E_{smooth} 的取值范围是[0.75，1]；$\sigma_2=4$ 时，E_{smooth} 的取值范围是[0.88，1]。表 2.17 是以 S4 区域为例，σ_2 分别取 2、4、6 时的滤波精度。从表中可以看出，随着 σ_2 取值增大，本节方法的 Ⅰ 类误差逐渐变小，Ⅱ 类误差逐渐增大。这是由于 σ_2 取值越大时，根据式(2.47) 计算得到的各点间的 E_{smooth} 差距越不明显(图 2.41)。在采用能量最小化图割的策略探测地面点时，容易获取更多的地面点。但与此同时，各点间的 E_{smooth} 差距过小，也会导致部分低矮地物点被错误探测，从而增大 Ⅱ 类误差。实验表明，本节方法在 σ_2 取 4 时，总误差和 Kappa 系数达到最优。这样，能够较好地平衡 Ⅰ 类误差和 Ⅱ 类误差，得到最理想的滤波效果。

表 2.17 S4 区域 σ_2 取不同值时的滤波精度

σ_2	Ⅰ 类误差(%)	Ⅱ 类误差(%)	总误差(%)	Kappa 系数(%)
2	2.59	3.76	3.17	93.67
4	2.08	3.79	2.92	94.15
6	1.60	5.53	3.53	92.93

2.4.7 小结

城市区域机载 LiDAR 点云滤波是建筑物提取、城市三维模型建立、数字城市建设等应用的关键环节。本节针对目前点云滤波算法存在的计算量大、难以适用于海量数据，以及滤波参数自动化程度低、鲁棒性差等问题，提出了一种基于对象基元全局能

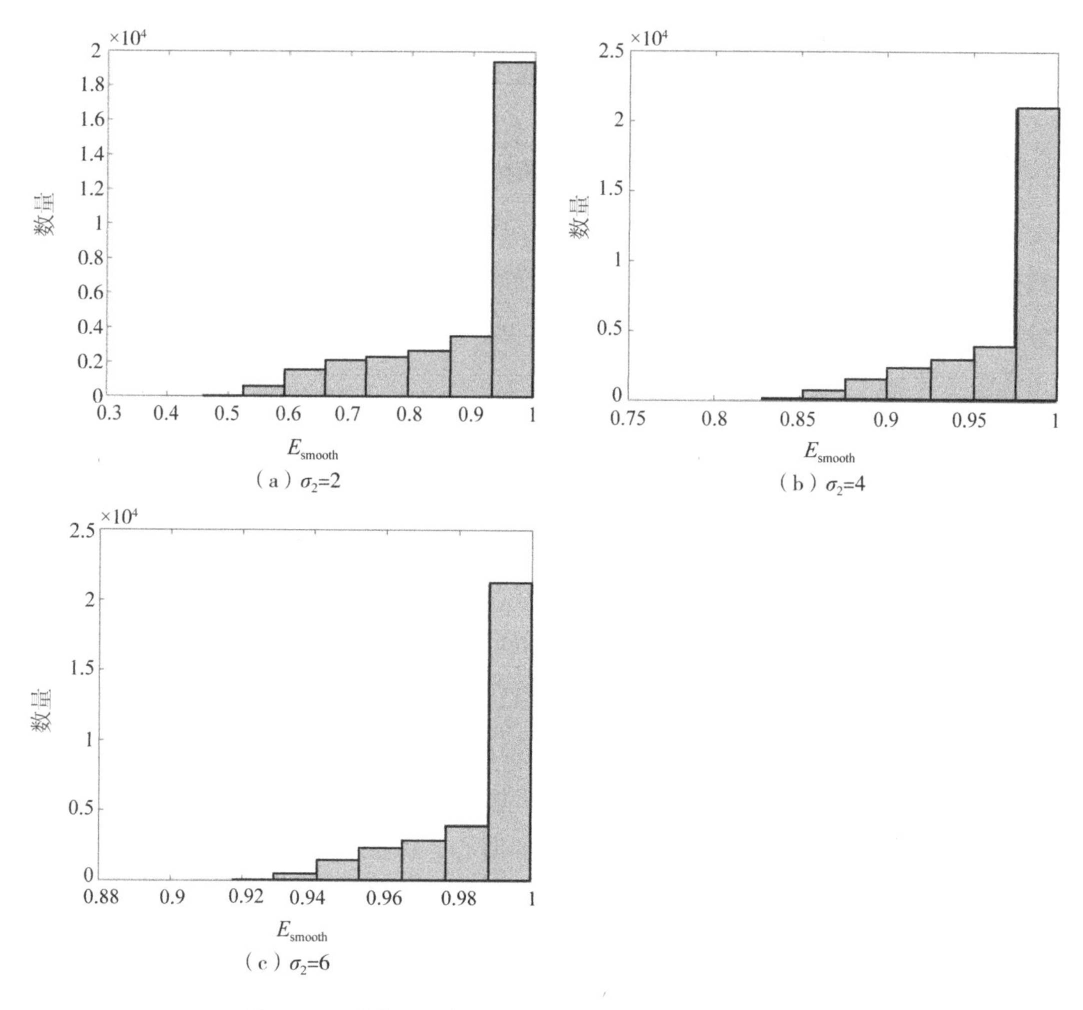

图2.41　不同σ_2对应的S4区域各点间E_{smooth}的分布直方图

量最小化的自适应机载LiDAR滤波方法。该方法由粗到精逐步地更新地面模型。每次迭代过程中，采用图割策略实现能量最小化，同时更新点属于地面点集的概率。当连续两次得到的地面模型足够接近时，则停止迭代并保留最终的地面模型。最后，为提高该方法的自动化程度，根据该地面模型的局部坡度计算自适应滤波阈值，完成点云滤波。本节采用Qin等提供的OpenGF数据集[214]来检验本节方法的有效性。实验结果表明，本节方法的平均总误差和平均Kappa系数分别是3.22%、93.34%。这两项指标均优于其他3种经典滤波方法。表明本节方法针对不同的城市环境均能获得良好的滤波效果，鲁棒性较强。

2.5 结合 K-means 聚类的点云区域生长优化快速分割方法

点云分割，是指将三维点云数据根据物体的几何、拓扑和纹理特征划分成若干个互不交叠的区域的过程。其基本原理是运用计算机视觉和机器学习等技术，通过对点云数据中每个点的空间位置、颜色、法向量等属性进行分析，实现对不同物体的识别和分割。点云分割技术广泛应用于自动驾驶、城市规划、工业制造、地质勘探及智慧城市等多个领域。

传统的基于区域生长的点云分割法虽然具有生长思想简单、算法易于实现的优点，但也存在以下问题：①传统的区域生长法是以点基元进行生长，以点为单位逐一进行处理，直到集合内所有点处理完毕，这会导致生长速度过慢，同时也需要消耗大量的运行时间和存储空间。②以点基元进行分割，初始种子点选取得好坏直接影响分割效果，错误的种子点会造成分割错误，即造成过分割或分割不充分的现象，致使分割精度较低。此外，受噪声点影响较大。针对传统区域生长法存在的问题，本节提出一种将 K-means 聚类与区域生长法结合的点云分割算法。

本节提出的改进的区域生长点云分割方法流程图如图 2.42 所示。首先对点云数据进行 K-means 聚类，获取聚类后各对象基元的质心，将质心按高程进行排序，获取最低质心点；然后遍历所有对象基元，计算各个对象基元的质心与高程最低的质心之间的角度和高差，将符合高差阈值和角度阈值的质心所在的对象基元划分为地面点，其余质心所在的对象基元划分为地物点；最后，遍历未划分的地物对象基元，对未划分的地物对象基元进行区域生长，直到所有的对象基元都遍历完，结束生长。具体包括以下步骤：①对点云数据进行 K-means 聚类获取对象基元质心点；②基于质心点实现点云滤波；③基于对象基元实现区域生长法优化分割。

2.5.1 对象基元质心点获取

本节通过聚类的方法获取对象基元，目前聚类方法可以分为 3 种：根据相似性域值和最小距离原则的简单聚类方法；按最小距离原则不断进行两类合并的方法；依据准则函数动态聚类的方法[215]。相较于其他两类方法，依据准则函数动态聚类的方法往往能够获得更稳定的聚类效果。因此，本节选择依据准则函数动态聚类方法中的代表性方法 K-means 聚类方法来实现对象基元获取。K-means 是一种基于距离的聚类方法，依据准则函数，将距离靠近的对象聚类成独立紧凑的簇，因其运行速度快且适用

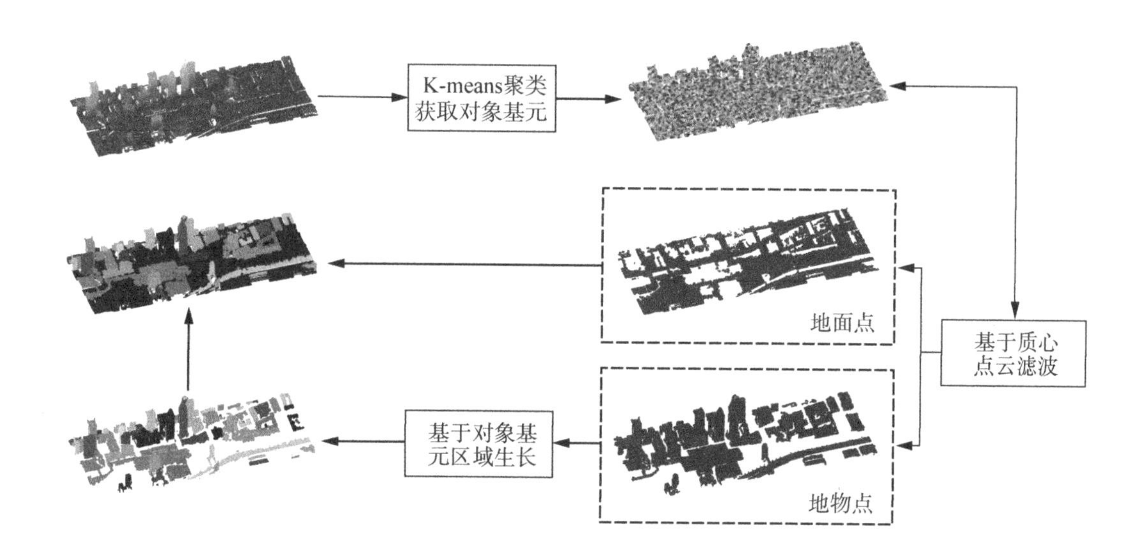

图 2.42　点云分割流程图

于高维数据而被广泛应用[216]。本节实现对象基元获取的流程如下：

①从点云中随机选取 k 个点，即 K-means 聚类获取初始聚类中心，将点云数据划分为 k 个聚类区域。

②计算其余点到 k 个聚类中心的距离，将未划分的点聚类到距离最近的聚类中心所在的聚类区域。

③对聚类后的各区域内的点云数据进行平均值计算，将平均值作为新的聚类中心，即更新聚类中心位置。

迭代计算直到所有区域聚类中心的位置不再改变，输出划分结果，聚类结束。

通过 K-means 聚类算法获取 k 个对象基元，通过式(2.56)可计算各对象基元聚类后的质心点的坐标，即聚类后更新的聚类中心点。对象基元质心点的获取是基于对象基元点云滤波中的重要一步，质心点坐标的准确性对滤波效果的影响较大，故应合理设置其参数，准确计算质心坐标。

$$(\bar{X},\ \bar{Y},\ \bar{Z})=\left\{\left(\frac{\sum_{n=1}^{k}X_i}{n},\ \frac{\sum_{n=1}^{k}Y_i}{n},\ \frac{\sum_{n=1}^{k}Z_i}{n}\right)\middle|\ P_i\in \mathrm{obj}_i\right\} \tag{2.56}$$

式中，$(X_i,\ Y_i,\ Z_i)$ 为 P_i 点的三维坐标；obj_i 为第 i 个对象基元；$(\bar{X},\ \bar{Y},\ \bar{Z})$ 为该对象基元的质心点。获取对象基元质心是地面点与地物点分离的关键步骤。初始聚类中

心 k 会直接影响对象基元的获取。k 值过小，会造成不同对象被划分为一类对象，使对象分割不完整；k 值过大，则会使得点云欠分割，同时也影响算法运行速度。因此设置合适的 k 值十分重要。本节所用数据初始为高密度点云数据，为提高实验效率，对其原始点云进行处理，可得到低密度点云数据，通过反复进行实验，可知随着 k 值设置越来越大，分割的精度趋于稳定，故可以算法的 k 值来参考点云数据密度，进行合理设置。

2.5.2 基于质心点实现点云滤波

本节采用基于对象基元的点云滤波算法，与其他基于点基元的滤波算法相比，基于对象基元的滤波方法可为后续滤波提供更多的语义信息。但滤波结果受对象基元分割结果的影响较大，故须在聚类后的对象基元准确性较高的情况下，进行点云滤波[216]。

点云在进行 K-means 聚类后，获取每个对象基元的质心。遍历所有质心，通过计算各个对象基元的质心与高程最小的质心之间的高差 H 和角度 θ，设置合理的高差阈值 H_{th} 和角度阈值 θ_{th}。若满足条件，则符合条件的质心所在的区域都划为地面点，否则划分为未生长的地物区域。在获取对象基元后，通过式(2.56) 可计算各对象基元的质心点的坐标 $P(x_i, y_i, z_i)$，将质心点按高程从小到大排序，得到高程最小的质心的坐标 $M(x_j, y_j, z_j)$，计算各对象基元的质心点 $P(x_i, y_i, z_i)$ 与质心 $M(x_j, y_j, z_j)$ 间的角度 θ，如式(2.57) 所示，质心角度与高差示意图如图(2.43) 所示。

$$\theta = \arctan \frac{|z_j - z_i|}{\sqrt{(x_j - x_i)^2 + (y_j - y_i)^2}} \tag{2.57}$$

若 θ 大于所设角度阈值，则滤除点 $P(x_i, y_i, z_i)$，否则保留该点。

2.5.3 基于对象基元实现区域生长法优化分割

K-means 聚类获取对象基元后，遍历各个对象基元，对每个对象内的点进行邻近点判断。采用 K 最近邻域法搜索该点周围 k 个最邻近点。其中最邻近判别依据有多种，本节采用的是默认的欧氏几何距离，搜索该点数据与剩余点之间的欧氏几何距离。按照欧氏几何距离的递增方式进行排序，选取前 k 个最小的欧氏距离的点云数据，并依次计算剩余点云数据前 k 个最邻近点。本节搜索周围 8 个邻近点，即参数 k 为 8。对于对象基元内的点云，在获取其邻近点后，判断邻近点所属的对象基元是否与该点相同。若相同，则判定该点在该对象基元内部，若不相同，则判定该点位于该对象

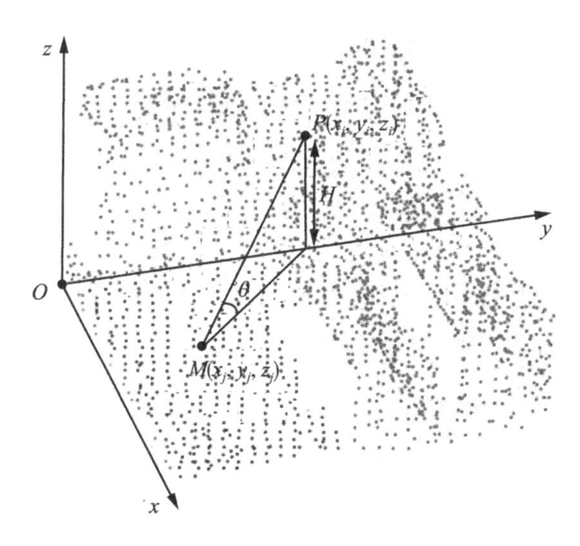

图 2.43　对象基元质心示意图

基元的边缘或靠近边缘的位置。对于邻近点属于不同对象的点，计算它们与邻近点之间的法向量夹角β和距离D，并设置合理的法向量夹角阈值β_{th}与距离阈值D_{th}。若同时满足法向量角度阈值和距离阈值，则将邻近点所在对象基元与该基元进行生长，即邻近点所属的对象基元与该点对象基元划分为同一个对象基元。

本节方法优化了传统区域生长法以点基元进行生长的方式，而是通过聚类获取对象基元后进行区域生长。可通过法向量角度β、距离D设置区域生长条件。其中任意 2 个法向量$\boldsymbol{m}$与$\boldsymbol{n}$之间的角度β，任意 2 点的距离D的计算式如式(2.58)、式(2.59)所示。

$$\beta = \arccos \frac{(u_i u_j + v_i v_j + w_i w_j)}{\sqrt{u_i^2 + v_i^2 + w_i^2} * \sqrt{u_j^2 + v_j^2 + w_j^2}} \tag{2.58}$$

$$D = \sqrt{(x_i - x_j)^2 + (y_i - y_j)^2 + (z_i - z_j)^2} \tag{2.59}$$

式中，(u_i, v_i, w_i)表示法向量$\boldsymbol{m}$；(u_j, v_j, w_j)表示法向量$\boldsymbol{n}$；β为两个法向量的夹角；D为任意两点$A(x_i, y_i, z_i)$、$B(x_j, y_j, z_j)$的距离。设置合理的角度阈值和距离阈值作为生长准则。

基于对象基元的区域生长法的具体步骤如下：

① 首先获取聚类分割后的对象基元，遍历各个对象基元。

② 针对对象基元各点采用 K 邻近点搜索法获取周围 8 个邻近点。若对象基元内所有点都搜索完，则遍历下一个对象基元内各点。

③ 判断该点的邻近点所属对象基元是否与该点对象基元相同，若相同，返回步骤

②，若不相同，则进行步骤④。

④计算法向量角度β、距离D，判断邻近点与该点的法向量夹角β是否满足阈值夹角β_{th}且邻近点距离D是否满足距离阈值D_{th}。若同时满足，将邻近点所属对象基元与该点所属于对象基元进行生长，当前对象基元内的各点都遍历完，进行步骤⑤，否则直接进入步骤⑤。

⑤判断所有对象基元是否遍历完，若遍历完，输出分割结果，否则返回步骤①。

基于地物对象基元区域生长算法流程如图 2.44 所示。

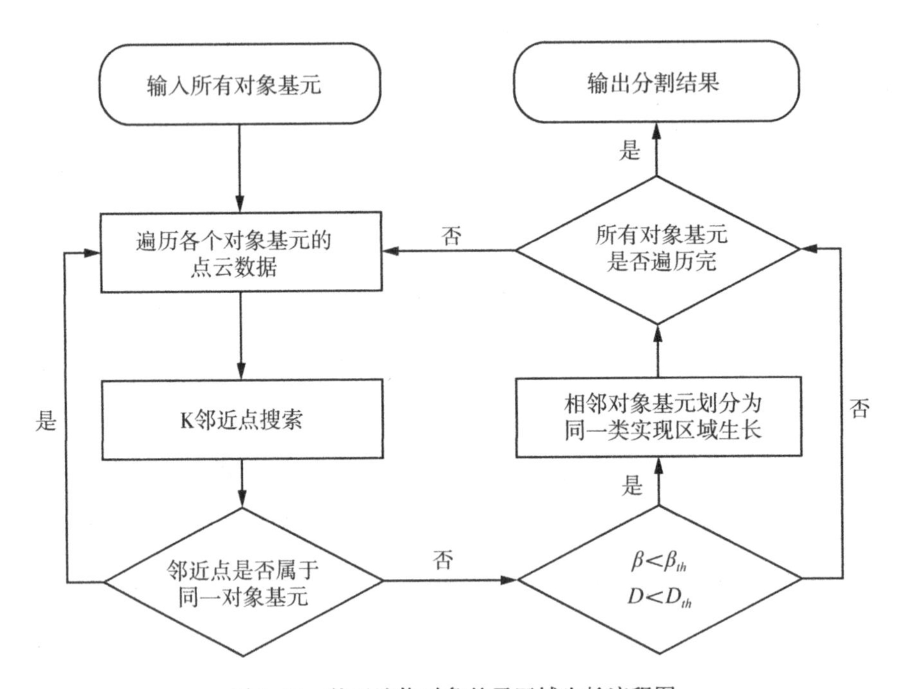

图 2.44 基于地物对象基元区域生长流程图

2.5.4 实验数据

本节使用国际摄影测量与遥感学会(ISPRS)①提供的 LiDAR 点云数据对上述算法进行测试、分析与比较。选取 ISPRS 提供的 Toronto 实验区中的 3 组数据进行实验，3 组数据名分别为 S1(Toronto1)、S2(Toronto2)、S3(Toronto5)。本实验运行平台：Windows 10 (64 位)操作系统，处理器 i5-1035G1 CPU，1.19GHz，内存为 16GB，算法采用 Matlab R2018a 实现。本节数据的正确标签是人工手动进行分割，采用点云数据处

① ftp：//wg-3-4-benchmark：LVK4jvv7mk@ftp.ipi.uni-hannover.de.

理软件 CloudCompare 对三组数据进行分割，再添加标签。图 2.45(a)、(c)、(e)分别为 S1、S2、S3 按高程显示的点云数据示意图，图 2.45(b)、(d)、(f)分别为本节方法分割 S1、S2、S3 后的点云数据示意图。

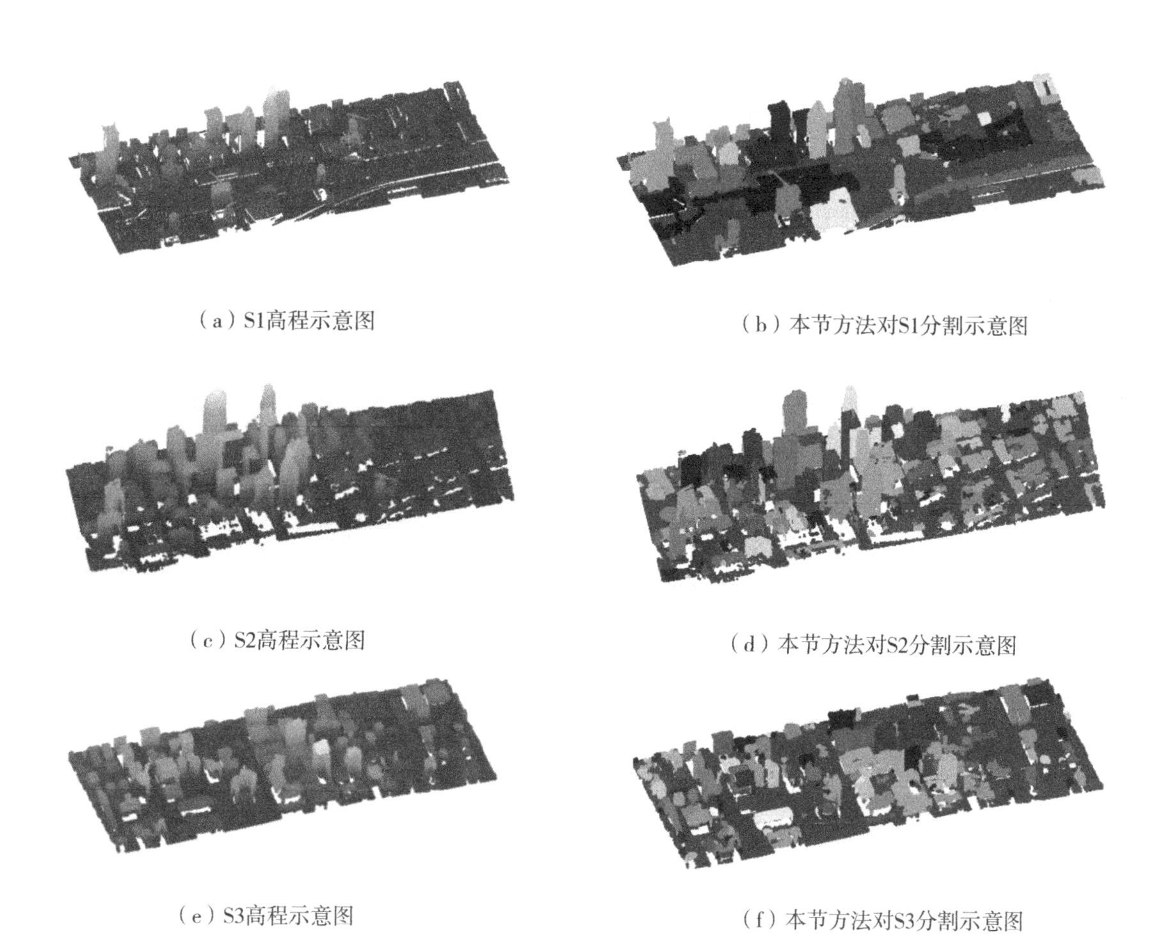

(a) S1高程示意图　(b) 本节方法对S1分割示意图

(c) S2高程示意图　(d) 本节方法对S2分割示意图

(e) S3高程示意图　(f) 本节方法对S3分割示意图

图 2.45　分割结果示意图

2.5.5　三种分割方法结果对比分析

本节通过与 K-means 聚类法和李仁忠等[217]提出的改进的区域生长法进行比较，验证本节所提出方法的可靠性。其中李仁忠等[217]是对传统的区域生长法进行改进，解决了种子点选取不确定的问题。通过曲率来选取初始种子点，将点云数据的曲率按从小到大进行排序，曲率最小的点作为初始种子点，即从最平坦的地区开始生长。此方法较传统的区域生长法，分割性能更稳定，适用于曲率变化较小的点云数据，对于曲率变化较大的复杂场景的分割效果不好。

采用以上 3 种方法分别对 3 组数据进行实验，对比结果如图 2.46～图 2.48 所示。其中 3 组图中的图(a)为人工分割结果图，人工将整个区域的点云数据进行分割，可获取该区域内正确的分割个数。而 K-means 聚类算法需要提前设置好聚类区域的个数，故可根据图(a)获取的分割总数进行设置，减少因参数设置造成的误差。从图(b)可知传统的 K-means 聚类算法无法把地面点和地物点分割开，虽然已经确定正确的分割个数，但分割效果仍不理想。图(c)中改进的区域生长法[217]对于地面点分割效果较好，但是地物分割效果不理想。该方法以点基元进行生长，消耗的时间较长，且从分割结果可知很多点云数据没有被划分到正确的区域，地物分割效果较差，表明该方法不适合复杂场景下的点云分割。与图(b)和图(c)相比，图(d)中本节提出的方法对地面和地物都具有较好的分割效果，且运行速率较高。

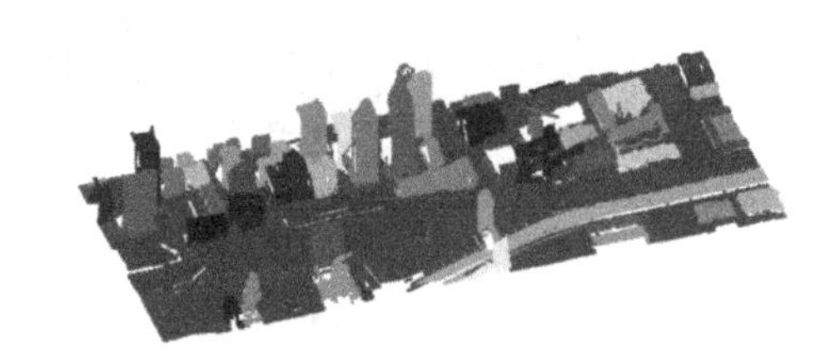

（a）人工对S1分割示意图

（b）K-means聚类算法对S1分割示意图

（c）文献[217]中改进的区域生长法对S1分割示意图

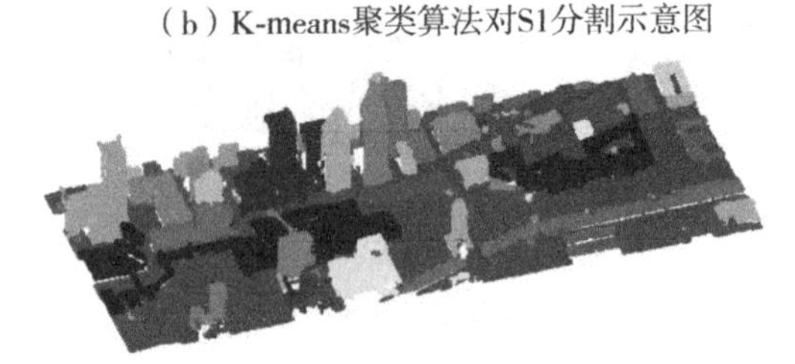

（d）本节分割算法对S1分割示意图

图 2.46　不同分割方法下 S1 分割结果对比图

2.5.6　三种方法分割结果细节对比分析

由于 K-means 聚类法在进行点云分割时，无法将地面点与地物点分割开，造成分割结果误差较大，本节将仅对 S1、S2、S3 三组数据的地物点进行分割。文献[217]中改进的区域生长法对复杂场景下地物分割效果较差，故仅采用本节方法和 K-means 聚

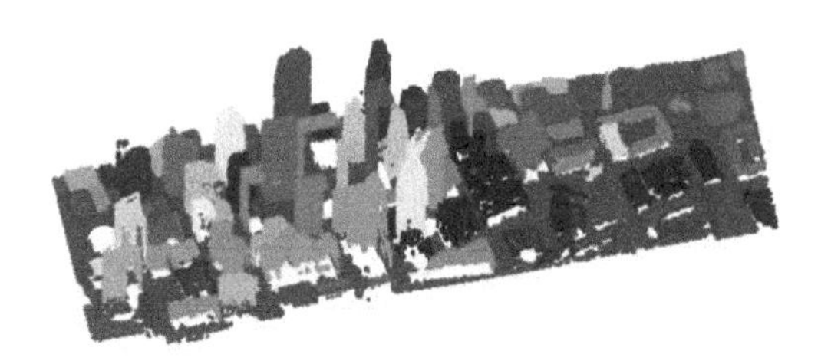

（a）人工对S2分割示意图

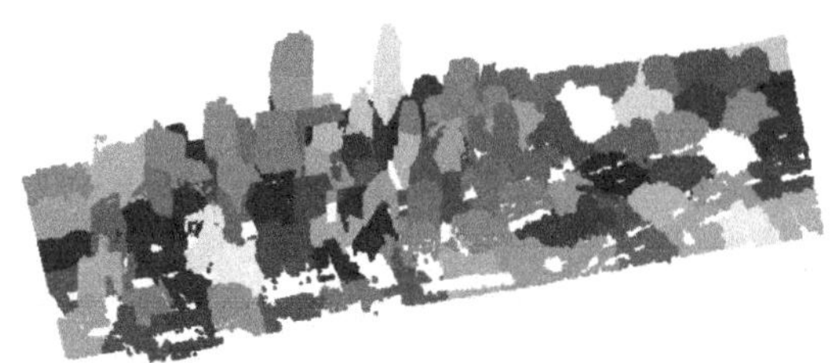

（b）K-means聚类算法对S2分割示意图

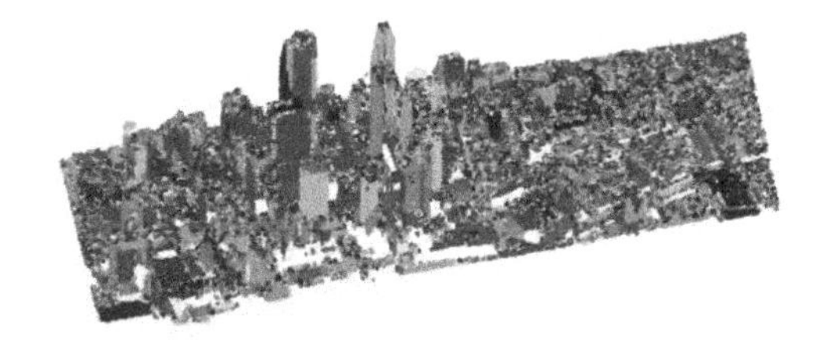

（c）文献[217]中改进的区域生长法对S2分割示意图

（d）本节分割算法对S2分割示意图

图 2.47　不同分割方法下 S2 分割结果对比图

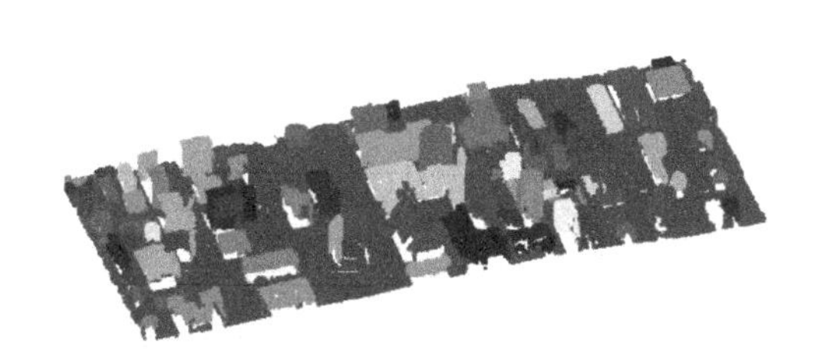

（a）人工对S3分割示意图

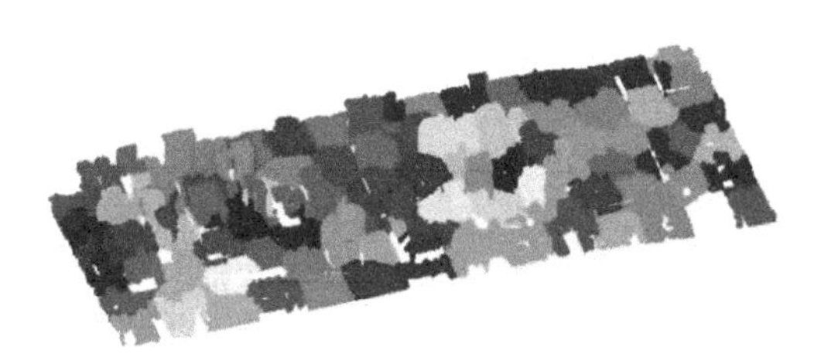

（b）K-means聚类算法对S3分割示意图

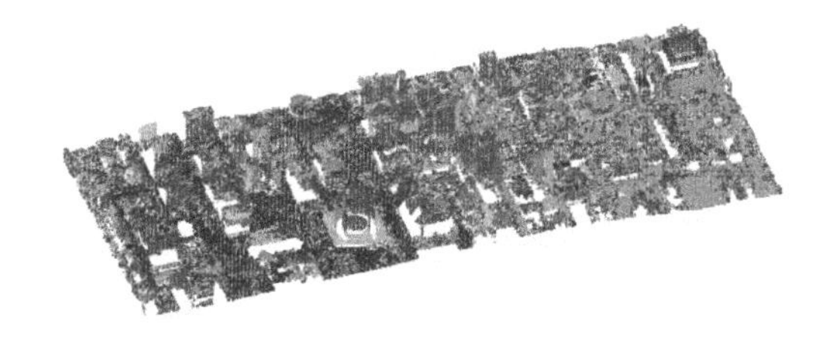

（c）文献[217]中改进的区域生长法对S3分割示意图

（d）本节分割算法对S3分割示意图

图 2.48　不同分割方法下 S3 分割结果对比图

类法对 3 组数据的地物点进行分割。如图 2.49~图 2.51 所示，对比本节提出的基于对象的区域生长法与传统的 K-means 聚类算法的分割效果。其中 3 组图的图(a)为人工分割结果，图(b)和(c)分别为基于对象的区域生长法和 K-means 聚类法的分割结果。在 3 组数据中各挑选 3 个场景下的地物，即 1、2、3 处，针对图(a)、(b)和(c)中的 1、

2、3 进行具体分析。

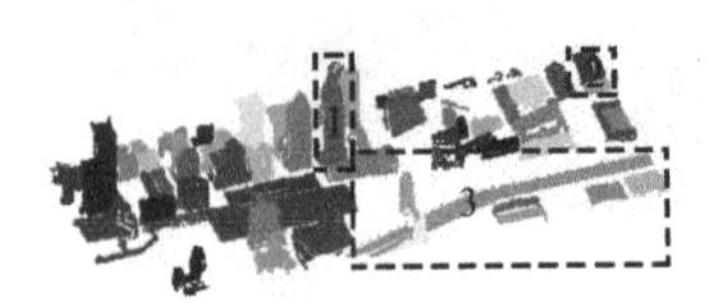
（a）人工分割S1地物示意图

（b）本节方法分割S1地物示意图

（c）K-means聚类算法分割S1地物示意图

图 2.49　不同分割方法下 S1 地物分割结果对比图

（a）人工分割S2地物示意图

（b）本节方法分割S2地物示意图

（c）K-means聚类算法分割S2地物示意图

图 2.50　不同分割方法下 S2 地物分割结果对比图

（a）人工分割S3地物示意图

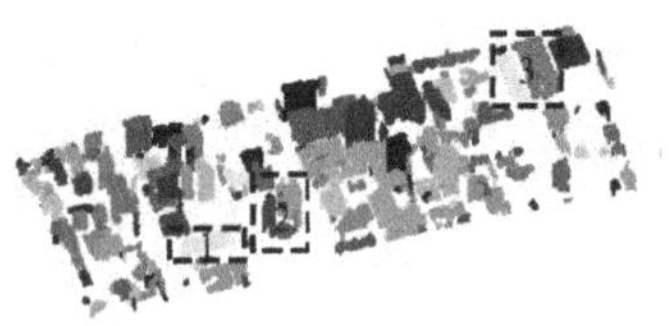
（b）本节方法分割S3地物示意图

（c）K-means聚类算法分割S3地物示意图

图 2.51　不同分割方法下 S3 地物分割结果对比图

从图 2.49 可以看出，本节提出的基于对象的区域生长法对 1、2、3 处地物都具有较好的分割效果。从图 2.49(c)的第 1 处地物可以看出，K-means 聚类法将该处建筑物误分成了 3 个区域，这是由于 K-means 聚类法采用最小聚类原则，造成过分割现象严重。而图 2.49(b)中本节方法分割的第 1 处，虽然在建筑物的顶部略有瑕疵，但整体分割效果较好。对于图 2.49 的第 2 处地物，可知 K-means 聚类算法未将该处 2 个建筑物正确分割开，虽然分为了 2 个建筑物，但分割错误，与真实地物不相符，而本节方法可将第 2 处建筑物正确分割出来。图 2.49(a)中的第 3 处建筑物为一座桥梁，K-means聚类算法未将整个桥梁分成一个地物，而是分成了 6 段。本节的分割方法虽然将桥梁分割出来，但对于桥梁的边缘地区，分割并不是非常完整。这是由于本节方法设置初始聚类中心的个数过小，造成聚类后的对象区域过大，将真实的地面点与地物点聚为同一对象，可通过多次实验调整初始聚类中心参数来解决此问题。

在图2.50中，第1处为一个建筑物，K-means聚类算法将其误分为2个地物，而本节提出的基于对象的区域生长法可将其完整分割出来；对于第2处建筑物，本节方法不仅将楼房分割出来，其建筑物上的非建筑也分割出来；第3处与第2处的分割情况相似，由图2.50(b)可以看出，第3处为一个正在施工的建筑，建筑物上面为一个塔吊，本节方法可将建筑物上的非建筑物塔吊单独分割出来，而K-means聚类算法却将塔吊与建筑物划分在一起。

如图2.51所示，图(a)的第1处为一个建筑物，第2处是3个建筑物组合而成的建筑，第3处为3个相邻的建筑物。将图(b)与(a)对比，可知本节方法对于这3处地物都有较好的分割效果，可以准确地将3处分割出来，而图(c)K-means聚类算法对于以上3处的建筑物都未能分割出来。其中第1处和第3处，K-means聚类算法都将其误分为若干个地物，错误划分地物个数。而第2处建筑，虽然是由两个扇形建筑和一个中间的低矮建筑构成的组合建筑，但这3个建筑物是相互分离的。K-means聚类算法仅将其上下分为两半，未能正确分割成3个建筑物，而本节算法可将其正确分割。

综上所述，通过对S1、S2、S3三组数据的地物进行分割实验，表明本节提出的基于对象的区域生长法有较强的分割能力，即使没有地面点的影响，本节分割方法依旧较传统的K-means聚类算法分割得更准确。

2.5.7 定量分析

本节对S1、S2、S3三个区域的点云数据进行定量分析，采用K-means聚类算法、文献[217]中改进的区域生长法和本节基于对象的区域生长法3种方法进行实验，根据分割结果中正确划分的点云数量和分割结果准确率进行对比分析。为了对点云数据作合理的对比分析，本节分别对包含地面点的所有点云数据和剔除地面点的地物数据作实验，针对2种分割结果进行分析。其中分割的准确率按式(2.60)进行计算，具体的分割结果如表2.18~表2.20所示。

$$\text{Accuracy} = \frac{\sum_{i=1}^{k} \text{TP}_i}{\sum_{i=1}^{k} (\text{TP}_i + \text{FN}_i)} \tag{2.60}$$

式中，Accuracy表示分割结果的准确率；k表示类别个数；TP_i表示第i类被正确分割的点云数量；FN_i表示被错分割为其他区域的点云数量。

表2.18、表2.19、表2.20反映了3种方法对S1、S2、S3三组数据分割效果的对比情况。本节提出的基于对象的区域生长法无论是对区域内所有点云数据分割，还是对剔除地面点后的地物点云数据进行分割，都可以获取较好的分类效果。本节方法对S1、S2、S3三组数据的分割准确率分别为82.86%、86.19%和85.26%，对于3组数据的地物点的分割准确率分别为77.20%、74.42%和80.17%。而文献[217]中改进的区域生长法3组数据分割准确率分别为22.84%、14.60%和18.01%，3组数据地物点分割准确率分别为27.97%、27.05%和22.24%。K-means聚类算法对3组数据分割准确率分别为34.37%、38.89%和31.10%，对于地物点的分割准确率为57.39%、69.16%和70.00%。

表2.18　S1数据的3种分割方法的评价指标值

	分割方法	李仁忠等[217]的方法	K-means 聚类算法	本节方法
S1	正确点数	22178	33366	80448
	准确率(%)	22.84	34.37	**82.86**
	总点数	97088	97088	97088
	运行时间(s)	6175.62	4.71	**178.27**
S1 非地面点	正确点数	15143	31068	41789
	准确率(%)	27.97	57.39	**77.20**
	总点数	54131	54131	54131
	运行时间(s)	1703.59	1.92	**61.68**

表2.19　S2数据的3种分割方法的评价指标值

	分割方法	李仁忠等[217]的方法	K-means 聚类算法	本节方法
S2	正确点数	13444	35812	79356
	准确率(%)	14.60	38.89	**86.19**
	总点数	92076	92076	92076
	运行时间(s)	6313.00	3.74	**115.07**
S2 非地面点	正确点数	14403	36824	39312
	准确率(%)	27.05	69.16	**74.42**
	总点数	53248	53248	53248
	运行时间(s)	1575.48	1.98	**51.33**

表 2.20　S3 数据的 3 种分割方法的评价指标值

	分割方法	李仁忠等[217]的方法	K-means 聚类算法	本节方法
S3	正确点数	18559	32050	87874
	准确率(%)	18.01	31.10	**85.26**
	总点数	103070	103070	103070
	运行时间(s)	13899.12	4.05	**139.43**
S3 非地面点	正确点数	97191	30597	35039
	准确率(%)	22.24	70.00	**80.17**
	总点数	43707	43707	43707
	运行时间(s)	1054.88	1.01	**39.57**

通过对比 3 种方法的分割精度可知，文献[217]中改进的区域生长法对于复杂场景下的点云数据的分割效果较差，地面点对其分割效果影响较小，无论 3 组数据是否包含地面点，其分割准确率都低于 30%。对比 K-means 聚类算法的分割精度可知，地面点对其准确率影响较大。3 组点云数据分割准确率的平均值约为 34.79%，而剔除地面点后，地物点的点云数据平均分割准确率约为 65.52%，表明 K-means 聚类算法对于地物点的分割效果较好。本节提出的基于对象的区域生长法对整个区域的点云数据的分割准确率高达 80%以上，对于地物点的平均分割准确率约为 77.26%。与文献[217]中改进的区域生长法和 K-means 聚类算法相比，本节方法的分割精度显著提高。

从表 2.18、表 2.19、表 2.20 的运行时间可知，文献[217]中改进的区域生长法消耗时间最长，K-means 聚类算法消耗时间最短。本节方法虽然运行速率低于 K-means 聚类算法，但与文献[217]中改进的区域生长法相比，运行速率得到了极大的提高。以 S1 数据为例，由表 2.18 可知，在处理 97088 个点云数据时，文献[217]中的方法将耗时 6175.62s，本节的方法需 178.27s，而 K-means 聚类算法仅需 4.71s。

本节提出的基于对象的区域生长法与传统的基于点的区域生长法相比，运行速率和分割准确率都得到极大提高，更适合处理复杂场景下的点云数据。虽然本节方法运行速率不如 K-means 聚类算法，但准确率比 K-means 聚类算法高。综上所述，本节分割方法在分割精度方面优于文献[217]中改进的区域生长法和 K-means 聚类算法，在分割效率方面介于文献[217]中改进的区域生长法和 K-means 聚类算法之间。

2.5.8　小结

点云分割是 LiDAR 点云后处理的前提和基础。本节针对点云分割所存在的分割速度慢、分割精度低等问题，提出一种结合 K-means 聚类的点云区域生长优化快速分割方法。该方法结合了 K-means 聚类算法的分割速度快和区域生长法易于实现的优点，实现对复杂场景、海量点云数据进行分割。采用 3 种不同区域的实验数据对本节方法进行实验分析，实验结果表明本节方法相较于其他两种方法能够获得更高的实现效率及分割准确率。但本节方法的分割结果受参数设置影响较大，如何提高方法的自动化程度将是本节接下来的重点研究内容。

2.6 基于多约束图形分割的对象基元获取方法

点云分割是点云数据处理和关键信息提取的重要环节，是将局部特征相似的点云数据分割成互不相交的子集，使分割后在同一对象基元的点云具有相似属性[62]。对象基元的获取可以将传统的基于点的点云数据处理方法，转化为基于对象的方法，从而减小计算量，提升方法的实现效率。根据算法类型，常见的点云分割算法主要有基于边缘特征的分割、基于聚类特征的分割、基于模型的分割、基于图的分割、基于区域生长的分割和混合分割等[63]。本节采用基于图的分割方法，首先对邻近点构建网图结构，然后分别对法向量夹角和最大边长进行阈值约束，从而获取位于同一平面的点云对象基元。本节方法流程如图 2.52 所示。

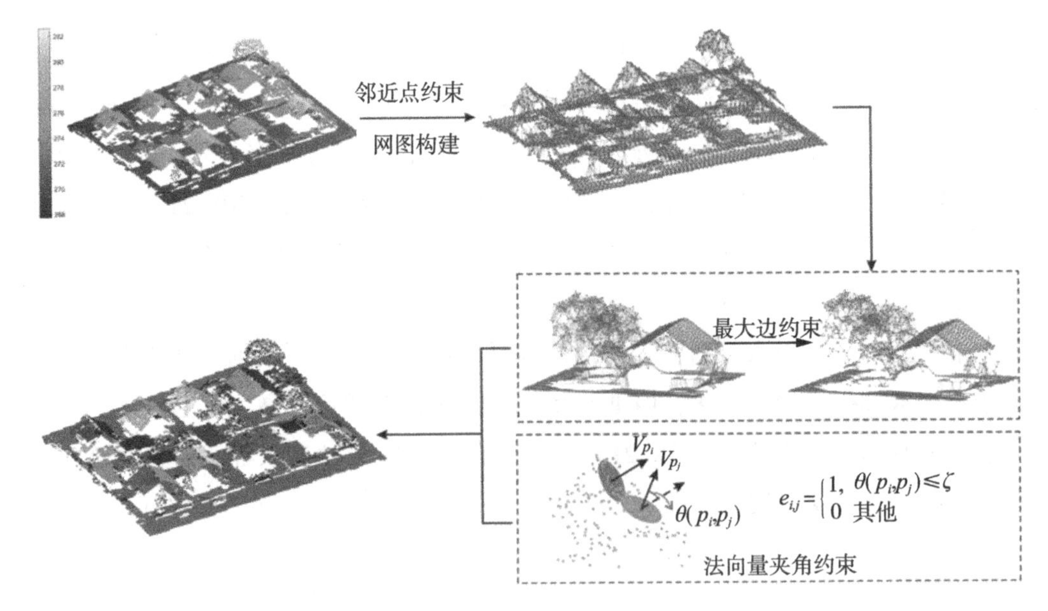

图 2.52　多约束图形分割流程图

2.6.1　邻近点约束

为获取准确的对象基元，首先对点云数据构建网图结构，进而通过设置多约束图形分割条件，来实现对象基元获取。网图结构通常可按式(2.61)进行表示[218]：

$$G = (V,\ E) \tag{2.61}$$

式中，G 表示网图结构；V 为构成网图的顶点(v_i) 的集合；E 为边($e_{i,\,j}$) 的集合。在本节中，v_i 由点云中所有的点(p_i，$i = 1,\ 2,\ \cdots,\ N$) 组成，$e_{i,\,j}$ 则为任意两点(p_i，p_j) 所构成的边。

由于 LiDAR 系统的采样率较高，点云数据集往往较大。如果直接对所有的点构建边，进而建网，所构建的网图将会非常复杂，计算量也很大，不利于之后的网图分割。为使网图简单化，减小计算量，提升方法的实现效率，本节首先在网图构建过程中设置第一个约束条件，即只对邻近点进行边的构建，如式(2.62)所示：

$$e_{i,\,j} = \begin{cases} 1, & p_j \in \mathrm{Set}_{p_i} \\ 0, & \text{其他} \end{cases} \tag{2.62}$$

式中，Set_{p_i} 表示 p_i 点的 k 个邻近点集。式(2.62) 表示如果 p_j 为 p_i 点的邻近点，则 p_i 和 p_j 点间有边，否则无边。k 为邻近点个数常量，该值可根据点云的总量及计算机硬件设备的计算能力设定。如果点云数量较大，则 k 值不宜设置过大，否则计算量过大。同样地，如果计算机硬件设备的计算能力有限，k 值也不宜设置过大。在本节中，k 值设置为 10。

2.6.2　法向量夹角约束

网图构建完成后，为获取建筑物屋顶等主要地物的准确对象基元，还需要设置第二个约束条件，即法向量夹角约束。图 2.53 分别是建筑物(图 2.53(a))和植被(图 2.53(b))的邻近点法向量夹角示意图。从图中可以看出，同一建筑物平面点云的邻近点间的法向量趋于一致，而由于植被树冠部分点云没有统一的分布规律，因此植被邻近点间的法向量夹角较大。根据这一特点，本节设置了法向量夹角约束条件，即当 p_i 和 p_j 两点的法向量夹角小于阈值时，p_i 和 p_j 点间的边存在，公式表示如下：

$$e_{i,\,j} = \begin{cases} 1, & \theta(p_i,\ p_j) \leqslant \zeta \\ 0, & \text{其他} \end{cases} \tag{2.63}$$

式中，$\theta(p_i,\ p_j)$ 表示 p_i 点和 p_j 点间法向量的夹角。各点的法向量可采用主成分分析法，通过计算邻近点构成的协方差矩阵的特征值和特征向量，将最小特征值所对应的特征向量定义为该点的法向量。ζ 为角度阈值，由于建筑物对象基元内的各个点通常具有相近的法向量，且本节旨在通过点云分割获取对象基元，进而研究建筑物点云的提取，故将 ζ 设置为 5°。

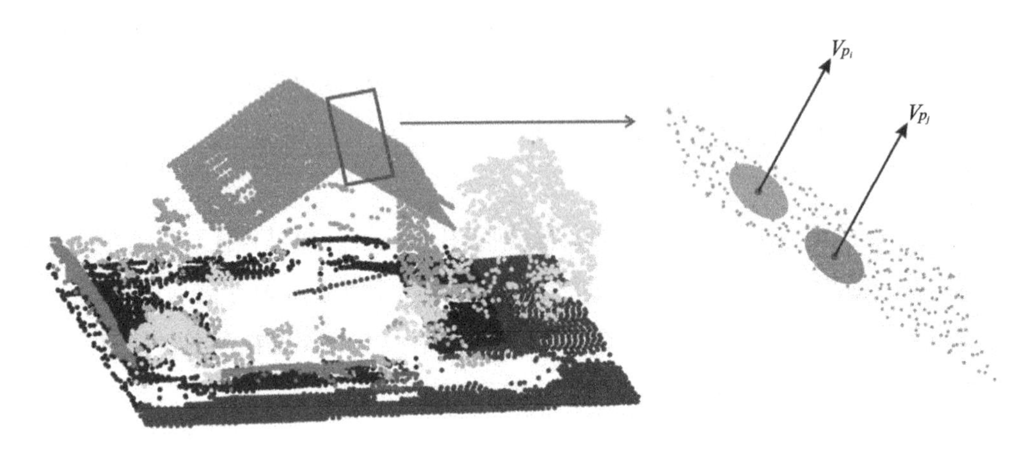

（a）建筑物点云邻近点法向量夹角示意图

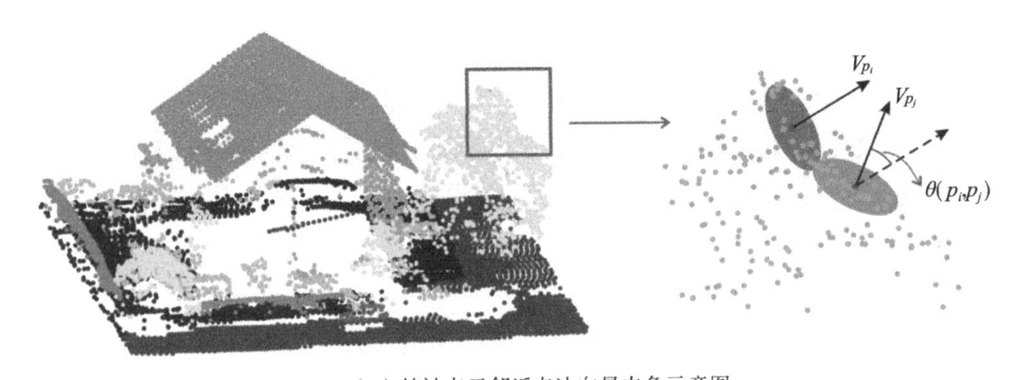

（b）植被点云邻近点法向量夹角示意图

图 2.53　法向量夹角

2.6.3　最大边约束

如图 2.54(a)所示，建筑物顶部位于同一平面的点被分割为同一对象基元，而不在同一平面上的邻近点(如植被点)被分割为多个对象基元。但是如果仅采用法向量约束，部分位于建筑物邻近区域的植被点云将被误判为建筑物点云。图 2.54(b)和(c)为图 2.54(a)中Ⅰ和Ⅱ两个区域的放大图。从图中可以看出，有部分植被点云环绕于建筑物的周边。这些植被点云的法向量有可能与建筑物屋顶的法向量十分相近，进而会产生误判。为避免邻近植被点云对建筑物对象基元的干扰，本节提出了第三个图形分割的约束条件，即最大边约束，公式表示如下：

$$e_{i,j}=\begin{cases}1, & \mathrm{Dist}(p_i,\ p_j)\leqslant \mathrm{mean}(\mathrm{Set}_{p_i})+\mathrm{std}(\mathrm{Set}_{p_i})\\ 0, & \text{其他}\end{cases} \tag{2.64}$$

式中，$\mathrm{Dist}(p_i,\ p_j)$ 表示 p_i 点和 p_j 点间的欧氏距离；$\mathrm{mean}(\mathrm{Set}_{p_i})$ 表示所有邻近点与 p_i 点距离的均值；$\mathrm{std}(\mathrm{Set}_{p_i})$ 表示所有邻近点与 p_i 点距离的标准差。该约束限制了最大边的范围，有效解决了部分邻近植被点会被错误分为建筑物对象基元的问题。

（a）多约束网图分割结果

（b）图（a）中Ⅰ区域的放大结果

（c）图（a）中Ⅱ区域的放大结果

图 2.54　多约束网图分割

2.6.4　实验数据

为验证本节对象基元获取方法的有效性，并方便验证本节对建筑物点云提取研究方法的有效性，本节选用 3 组由国际摄影测量与遥感学会（ISPRS）提供的用来检测建筑物提取效果的公开测试数据集①。该数据集采用徕卡 ALS50 系统获取，激光扫描视场角为 45°，平均飞行高度为 500m。水平和竖直方向精度约为 0.1m，平均航带重叠率为 30%，点云密度为 4~7 个/m^2。该数据集位于德国的 Vaihingen 城市，由 3 个区域组成（Area1，Area2，Area3），主要地物包括低矮植被、不透水面、汽车、建筑物、灌木、树和栅栏等，如图 2.55 所示。在 Area1 区域，包含多种复杂形状和不同尺寸大小

① https：//wwwz. isprs. org/commissions/commz/wg4/benchmark/.

的建筑物，如图 2.55(a)所示。Area2 区域数据的主要特点在于建筑物周围分布有密集的植被，如图 2.55(b)所示。在 Area3 区域(图 2.55(c))分布较为规律的建筑物周围，有部分低矮植被。由此可见，以上 3 个区域的数据集对于验证在不同建筑物环境下的点云分割方法具有代表性，有助于检测方法在复杂环境下的有效性。

(a) Area1区域

(b) Area2区域

(c) Area3区域

图 2.55 实验研究区域

2.6.5 实验结果与分析

为定量评价分割方法的有效性，本节采用准确率(Pr)、召回率(Re)和 F_1 得分 3 个精度评价指标[76]，来评价本节方法的对象基元获取效果。以上 3 个精度指标的定义如式(2.65)~式(2.67)所示：

$$\mathrm{Pr}=\frac{\mathrm{TP}}{\mathrm{TP}+\mathrm{FP}} \tag{2.65}$$

$$\mathrm{Re}=\frac{\mathrm{TP}}{\mathrm{TP}+\mathrm{FN}} \tag{2.66}$$

$$F_1=2\times\frac{\mathrm{Pr}\times\mathrm{Re}}{\mathrm{Pr}+\mathrm{Re}} \tag{2.67}$$

式中，TP 表示同时存在于参考对象基元和分割结果对象基元中的点；FP 表示仅存在于分割结果对象基元中的点；FN 表示仅存在于参考对象基元中的点。准确率(Pr)表示分割结果中正确分割的百分比，反映了实验结果过分割的程度，准确率越低，所得结果的过分割现象越严重。召回率(Re)表示参考对象基元中与实验结果准确对应的百分比，反映了实验结果的欠分割程度，即召回率越低，所得结果的欠分割现象越严重。

F_1 得分是评定点云分割结果的综合指标，能够综合准确率和召回率，整体反应分割方法获取的对象基元的有效性。

为客观评价本节方法的有效性，本节选用 2 种经典的聚类分割方法——DBSCAN 和谱聚类，进行实验结果对比分析。DBSCAN 是一种基于密度的聚类方法，该方法随机选取任意点作为种子点，查找该种子点所有密度可达的邻近点，将其作为一个聚类，迭代计算，直至所有点都被标记。谱聚类是基于图的聚类分割算法，该方法首先将所有点组成一个无向图，边的权重与节点间的距离成反比。然后进行图切，使不同对象间边的权重尽可能低，且对象基元内各个节点间的权重尽可能高，从而实现分割聚类。

图 2.56 为本节方法与上述两种方法在 3 组实验区域的分割结果对比，其中相邻的对象基元被赋予不同颜色。由于本节主要研究内容为建筑物点云提取，因此为方便展示，这里只保留建筑物对象基元的结果。图 2.56(a)~(c)是本节方法的点云分割结果，图 2.56(d)~(f)是 DBSCAN 方法的点云分割结果，图 2.56(g)~(i)是谱聚类方法的点云分割结果。整体而言，本节方法在 3 个实验区域内均能取得良好的分割效果，大部分位于同一平面的建筑物屋顶被分为同一对象基元。从图 2.56(a)中可以看出，虽然在 Area1 和 Area3 区域存在许多大小不一、形状复杂的建筑物，但本节方法均能实现正确分割。由此可以看出，本节方法在复杂建筑物环境下均能获取有效的对象基元。在 Area2 区域中，存在层叠式建筑物。从图 2.56(b)中可以看出，黑色框内高低错落的建筑物屋顶同样被有效分割。相较于其他两种方法，DBSCAN 没有将该区域的不同建筑物屋顶平面进行有效分割(如图 2.56(e)黑色框内)。谱聚类分割方法虽然能够将层叠式的建筑物屋顶有效分割(如图 2.56(h)黑色框内)，但是针对位于同一建筑物不同侧面的屋顶平面仍然存在欠分割的现象(如图 2.56(h)和(i)的蓝色框内)。

表 2.21 是本节方法与上述 2 种经典方法对 3 个研究区域建筑物的分割精度对比。对比结果中最高的值用粗体表示。整体而言，本节方法在 3 个区域均能取得较好的分割效果。相对于其他 2 种方法，本节方法对于 3 个区域内的建筑物的 F_1 得分均能达到最优。这说明本节方法对于建筑物点云能获取最有效的对象基元。在 Area2 和 Area3 区域中，虽然谱聚类方法的建筑物分割准确率高于本节方法，但是召回率远远低于本节方法。这说明针对建筑物点云，谱聚类方法存在较严重的欠分割现象。从表中可以看出，DBSCAN 和谱聚类方法在 3 个研究区域的召回率均明显低于本节方法。说明这 2 种方法对于建筑物点云均存在欠分割现象，没有将位于不同侧面的建筑物屋顶点分割开。这是因为 DBSCAN 和谱聚类方法在分割过程中，分别用点密度和距离作为聚类和分割的标准，均缺少对于邻近点法向量夹角的约束。

图 2.56　点云分割结果对比

表 2.21　点云分割精度对比

		准确率(%)	召回率(%)	F_1 得分(%)
Area1	DBSCAN	61.36	1.02	2.01
	谱聚类	68.19	25.91	37.55
	本节方法	**68.78**	**84.83**	**75.97**
Area2	DBSCAN	59.17	3.95	7.41
	谱聚类	**73.31**	59.95	65.96
	本节方法	71.93	**99.61**	**83.54**
Area3	DBSCAN	**99.20**	8.19	15.12
	谱聚类	81.61	36.58	50.52
	本节方法	60.62	**93.53**	**73.56**

图 2.57 是本节方法与 DBSCAN 和谱聚类方法在 3 个研究区域的平均精度对比。从图中可以看出，本节方法的平均 F_1 得分均高于另外 2 种方法。这说明本节方法对于建筑物的整体分割效果均优于其他两种方法。虽然本节方法的平均准确率略低，但是平均召回率均明显高于另外两种方法。由此可以看出，本节方法对于建筑物不同屋顶平面的分割程度较高，但存在一定程度的过分割现象。这是由于屋顶表面存在烟囱、天窗等凹凸不平的小型物体，导致同一屋顶平面被分割成不同对象基元。

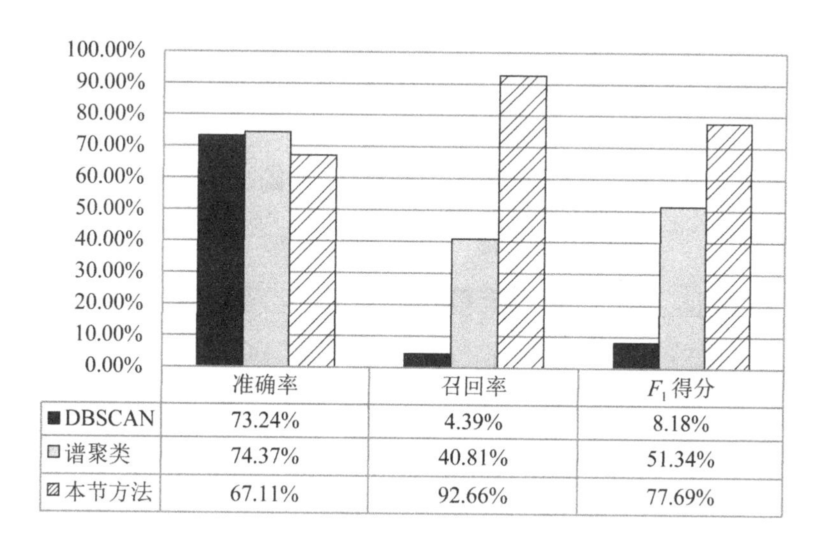

图 2.57　点云分割结果平均精度对比

2.6.6 参数讨论分析

本节研究主要涉及 2 个参数，分别是邻近点个数 k 和角度阈值 ζ。邻近点个数 k 决定着邻近点集 Set_{p_i}(式(2.61))的大小，而角度阈值 ζ(式(2.62))则直接影响点云分割的结果。这两个参数直接决定网图构建过程中边的取舍，对网图的构建结果影响较大。邻近点个数 k 值越大，参与构网的边越多，形成的网图结构越复杂，会带来巨大的计算负担，影响方法的实现效率。近年来，研究人员提出了一些确定邻近点个数 k 的方法，例如最小熵法和最高相似性方法[219]。对于最小熵方法，计算每个点的香农熵，之后通过计算最小熵来确定最优的邻域半径。在最高相似性方法中，相似性指标定义为维数标记与中心点维数标记相同的邻域半径比例。通过查找每个点的最高相似度指标，来确定邻域半径。虽然这些最佳邻域半径的选择方法可以帮助确定邻近点个数 k，但所需的运算量较大。为方便本节方法的实现，本节设置了固定的邻近点个数。经本节实验分析，当 k 值取 10 时，能够平衡网图的复杂度和方法的实现效率。

角度阈值 ζ 的设置，是为了将位于同一平面的点分割为同一对象基元，不同平面的邻近点分割为多个对象基元。图 2.58(a)、(b)、(c)分别是 ζ 取 1°、10°、15°的多约束图形分割结果，图 2.58(d)是参考的分割结果。从图 2.58(a)中可以看出，角度阈值过小时，建筑物屋顶的过分割现象越严重，位于同一平面的建筑物屋顶同样被分割为若干个较小的对象基元，如图 2.58(a)中黑色框内所示。此种过分割现象，不利于后续根据对象基元大小来提取建筑物点云的研究(见 4.1 节)。当 ζ 取 10°时，部分位于建筑物不同屋顶平面的点没有分割为不同的对象基元，如图 2.58(b)蓝色框中的

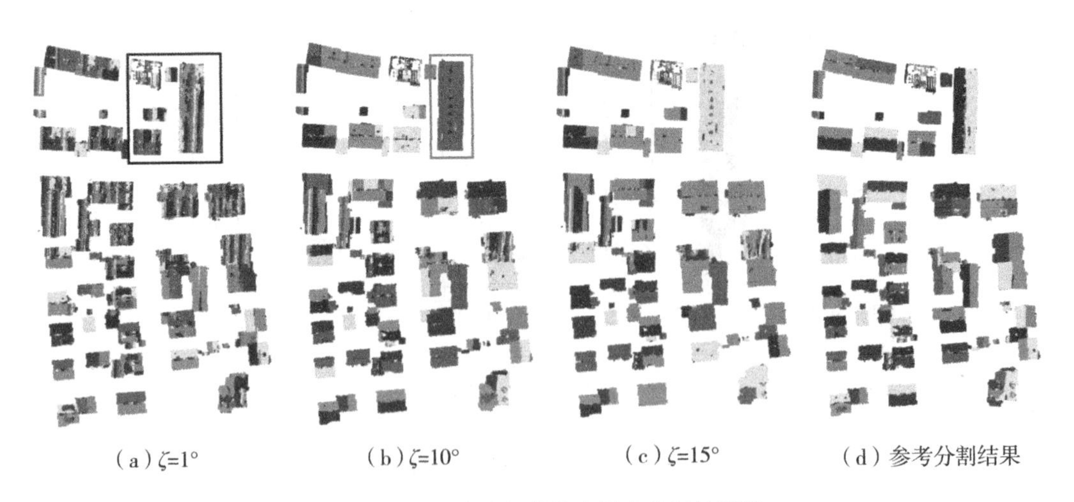

(a) ζ=1°　(b) ζ=10°　(c) ζ=15°　(d) 参考分割结果

图 2.58　不同角度阈值的多约束分割结果图

建筑物。当继续增大ζ时($\zeta=15°$)，会有更多的建筑物屋顶平面存在欠分割现象，如图2.58(c)所示。当同一个对象基元中包含不同屋顶平面的点时，每个对象基元拟合平面粗糙度的计算会存在较大的拟合误差(见4.1节)，从而不利于建筑物与其他地物对象基元进行有效分离。经试验表明，当角度阈值ζ取5°时，能取得较好的分割效果，如图2.58(c)所示。此时能够较好地平衡过分割与欠分割现象，将位于同一平面的建筑物点云分割为同一对象基元。

2.6.7　小结

本节提出了一种基于多约束图形分割的机载LiDAR点云对象基元获取方法。该方法首先用邻近点约束来构建网图结构，降低网图复杂度，以此来减少构图过程中的计算量，提高方法的实现效率。进而采用法向量夹角约束进行图割，将位于同一平面的点云分割为同一对象基元，位于不同平面的植被点被分割为若干个较小的对象基元。最后通过最大边约束，将可能被错分的邻近植被点与建筑物对象基元分割开。本节采用ISPRS提供的3组不同区域的公开测试数据集进行点云分割实验。实验结果表明，本节方法在3个测试区域均能获取有效的对象基元。与其他2种经典的分割聚类方法相比，本节方法对于建筑物的分割效果均达到最优，有利于接下来依据获取的对象基元进行建筑物点云的提取。

2.7　基于多基元特征向量融合的点云分类方法研究

点云自动分类对建筑物轮廓线提取、三维建模等后续应用必不可少。在建筑物轮廓线提取之前，需要进行点云分类获取建筑物类别点云，点云分类的精度高低关系到能否得到正确的建筑物点云以用于后续轮廓线提取。现有的点云分类方法可以分为以下两类：基于几何约束[81-87]与基于机器学习的点云分类方法[88-98,220-222]。基于几何约束的分类方法需要设定大量的分类规则，且在不同点云数据场景下，算法的迁移能力不足。基于机器学习的分类方法如何提取分类能力较强的特征向量从而提高分类精度是一个难点。本节利用机器学习对点云进行分类，通过融合多基元特征向量，为点云分类提供更多信息。本节结合点云数据特征、色彩及对象特征，使用随机森林模型对点云进行分类。通过分类获取建筑物点，为后阶段的建筑物轮廓线提取提供可靠数据。

本节的分类方法流程图如图2.59所示。该方法首先提取点基元特征向量及色彩信息特征向量，其中点基元特征向量包括 7 维利用特征值提取的特征向量、7 维利用高程信息提取的特征向量及 3 维利用表面信息提取的特征向量。色彩信息特征向量包括提取的 6 维特征向量。使用上述提取的特征向量对点云数据进行滤波，将地物点与地面点分离后，再分别分类。地面点使用上述已提取的特征向量进行分类；地物点则在获取对象基元后，提取 8 维基于对象的特征向量，融合上述点基元特征向量与色彩信息特征向量进行分类。为了提高分类精度，需要去除冗余向量。具体包括以下几个步骤：①点基元特征向量提取；②色彩信息特征向量提取；③基于密度聚类的对象基元获取；④对象基元特征向量提取；⑤基于随机森林特征选择(Feature Selection based on Random Forest，FSRF)算法的冗余特征向量去除。

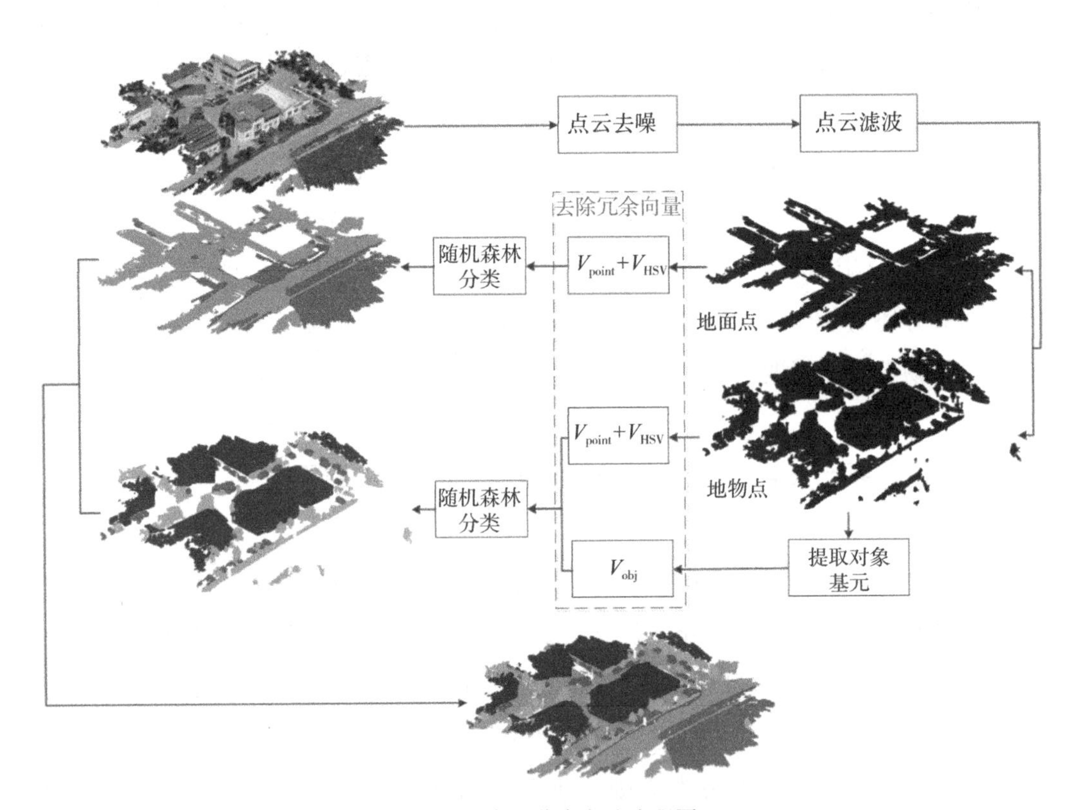

图 2.59　点云分类方法流程图

2.7.1　点基元特征向量提取

利用 LiDAR 点云的几何特征可以有效区别植被、建筑物及车辆等地物，点云的几何特征通过对点云邻近点统计分析获得。点云邻域有 3 种定义方法：K 邻域定义法，即由当前距离判断点最近的 k 个点组成邻域；球体邻域定义法，即以当前判断点为中心，以距离判断点距离小于 r 的点构成邻域；圆柱邻域定义法，即以当前判断点为中心作圆柱，由其中包含的所有点构成邻域[40]。本节采用K邻域定义点云邻域，由于K邻域定义法较其他两种方法的搜索效率更高，适用于较大的点云数据，且通过机载激光雷达获取的点云数据密度均匀，使用K邻域定义法可以稳定地获取该点的几何特征。

基于点基元的特征向量包括基于特征值的特征向量、基于高程信息的特征向量及基于表面信息的特征向量。

1. 基于特征值的特征向量提取

利用特征值构建的特征向量可以描述点云局部三维结构，包含了点云特殊的几何性质，用于区分不同类别的点云。本节提取线性、平面性、散射性、各向异性、特征值熵、全方差及垂直性7维特征向量[223]，构建方法如下。

以当前判断点为中心，搜索其最邻近的 k 个点，构成邻近点点集 $S_x=\{p_1, p_2, \cdots, p_k\}$，利用该集合构建协方差张量 $\boldsymbol{C}_x$，计算如式(2.68)所示[224]。

$$\boldsymbol{C}_x=\frac{1}{k}\sum_{i=1}^{k}(p_i-\hat{p})(p_i-\hat{p})^{\mathrm{T}} \tag{2.68}$$

式中，$\hat{p}$ 为 k 个邻域点的中心点，计算公式如式(2.69)所示[224]。

$$\hat{p}=\arg\min_p\sum_{i=1}^{k}\|p_i-p\| \tag{2.69}$$

式中，p 为当前判断点最邻近的 k 个点的集合。

由协方差张量可计算得到三个特征值，$\lambda_1>\lambda_2>\lambda_3>0$，将其规范化使 $\lambda_1+\lambda_2+\lambda_3=1$，由 λ_1、λ_2 和 λ_3 可构建上述7维特征向量，如表2.22所示。

表2.22　基于特征值的特征向量计算表

特征值	计算公式
线性	$V_1=\frac{\lambda_1-\lambda_2}{\lambda_1}$
平面性	$V_2=\frac{\lambda_2-\lambda_3}{\lambda_1}$
散射性	$V_3=\frac{\lambda_3}{\lambda_1}$

续表

特征值	计算公式
各向异性	$V_4 = \frac{\lambda_1 - \lambda_3}{\lambda_1}$
特征值熵	$V_5 = -\sum_{i=1}^{3} \lambda_i \times \ln(\lambda_i)$
全方差	$V_6 = (\lambda_1 \times \lambda_2 \times \lambda_3)^{\frac{1}{3}}$
垂直性	$V_7 = \lambda_3$

根据线性、平面性及散射性的大小可判定当前邻域点云三维结构的特点。不同地物的三种特性占比不同，植被点云的散射性较建筑物的大，而建筑物点云的线性与平面性较植被点云的大。植被点云与建筑物点云及人造地物点云示意图如图 2.60 所示。植被点云与建筑物点云的平均线性、平面性与散射性大小差异如图 2.61 所示。

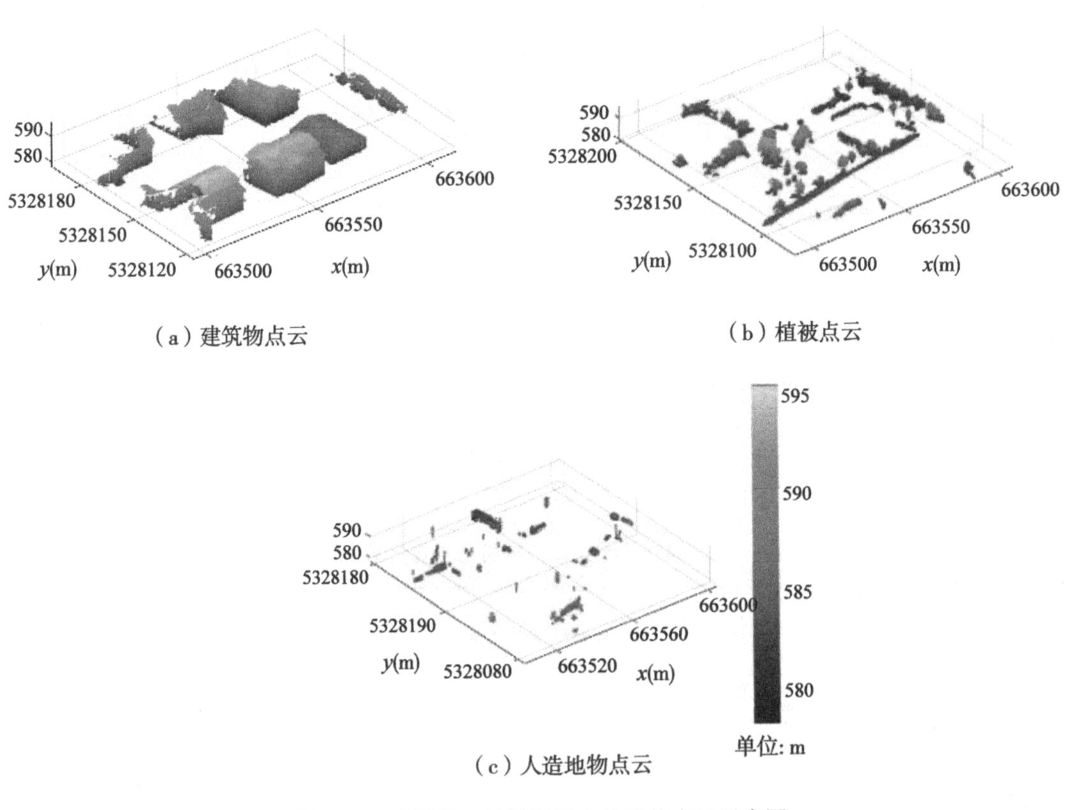

图 2.60　建筑物、植被以及人造地物点云示意图

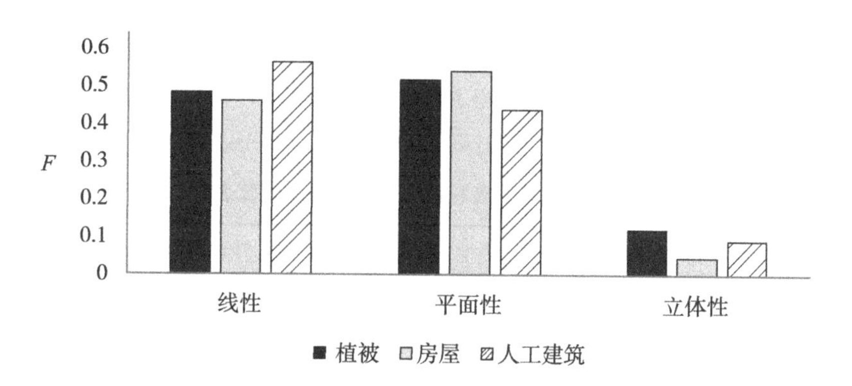

图 2.61　建筑物点云与植被点云的特征向量对比图

由图 2.61 可以看出植被点云的散射性较建筑物点云的大，是因为植被点云往往呈不规则状分布。建筑物点云的平面性较植被点云的大，是因为建筑物往往表面平滑。人造地物的线性较其他两种地物大，是因为人造地物通常代表呈长条状的路灯，警示牌等。

垂直性代表法向量在 z 轴上的投影。建筑物表面规整平滑，因此，位于同一平面的点云有方向大致相同的法向量，因此有大小大致相同的垂直性。而植被点云表面粗糙，因此，法向量方向各异，垂直性大小也各异。植被点云与建筑物点云法向量示意如图 2.62 所示。

（a）建筑物点云与植被点云　　（b）建筑物点云法向量与植被点云法向量

图 2.62　建筑物点云与植被点云法向量对比图

2. 基于高程信息的特征向量提取

由于不同地物点云数据的高程特征差异较大，高程特征可以有效反映地物的类别。例如，建筑物的高程普遍高于植被，不同类别点云邻近点的高程分布不同，规则地物与不规则地物高程峰度和偏度特点不同等。为了利用不同类别间的高程特性差异，本节添加的高程特征向量如表 2.23 所示[89]。

表 2.23　基于高程信息的特征向量计算表

特征向量	计算公式
与邻域高程最大值之差	$V_8 = z_{\max}\{S_x\} - z_p$
与邻域高程最小值之差	$V_9 = z_p - z_{\min}\{S_x\}$
平均高程	$V_{10} = \sum_{i=1}^{k} z \frac{\{S_x\}}{k}$
高差	$V_{11} = z_{\max}\{S_x\} - z_{\max}\{S_x\}$
高程标准差	$V_{12} = \sqrt{\frac{1}{k}\sum_{i=1}^{k}(z_i - \bar{z})^2}$
高程峰度	$V_{13} = \frac{\sum_{i=1}^{k}(z_i - \bar{z})^3}{\left[\sum_{i=1}^{k}(z_i - \bar{z})^2\right]^{\frac{3}{2}}}$
高程偏度	$V_{14} = \frac{\sum_{i=1}^{k}(z_i - \bar{z})^4}{\left[\sum_{i=1}^{k}(z_i - \bar{z})^2\right]^2 - 3}$

注：表中，$\{S_x\}$ 为邻近点点集；z_p 为判断点的高程；$z_{\max}\{S_x\}$ 为邻域高程最大值；$z_{\min}\{S_x\}$ 为邻域高程最小值。

其中搜索点与邻域高程最大值、最小值的差值及邻域内的最大高差都可以反映邻域内高程的变化幅度。邻域内平均高程可以在一定程度上反映地物的高度，但是在地面起伏较大的区域，可能出现植被高程大于建筑物高程的情况，如图 2.63 所示。因此需要结合局部地面高程进行计算，将点云数据以格网划分，将当前格网高程最低点设定为当前格网的地面高程，以每个点与格网的高程差值作为该点的地物高度。格网尺寸设定为最大建筑物的尺寸，是为了避免将最低点选中在建筑物上，导致地物高度判断失败。

3. 基于表面信息的特征向量提取

不同地物的表面粗糙度不同，如建筑物的表面粗糙度较植被小。表面特征可以用

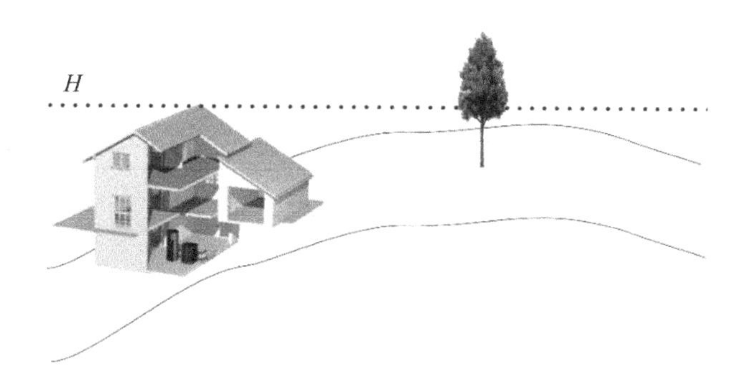

图 2.63　地形起伏处建筑物与植被的高程对比图

k 个邻域点到其拟合平面的距离表示，若距离较大，则表示该拟合平面较粗糙，有较大可能为植被；若距离较小，则表示该拟合平面较平整，有较大可能为表面光滑的地物。为了利用不同类别间的拟合平面特性差异，本节添加的表面特征向量包含平面粗糙度、平面极差、平面标准差。平面粗糙度为点到拟合平面的距离，平面极差为邻域点到拟合平面的最大距离，平面标准差为所有邻域点到拟合平面距离的标准差。计算公式如表 2.24 所示。拟合平面示意图如图 2.64 所示，植被点云及建筑物点云拟合平面如图 2.65～图 2.66 所示。

表 2.24　基于表面信息的特征向量计算表

特征向量	计算公式
平面粗糙度	$V_{15} = \dfrac{\lvert Ax_0 + By_0 + Cz_0 + D \rvert}{\sqrt{A^2 + B^2 + C^2}}$
点到拟合平面的最大距离	$V_{16} = \max(\mathrm{Dist}_i)$
平面标准差	$V_{17} = \sqrt{\dfrac{1}{k}\sum_{i=1}^{k}(\mathrm{Dist}_i - \overline{\mathrm{Dist}})^2}$

注：A、B、C、D 分别为拟合平面的方程参数；Dist 为点到平面的距离。

2.7.2　色彩信息特征向量提取

为了提升点云分类的准确性，本节融合色彩信息进行分类。不同类型地物色彩信息有很大区别，例如道路呈现灰白色而植被呈现浅绿或深绿色，色彩信息对于不同类别的点云数据有较大的区分度。然而在获取点云数据时，色彩信息容易受光照影响[225]，由于 HSV(Hue，Saturation，Value)色彩空间较 RGB(Red，Green，Blue)

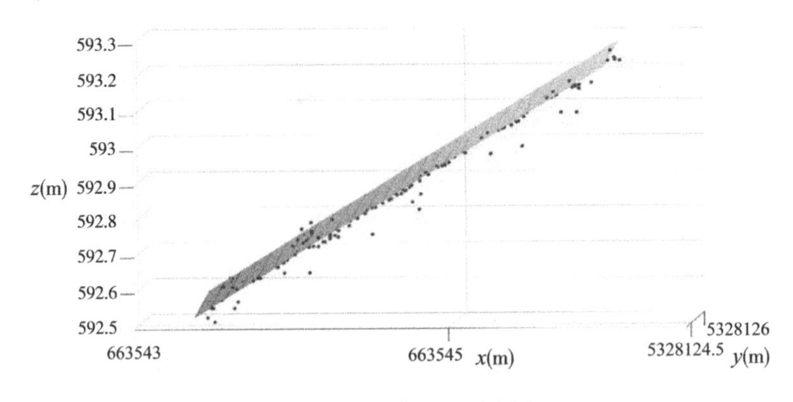

图 2.64　拟合平面示意图

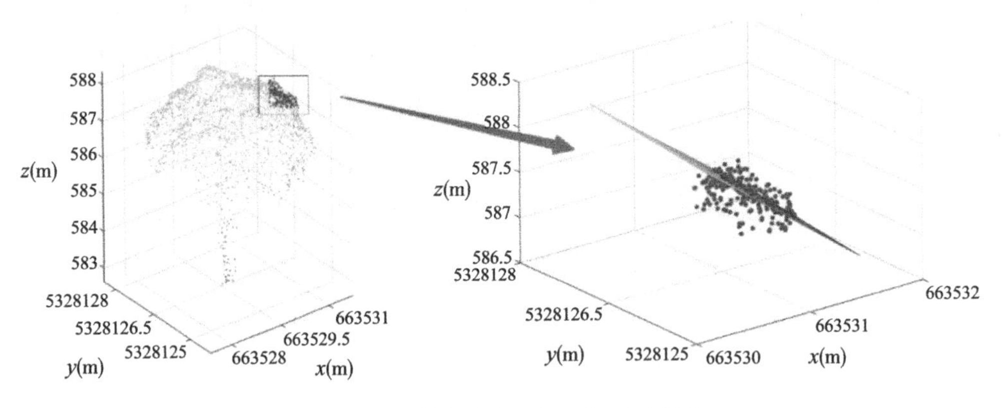

图 2.65　植被部分点云拟合平面示意图

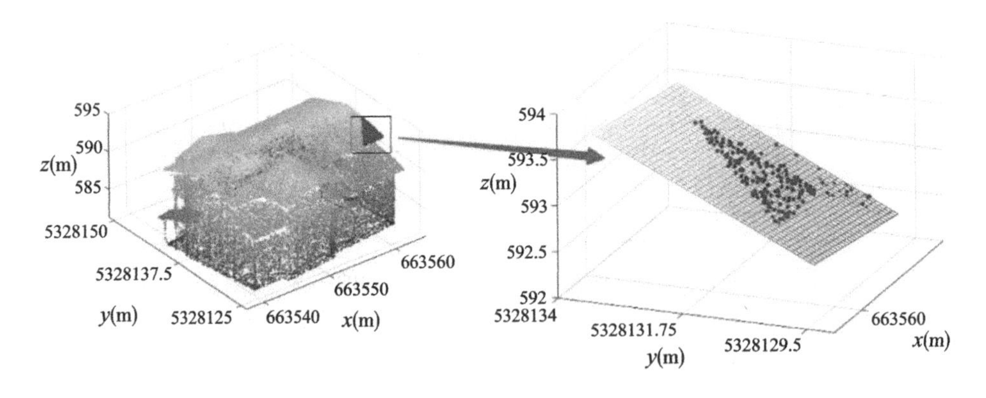

图 2.66　建筑物部分点云拟合平面示意图

色彩空间能提供更多的信息[89]，且 H 值能够减少环境光照的影响[225]，因此，将 RGB 色彩空间转换至 HSV 色彩空间。HSV 色彩空间由 Smith 等提出[226]，RGB 色彩空间转换至 HSV 色彩空间的计算公式如式(2.70)~式(2.72)所示[89]。将 HSV 色彩信息及邻近点的平均 HSV 色彩信息作为特征向量输入，其中邻近点取与中心点距离小于 3m 的点。

$$H=\begin{cases}0^\circ & \Delta=0\\ 60^\circ\times\left(\dfrac{G'-B'}{\Delta}+0\right), & C_{max}=R'\\ 60^\circ\times\left(\dfrac{B'-R'}{\Delta}+2\right), & C_{max}=G'\\ 60^\circ\times\left(\dfrac{R'-G'}{\Delta}+4\right), & C_{max}=B'\end{cases} \tag{2.70}$$

$$S=\begin{cases}0, & C_{max}=0\\ \dfrac{\Delta}{C_{max}}, & C_{max}\neq 0\end{cases} \tag{2.71}$$

$$V=C_{max} \tag{2.72}$$

式中，$R'=R/255$，$G'=G/255$，$B'=B/255$，$C_{max}=\max(R',\ G',\ B')$，$C_{min}=\min(R',\ G',\ B')$，$\Delta=C_{max}-C_{min}$。

2.7.3　基于密度聚类的对象基元获取

以对象为基本单元提取特征向量前，需要先获取对象基元。本节采用基于密度的方法来实现点云对象基元的提取。对象基元提取方法流程如图 2.67 所示，具体包括以下 5 步：

(1)寻找点云中一个未被访问过的点，搜索其半径 r 范围内的邻近点，本节 r 取 1m；

(2)若邻近点数目不为 0，则将邻近点点集加入该点所在的集合中，并对该邻近点点集重复执行步骤(1)；

(3)若邻近点数目为 0，则执行步骤(4)；

(4)遍历未被访问过的点，添加新的集合标签，跳转至步骤(1)；

(5)重复执行(1)~(4)步，直到所有的点都被访问过。

图 2.68(a)中的地物点经过对象基元提取后得到如图 2.68(b)的结果，该图为地物点按照不同对象基元赋色显示的俯视图，从图中可以看出属于不同对象的点云能被明显区分出来。

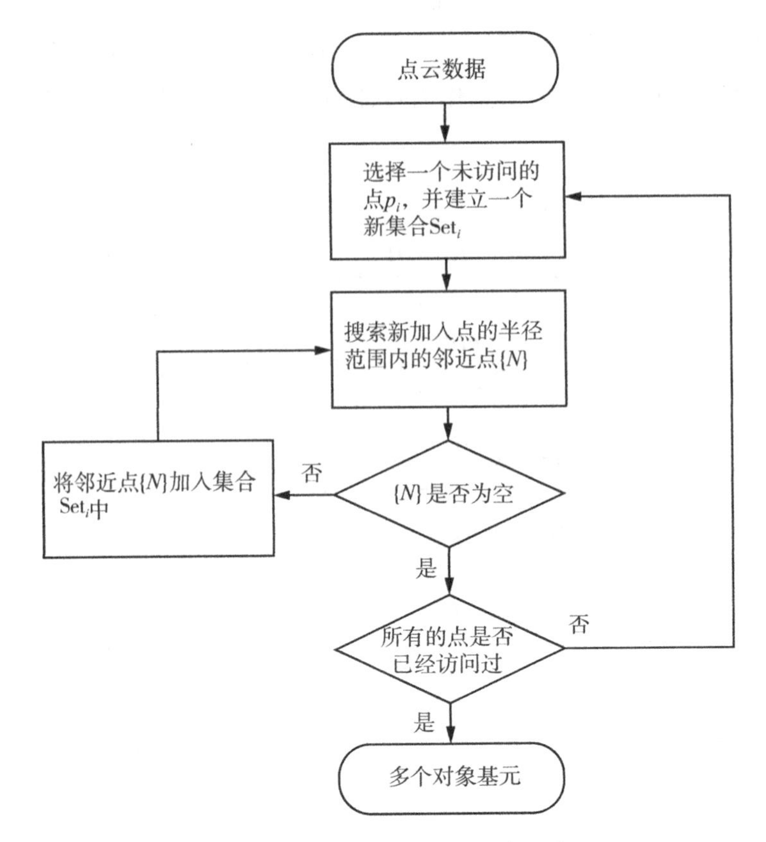

图 2.67　对象基元提取方法流程图

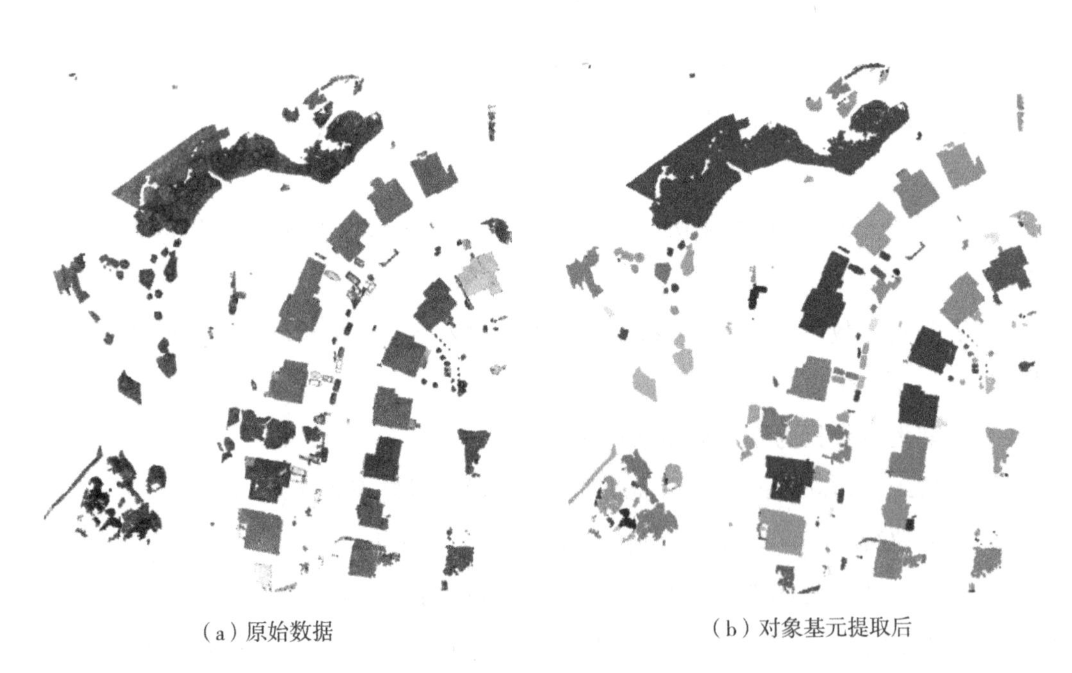

图 2.68　对象基元提取效果图

2.7.4　对象基元特征向量提取

提取出多个对象基元后，以每个对象作为最小单位，使得每个对象中的点拥有相同的特征向量。本章提取构成对象的点云最大高程、最小高程、平均高程，以及最大高程与最小高程的差值加入特征向量集，并进一步提取对象最大包围矩形的 4 个特性作为特征向量输入，提取方法如下。

对象在 xoy 投影面上像素占最大包围矩形面积的比例可以反映对象的矩形度，可用于区分规则建筑与其他不规则地物。计算最大包围矩形前需要将点云数据转换成二维格网数据，将有点云存在的格网赋值为 1，没有点云存在的格网赋值为 0。图 2.69 为采用不同格网尺寸进行点云栅格化处理的结果。从图中可以看出，格网的尺寸对点云栅格化的结果影响很大。当格网尺寸设为较小值时(图 2.69(b))，栅格化后的形状与点云平面投影形状较接近，但格网较密集。当格网尺寸设为较大值时(图 2.69(c))，栅格化后的形状与点云平面投影形状存在一定的差别。如图 2.69(c)的右上角存在缺角的情况，与原始点云形状不同。整体而言，点云栅格化后的结果均会呈现锯齿状，这也是点云栅格化后的特点。为了能够兼具点云栅格化后形状的近似性及点云栅格化计算的处理效率，本节将点云栅格化的格网尺寸设置为 1m。

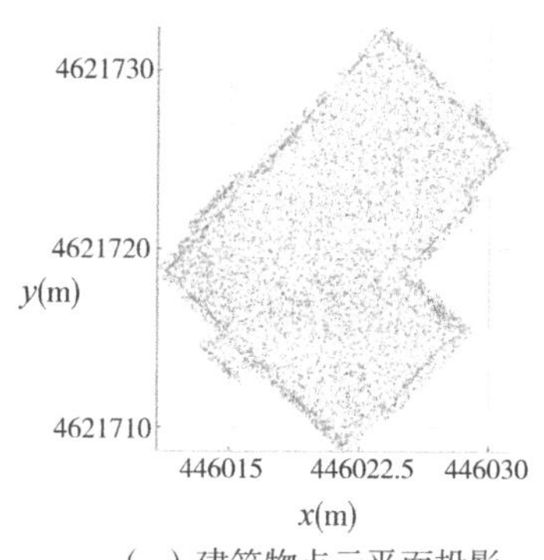

(a) 建筑物点云平面投影

(b) 格网尺寸为0.5m时栅格化结果

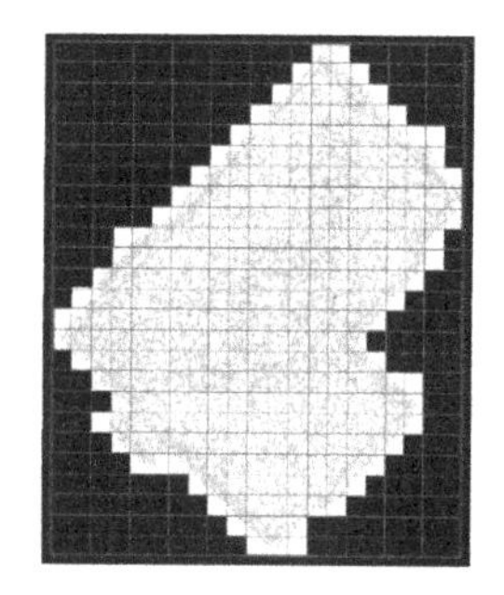

(c) 格网尺寸为1m时栅格化结果

图 2.69　建筑物点云栅格化处理示意图

从图 2.70(a)中可以看出，如果直接对建筑物获取其最大包围矩形计算对应的矩形度是不准确的。此种情况下的最大包围盒存在较多的数据空白，不能反映建筑物的类长方形特性。为了能够构建准确的最大包围矩形以反映建筑物的矩形度，本节首先获取建筑物的最大平行边方向(如图 2.70(a)中的虚线所示)，然后求得该平行边垂直

方向与 x 轴方向的夹角 θ。最后再将该建筑物以 θ 角进行水平方向旋转，获得图 2.70(b) 所示结果。此时，即可获取建筑物的最大包围盒。采用此种旋转方式的优势在于建筑物旋转过后，其长和宽平行于坐标轴方向，便于计算最大包围盒的长和宽。旋转后，提取每个对象的最大包围矩形面积(S)、长宽比(L/W) 及其最大包围盒体积(V)，并加入特征向量集，其计算方式如式(2.73) ~ 式(2.75) 所示。

$$S = (\max(\mathrm{obj}_i) - \min(\mathrm{obj}_i)) \times (\max(\mathrm{obj}_j) - \min(\mathrm{obj}_j)) \times \mathrm{cellsize} \tag{2.73}$$

$$L/W = \begin{cases} \dfrac{\max(\mathrm{obj}_j) - \min(\mathrm{obj}_j)}{\max(\mathrm{obj}_i) - \min(\mathrm{obj}_i)}, & j > i \\ \dfrac{\max(\mathrm{obj}_i) - \min(\mathrm{obj}_i)}{\max(\mathrm{obj}_j) - \min(\mathrm{obj}_j)}, & i \leqslant j \end{cases} \tag{2.74}$$

$$V = S \times h_{\max} \tag{2.75}$$

式中，obj_i 是对象投影在 xoy 面上二维格网的行号；obj_j 是对象投影在 xoy 面上二维格网的列号；cellsize 是对象投影在 xoy 面上二维格网的间距；$h_{\max}$ 为对象高程最大值。

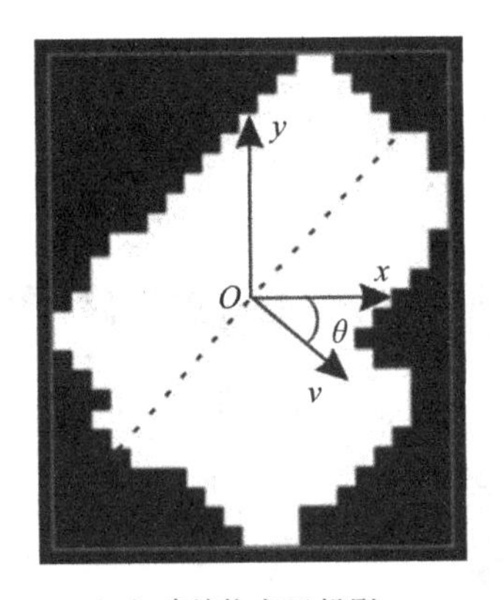

（a）建筑物点云投影

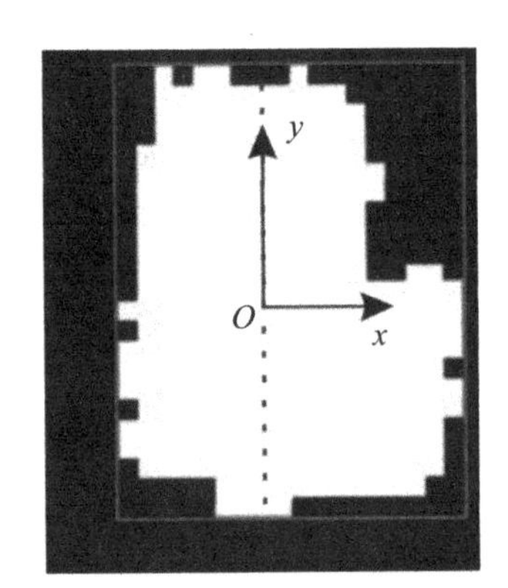

（b）建筑物点云投影旋转后

图 2.70　建筑物点云旋转前后最大包围矩形示意图

2.7.5　基于 FSRF 的冗余特征向量去除

特征向量冗余不但会使时间复杂度变高，而且会使分类精度降低。基于 FSRF 算法进行冗余特征向量去除的算法步骤如下所示[227]。

(1)根据特征向量的重要性进行排序，采用序列前向法降序排列；

(2)按顺序每次添加一维特征向量进入特征向量集，并计算该特征向量集的分类错误率，若该次添加的特征向量的分类错误率较添加前的分类错误率上升，则将该维特征向量删除。

其中重要性的计算方法如下：对于每棵树抽取 2/3 的样本进行训练，剩余 1/3 的数据作为袋外数据(Out Of Bag，OOB)，将 OOB 作为测试数据计算错误率得到 Error，对 OOB 中数据的特征向量 V 进行噪声干扰并计算该次分类错误率 Error′。对于 N 棵树，该特征向量的重要性可表示为式(2.76)所示。错误率计算如式(2.77)所示。

$$I_V = \frac{\sum_{i=1}^{N} \text{Error}' - \text{Error}}{N} \tag{2.76}$$

$$\text{Error} = \frac{\text{NUM}_{\text{wrong}}}{\text{NUM}_p} \tag{2.77}$$

式中，$\text{NUM}_{\text{wrong}}$ 是预测类别与真实类别不同的点云数量；NUM_p 是所有的点云数量。

对于一个未知的点云，若有类似地形特点的训练模型，可利用迁移学习获取新的模型后进行分类[228]。或者利用训练数据做 k 折交叉验证，将训练数据平均分为 k 个子集，每次取不同的 $k-1$ 个子集作为训练集，剩余一个子集作为测试集测试精度，将 k 次实验精度的平均值作为最终结果，继而基于 FSRF 算法进行冗余特征向量去除。

2.7.6　实验数据

本节采用 Research | Pix4D(https://pix4d.com/research)网站发布的公共测试数据作为实验数据，每个点包含了其 RGB 及类别信息，3 组数据如图 2.71 所示。图 2.71(a)、(c)、(e)为 3 组实验数据以实际色彩展示的示意图，图 2.71(b)、(d)、(f)为按点云类别赋色的示意图。3 组实验数据均采用空中摄影的方式获得，通过 Pix4Dmapper Pro 获取。具有均衡的密度，并经过人工分为 6 类，其中包括地面、植被、建筑物、道路、车辆及人造地物。3 组实验数据具有不同的复杂地形特征，非常适合作为实验数据测试本节方法的分类精度。

2.7.7　实验结果与分析

本节使用随机森林对点云数据进行分类，特征向量由点基元特征向量、对象基元特征向量及色彩信息特征向量组成。本节选择测试数据的其中一半作为训练数据，另外一半作为测试数据。分别使用单一基元及融合多基元特征向量进行分类，图 2.72 为采用不同特征向量集实验数据分类的错误率。

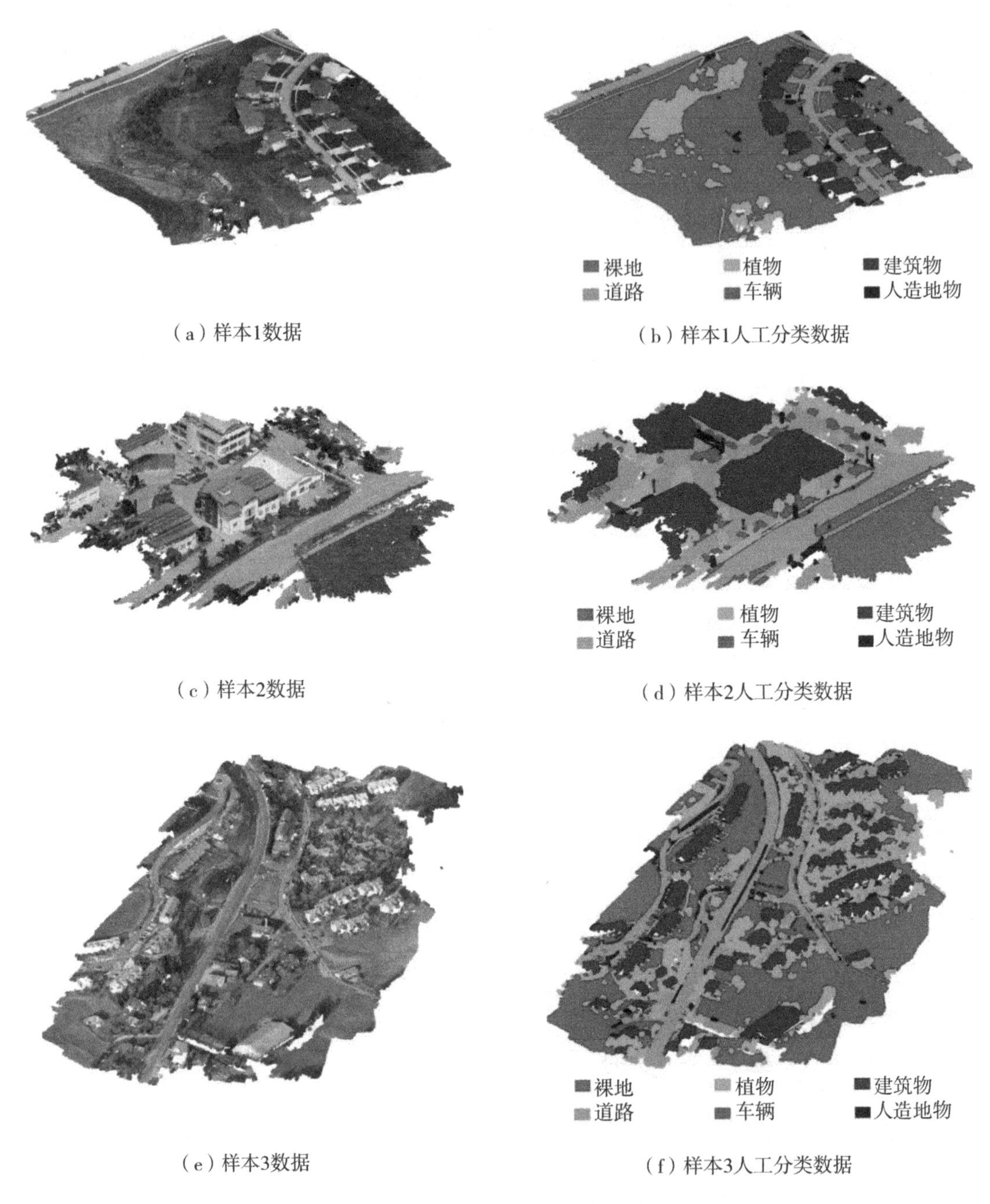

（a）样本1数据

（b）样本1人工分类数据

（c）样本2数据

（d）样本2人工分类数据

（e）样本3数据

（f）样本3人工分类数据

图 2. 71　3 组实验数据示意图

从图 2. 72 可以看出，在分别使用 3 种单一基元特征向量分类时，使用色彩信息作为特征向量集有最小的分类错误率，然而使用单一基元特征向量无法达到最低分类错误率。当融合了多基元特征向量后，3 组数据的分类错误率均小于使用单一基元特征

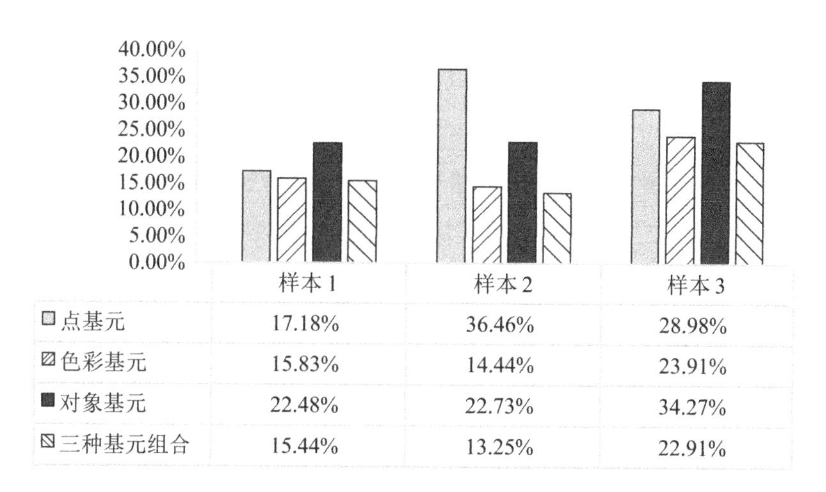

	样本1	样本2	样本3
点基元	17.18%	36.46%	28.98%
色彩基元	15.83%	14.44%	23.91%
对象基元	22.48%	22.73%	34.27%
三种基元组合	15.44%	13.25%	22.91%

图2.72　使用不同特征向量集分类的错误率对比图

向量进行分类时的错误率。由此可以看出，多基元特征向量融合分类法的精度高于使用单一基元特征向量分类的精度。

为了验证随机森林(RF)分类方法的有效性，本节采用SVM、BP神经网络2种机器学习方法进行对比分析。评价指标由召回率(Re)、准确率(Pr)及F_1得分决定，实验结果如表2.25~表2.27所示。

召回率是衡量分类覆盖面的指标，准确率是衡量正确分类比例的指标。在大多数分类问题中，召回率和准确率其中一个指标的升高会伴随另一个指标的降低。因此，本节添加F_1得分指标作为上述2个指标的综合考虑，F_1得分的范围为[0，1]，F_1得分较高表示该分类方法更有效。召回率、准确率及F_1得分计算如式(2.78)~式(2.79)所示。

$$\mathrm{Re}=\frac{\mathrm{TP}}{\mathrm{TP}+\mathrm{FN}} \tag{2.78}$$

$$\mathrm{Pr}=\frac{\mathrm{TP}}{\mathrm{TP}+\mathrm{FP}} \tag{2.79}$$

$$F_1=\frac{2\times \mathrm{Pr}}{\mathrm{Pr}+\mathrm{Re}} \tag{2.80}$$

式中，TP代表将正类预测为正类的数量；TN代表将负类预测为负类的数量；FP代表将负类预测为正类的数量；FN代表将正类预测为负类的数量。

从表2.25~表2.27中可以看出，使用3种分类方法进行分类时，地面、植被、建筑物及道路可以有效分类，而3组数据中的车辆和人造地物使用3种分类方法都不能取得较高的分类效果，这与其点云分布较少有关，使得 3 种分类器难以将其与邻近点云进行区分。

表 2.25 样本 1 使用 3 种分类方法的结果评价表

类别	召回率(%)			准确率(%)			F_1 指数(%)		
	RF	SVM	BP	RF	SVM	BP	RF	SVM	BP
裸地	96.28	96.44	11.93	85.07	84.65	47.13	0.90	0.90	0.19
植物	44.70	43.34	95.08	83.57	78.74	78.62	0.58	0.56	0.86
建筑物	97.38	97.51	0.00	81.42	80.00	0.00	0.89	0.88	0.00
道路	67.80	64.40	0.01	95.49	96.72	1.83	0.79	0.77	0.00
车辆	60.76	51.77	99.24	50.87	58.30	49.13	0.55	0.55	0.66
人造地物	21.88	16.06	1.09	36.68	39.76	5.99	0.27	0.23	0.02
均值	**64.80**	61.59	34.56	72.18	73.03	30.45	**0.66**	0.65	0.29

表 2.26 样本 2 使用 3 种分类方法的结果评价表

类别	召回率(%)			准确率(%)			F_1 指数(%)		
	RF	SVM	BP	RF	SVM	BP	RF	SVM	BP
裸地	72.71	73.60	90.72	88.80	87.16	76.86	0.80	0.80	0.83
植物	87.85	76.49	37.73	71.59	73.71	60.56	0.79	0.75	0.46
建筑物	91.88	97.17	2.03	94.88	84.52	18.72	0.93	0.90	0.04
道路	97.97	97.98	69.74	89.42	90.33	18.17	0.93	0.94	0.29
车辆	50.92	7.18	30.04	54.69	60.45	78.75	0.53	0.13	0.43
人造地物	5.43	0.00	0.00	13.00	0.00	0.00	0.08	0.00	0.00
均值	**67.79**	58.74	38.37	**68.73**	66.03	42.18	**0.68**	0.59	0.34

表 2.27 样本 3 使用 3 种分类方法的结果评价表

类别	召回率(%)			准确率(%)			F_1 指数(%)		
	RF	SVM	BP	RF	SVM	BP	RF	SVM	BP
裸地	75.87	74.76	2.32	89.69	91.50	7.94	0.82	0.82	0.04
植物	82.46	80.94	65.68	67.34	70.16	59.14	0.74	0.75	0.62
建筑物	86.87	84.27	0.00	55.72	48.23	0.00	0.68	0.61	0.00

续表

类别	召回率(%)			准确率(%)			F_1 指数(%)		
	RF	SVM	BP	RF	SVM	BP	RF	SVM	BP
道路	77.53	79.75	10.34	90.80	87.15	15.30	0.84	0.83	0.12
车辆	7.72	0.00	63.26	55.90	0.00	29.30	0.14	0.00	0.40
人造地物	8.52	0.67	4.72	10.54	100.00	9.14	0.09	0.01	0.06
均值	**56.49**	53.40	24.39	61.67	66.17	20.14	**0.55**	0.51	0.21

3 种分类方法计算得出的平均召回率、准确率及 F_1 得分如表 2.25~表 2.27 所示，可以看出随机森林(RF)较 SVM 及 BP 神经网络在 3 组实验数据分类结果中拥有最高的召回率(Re)以及 F_1 得分，表明随机森林在点云数据分类中的效果优于另外两种分类方法。

2.7.8　小结

点云分类是建筑物轮廓线提取过程中的一个重要环节，分类精度高低关系到能否得到准确的建筑物点云，如何提取有效分类的特征向量以提升点云分类的精度一直是该领域的难点。为了解决该问题，本节提出一种基于多基元特征向量融合的点云分类方法，该方法通过融合点基元特征向量，对象基元特征向量及 HSV 色彩信息进行分类，其中点基元特征向量提取自特征值、高程信息及表面信息，对象基元特征向量提取自对象高度及对象最大包围盒信息。为了提高分类精度，使用随机森林特征向量选择算法去除冗余特征向量。采用 3 组点云数据进行实验，实验结果显示基于多基元特征向量融合的分类方法优于基于单一基元特征向量分类方法。使用随机森林分类法与 SVM 及 BP 神经网络作对比，利用召回率、准确率及 F_1 得分作为评价指标，实验结果显示随机森林获得的分类结果在召回率和 F_1 得分 2 个指标上均大于 SVM 与 BP 神经网络的分类结果。

第3章　LiDAR 技术城区应用

建筑物是城市建设中的重要组成部分。建筑物的提取和重建是城市规划、灾害评估、交通导航及地籍管理等领域的关键技术环节，建筑物信息的准确获取可以为城市规划与发展提供重要的分析与决策支持。在城市地理信息系统维护中，由于城市改造频繁，建筑物更新和修改的工作量往往很大。因此，为了避免浪费大量的人力、物力，如何利用遥感手段快速获取高精度的建筑物信息已成为目前研究的热点问题。LiDAR 技术是近年来发展十分迅速的主动遥感技术，具有快捷高效、测量精度高、受外界环境干扰小、主动性强等优点。因此，LiDAR 技术已被广泛应用于建筑物提取研究。

为提高建筑物点云的提取精度，通常先进行点云滤波，即将地面点与地物点分离。点云滤波也是激光雷达数据处理和应用的关键技术环节之一，对后续地物的分类和提取具有重要意义。虽然现有方法已经取得了良好的滤波效果，并得到广泛应用，但是点云滤波方法的研究仍然面临一些难点与挑战。例如，滤波方法受地形复杂程度的影响，在复杂城市区域，难以取得较好的滤波效果；滤波参数需要人工设置，方法自动化程度低等。因此，本章针对以上问题，旨在研究一种适用于城市区域的自适应滤波方法，提高滤波方法的自动化程度和鲁棒性。

目前，现有的建筑物提取方法按所需数据类型可以分为两类：仅使用激光雷达点云数据的建筑物提取方法和融合多源数据的建筑物提取方法。虽然通过融合点云和影像等多源遥感数据能够获得更准确的建筑物提取结果，但点云和影像间往往需要事先配准。而点云数据与光学影像融合时往往存在配准误差，如何提供配准精度依然是尚未解决的难题。因此，采用单一的点云数据进行建筑物提取依然是目前研究的热点问题。目前，基于 LiDAR 点云的建筑物提取依然面临一些难点与挑战。例如，传统的基于点的建筑物提取方法计算量大，难以适用于海量的点云数据；建筑物提取方法的鲁棒性较差，不同建筑物环境下提取的精度相差较大；部分邻近建筑物的植被点会被误判为建筑物点，建筑物提取的准确率较低等。针对这些问题，本章提出了一种基于对象基元空间几何特征的建筑物点云提取方法。

获取其轮廓线信息是构建“数字城市”中的重要环节。现有的建筑物轮廓线提取方法有以下几类：基于图像提取建筑物轮廓线的方法、基于不规则三角网提取建筑物轮廓线的方法，以及基于点云数据的特征信息提取建筑物轮廓线的方法。基于图像提取建筑物轮廓线的方法利用图像处理知识，提取建筑物点云格网化后的边界，该方法存在的缺点是点云格网化时容易引入误差。基于不规则三角网提取建筑物轮廓线的方法代表是经典的 Alpha-shapes 算法，该算法能够快速有效地提取建筑物轮廓点，但是其缺点是获取的轮廓线锯齿状较严重。基于点云数据的特征信息的建筑物轮廓线提取方法在凹槽处轮廓线提取效果较差。Alpha-shapes 算法有快速高效、鲁棒性强等优点，本章针对其存在的缺点提出一种改进的方法，为了解决该算法提取的轮廓线呈锯齿状的问题，对 Alpha-shapes 算法提取的初始轮廓点不断精简与优化，以消除轮廓线的锯齿状。

3.1　适用于城市区域的机载 LiDAR 点云自动化形态学滤波法

随着数字城市和智慧城市的快速发展，迫切需要我们对周围所处的城市地形环境有更准确的理解。近年来，机载 LiDAR 技术已经逐渐成为获取空间地理信息的一种遥感新技术[229]。通过集成三维激光扫描仪、惯性导航系统及全球定位系统，机载激光扫描(ALS)系统可以获得从地表物体反射的大量点云数据[230]。与传统的摄影测量方法相比，ALS 受天气条件和外业数据采集时间的影响较小。此外，机载 LiDAR 系统发射的激光脉冲能够穿透植被，获取植被遮挡下的地形数据。此特点也有利于在城市区域进行道路信息采集[61]。因此，ALS 已经广泛应用于城市规划的各个领域，如三维建筑模型重建[231-233]、道路检测[234,235,5]、电力线提取[236-238]等。

在上述 ALS 应用中，一个非常重要的步骤便是从点云数据中去除地物点而保留地形点，此过程通常称之为点云滤波[239,114]。尽管已有的研究方法能够获取较好的滤波效果，但机载 LiDAR 点云滤波仍面临一些难题难以解决。一方面，大多数滤波算法需要确定参数或阈值以适应不同的地形特征[208,240]。例如，在基于形态学的滤波算法中，需要设置的一个关键参数是最佳滤波窗口，这直接影响到最终的滤波精度[41]。因此，为了获得更好的滤波结果，只能通过反复试验探测最佳的滤波窗口以获得良好的滤波结果，或者需要获得测量区域内最大物体的先验知识。显然，复杂的参数设置不仅会降低算法的自动化程度而且也不利于经验缺乏的工作人员进行算法实现。另一方面，大多数滤波算法难以平衡拒真误差和纳伪误差[203,209]，即难以在有效滤除地物的同时保护地形细节。针对上述问题，本节提出了一种自动化形态学滤波算法。此方法可以根据一系列高帽运算自动对测量区域内最大建筑物的尺寸进行探测。这样，就实现了最佳滤波窗口的自动化确定。为了提高不同地形环境下的滤波精度，最终的滤波结果采用了基于梯度变化的阈值，该阈值可根据地形起伏进行自适应调整。

此方法的流程如图 3.1 所示。它主要包括两部分，即预处理和滤波。在预处理过程中，应首先将点云转化为二维栅格，以提高滤波效率。随后，对二维栅格数据进行去噪，以去除低异常值和高异常值。在滤波过程中，最佳窗口检测是此方法的关键步骤。当确定最佳滤波窗口大小之后，可以继而采用形态学滤波方法进行点云滤波。为了去除在网格组织过程中引入的内插误差，本节将基于点基元来获取滤波结果。因此，需要计算每个点的滤波阈值。最后，根据计算出的自适应阈值进行地面点提取。

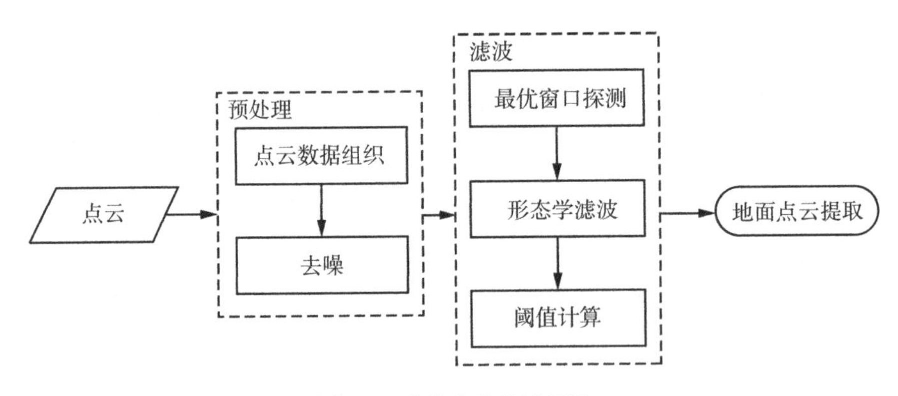

图 3.1　本节方法的流程图

3.1.1　实验数据

选用 ISPRS 第三委员会发布的 7 组位于城市区域的专门用来检验滤波效果的点云数据进行实验①。这 7 组样本数据由 Optech ALTM 机载激光扫描仪获取，点间距为 1~1.5m。这 7 组样本数据包含多种复杂的城市地形特征，例如低矮植被、斜坡上建有房屋、不规则建筑物等。具体地形特征如表 3.1 所示。

3.1.2　点云预处理

原始点云通常分布不规则。为了提高滤波效率，点云被重组为二维格网。格网的单元大小定义为

① 数据来源：http://www.commission3.isprs.org/wg3/index.html.

表 3.1　样本数据特征

区域	样本	特　征
城市	样本 11	斜坡地形上的建筑物、山坡上的植被，低异常值和高异常值
	样本 12	小物体、不规则的建筑屋顶、密集的建筑物，低异常值
	样本 21	有桥的道路、不规则的建筑屋顶、散落的物体，高异常值
	样本 22	有桥的道路、大型建筑屋顶、小物体，高异常值
	样本 31	屋顶不规则的建筑物、混合植被的建筑物，低异常值
	样本 41	数据确实、大而不规则的物体，低异常值
	样本 42	火车站、细长物体、小物体

$$\text{cellsize} = \sqrt{\frac{1}{\lambda}} \tag{3.1}$$

式中，λ 为平均点密度(returns/m^2)。按照式(3.1)对格网进行定义可以有效降低内存，并能够尽可能地保护地形细节信息。每个格网的特征值是相应格网单元内各点的最低高程值。若没有点落入格网，则使用格网旁最近的点估算特征值。

受仪器本身和外部环境的影响，得到的点云数据包含异常值。这些异常值可以进一步分类为低异常值和高异常值。低异常值通常由多路径效应引起，而高异常值通常由飞机或天空中飞行的鸟类反射的激光脉冲产生。这 2 个异常值都会对形态滤波算法产生影响。本节采用以下步骤去除异常值：

(1)对二维格网数据(DSM)进行中值滤波，获取中值滤波结果$\text{DSM}_{\text{Median}}$；

(2)计算 DSM 和 DSM 中值之间的高差；

(3)将高差大于 5m 的格网标记为噪声格网；

(4)将 DSM 中噪声格网的特征值用$\text{DSM}_{\text{Median}}$中相应格网的特征值进行更新。

3.1.3　最佳滤波窗口测定

最佳滤波窗口是形态学滤波算法的一个关键参数。在一般情况下，最佳滤波窗口应大于城市地区最大的物体(主要指建筑物屋顶)。因为，较小的滤波窗口无法有效地过滤掉所有地物。但滤波窗口越大，迭代次数就越多，也就越耗时。此外，较大的滤波窗口通常会平滑地形细节。为了自动选择最佳滤波窗口，本节提出了一种最佳滤波窗口确定算法。算法流程如图 3.2 所示。

如图 3.2 所示，该算法包含 2 次连续迭代(Ⅰ和Ⅱ)。在第一次迭代(Ⅰ)中，DSM

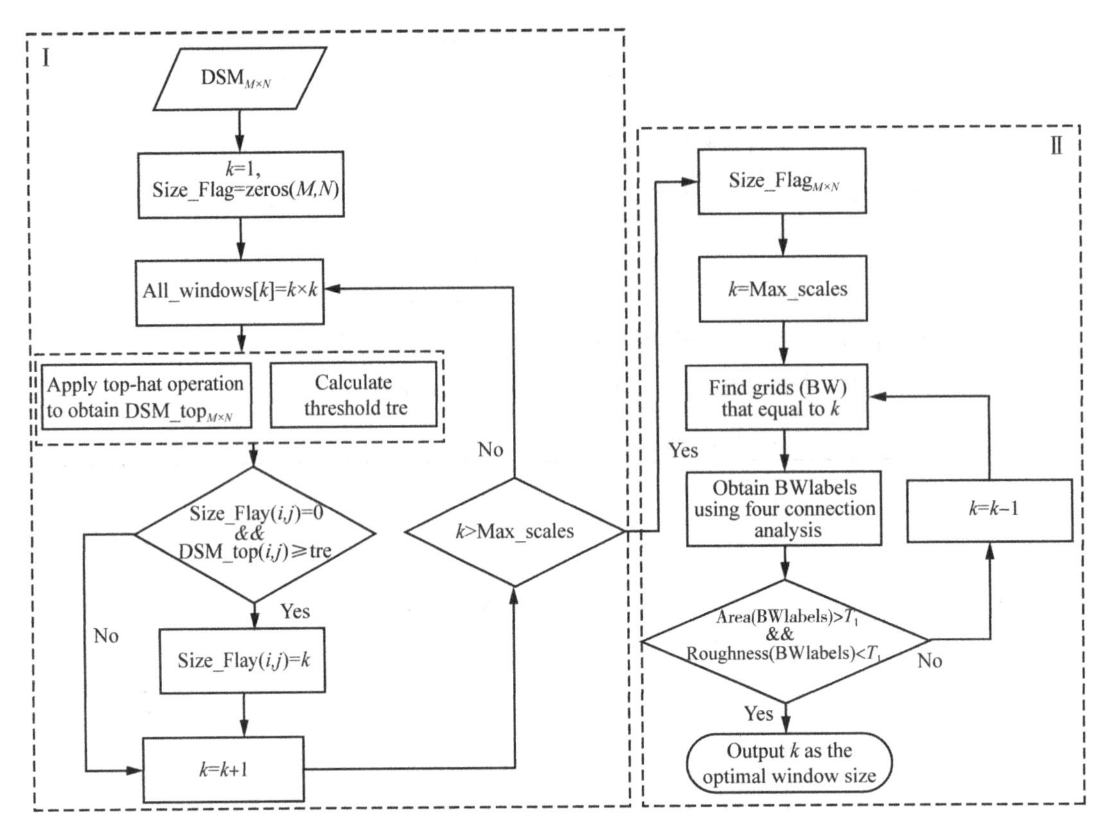

图 3.2 最佳滤波窗口确定算法流程图

中的所有格网都应标记为相应的地物大小。地物大小可以根据一系列滤波窗口的形态学运算响应来确定。可以使用形态学高帽算法来测量响应大小。因此，在第一次迭代之后，$\text{Size_Flag}_{M\times N}$将获得与 DSM 相同大小的地物尺寸标签，可以用于反映所有对象尺寸标签。第一次迭代的主要步骤如下：

(1)初始化 $\text{Size_Flag}_{M\times N}$为零，其中 $M \times N$ 是 DSM 的大小。

(2)获取滤波窗口 All_windows[k] = $k\times k$。

(3)通过对 DSM 应用形态学高帽算法生成 $\text{DSM\_top}_{M\times N}$，并根据滤波窗口计算阈值 tre。

(4)如果 Size_Flag(i, j)等于零且 DSM_top(i, j)不低于 tre，Size_Flag(i, j)设置为 k；否则，请转到步骤(5)。

(5) $k = k + 1$。

对步骤(2)至(5)进行迭代循环，直到 k 大于 Max_scales。Max_scales 是最佳滤波窗口，通常设置为 100。原因在于滤波窗口大小 100×100 足够大，可以检测出城市地区的建筑屋顶。

第二次迭代(Ⅱ)主要用于寻找最佳滤波窗口。一般来说，城市地区最大的物体是建筑屋顶。因此，最佳滤波窗口可以看作最大建筑屋顶尺寸测量值。考虑到建筑物屋顶通常是平坦的，具有相同物体尺寸的连接格网的粗糙度在 Size_Flag(i, j) 应该更小，而相应的面积应该更大。第二次迭代的主要步骤如下。

(1)始化 k 为 Max_scales。

(2)通过查找 $\text{Size\_Flag}_{M\times N}$ 中对象大小标签等于 k 的区域，获取 BW。

(3)对 BW 进行四连通分析，生成 BWlabels。

(4)如果 BWlabels 大于 T_1 和粗糙度 BWlabels 小于 T_2，转到步骤(6)；否则，请转到步骤(5)。

(5) $k = k - 1$，并重复步骤(2)到步骤(4)。

(6)输出 k 作为最佳滤波窗口。

综上所述，不同大小的地物对同一滤波窗口具有不同的响应。通常，只有当滤波窗口大于地物的大小时，相应的格网才会有响应。本节采用形态学高帽运算对 DSM_top(i, j) 进行响应测量，如式(3.2)所示：

$$\begin{cases} \text{DSM\_top}(i, j) = \text{DSM}(i, j) - O_{\text{DSM}(i, j)} \\ O_{\text{DSM}(i, j)} = D_{\text{DSM}(i, j)}(E_{\text{DSM}(i, j)}) \end{cases} \tag{3.2}$$

式中，DSM(i, j) 为格网 (i, j) 的灰度值；$O_{\text{DSM}(i, j)}$ 为形态学开运算；$E_{\text{DSM}(i, j)}$ 为形态学腐蚀运算；$D_{\text{DSM}(i, j)}$ 为形态学膨胀运算。形态学腐蚀和膨胀运算在式(3.3)中定义为[48]

$$\begin{cases} E_{\text{DSM}(i, j)} = \min\limits_{(i+u, j+v) \in W} (\text{DSM}(i + u, j + v)) \\ D_{\text{DSM}(i, j)} = \max\limits_{(i+u, j+v) \in W} (\text{DSM}(i + u, j + v)) \end{cases} \tag{3.3}$$

式中，$(i + u, j + v)$ 是滤波窗口中的格网。如前文所述，对象对较小的滤波窗口没有响应。但是，若我们采用更大的滤波窗口(例如 100×100)，几乎所有的格网都会有响应。如何分辨反应是由物体还是地面引起的，关键在于设置适当的阈值。本节根据式(3.4)给出的滤波窗口大小自动计算阈值

$$\text{tre} = \eta + \zeta \cdot \text{All\_windows}[n] \tag{3.4}$$

式中，η 和 ζ 为常量值，分别设置为 0.2 和 0.1。由此，当我们选择最小的滤波窗口时，例如 1×1，tre 阈值计算为 0.3，此阈值能够保证将地面点与低矮植被进行有效分离。

在使用一系列滤波窗口集合对 DSM 进行形态学高帽运算后，响应大于阈值的格网将被标记为与相应窗口大小相同的值。在这个算法中，Size_Flag 为格网的对象大小标签。其中，标记的格网 Size_Flag 主要指汽车、树冠、建筑屋顶等。为了确定最佳的滤波窗口，应将最大的建筑物屋顶格网与这些物体区分开来。考虑到建筑屋顶的特性，检测这些格网需要满足两个条件。一方面，建筑物的屋顶一般比较平坦，故粗糙度值相对较小；另一方面，建筑物屋顶应足够大。因此，这些格网的面积应该更大。为了增强算法的稳健性，首先将四连通分析应用于标识为相同值的格网 Size_Flag。这样一来，一些孤立的格网可以相互连接。连接结果的粗糙度和面积可以根据式(3.5)~式(3.6)计算，即

$$\begin{cases} \text{BW} = \{\text{Size\_Flag}(i,\ j) \mid \text{Size\_Flag}(i,\ j) = k\} \\ \text{BWlabels} = \text{bwlabel}(\text{BW},\ 4) \\ \text{Roughness} = \sum\limits_{\substack{i \in \text{BWlabels} \\ j \in \text{BWlabels}}} \text{abs}(\text{BWlabels}(i,\ j) - \text{mean}(\text{BWlabels})) \end{cases} \tag{3.5}$$

$$\text{Area} = \text{num} * \text{cellsize}^2 \tag{3.6}$$

式中，BW 为连通结果；BWlabels 为其中任一连通部分，而 bwlabel(·, 4)意味着进行四连通分析；mean(·)是计算平均值；abs(·)表示绝对值计算；num 是格网数 cellsize 是格网尺寸。在本节中，面积阈值 T_1 设置为 100。这样就可以消除一些小的连接部件(如树冠)的影响。粗糙度阈值 T_2 可根据 T_1 进行定义，如式(3.7)所示：

$$T_2 = \tau \times \frac{T_1}{\text{cellsize}^2} \tag{3.7}$$

式中，cellsize^2 是计算连通部分中格网的数目。考虑到一些城市地区的建筑屋顶是倾斜的，本节将每个格网的允许误差(τ)设定为 0.5m。从最大的滤波窗口到最小的滤波窗口，迭代检测出最佳的滤波窗口。直到有一个滤波窗口满足上述建筑屋顶检测条件时，迭代结束。

3.1.4 基于梯度变化的阈值滤波

最佳滤波窗口确定后，便可进行形态学滤波运算，获取相对应的滤波结果，滤波窗口由大变小[51]。不过，对于大多数的形态学滤波算法，点云数据是重采样为二维格网。虽然这样做能够加快数据的处理效率，便于算法实现，但点云数据重采样往往会降低数据的精度，尤其是在一些断裂地形区域更容易产生误差。因此，如果直接对格网组织的数据进行滤波处理，就会产生滤波误差。为了解决此问题，本节基于点基元

进行逐点滤波。各点的滤波阈值依据局部地形梯度变化自适应计算获取，见式(3.8)~式(3.9)。

$$Tr(k) = \text{Gradient}(\text{DTM}_{\text{Morph}}(i,\ j)) + \Delta \tag{3.8}$$

$$\text{Gradient}(S) = \sqrt{\left(\frac{\text{d}S}{\text{d}x}\right)^2 + \left(\frac{\text{d}S}{\text{d}y}\right)^2} \tag{3.9}$$

式中，$Tr(k)$ 为各点的滤波阈值；$\text{DTM}_{\text{Morph}}$ 为形态学滤波结果；Δ 为一常量值，设置为 0.6m。Gradient(·) 为计算局部地形区域的梯度，$\frac{\text{d}S}{\text{d}x}$ 和 $\frac{\text{d}S}{\text{d}y}$ 分别表示计算地形局部区域 x 和 y 轴方向的梯度变化。如果与地面点的残差小于阈值 $\text{DTM}_{\text{Morph}}$，则可以提取所有地面点。

3.1.5　实验结果与分析

本节采用了四个精度指标来衡量其性能，包括Ⅰ类误差、Ⅱ类误差、总误差和 Kappa 系数。Ⅰ类误差(也称拒真误差)是将地面点误判为地物点的比例，而Ⅱ类误差(也称纳伪误差)是将地物点误判为地面点的比例。总误差是指总的误判点的比例。Kappa 系数是一种衡量分类精度的指标，它通过综合考虑混淆矩阵中的信息来评估分类性能[241]。表 3.2 列出了针对这 7 组样本数据计算出来的这四类精度指标及所得出的最佳滤波窗口的尺寸。

表 3.2　精度计算结果以及最佳滤波窗口

样本	Ⅰ类误差(%)	Ⅱ类误差(%)	总误差(%)	Kappa 系数(%)	最佳滤波窗口(m)
样本 11	11.63	7.81	9.46	80.69	28
样本 12	2.33	4.87	3.67	92.65	18
样本 21	0.21	4.73	3.90	87.95	6
样本 22	7.51	2.64	4.19	90.30	29
样本 31	0.11	2.69	1.53	96.90	20
样本 41	3.38	3.97	3.68	92.65	42
样本 42	0.18	6.21	2.05	95.13	71
平均值	3.62	4.70	4.07	90.90	

为了直观地进行结果分析，选择了样本 11、样本 22、样本 31 和样本 42。选择这 4

个样本是因为它们包含了具有代表性的地形特征。例如，样本 11 显示的地形起伏较大，斜坡上有建筑物(图 3.3(a))；样本 22 的主要地形特征是附着物(桥梁)(图 3.4(a))。由于桥梁的高程与地面的高程相似，滤波结果将显示此方法是否能有效过滤这些附着物。样本 31 代表了城市地区常见的地形环境(图 3.5(a))。在这个样本中，大型建筑物是主要对象。同时，还包括一些小型物体，如汽车或行人。样本 42 包含一个特殊的物体，即火车站(图 3.6(a))。该样本将测试此方法对细长物体的性能。图 3.3～图 3.6 中提供了原始的地面模型(a)、根据所提出的滤波算法得出的地面点生成的滤波 DEM(b)及根据真实地面点生成的真实 DEM。结合表 3.2 所示的准确度指标，我们

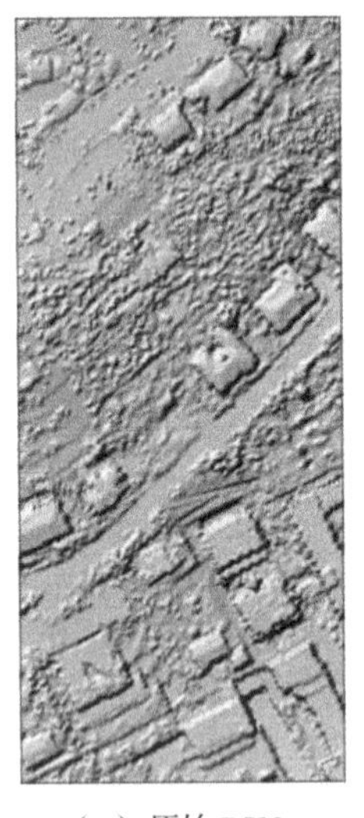
(a) 原始 DSM

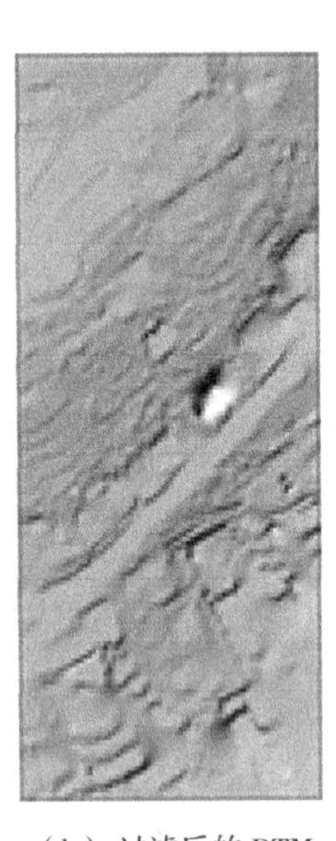
(b) 过滤后的 DTM

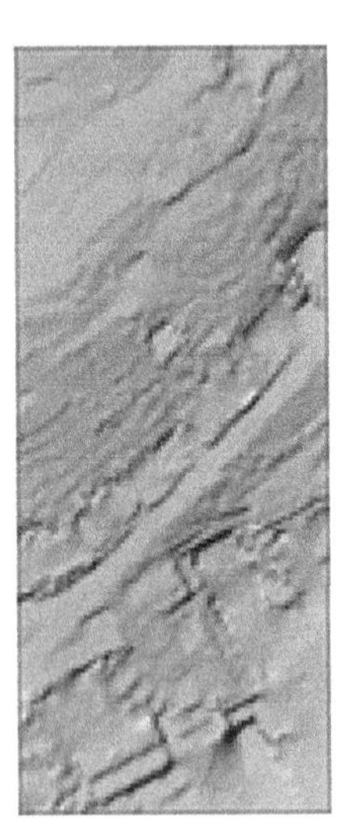
(c) 真正的 DTM

图 3.3　样本 11 的过滤结果

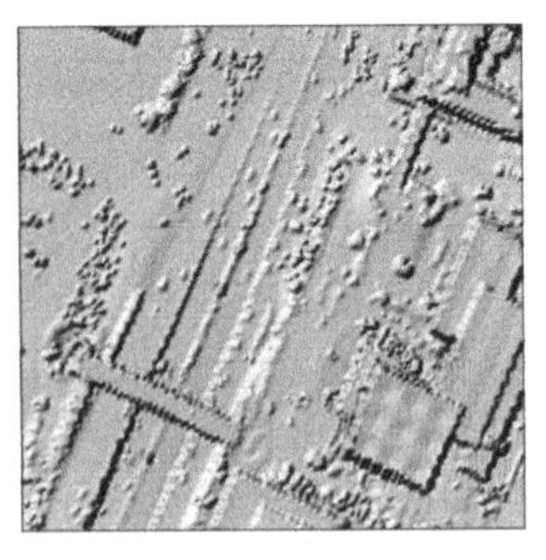
(a) 原始 DSM

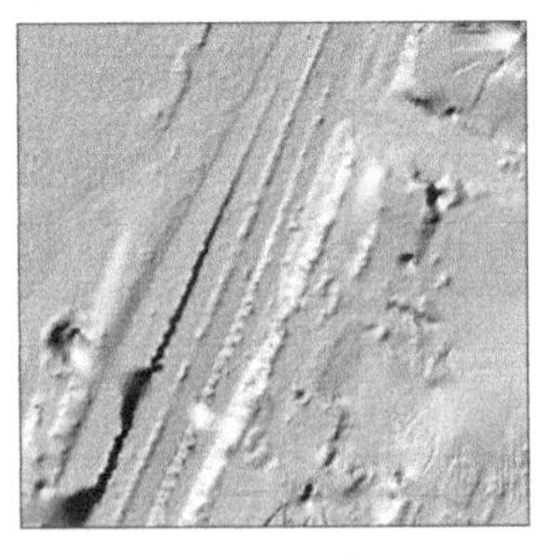
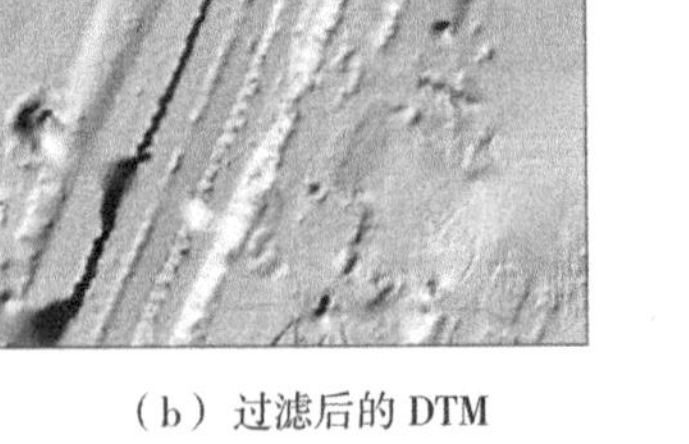
(b) 过滤后的 DTM

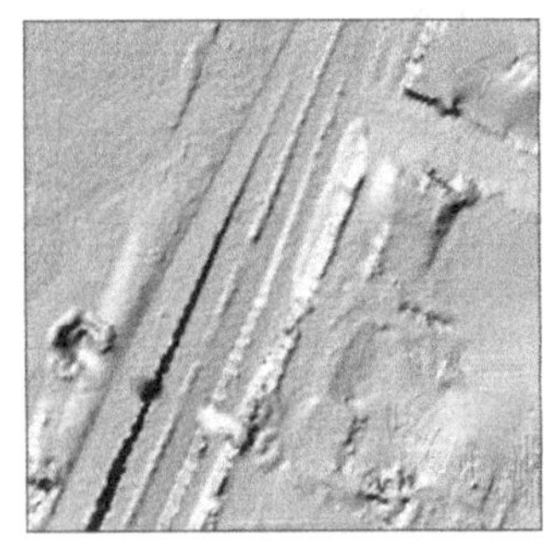
(c) 真正的 DTM

图 3.4　样本 22 的过滤结果

发现此方法在所有样本中都表现良好。滤波后的 DTM 接近真正的 DTM。3 种平均误差均小于 5%，平均 Kappa 系数大于 90%。此外，此方法在Ⅰ类误差(平均值为 3.62%)和Ⅱ类误差(平均值为 4.70%)之间取得了良好的平衡。这说明此方法具有尽可能保护地形细节的特殊能力。同时，它还能减少非地面点的影响。如图 3.3(a)所示，虽然样本 11 覆盖了复杂地形，但由于本节计算的自适应阈值，其总误差仍小于 10%。样本 22 的主要滤波难点是附着物(桥梁)和不规则建筑物。从图 3.4(b)中可以发现，这两个滤波难题都被成功解决了。样本 31 代表一般城市环境。表 3.2 显示，此方法可以获取最小的总误差和最高的 Kappa 系数。图 3.5(b)也证明了所提出方法在一般城市环境中表现出色。如图 3.6(a)所示，在样本 42 中，长条型物体是主要的非地面点。在最佳滤波窗口的帮助下，这些物体点被清晰地去除，如图 3.6(b)所示。

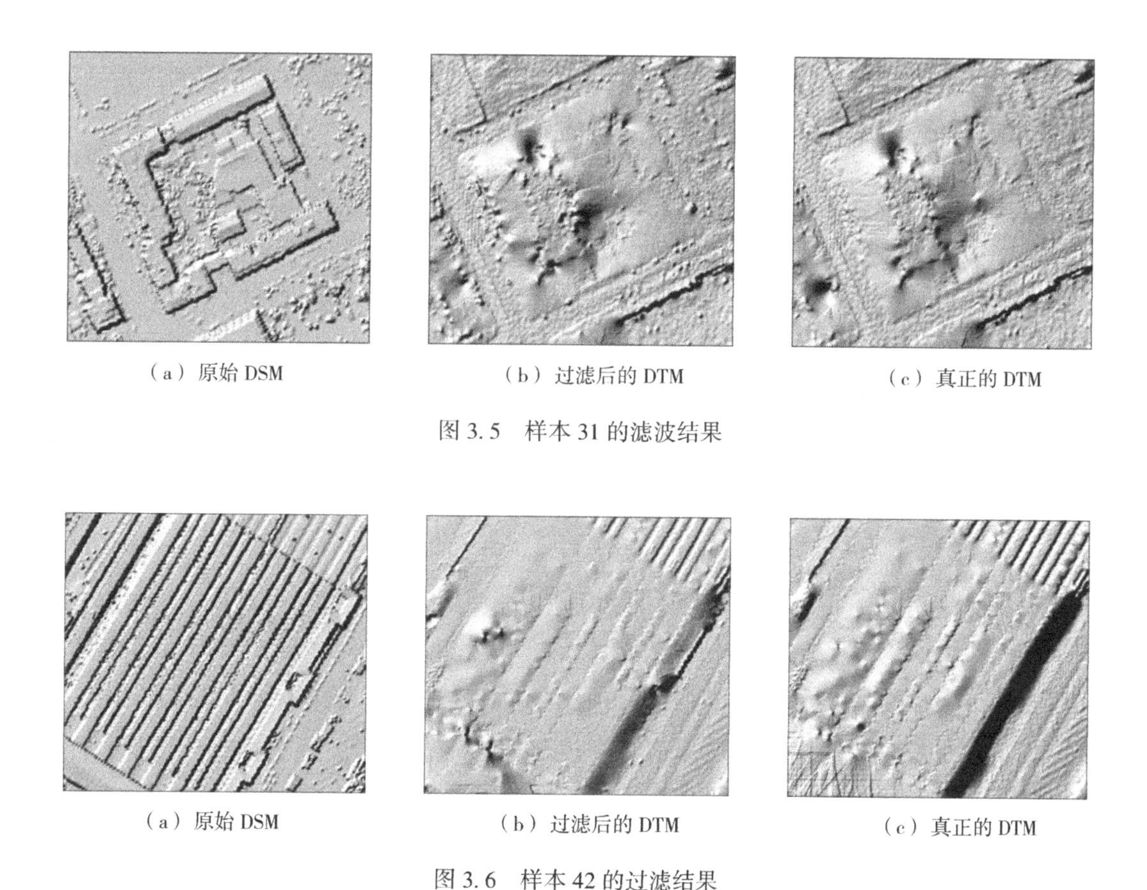

(a) 原始 DSM　　(b) 过滤后的 DTM　　(c) 真正的 DTM

图 3.5　样本 31 的滤波结果

(a) 原始 DSM　　(b) 过滤后的 DTM　　(c) 真正的 DTM

图 3.6　样本 42 的过滤结果

图 3.7 显示了测试的 7 个样本的误差分布。通过与相应的参考数据进行比较，确定每个样本数据集中的拒真误差(Ⅰ类误差)和纳伪误差(Ⅱ类误差)点。不难发现，样

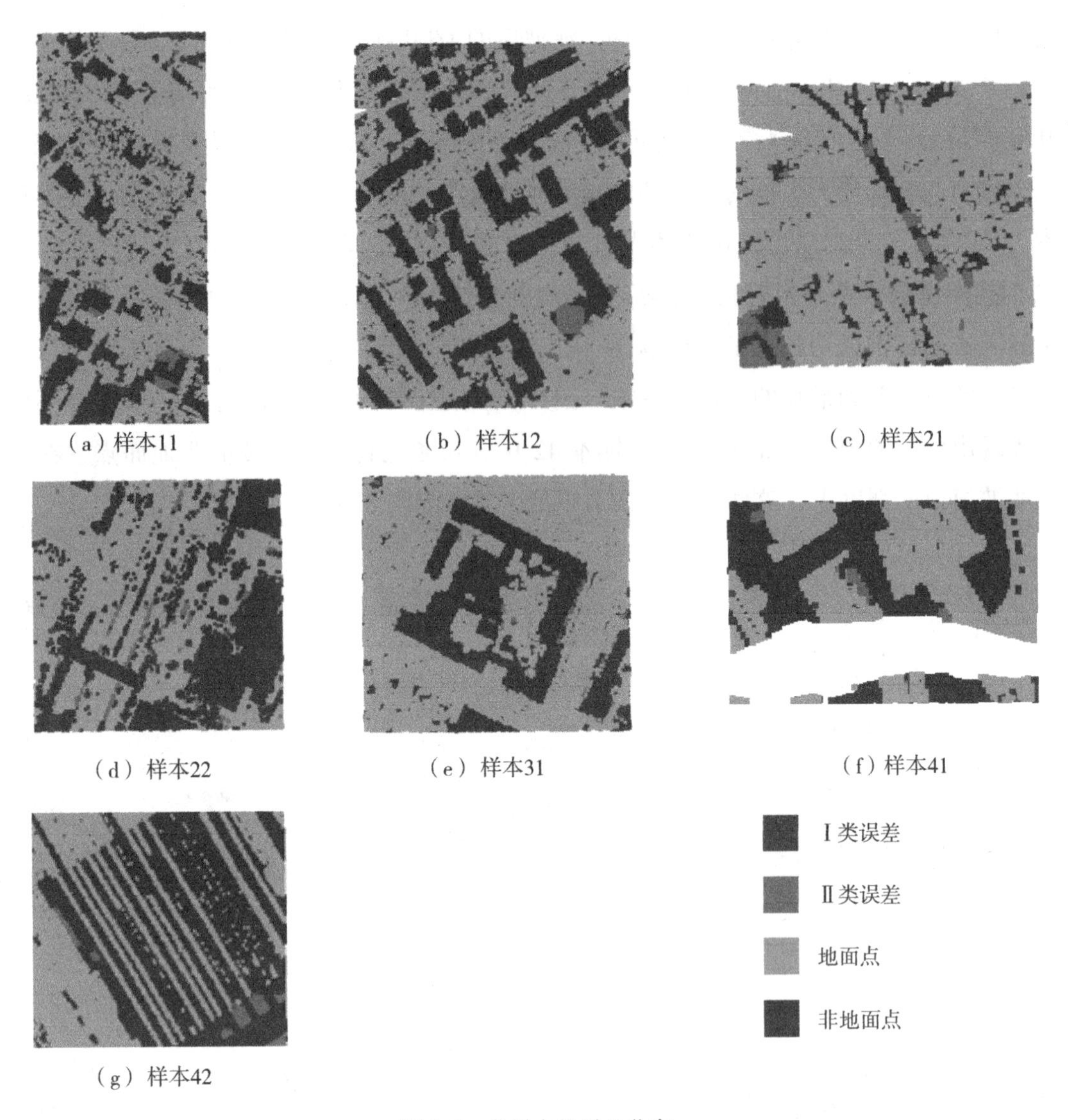

(a) 样本11 (b) 样本12 (c) 样本21 (d) 样本22 (e) 样本31 (f) 样本41 (g) 样本42

图 3.7 各样本的误差分布

本 11 包含了最多的误差分类点，因此与其他 6 个样本相比，它的总误差最大。在样本 12 方面，几乎所有的建筑物屋顶都被清晰地过滤出来。同时，一些小物体，如汽车，也被有效地检测到。样本 21 中的主要误差是Ⅱ类误差。这是因为左下方的不规则建筑物没有被成功移除。样本 22 中的过滤难题是附着物(桥梁)。可以发现，桥梁的检测是有效的。样本 31 的Ⅰ类和Ⅱ类误差都非常小。因此，样本 31 是这 7 个样本中性能最好的。就样本 41 而言，数据间隙对滤波结果的影响很小。只有少量的点被误差分类。虽然样本 42 的Ⅱ类误差稍大，但其Ⅰ类误差接近于零。因此，样本 42 的总误差非常小(表 3.2)。

为了进一步定量分析本节方法的准确性，本节将总误差和 Kappa 系数与文献中一些著名的算法进行了比较。比较结果见表 3.3 和表 3.4。不难发现，无论采用哪种准确度指标，本节方法都表现最佳。此方法的平均总误差和 Kappa 系数分别为最小和最高。此外，本节还进一步计算了其他 3 个统计指标，包括最小值(min)、最大值(max)和标准差(std)。在标准差方面，本节达到了最小。这表明本节方法在所有样本中都表现良好。因此，本节方法具有较强的稳健性。这一特点保证了本节方法在不同城市环境下都能达到较好的滤波精度。

表 3.3　样本数据总误差对比分析

样本	本节方法	Axelsson (1999)	Pfeife (2001)	蒙古斯 (2012)	Chen (2013)	Hui (2016)	Zhang (2016)	Li (2017)	Ni (2018)
样本 11	9.46	10.76	17.35	11.01	13.1	13.34	12.01	12.67	18.19
样本 12	3.67	3.25	4.5	5.17	3.38	3.5	2.97	3.54	8.83
样本 21	3.90	4.25	2.57	1.98	1.34	2.21	3.42	1.82	7.9
样本 22	4.19	3.63	6.71	6.56	4.67	5.41	8.94	3.87	13.69
样本 31	1.53	4.78	1.8	3.34	1.11	1.33	1.61	4.22	7.14
样本 41	3.68	13.91	10.75	3.71	5.58	10.6	5.14	12.46	5.77
样本 42	2.05	1.62	2.64	5.72	1.72	1.92	1.58	6.41	5.56
平均值	4.07	6.03	6.62	5.36	4.41	5.47	5.10	6.43	9.58
最小值	1.53	1.62	1.80	1.98	1.11	1.33	1.58	1.82	5.56
最大值	9.46	13.91	17.35	11.01	13.10	13.34	12.01	12.67	18.19
标准差	2.39	4.18	5.24	2.72	3.88	4.35	3.67	4.08	4.33

表 3.4　样本数据 Kappa 系数对比分析

样本	本节方法	Axelsson (1999)	Pfeife (2001)	Chen (2013)	Hui (2016)	Zhang (2016)
样本 11	80.69	78.48	66.09	74.12	72.92	75.17
样本 12	92.65	93.51	91.00	93.23	93.00	94.04
样本 21	87.95	86.34	92.51	96.10	93.35	90.47
样本 22	90.30	91.33	84.68	89.03	87.58	77.72
样本 31	96.90	90.43	96.37	97.76	97.33	96.75
样本 41	92.65	72.21	78.51	88.83	78.78	89.73

续表

样本	本节方法	Axelsson (1999)	Pfeife (2001)	Chen (2013)	Hui (2016)	Zhang (2016)
样本 42	95.13	96.15	93.67	95.81	95.38	96.18
平均值	90.90	86.92	86.12	90.70	88.33	88.58
最小值	80.69	72.21	66.09	74.12	72.92	75.17
最大值	96.90	96.15	96.37	97.76	97.33	96.75
标准差	4.98	8.00	9.91	7.49	8.51	8.08

3.1.6 参数设置

在本节中，有 2 个主要参数影响最终的滤波结果。一是允许误差 τ 用于式(3.7)。它影响到最佳滤波窗口大小的检测，而这正是实现此方法的关键。另一个参数是常量值 Δ 出现在式(3.8)。它会影响每个点基元的最终滤波阈值。为了研究参数设置的影响，本节采用样本 31 进行实验分析，测试了 2 个参数的不同值对滤波结果的影响。之所以选择样本 31，是因为它代表了一种常见的城市场景，包括小型物体(汽车、行人等)和大型建筑物屋顶。使用不同参数值得出的滤波结果见表 3.5 和表 3.6。

表 3.5 不同参数值 τ 的实验结果(Δ 固定为 0.6)

τ	Ⅰ类误差(%)	Ⅱ类误差(%)	总误差(%)	Kappa 系数(%)	最佳滤波窗口(m)
0.1	0.12	14.26	9.00	81.62	15
0.2	0.11	9.47	5.68	88.47	17
0.3	0.11	9.47	5.68	88.47	17
0.4	0.11	9.47	5.68	88.47	17
0.5	0.11	2.69	1.53	96.90	20
0.6	0.11	2.69	1.53	96.90	20
0.7	0.11	2.69	1.53	96.90	20
0.8	0.11	2.69	1.53	96.90	20
0.9	0.11	2.69	1.53	96.90	20
1	0.11	2.69	1.53	96.90	20

表 3.6　不同参数值 Δ 的实验结果(τ 固定为 0.5)

Δ	Ⅰ类误差(%)	Ⅱ类误差(%)	总误差(%)	Kappa 系数(%)
0.1	3.98	1.28	2.56	94.86
0.2	0.64	1.59	1.16	97.67
0.3	0.30	1.81	1.13	97.73
0.4	0.25	2.01	1.21	97.56
0.5	0.19	2.28	1.34	97.30
0.6	0.11	2.69	1.53	96.90
0.7	0.06	3.13	1.77	96.43
0.8	0.02	3.90	2.20	95.56
0.9	0.01	5.00	2.84	94.26
1	0.01	6.05	3.47	92.98

从表 3.5 可以看出，允许误差 τ 会影响最佳窗口检测。由于最佳窗口对滤波结果有直接影响，因此不同的 τ 取值会带来不同的滤波结果。考虑到城市地区的建筑屋顶通常是倾斜的，因此对于大多数城市场景来说，τ 设置为 0.5m 是合理的。从表 3.6 中可以看出，不同的 Δ 值会导致不同的滤波性能。同时，还可以发现，如果 Δ 不设置得过小或过大，最终的滤波结果都是相似的。因此，对于大多数城市环境来说，Δ 可以设置为 0.5 或 0.6。

3.1.7　滤波效率

如今，如何处理数百吉字节大小的 ALS 点云是点云滤波的难点问题。因此，计算时间是评价本节方法的另一个重要指标。本节比较了此方法与其他三种滤波算法的计算时间，即 Pingel 等[242]提出的简单形态学滤波算法(SMRF)、Hui 等[48]提出的渐进形态学滤波算法(PMHR)，以及 Özcan 和 Ünsalan[243]提出的经验模式分解(EMD)方法。SMRF 和 PMHR 都是改进型形态学滤波算法。在 EMD 方法中，地物是以迭代方式检测的。这 4 种算法都在 MATLAB 中实现，并在配有 Intel Core i5 处理器和 2GB 主内存的计算机上进行处理。比较结果见表 3.7。

从表 3.7 中可以发现，就前五个样本(样本 11、样本 12、样本 21、样本 22 和样本 31)而言，本节方法的计算时间仅高于 SMRF 方法。本节方法的平均计算时间之所以最长，是因为最后 2 个样本(样本 41 和样本 42)的计算时间稍长。从表 3.2 中可以看出，2 个样品(样本 41 和样本 42)的最佳滤波窗口非常大(分别为 42m 和 71m)。因此，形态学滤波将涉及更多的迭代，从而需要更多的计算时间。

表 3.7　4 种滤波方法的计算时间比较(以秒为单位)

样本	本节方法	SMRF	PMHR	EMD
样本 11	5.41	2.7	5.34	5.93
样本 12	5.74	3.13	12.13	8.32
样本 21	1.25	1.02	1.37	2.39
样本 22	3.77	2.05	5.48	5.87
样本 31	2.87	1.78	5.47	4.48
样本 41	6.57	1.07	2.46	3.04
样本 42	17.51	2.68	5.81	7.04
平均值	6.16	2.06	5.44	5.30

3.1.8　小结

点云滤波是城市区域机载 LiDAR 点云后处理应用的关键步骤。为了解决选择最佳滤波窗口大小和滤波性能差的问题，本节提出了一种自动化形态学滤波算法。此方法，首先使用有序滤波窗口集对格网组织数据进行一系列形态学高帽运算。然后，将具有相同变化的格网标定相应的滤波窗口。要检测城市环境中最大的建筑屋顶，应同时满足面积和粗糙度条件。当检测到最大的建筑物屋顶时，就可以确定最佳的滤波窗口。这一改进提高了此方法的自动化程度，无须获取城市场景的先验知识。为了提高对不同城市环境的滤波精度，此方法通过基于梯度变化的阈值对点云数据进行滤波处理，该阈值可根据形态学滤波结果进行自适应计算。为评估此方法的性能，使用了国际摄影测量和遥感学会提供的 7 个公开数据集。实验结果表明，无论采用哪种评价指标，自动化形态学滤波算法的滤波精度都是最好的，从而为机载激光雷达数据的后处理奠定了良好的基础。

3.2　基于对象基元空间几何特征的建筑物点云提取

建筑物是城市建设中的重要组成部分。建筑物的提取和重建是城市规划、灾害评估、交通导航及地籍管理等领域的关键技术环节。针对目前机载 LiDAR 建筑物点云提取方法存在的计算量大、不同建筑物环境下提取精度相差较大等问题，本节提出了一种基于对象基元空间几何特征的建筑物点云提取方法。本节方法流程如图 3.8 所示。该方法采用滤波方法得到的地物点，通过计算各个分割对象的空间几何特征，实现建筑物初始点云的获取。为进一步提升建筑物点云提取的完整率，本节提出一种多尺度渐进的建筑物点云优化方法。本节方法采用多尺度渐进生长的方法，通过不断将满足条件的点加入建筑物点集中来实现完整建筑物点云的提取。本节方法具体包括以下 2 个步骤：①基于对象基元空间几何特征的初始建筑物点云提取；②多尺度渐进的建筑物点云生长优化。

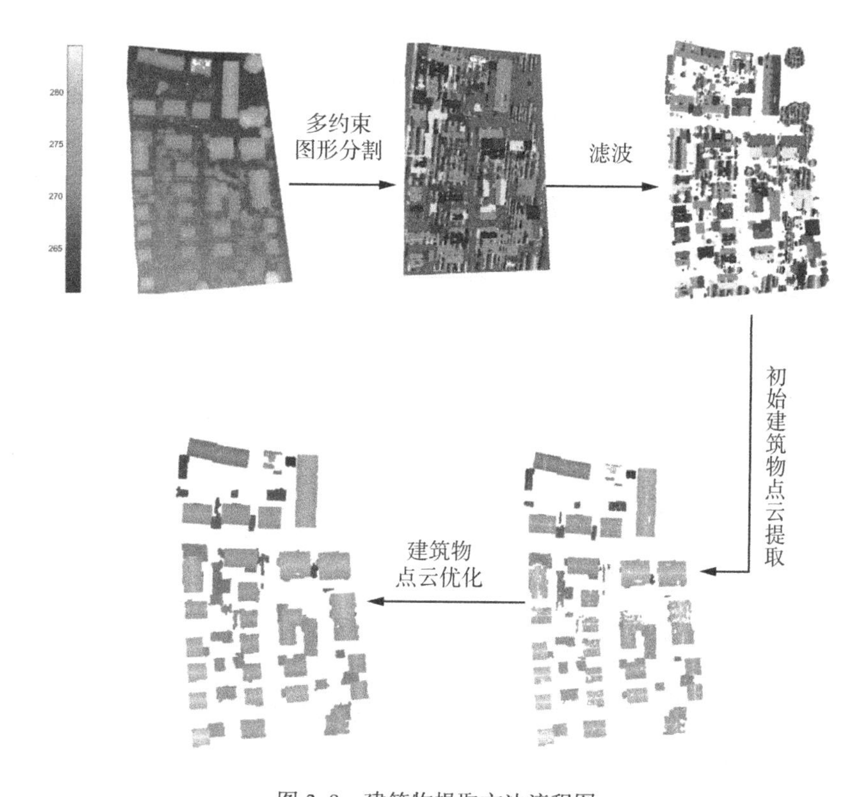

图 3.8　建筑物提取方法流程图

3.2.1　基于对象基元空间几何特征的初始建筑物点云提取

点云数据经过多约束图形分割后(见第 2 章)被分为多个对象基元。由于在多约束图形分割中，限定了法向量夹角及最长边约束，许多建筑物的屋顶面能够被正确分割为一个个独立的对象基元。但部分其他地物，例如灌木丛、植被、栅栏等，由于不具有相近的法向量，往往会被分割成多个独立的对象基元，形成一种“过分割”现象。为实现建筑物对象基元的正确提取，本节基于建筑物不同于其他地物的空间几何特征来进行实现。为便于实现，本节分别选用对象基元粗糙度及对象基元大小来实现初始建筑物点云提取。

本节将对象基元粗糙度定义为对象基元内各点到拟合平面距离残差和的均值，公式表示如下：

$$\begin{cases} \text{roughness}_{\text{obj}_i} = \dfrac{\sum\limits_{i=1}^{n} \text{roughness}_{p_i}}{n} \\ \text{roughness}_{p_i} = \dfrac{|Ax_{p_i} + By_{p_i} + Cz_{p_i} + D|}{\sqrt{A^2 + B^2 + C^2}} \end{cases} \tag{3.10}$$

式中，$\text{roughness}_{\text{obj}_i}$ 表示对象基元 obj_i 的粗糙度；roughness_{p_i} 表示该对象基元中 p_i 点的粗糙度，具体定义为该点到拟合平面 $Ax + By + Cz + D = 0$ 的距离残差。

一般，建筑物的屋顶相对较平坦，因此相较于密集植被区域所形成的伪平面，建筑物对象基元往往具有更小的对象基元粗糙度。建筑物对象基元相较于其他“过分割”对象基元具有的另一明显特征是建筑物对象基元往往包含更多的点，而其他非建筑物对象基元由于不具有法向量一致性的特点，往往会被分成多个小的对象基元。因此，可通过判定各对象基元的大小将非建筑物对象基元进行剔除，进一步提升获取初始建筑物点云的准确性。

3.2.2 多尺度渐进的建筑物点云生长优化

采用上述方法提取的建筑物点云中，虽然大部分建筑物点云能够被正确提取，但仍存在一些遗漏的建筑物点。如图 3.9 所示，这些遗漏的建筑物点主要位于建筑物的屋脊和边缘区域。这是因为位于屋脊和边缘区域的点，其与周围邻近点存在较大的空间几何差异，在计算点云特征进行图形分割时往往会分割为不同的对象基元。这些对象基元的几何特征往往与周围邻近建筑物对象的几何特征存在较大的差别，因此容易产生误判被错误剔除，致使建筑物点云提取的完整率较低。

为获取完整的建筑物点云，提升建筑物点云提取的完整率，本节提出一种多尺度渐进生长的建筑物点云优化方法。该方法的流程如表 3.8 所示。

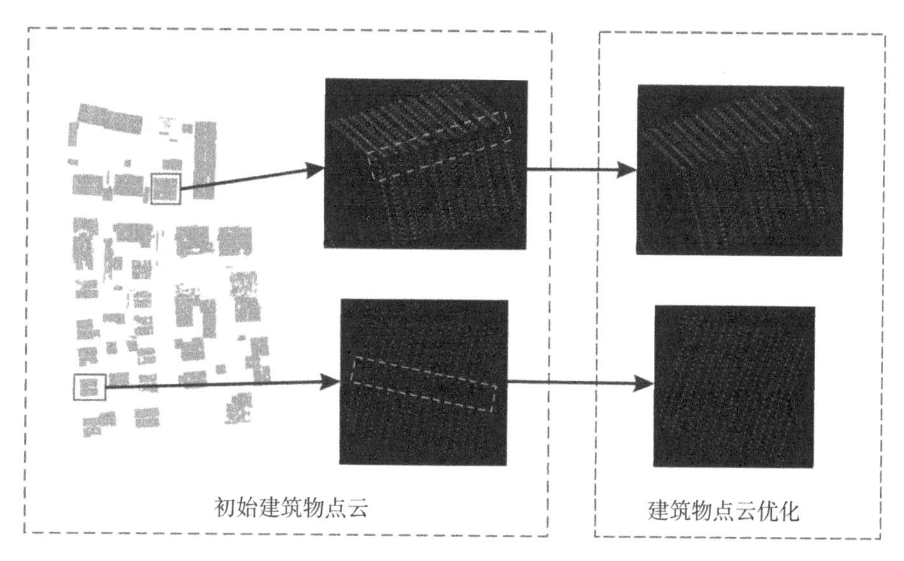

图 3.9　建筑物点云优化

表 3.8　多尺度渐进生长的建筑物点云优化方法

输入：初始建筑物点云提取结果：Point_set $= \{p_i \mid p_i \in U \parallel p_i \in \complement_U\}$，$i = 1, 2, \cdots, N$

p_i 为任意一点，U 表示建筑物点集合，$\complement_U$ 为补集，表示非建筑物点集合

尺度集合：$s = \{s_1, s_2, \cdots, s_K\}$，$s_1 > s_2 > \cdots > s_K$

For iter = 1 to K

$s = s_{\text{iter}}$

For i = 1 to N

if $p_i \in U$

查询 p_i 点在 s 范围内的邻近点集合：$\text{Set}_{p_i} = \{p_j \mid \text{Dist} \parallel p_j, p_i \parallel \leqslant s, j = 1, 2, \cdots, M\}$

For j = 1 to M

if $p_j \in \text{Set}_{p_i}$ && $p_j \in \complement_U$

计算 p_j 点到 p_i 点所在对象基元拟合平面距离 Dist_{p_j}

计算 p_j 点到 p_i 点的法向量夹角 $\theta(p_j, p_i)$

if $\text{Dist}_{p_j} \leqslant \text{th1} \parallel \theta(p_j, p_i) \leqslant \xi$

$p_j \in U$

更新建筑物点集 U 和非建筑物点集 $\complement_U$

End

输出：建筑物点云集合 U

从表 3.8 中可以看出，本方法主要采用多尺度渐进的方式来逐步实现建筑物点云的优化。经实验分析，本节方法采用 3 个固定尺度即可实现完整建筑物点云的获取。因此，本节所提出的优化方法能够有效解决过度生长的问题，同时也提升了方法的实现效率。本节将尺度集合定义为固定尺度常量，即 s_1 为 2m，s_2 为 1.5m，s_3 为 0.5m。在各个尺度下，获取各个点在当前尺度下的邻近点集，通过判断该邻近点集中是否包含非建筑物点($\complement_U$)来进行点云生长判断。如果 p_j 为 p_i 邻近点集(Set_{p_i})中的非建筑物点，则计算 p_j 点到 p_i 点所在对象基元拟合平面的距离残差 $Dist_{p_j}$。如果 p_j 点为漏分的建筑物点，则 p_j 点到拟合平面的距离残差应小于阈值 th1。th1 为阈值常量，在本节中设置为 0.3m。此外，建筑物点云往往具有一致的法向量角度。因此，如果 p_j 点为漏分的建筑物点，则 p_j 点和 p_i 点法向量夹角 $\theta(p_j, p_i)$ 应小于角度阈值 ξ。ξ 为阈值常量，在本节中设置为 10°。

3.2.3 实验结果与分析

为验证本节建筑物点云提取方法的有效性，本节选用第 2 章中使用的由国际摄影测量与遥感学会(ISPRS) 提供的数据集(图 2.4)。该数据集对于建筑物提取非常具有代表性，有助于检测方法对不同环境下的建筑物点云提取的有效性和鲁棒性。

图 3.10 为本节方法的建筑物提取结果。其中，黄色表示正确提取的建筑物(TP)，红色表示错误提取的建筑物(FP)，蓝色表示未被识别的建筑物(FN)。从图中可以看出，本节方法在 3 个实验区域内均能取得良好的建筑物提取结果。大部分建筑物都能被正确提取。从图 3.10(a)、(d) 中可以看出，在 Area1 区域虽然存在诸多形状复杂和大小不一的建筑物，但本节方法均能实现正确提取，由此可以看出本节方法在不同的建筑物环境下均具有良好的鲁棒性。但在 Area1 区域存在部分未能被有效探测的建筑物点(图 3.10(a, d) 中的蓝色点区域)，这些建筑物点主要位于建筑物的边缘。从图中可以看出，在 Area1 区域建筑物的边缘存在部分高差较大的低矮建筑物。由于存在高差，这些低矮建筑物无法与邻近大型建筑物形成一个完整的对象基元，而会形成一个独立的对象基元。由于在本节初始建筑物提取环节有对象基元大小的约束，因此这些很小的对象基元会被错误剔除。在 Area2 区域，虽然存在密集的邻近植被，但从图 3.10(b, e) 可以看出，本节方法能够有效排除密集植被对建筑物提取的干扰。但在 Area2 区域存在少量的错误探测的建筑物点，如图 3.10(b) 中的红色点所示。这是因为在 Area2 区域的建筑物本身是呈层叠式、错落地存在的，部分建筑物侧面点本身与屋顶相连，因此容易被误判为屋顶点。在 Area3 区域，由于建筑物形状大

小相对较简单，因此本节方法在 Area3 区域探测的精度相对较高。部分错误探测的点主要位于屋顶的烟囱区域。由于烟囱本身与屋顶存在较大的空间特征差异，因此这些屋顶区域容易产生误判误差(图 3.10(c)、(f))。

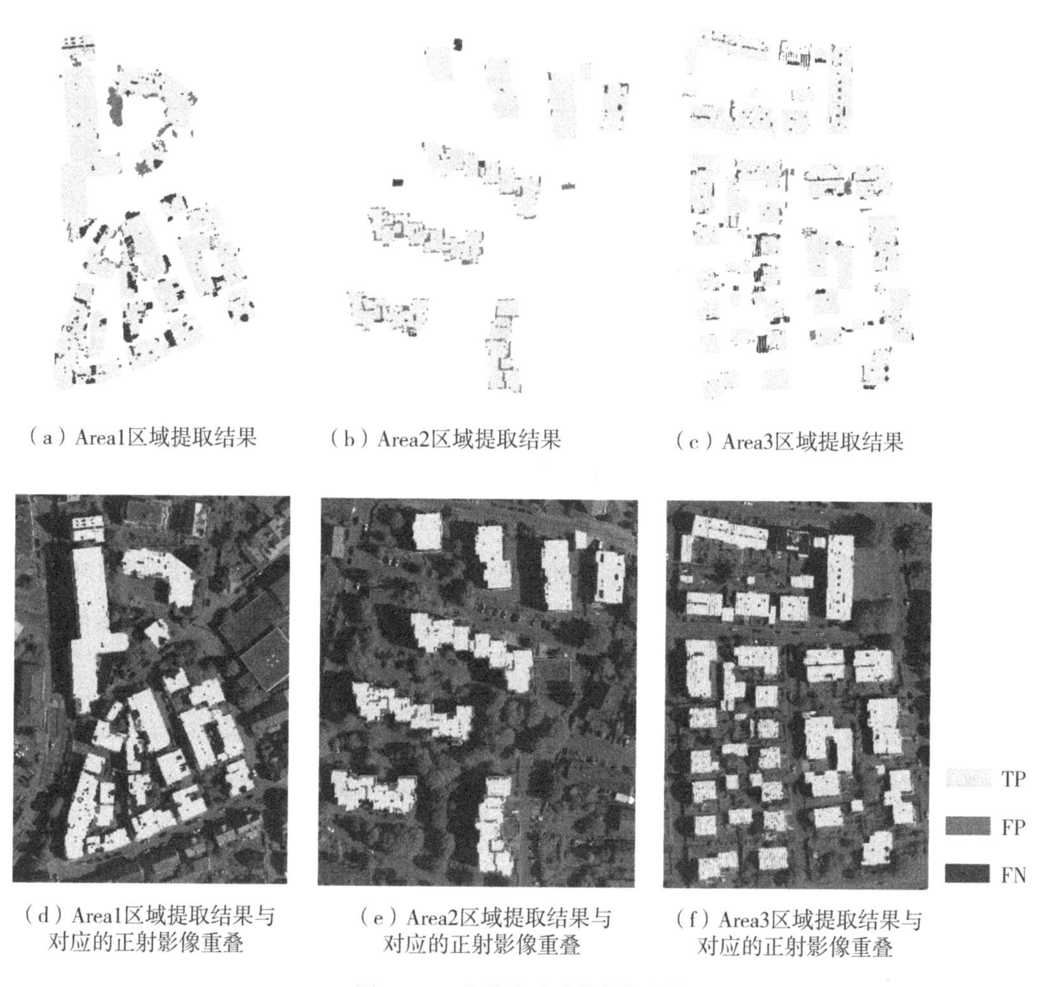

(a) Area1区域提取结果　(b) Area2区域提取结果　(c) Area3区域提取结果

(d) Area1区域提取结果与对应的正射影像重叠　(e) Area2区域提取结果与对应的正射影像重叠　(f) Area3区域提取结果与对应的正射影像重叠

图 3.10　本节方法建筑物提取结果

为定量评价本节方法的有效性，本节采用Rutzinger等[244]提出的完整率(Comp)、准确率(Corr)、质量(Quality)以及 F_1 得分 4 个精度评价指标，从基于点和基于对象两个角度来分别评价本节方法的建筑物提取效果。

完整率(Comp)表示相较于参考数据，建筑物被成功探测的百分比，而准确率(Corr)则表示建筑物提取结果与参考数据正确的匹配程度。完整率倾向于评价方法对建筑物探测识别的能力，而准确率则倾向于评价方法的正确检测能力。完整率高的方法，准确率不一定高；同理，准确率高的方法，完整率也不一定高。质量(Quality) 和 F_1 得分 则是评定建筑物提取效果的综合性指标，能够综合完整率和准确率整体反映方法对建筑物提取的有效性。以上 4 个精度指标的定义如式(3.11) ~ 式(3.14) 所示。

$$\mathrm{Comp} = \frac{\mathrm{TP}}{\mathrm{TP} + \mathrm{FN}} \tag{3.11}$$

$$\mathrm{Corr} = \frac{\mathrm{TP}}{\mathrm{TP} + \mathrm{FP}} \tag{3.12}$$

$$\mathrm{Quality} = \frac{\mathrm{Comp} \times \mathrm{Corr}}{\mathrm{Comp} + \mathrm{Corr} - \mathrm{Comp} \times \mathrm{Corr}} \tag{3.13}$$

$$F_1 = \frac{2 \times \mathrm{Comp} \times \mathrm{Corr}}{\mathrm{Comp} + \mathrm{Corr}} \tag{3.14}$$

本节分别从基于点和基于对象两个角度来评价建筑物提取方法的优劣。在基于点进行精度评价时，TP 表示正确提取的建筑物点个数，FN 表示未被识别的建筑物点个数，FP 表示错误探测的建筑物点个数。在基于对象进行精度评价时，TP 表示提取的建筑物点云中与参考数据的重叠率大于 50%的对象个数，FN 表示未被识别的建筑物对象个数，FP 表示提取的建筑物点云在参考数据中没有重叠或重叠率小于 50%的对象个数[245]。

为客观评价本节建筑物提取方法的优劣，我们选用 10 种同样使用 ISPRS 提供的公开测试数据集进行实验结果对比分析。其中，前 3 个是机器学习方法，后面 7 个是经典算法。Doulamis 等[246]开发了径向基核函数支持向量机分类器。该分类器采用一种高效的权值递归估计算法，以提高网络自适应性。Protopapadakis 等[247]提出一种具有隐含层的典型前馈非线性人工神经网络。将合适的特征输入到检测模型，采用岛屿遗传算法选择最优的模型参数。Maltezos 等[99]首先使用原始 LiDAR 数据和 7 个附加特征创建一个多维特征向量。然后通过卷积神经网络将输入数据非线性转换为抽象的表示形式，最后再用训练集学习确定网络参数，进行建筑物提取。Niemeyer 等[248]提出一种基于条件随机场建立对象的分类模型。该方法利用非线性决策面分离特征空间中的对象簇，进而提取建筑物。Wei 等[249]提出了一种综合评价点云与影像数据特征相关性的分类方法。首先配准点云与光学影像，再将数据格网化以方便获取每个点及像素的上下文信息，然后提取每个点圆柱体邻域的空间统计及辐射特征，最后使用结合贡献比的 AdaBoost 分类器标记点云数据。Moussa 和 EI-Sheimy[250]结合点云数据与航空影像，根据高程变化率将数字表面模型分割为对象，通过设定对象的面积、平均高程及植被指数来实现精细分类。Yang 等[251]首先定义了建筑物的 Gibbs 能量模型来描述建筑物点，然后在可逆跳跃马尔可夫链蒙特卡罗框架下对 Gibbs 能量模型进行采样，并通过模拟退火算法得到最优能量模型，最后细化检测到的建筑物点云以消除错误探测。Gerke 和 Xiao[252]提出了一种利用几何数据和光谱信息定义分类实体的新方法。首先根据光学影像的几何、纹理等特征将点云数据体素化，再使用基于随机森林的监督分类方法在点云体素中提取建筑物。Awrangjeb 和 Fraser[112]首先利用地面点生成一个建筑物掩膜，然后计算相邻点间的共面性，提取独立建筑物和植被的平面基元，最后利用面积和邻域特征等信息，剔除植被平面基元，完成建筑物提取。Nguyen 等[245]提出了一种基于超分辨率 Snake 模型的非监督分类方法，结合激光雷达点云数据与影像的光谱特征来提取建筑物。注意，Doulamis 等[246]、Protopapadakis 等[247]和 Malterzos 等[99]提出的方法只提供了基于面积的完整率、准确率和质量，F_1 得分根据式(3.14)计算。因此，在表 3.9~表 3.11 中，只比较这些方法基于面积的精度指标。同样在图 3.11 和图 3.12 中，只将这 3 种方法基于面积的平均质量和 F_1 得分与其他方法进行比较。

表 3.9~表 3.11 是本节方法与上述 10 种方法在 3 个研究区域从基于点和基于对象两个方面的精度对比，粗体表示对比结果中最高的值。上述 10 种方法的 4 个指标的实验结果均来自相应的参考文献。整体而言，本节方法在 3 个研究区域均能获得良好的建筑物提取效果。3 个研究区域所有的精度计算指标均高于 85%，绝大多数精度指标高于 90%。这表明本节方法在不同环境下均能获得良好的建筑物提取精度，方法鲁棒性较强。在 3 个研究区域，本节方法均在 8 个精度指标的 6 个精度指标上达到最优。由此可以看出，本节方法相较于其他方法整体性能最优。在 Area1 区域，无论是基于点还是基于对象，本节方法均能取得最高的建筑物提取完整率(表 3.9)，表明本节方法具有较强的建筑物识别探测能力。相较于其他区域，本节方法在 Area2 区域表现最好，所有的精度指标均高于 90%(表 3.10)。尤其是在基于对象进行精度评价时，本节方法的提取质量(90.32%)明显优于其他方法。表明本节方法在密集植被的建筑物环境下能够有效去除植被的干扰影响，实现建筑物的正确提取。在 Area3 区域，在基于点进行精度评价时，本节方法能够达到 97.59%的准确率。这表明本节方法具有较高的建筑物正确识别能力。总体而言，本节方法的完整率和准确率相对较平衡，能够在尽可能多地提取建筑物的同时，保证所提取建筑物的正确性。

表 3.9　Area1 建筑物提取精度对比

样本	方法	基于点(%)				基于对象(%)			
		完整率	准确率	质量	F_1	完整率	准确率	质量	F_1
Area1	Doulamis 等[246]	68.80	94.00	65.90	79.45	×	×	×	×
	Protopapadakis 等[247]	92.20	68.00	64.30	78.27	×	×	×	×
	Maltezos 等[99]	79.80	91.50	74.40	85.25	×	×	×	×
	Niemeyer 等[248]	87.00	90.10	79.40	88.52	83.80	75.60	65.96	79.49
	Wei 等[249]	89.80	92.20	83.46	90.98	89.20	97.10	86.89	92.98
	Moussa 和 El-Sheimy[250]	89.10	**94.70**	84.87	91.81	83.80	**100.00**	83.80	91.19
	Yang 等[251]	87.90	91.20	81.03	89.52	81.10	96.80	78.98	88.26
	Gerke 和 Xiao[252]	91.20	90.30	83.06	90.75	86.50	91.40	79.99	88.88
	Awrangjeb 和 Fraser[112]	92.70	88.70	82.90	90.66	83.80	96.90	81.61	89.88
	Nguyen 等[245]	90.42	94.20	85.65	92.27	83.78	**100.00**	83.78	91.17
	本节方法	**93.04**	91.61	**85.74**	**92.32**	**97.22**	90.34	**88.07**	**93.65**

表 3.10　Area2 建筑物提取精度对比

样本	方法	基于点(%)				基于对象(%)			
		完整率	准确率	质量	F_1	完整率	准确率	质量	F_1
Area2	Doulamis 等[246]	83.10	92.30	77.60	87.46	×	×	×	×
	Protopapadakis 等[247]	90.80	90.50	82.90	90.65	×	×	×	×
	Maltezos 等[99]	87.70	**96.00**	84.60	91.66	×	×	×	×
	Niemeyer 等[248]	93.80	91.40	86.19	92.58	78.60	52.40	45.86	62.88
	Wei 等[249]	92.50	93.90	87.26	93.19	78.60	**100.00**	78.60	88.02
	Moussa 和 El-Sheimy[250]	93.20	95.40	89.19	94.29	78.60	**100.00**	78.60	88.02
	Yang 等[251]	88.80	94.00	84.04	91.33	78.60	**100.00**	78.60	88.02
	Gerke 和 Xiao[252]	94.00	89.00	84.22	91.43	78.60	42.30	37.93	55.00
	Awrangjeb 和 Fraser[112]	91.50	91.00	83.90	91.25	85.70	84.60	74.20	85.15
	Nguyen 等[245]	93.47	94.75	88.87	94.11	78.57	**100.00**	78.57	88.00
	本节方法	**96.86**	92.93	**90.21**	**94.85**	**93.33**	96.55	**90.32**	**94.91**

表 3.11 Area3 建筑物提取精度对比

样本	方法	基于点(%)				基于对象(%)			
		完整率	准确率	质量	F_1	完整率	准确率	质量	F_1
Area3	Doulamis 等[246]	82.90	92.90	78.00	87.62	×	×	×	×
	Protopapadakis 等[247]	**96.70**	84.50	82.20	90.19	×	×	×	×
	Maltezos 等[99]	88.20	93.70	83.20	90.87	×	×	×	×
	Niemeyer 等[248]	93.80	93.70	88.24	93.75	82.10	90.20	75.38	85.96
	Wei 等[249]	86.80	92.50	81.09	89.56	75.00	**100.00**	75.00	85.71
	Moussa 和 EI-Sheimy[250]	87.00	95.20	83.34	90.92	66.10	**100.00**	66.10	79.59
	Yang 等[251]	85.20	89.50	77.46	87.30	73.20	97.60	71.91	83.66
	Gerke 和 Xiao[252]	89.10	92.50	83.10	90.77	75.00	78.20	62.30	76.57
	Awrangjeb 和 Fraser[112]	93.90	86.30	81.70	89.94	78.60	97.80	77.23	87.16
	Nguyen 等[245]	91.00	93.02	85.18	92.00	83.93	97.92	82.46	90.39
	本节方法	91.54	**97.59**	**89.52**	**94.46**	**92.16**	94.09	**87.12**	**93.12**

图 3.11 和图 3.12 表示本节方法和其他 10 种方法在 3 个研究区域的平均质量和平均 F_1 得分对比。就平均质量指标而言，本节方法无论是在基于点还是在基于对象的精度评价上均能取得最好的建筑物提取结果。尤其是在基于点进行精度评价时，本节方

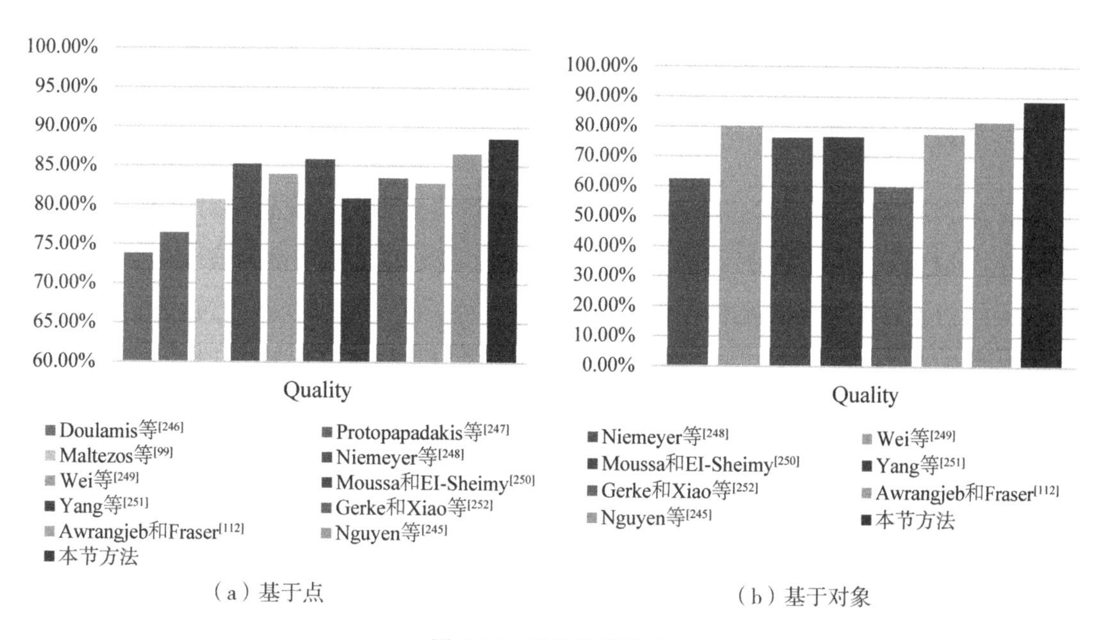

图 3.11 平均质量对比

法的平均质量明显优于其他 10 种方法。就平均 F_1 得分而言，本节方法同样都取得了最优的建筑物提取结果。无论是基于点还是基于对象进行精度评价，本节方法的 F_1 得分均大于 90%，表明本节方法在 3 种建筑物环境下均能取得良好的建筑物提取结果，方法具有较强的鲁棒性。

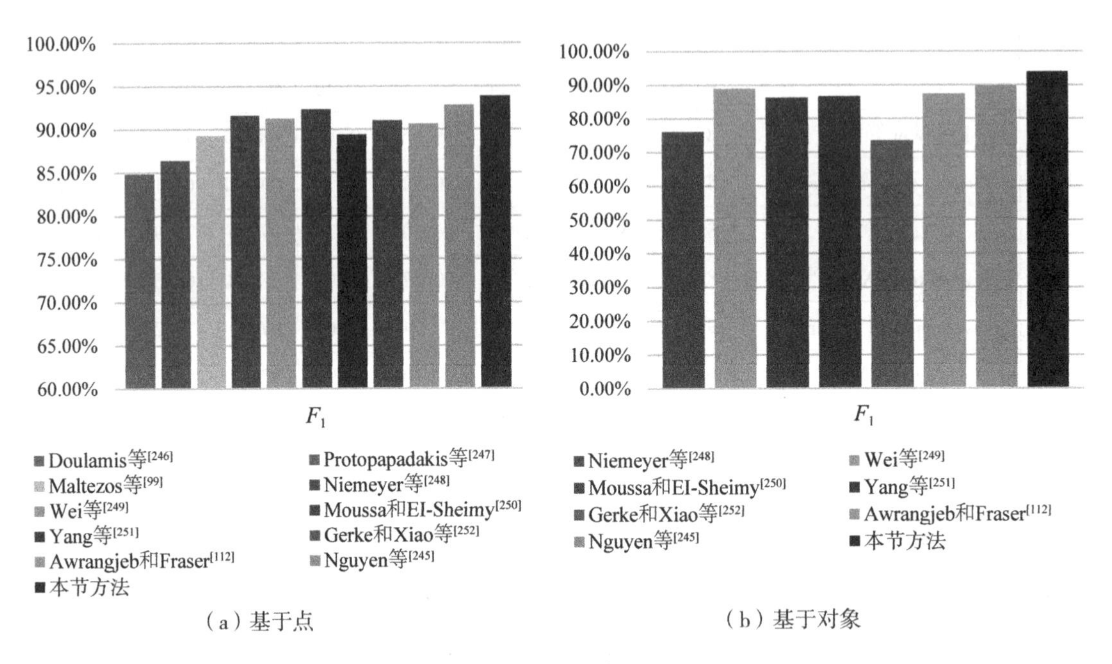

图 3.12　F_1 得分对比

3.2.4　参数讨论分析

本节方法中的一个重要参数是在提取初始建筑物点云时，设置的对象基元的粗糙度阈值。同样以 Area3 为例，图 3.13(a)、(b)、(c)分别是粗糙度阈值取 0.02、0.04、0.06 时的初始建筑物点云提取结果，图中黄色表示正确提取的初始建筑物点，红色表示错误探测的地物点，蓝色表示遗漏的建筑物点。从图 3.13(a)中可以看出，对象基元粗糙度的阈值过小时，相对于本节结果(图 3.13(b))，有很多独立建筑物没有被成功探测。这是因为当粗糙度阈值较小时，部分位于建筑物边界的点云会被误判为非建筑物点云，致使初始建筑物提取的完整率较低。图 3.13(c)是对象基元粗糙度阈值取 0.06 时的初始建筑物提取结果。从图中可以看出有部分非建筑物点云(主要为密集植被)被误判为建筑物点云，如图 3.13(c)黑色框中的色点所示)致使建筑物提取的准确率较低。图 3.13(b)为本节方法所采用的粗糙度阈值(0.04)，从图中可以看出，当粗糙度阈值取 0.04 时，既能够探测出更多的初始建筑物，又能够避免部分非建筑物点云的误判，获得较好的初始建筑物提取结果。

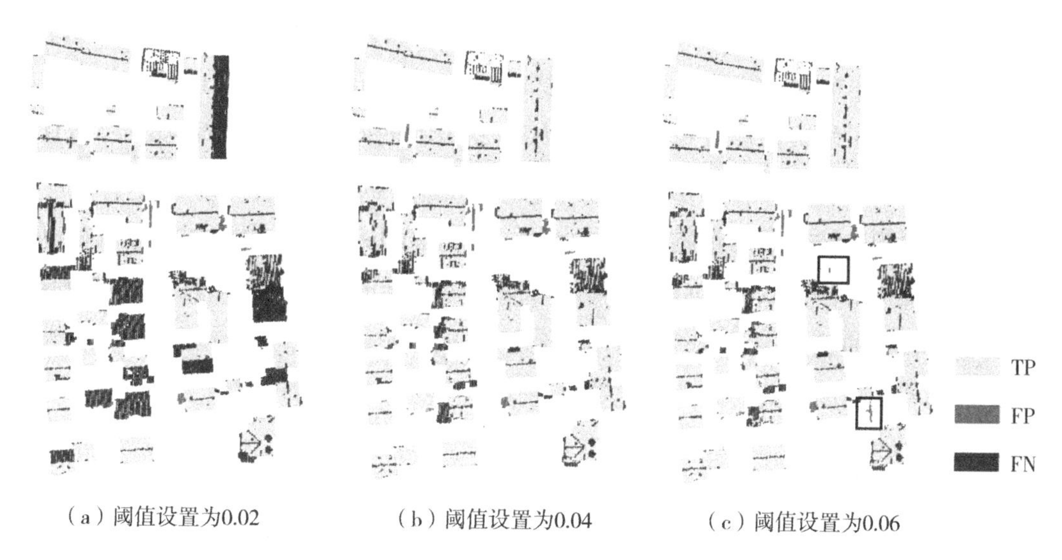

（a）阈值设置为0.02　（b）阈值设置为0.04　（c）阈值设置为0.06

图 3.13　不同粗糙度阈值的建筑物初始点云提取结果

3.2.5　小结

从 LiDAR 点云中进行建筑物提取是城市三维模型建立、城市数字化管理等点云后处理应用的关键环节。本节针对建筑物提取所存在的计算量过大、方法对不同建筑物环境适应性差、易受邻近植被干扰等问题，提出一种对象基元空间几何特征的建筑物点云提取方法。该方法首先构建点云的网图结构，进而采用基于多约束图形分割的方法获取对象基元，将基于点的建筑物提取转化为基于对象的建筑物提取。以此来解决传统的基于点进行建筑物提取所存在的计算量过大的问题，提高方法的实现效率。进而基于各个对象基元不同的空间几何特征实现建筑物点云的初始提取。为进一步提高建筑物提取的完整率，本节提出多尺度渐进的建筑物点云生长优化，以修复部分位于屋脊和边缘区域并漏分的建筑物点云。本节采用 ISPRS 提供的 3 组不同区域的公开测试数据集进行建筑物提取。实验结果表明，本节方法在 3 个测试区域均具有良好的建筑物提取性能。与其他 10 种著名的建筑物提取方法相比，本节方法的提取效果最好。此外，本节方法在 3 个区域的完整率和准确率都相对较高且均衡，表明本节方法在探测出更多建筑物的同时，能够保证所探测出来的建筑物尽可能正确。

3.3 改进的 Alpha-shapes 建筑物轮廓线提取方法

获取建筑物轮廓线信息是构建“数字城市”中的重要环节。针对现有的采用 Alpha-shapes 算法进行建筑物提取容易产生锯齿状的问题，本节针对其存在的缺点提出一种改进的方法，为了解决该算法提取的轮廓线呈锯齿状的问题，对 Alpha-shapes 算法提取的初始轮廓点不断精简与优化，以消除轮廓线的锯齿状。

先利用图割方法提取建筑物的屋顶点云，使用 Alpha-shapes 提取屋顶点云的初始轮廓点，用随机抽样一致(RANSAC)算法对初始轮廓点进行拟合获取轮廓线，只保留距离轮廓线较近的轮廓点，用道格拉斯-普克(Douglas-Peucker，D-P)算法获取关键轮廓点，最后利用强制正交的方式优化关键轮廓点，获取最后的轮廓线。本节方法的流程如图 3.14 所示。

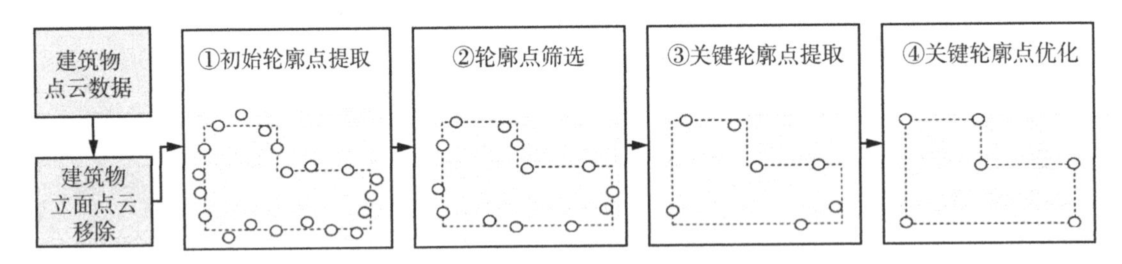

图 3.14　建筑物轮廓线提取方法流程图

3.3.1　建筑物立面点云移除

由于激光脉冲由斜向下的方式对地面进行扫描，部分激光束会从建筑物的侧面反射回接收器，导致部分建筑物点云数据中保留了部分立面数据。如图 3.15 所示，当激光脉冲斜向下扫描时，激光脉冲打至屋顶点云(浅色点)部分立面点云(深色点)。若未将立面扫描点去除，建筑物点云投影后会导致边界点云与中心点云之间的点云密度差异较大，影响后续 Alpha-shapes 算法提取建筑物轮廓点的效果，因此，需要将立面扫描点去除。首先基于距离及法向量两个约束条件构建连通图，提取屋顶点云，原理同 3.1 节一致。由于屋顶点云较立面点云规整且密集，通过连通图分割后，屋顶点云能集合在同一连通图中。如图 3.16 所示，建筑物点云被分为多个连通子图，构成连通子图的数量具有较大差异，其中最大的连通子图对应的是屋顶。由于屋顶点云间距较小，且表面平整，法向量方向变化缓慢，因此几乎所有屋顶点云位于同一连通图中。虽然立面点云的法向量也变化不大，但立面点云通常分布较散乱，在距离约束条件下，立面点云将被分成多个连通图。通过提取最大连通图获取了屋顶点云，从而去除了建筑物立面点云。

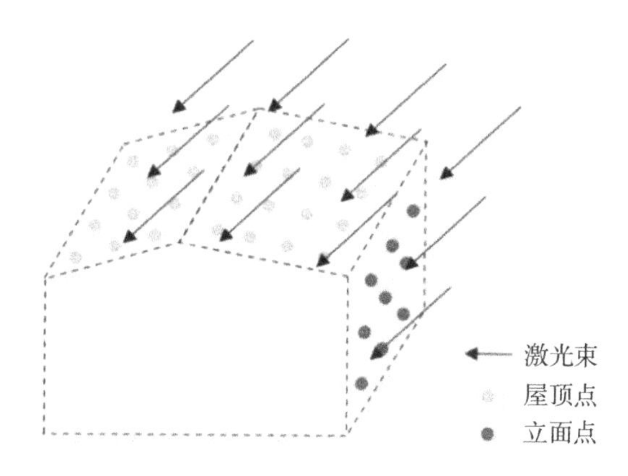

图3.15 激光雷达系统扫描示意图

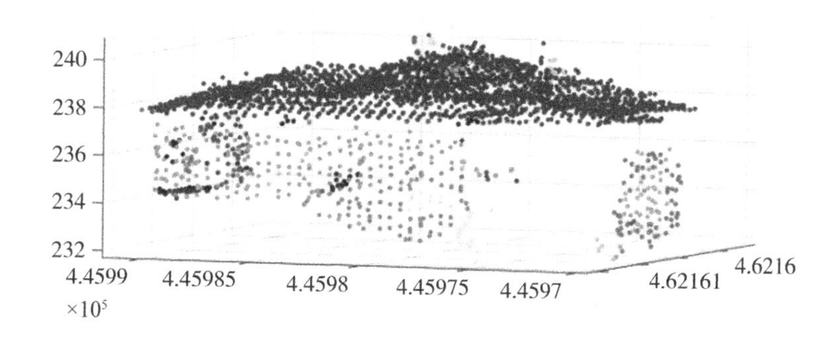

图3.16 连通图分割屋顶示意图

3.3.2 轮廓点筛选

获取建筑物屋顶点后，使用Alpha-shapes算法提取屋顶的初始轮廓点。设屋顶点集 $S = \{(x_1, y_1), (x_2, y_2) \cdots (x_n, y_n)\}$，点集 S 包含 n 个点，n 个点可以构成 $n \times (n-1)$ 条线段。在点集 S 中，过任意两点 p_1、p_2 绘制半径为 α 的圆，若圆内无其他点存在，则判定 p_1、p_2 为建筑物轮廓点，利用Alpha-shapes算法提取初始轮廓点的具体步骤如下所示。

(1) 遍历点集 S 中每条边，若长度小于 $\alpha \times 2$，则跳过；

(2) 求过 $p_1(x_1, y_1)$、$p_2(x_2, y_2)$，半径为 α 的圆的圆心 (O_x, O_y)，计算如式 (3.15) 所示[133]；

$$\begin{cases} O_x = \dfrac{1}{2}(x_1 + x_2) + H(y_2 - y_1) \\ O_y = \dfrac{1}{2}(y_1 + y_2) + H(x_2 - x_1) \end{cases} \tag{3.15}$$

$$H = \sqrt{\frac{a^2}{(x_1 - x_2)^2 + (y_1 - y_2)^2} - \frac{1}{4}}$$

(3) 若距离圆心 α 长度范围内无其他点，则将 p_1、p_2 判定为初始轮廓点加入点集 S'。

图 3.17(a)为建筑物屋顶点在二维平面的投影图，图 3.17(b)为通过 Alpha-shapes 算法提取的初始轮廓点。为了精简轮廓点使其更具有代表性，利用 RANSAC 算法拟合初始轮廓点获得多条直线，仅保留距离拟合直线较近的轮廓点。算法步骤如下所示。

①随机抽取两个初始轮廓点 p_1、p_2，过 p_1、p_2 作直线，到直线 p_1p_2 距离小于阈值 th 的点作为直线的拟合点，计算拟合点的个数，重复上述过程 i 次，记录拟合点个数最多的直线方程，将拟合点加入建筑物轮廓点集 S''；

②将拟合点从初始轮廓点集 S' 中删除，将步骤①获取的直线方程的斜率作为主方向，以主方向的斜率及与主方向正交的斜率在剩余初始轮廓点中寻找拟合点最多的直线方程，并将拟合点加入轮廓点集 S''；

③ 重复步骤②直到初始轮廓点集 S' 点数少于 num。

(a) 屋顶点云

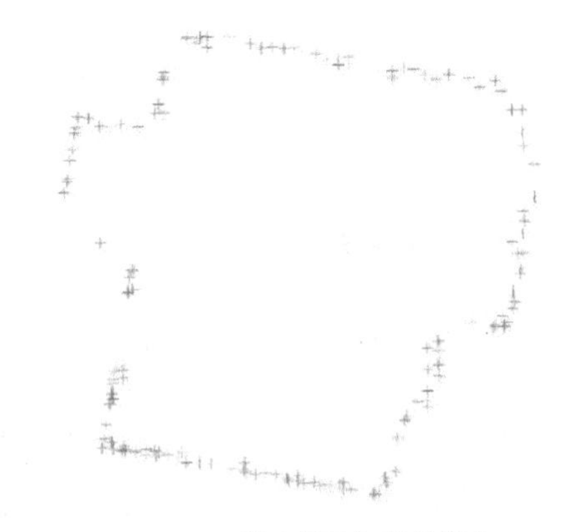

(b) Alpha-shapes算法提取初始轮廓点

图 3.17 Alpha-shapes 算法提取初始轮廓点示意图

3.3.3 关键轮廓点提取

虽然使用 RANSAC 算法去除了离拟合轮廓线较远的初始轮廓点，但是还未能良好表达规则建筑物的轮廓，轮廓线仍然需要再进一步规整。本节使用道格拉斯-普克算法提取关键轮廓点，从而减少轮廓线的锯齿状。道格拉斯-普克算法示意如图 3.18 所示，图 3.18(a)中，先将曲线的首尾点，即第 1 点与第 8 点相连得到如图中虚线，判断位于其区间的点到虚线的距离。其中第 5 点距离虚线距离最大且大于设定的阈值，则将第 5 点设为关键点，并分别将第 5 点与第 1 点和第 8 点相连，得到图 3.18(b)中虚线。第 6 点距离过第 5 点与第 8 点的虚线较远，但距离小于设定阈值，则将位于第 5 点与第 8 点区间的第 6 点与第 7 点舍弃。而图中第 3 点距离过第 1 点与第 5 点的虚线较远，距离大于设定阈值，则保留第 3 点。图 3.18(c)中根据点到虚线距离大小将第 4 点去除，将第 2 点设为关键点，最终简化的关键点如图 3.18(d)所示。算法流程如下所示：

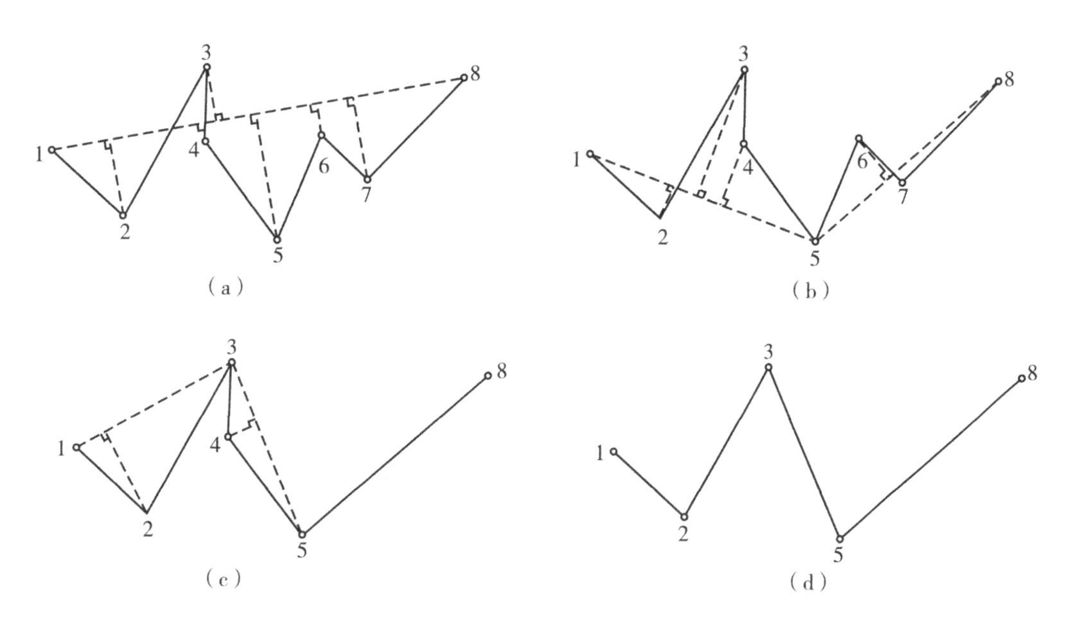

图 3.18　道格拉斯-普克算法分步示意图

(1)将轮廓线的首尾点连接为一条直线；

(2)求所有轮廓点到该直线的距离，并求出最大距离值 D_{max}，若 $D_{max} > D_{th}$，则将位于该线段区间的点去除，若 $D_{max} < D_{th}$，则以该 D_{max} 对应点将曲线分为两部分；

(3) 重复步骤(2)，直到没有点到直线的距离大于 D_{th}，输出剩余点 Key Point。

通过道格拉斯-普克算法获取的关键轮廓点连线如图 3.19 所示。由图可以看出，由关键轮廓点连接成的轮廓线较平整，但是在 90°转角处未能获得较好的处理效果，仍然需要对关键轮廓点进一步优化。

图 3.19 建筑物关键轮廓点连线示意图

3.3.4 关键轮廓点优化

为了解决在拐点处出现的相邻两边不垂直的情况，需要对两种关键轮廓点的情况进行优化，如图 3.20 所示，黑色实线代表原始轮廓线，虚线代表关键轮廓点校正后的理想轮廓线。

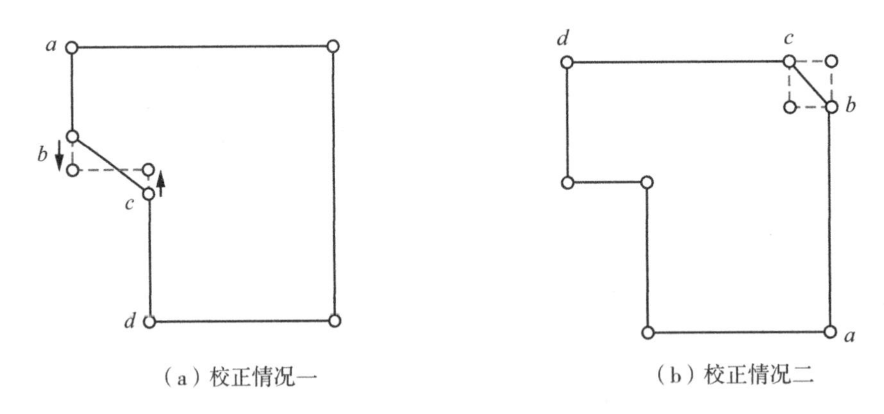

（a）校正情况一　　（b）校正情况二

图 3.20 需要校正的关键轮廓点示意图

首先遍历所有两个关键轮廓点间的连线，若连线斜率同时与主方向的斜率及与主方向正交方向的斜率相差超过阈值，表明该连线既不平行主方向也不平行于与主方向正交的方向，则需要对它们进行优化。如图 3. 20 所示，点 b 与点 c 需要优化，则将点 b 与点 b 的上一点(点 a) 相连得到直线 ab，将点 c 与点 c 的下一点(点 d) 相连得到直线 cd。若直线 ab 与直线 cd 的夹角小于设定的角度阈值，则将直线 ab 与直线 cd 判定为平行。首先求点 b 点 c 的中点，以与直线 ab 垂直的斜率过该中点作直线，该直线与直线 ab、cd 的交点为点 b 与点 c 校正后的关键轮廓点，如图中红色点所示。若直线 ab 与直线 cd 判定为不平行时，求出图中绿色交点与红色交点，绿色交点为直线 ab 与 cd 的交点，红色交点为过点 b 和直线 ab 垂直的直线与过点 c 和直线 cd 垂直的直线的交点。再判断添加的关键轮廓点是绿色交点或是红色交点。首先根据两个交点邻近的轮廓点数量选择交点，半径设置为交点到直线 bc 的距离。两种交点的选择情况如图 3. 21 所示，实心点代表轮廓点。当轮廓点如红色实心点所示，则红色关键轮廓点范围内的轮廓点较多，实际轮廓线的走向为向内凹陷，则选择红色空心点作为关键点。当轮廓点如绿色实心点所示，则位于绿色关键点范围内的轮廓点较多，实际轮廓倾线的走向为向外延展，选择绿色空心点作为关键点。通过对关键轮廓点优化后得到的最终的建筑物轮廓线如图 3. 22 所示。

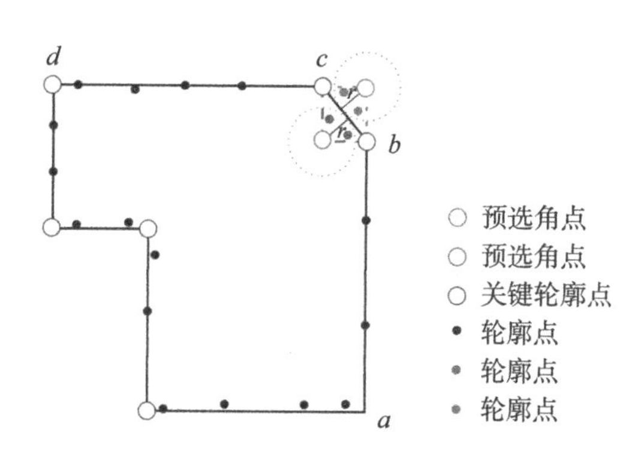

图 3. 21　关键轮廓点选择示意图

3. 3. 5　实验数据

为了证明本节所提方法的有效性，采用 Research｜ Pix4D (https://pix4d. com/research)网站发布的 3 组公共测试数据中的建筑物点云进行实验，建筑物点包含屋顶点与部分立面扫描点。样本 1~3 的数据信息如表 3. 12 所示。3 组数据中的建筑物大小不一且形状各异，非常适合检测本节建筑物轮廓线提取方法的效果，如图 3. 23 所示，

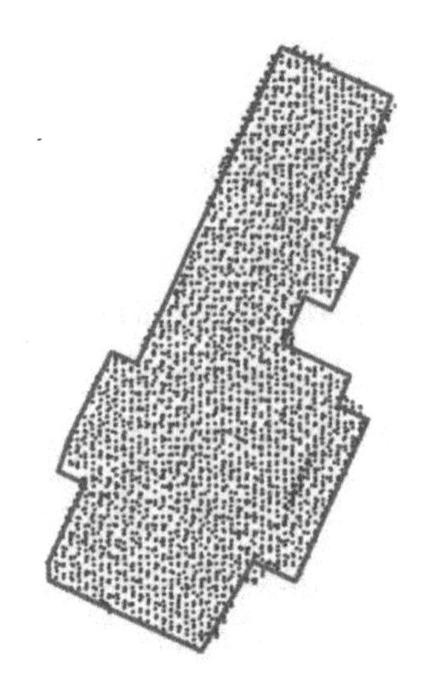

图 3.22　建筑物轮廓线最终提取效果图

样本 1 的建筑物具有多转角、不对称的特点，轮廓线较复杂，由多条线段组成；样本 2 的建筑物尺寸较大，轮廓线较简单；样本 3 的建筑物呈小而密集的分布状，多数轮廓线呈规则的矩形状。

表 3.12　15 组点云数据特征表

样本	建筑物数量	平均点密度(m)	点云数量	最小建筑物尺寸(m)
样本 1	14	0.25	37570	16.29×16.62
样本 2	2	0.24	12676	16.52×21.89
样本 3	43	0.30	180396	6.34×11.99

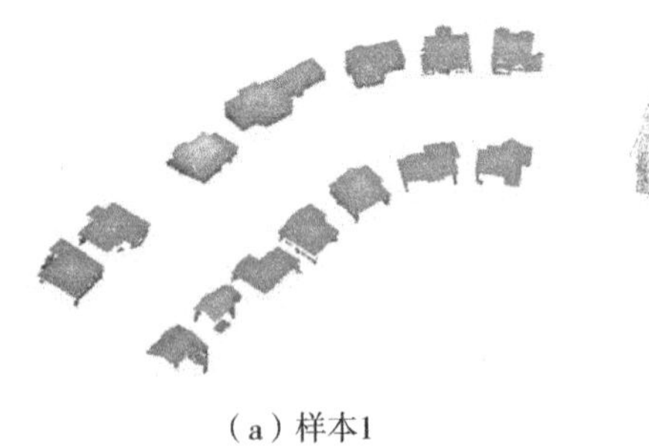

（a）样本1

（b）样本2

（c）样本3

图 3.23　建筑物轮廓线提取实验数据示意图

3.3.6　实验结果与分析

将经典的 Alpha-shapes 算法与本节方法进行对比，通过 Alpha-shapes 算法以及本节方法提取的建筑物轮廓线如图 3.24 所示，3 组数据中的多栋建筑物均用黑色字体以序号标记。两种方法都能较完整地提取建筑物的轮廓线。Alpha-shapes 算法提取的轮廓线如图 3.24 所示，虽然能识别轮廓线的转角变化情况，但是锯齿状明显，无法很好体现建筑物的规则形状。如图 3.24(a)中 3 号建筑物，由于提取的屋顶点包含了其他点，导致其投影时左下角存在多余角点。当采用本节方法提取轮廓线时，如图 3.24(b)中 3 号建筑物，能获取规整的矩形轮廓线。本节所提方法提取建筑物轮廓线如图 3.24(b)、(d)、(f)所示，能较好识别凹槽及凸起处的轮廓线。但是在部分角点变化非常小的地方无法识别，且本算法只适用于规则建筑物，无法应用于具有非直角结构的其他建筑物的轮廓线提取。如图 3.24(b)中 10 号与 7 号建筑物，10 号建筑物无法获得轮廓点变化较小处的轮廓线，7 号建筑物存在未能识别的非直角结构。从图 3.24(c)与(d)的对比中可以明显看出，本节所提方法能去除轮廓线的锯齿状。从图 3.24(e)与(f)中的 7 号与 43 号建筑物可以看出，当使用 Alpha-shapes 算法提取轮廓点失败时，本节方法也不能获取最终的轮廓线。综上所述，本节所提方法能够有效消除建筑物轮廓线的锯齿状，且大型建筑物轮廓线的提取效果优于小型建筑物的提取效果，同时该方法也存在一定的局限性。

本节采用基于面积的精度评定指标[253]，对 Alpha-shapes 算法与本节方法进行比较。3 个指标分别为完整率(Comp)、准确率(Corr)及质量(Qual)，3 个指标的计算公式如下式所示：

$$\begin{cases} \text{Comp}=\dfrac{\text{TP}}{\text{TP}+\text{FN}} \\ \text{Corr}=\dfrac{\text{TP}}{\text{TP}+\text{FP}} \\ \text{Qual}=\dfrac{1}{1+\dfrac{\text{FN}}{\text{TP}}+\dfrac{\text{FP}}{\text{TP}}} \end{cases} \tag{3.16}$$

式中，TP 代表真正类，为提取轮廓线包围的正确面积；FN 代表假负类，为提取轮廓线未包围的正确面积；FP 代表假正类，为提取轮廓线包围的非正确面积。

TP、FN 与 FP 代表面积示意如图 3.25 所示，实线代表参考轮廓线，虚线代表提取轮廓线。两种轮廓线的相交区域面积为 TP，如深灰色面积所示。参考轮廓线未与提

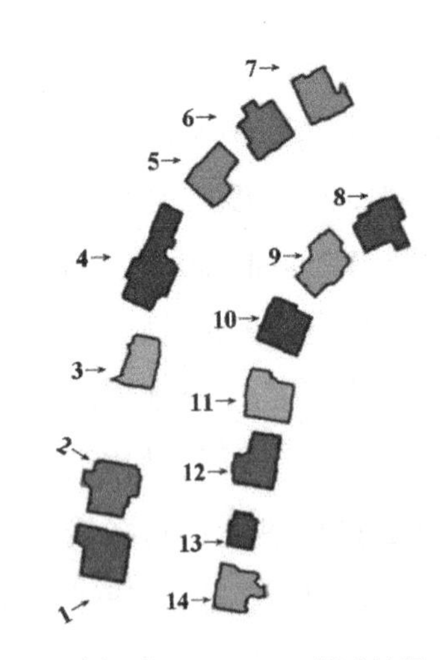

（a）样本1的Alpha-shapes算法结果

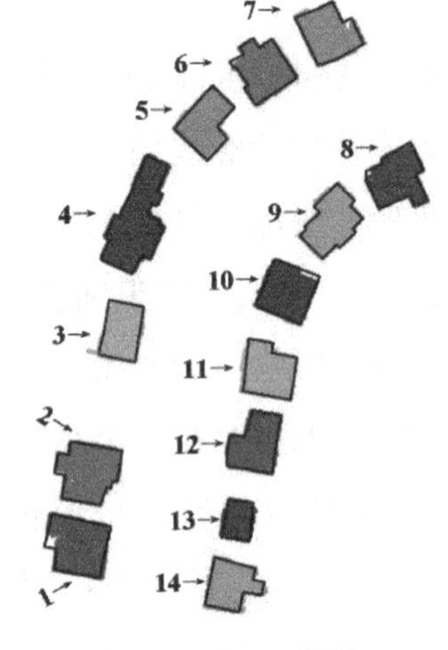

（b）样本1的本节方法结果

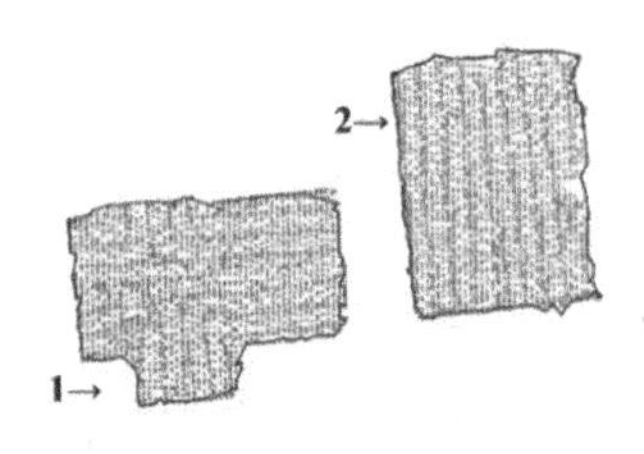

（c）样本2的Alpha-shapes算法结果

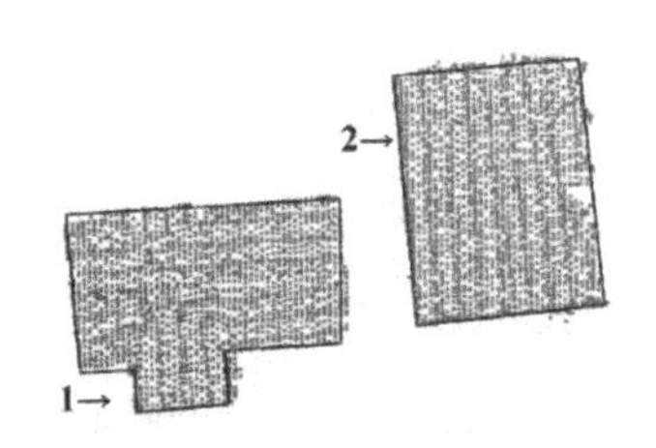

（d）样本2的本节方法结果

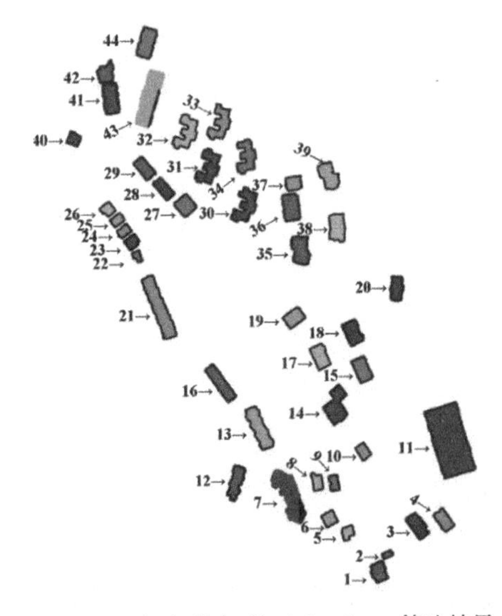

（e）样本3的Alpha-shapes算法结果

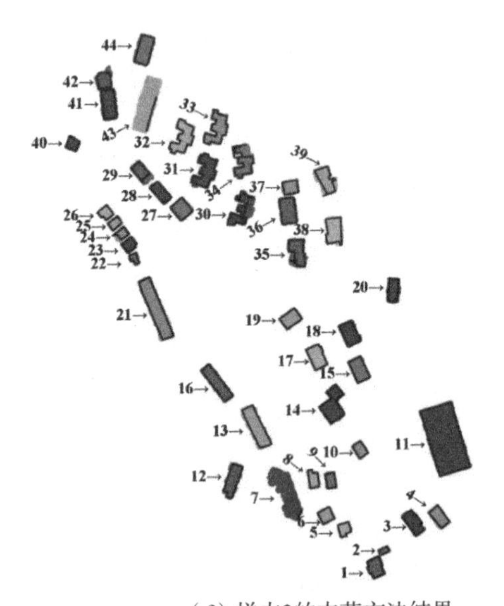

（f）样本3的本节方法结果

图 3.24　Alpha-shapes 算法与本节方法提取的轮廓线对比图

取轮廓线相交的区域面积为 FN，如白色面积所示。提取轮廓线未与参考轮廓线相交的区域面积为 FP，如浅灰色面积所示。

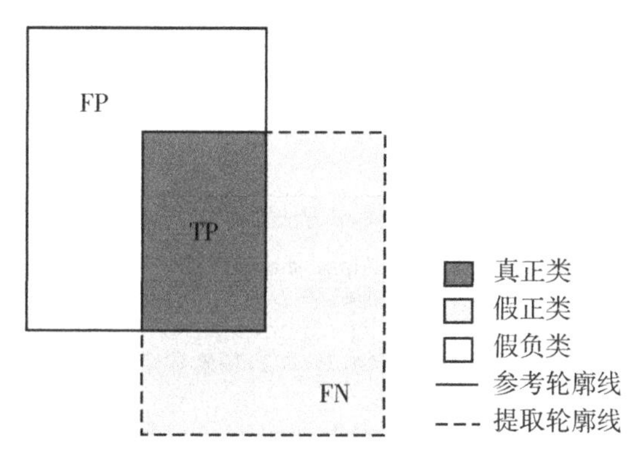

图 3.25 精度评价指标中面积示意图

3 组实验数据使用本节方法与 Alpha-shapes 算法的结果精度对比如图 3.26～图 3.28 所示。可以看出，本节轮廓线提取方法与 Alpha-shapes 算法的精度表现大致相同，都具有较高的精度，尤其是准确率指标。图 3.29 是 3 组样本数据的三个评价指标的平均值，从中可以看出，两种方法的指标平均值均能达到 85%。样本 1 与样本 2 使用本节所提方法的平均指标精度高于 Alpha-shapes 算法的平均指标精度，而样本 3 采用 Alpha-shapes 算法表现更佳。表明 Alpha-shapes 算法用于提取小型建筑物时更具优势，能够贴合轮廓线的变化。本节所提方法在小型建筑物轮廓线上的提取精度虽然较 Alpha-shapes 算法低，但是能够去除轮廓线的锯齿状，表现出建筑物的直角特性，且在大型建筑物轮廓线上提取的表现优于 Alpha-shapes 算法。

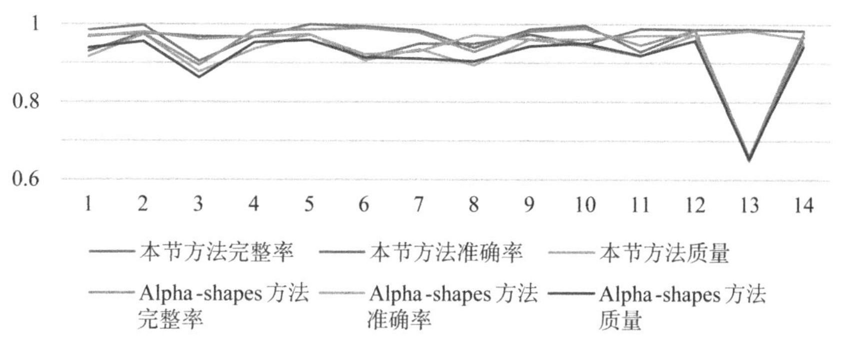

图 3.26 14 栋建筑物(样本 1)精度评定折线图

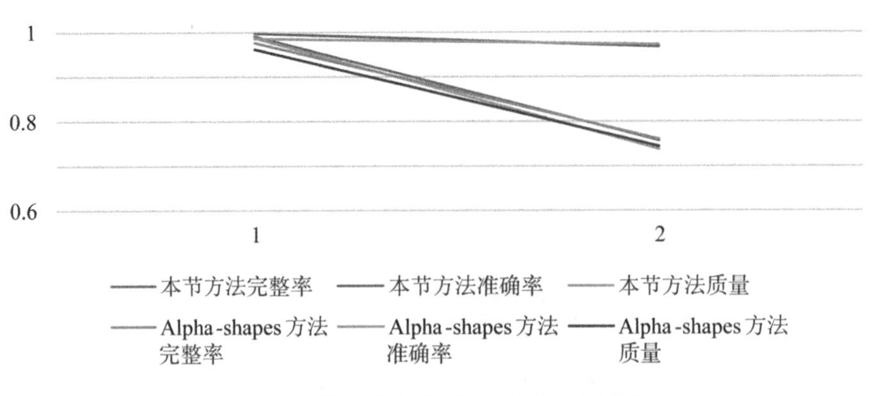

图 3.27　2 栋建筑物(样本 2)精度评定折线图

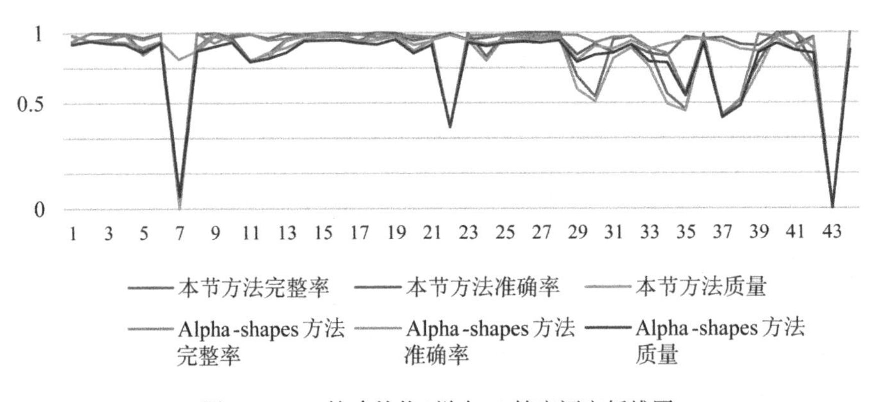

图 3.28　44 栋建筑物(样本 3)精度评定折线图

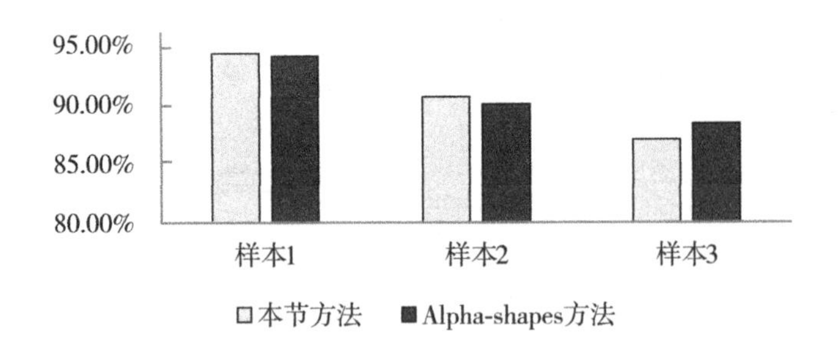

图 3.29　3 组样本评价指标平均值对比图

3.3.7　小结

建筑物在城市中占据主要面积，其三维模型是数字城市的重要组成部分，建筑物轮廓线是辅助三维建模的主要数据源。本节首先概括了不同建筑物轮廓线提取方法的优缺点，其中 Alpha-shapes 算法具有简单、容易实现的优点，但是存在提取的轮廓线出现锯齿状的缺点。本节针对该缺点，提出一种改进的方法。先用图割方法去除建筑物立面扫描点，使用 Alpha-shapes 算法提取初始轮廓点，并使用 RANSAC 算法筛选轮廓点，再用道格拉斯-普克算法确定关键轮廓点，通过移动或者添加关键轮廓点的方式进行优化。使用 3 组特点各异的建筑物点云数据进行实验，结果表明本节方法能够有效地在复杂建筑物群中提取准确的建筑物轮廓线，能够克服 Alpha-shapes 方法提取轮廓线呈锯齿状的缺点。通过采用完整率、准确率和质量 3 个指标进行定量分析，结果表明本节方法提取轮廓线的效果优于 Alpha-shapes 算法的效果。

第 4 章　LiDAR 技术林地应用

LiDAR 系统发射的激光脉冲具有一定的穿透性，因此能够获取植被的三维结构特征。目前，多平台 LiDAR 技术(地基 LiDAR、机载 LiDAR、车载 LiDAR、背包 LiDAR 等)已广泛应用于林地资源调查领域。本章将主要关注 LiDAR 技术在林地测量的应用：一是，林下地形探测，即获取冠层遮蔽下的林下地形。由于树木冠层的遮挡，往往 $Ms(v_i)$ 使得能够有效到达地面的激光脉冲较少，因此难以准确刻画林下地形。此外，针对起伏的林下地形，如何有效保护地形细节依然难以解决。二是，单木分割。单木是构成森林的基本单元。准确实现单木分割是后续植被参数估测、单木建模、生物量估测的前提和基础。针对目前单木分割所面临的邻近植被和林下植被难以精确分割的难题，本章将分别介绍针对不同平台 LiDAR 点云(机载 LiDAR、车载 LiDAR 和地基 LiDAR)所提出的单木分割方法。三是，单木建模。单木分割完成后，便可针对单木点云进行定量结构模型构建。目前，单木建模依然面临受点云噪声影响较大、对数据缺失较敏感的问题。针对这些问题，本章提出一种自适应优化的单木建模方法。四是，树种识别。目前，只采用 LiDAR 点云进行树种识别的相关研究还较少。如何构建有效的树种识别特征向量是研究的重点。本章将基于所构建的单木定量结构模型和分形几何理论构建 3 种不同类型的特征向量，通过优化特征向量组合来实现树种的有效识别。五是，单木生物量估测。本章将介绍 2 种单木生物量估测方法，一种是基于树木类型通过选取最优的生物量估测异速生长方法来实现单木生物量估测；另一种是基于分形几何通过构建新的生物量估测模型来实现单木生物量估测。

4.1　基于 Mean Shift 分割的林地点云滤波方法

由于植被冠层茂密、地形崎岖且穿透冠层的激光脉冲较少，已有的点云滤波方法对于森林区域点云滤波依然具有挑战性。为进一步提升森林区域点云滤波的精度，本节提出了一种基于 Mean Shift 分割的林地点云滤波方法。该方法的流程如图 4.1 所示。

通常，获得的点云总是包含高低异常值。由于最低点通常被视为地面点，因此应首先去除这些异常值，尤其是低异常值。本节利用 Li 等[208]提出的形态学黑帽变换(BTH)消除这些低值异常点。同时具有较大 BTH 结果和较少邻近点的点将被判定为低值异常点。为了自动确定最优的最大形态学滤波窗口尺寸，本节首先用 Mean Shift 分割获取对象基元，之后计算每一个对象基元的水平边界框，而形态学滤波窗口尺寸则设置为水平边界框的大小。采用上述方法具有以下两方面的优势：一方面，可以确定最佳的形态学滤波窗口最大尺寸；另一方面，可以减少形态学滤波迭代次数，从而提高算法的实现效率。为了使滤波方法适用于复杂的森林环境，本节还提出一种点云去趋势化的方法。该方法是对点云原始观测高程减去一个由地面种子点采用径向基函数(RBF)内插形成的拟合曲面。为了获取更多的地面种子点以生成准确的趋势面，本节将点云分别在 x 轴方向和 y 轴方向进行了两个方向的平移。最后，本节将基于曲面的滤波方法和基于渐进形态学的滤波方法相结合，恢复因地形凸起而被滤除掉的地面点，从而保护地形细节。本节提出的方法主要包括以下四步：①Mean Shift 分割获取对象基元；②水平包围框计算；③点云去趋势化；④渐进形态学滤波。

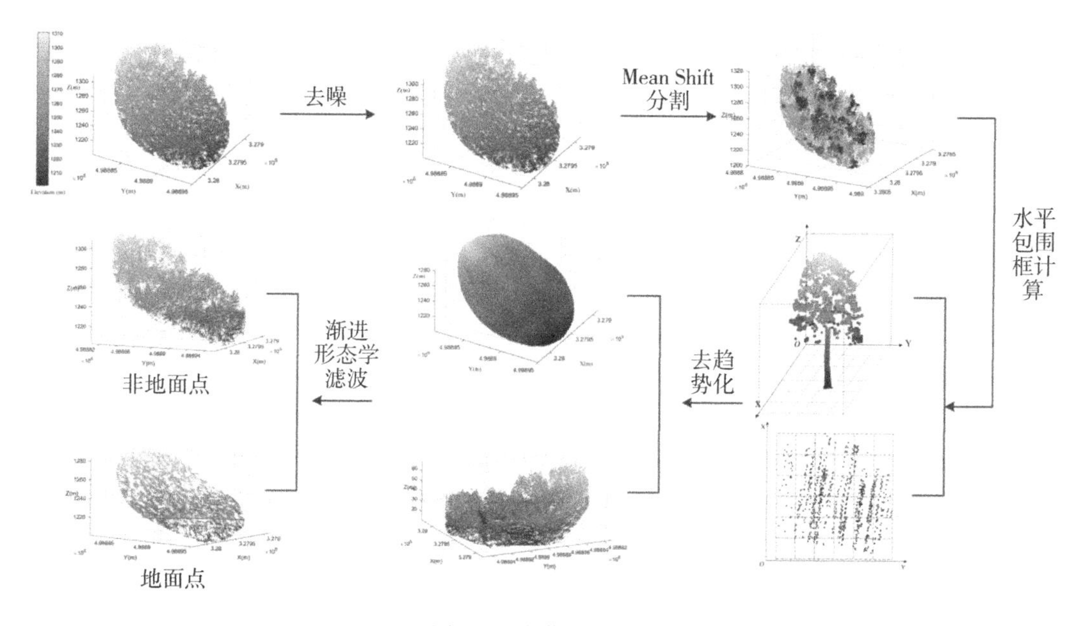

图 4.1　本节方法流程图

4.1.1　Mean Shift 分割获取对象基元

Mean Shift 算法通常被用于二维图像分割。该算法通过不断搜索概率密度函数的局部最大值来实现图像分割。通过反复迭代，每个点会收敛到模态点[156]。拥有相同或相近模态点的点将被聚集为一类。通过把二维核函数扩展到三维核函数，可以将 Mean Shift 算法应用于点云分割中[153]。图 4.2(a)、(b)分别展示了 Mean Shift 算法二维和三维的运算过程。

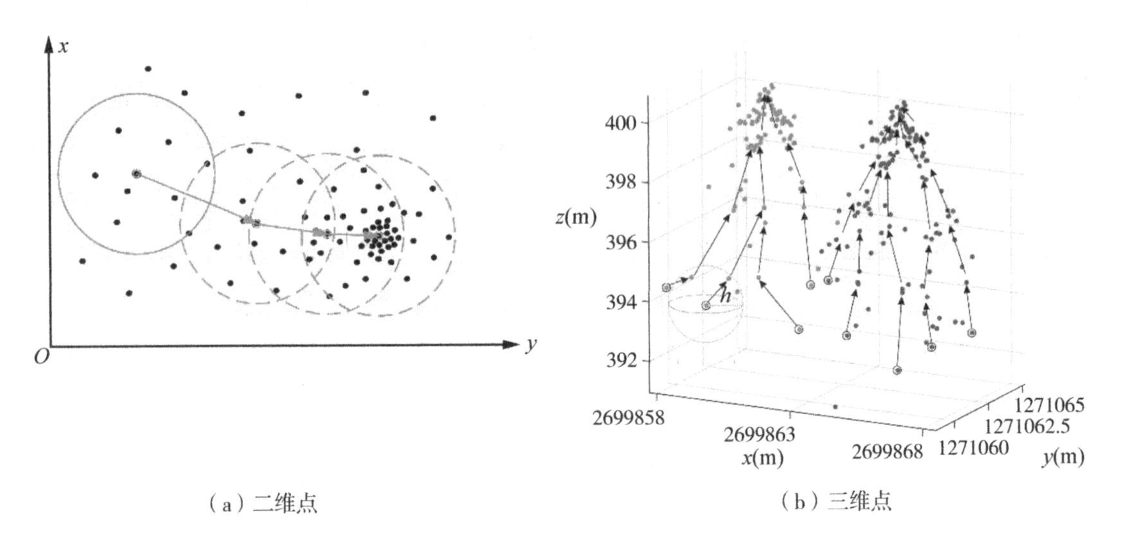

（a）二维点　　（b）三维点

图 4.2　二维和三维点的 Mean Shift 过程

在 Mean Shift 算法中，首先计算 Mean Shift 向量 $Ms(v_i)$，如下式所示：

$$Ms(v_i) = \frac{\sum_{j=1}^{n} v_j g\left(\left\|\frac{v_i - v_j}{h}\right\|^2\right)}{\sum_{j=1}^{n} g\left(\left\|\frac{v_i - v_j}{h}\right\|^2\right)} - v_i \tag{4.1}$$

式中，$v_i = (x_i, y_i, z_i)$，n 是点的数量；$g(\cdot)$ 是由式(4.2)定义的核函数；h 是带宽，是 Mean Shift 分割过程中影响分割结果的唯一参数。通常，带宽应根据森林环境中具体的树冠大小来设置。本节主要利用 Mean Shift 分割算法来计算滤波窗口尺寸，不需要准确地分割出每一棵单株植被。因此，带宽可以设置为一个常数，其大小略大于测试区域内的冠幅尺寸即可。为了使 Mean Shift 分割易于实现，本节将带宽 h 设为 5m。

$$g\left(\left\|\frac{v_i - v_j}{h}\right\|^2\right) = \begin{cases} \exp\left(-\frac{1}{2}\left\|\frac{v_i - v_j}{h}\right\|^2\right), & \left\|\frac{v_i - v_j}{h}\right\| \leqslant 1 \\ 0, & \text{其他} \end{cases} \tag{4.2}$$

如图 4.2 所示，Mean Shift 向量总是指向概率密度增大的方向，经过数次迭代后收敛于模态点。这一过程，可以用式(4.3)表示。

$$v_i^{t+1} \leftarrow v_i^t + Ms(v_i^t) \tag{4.3}$$

当最后两次所得 $Ms(v_i^t)$ 变化率小于某一阈值时，表示 Mean Shift 向量收敛于模态点。有相同或相近模态点的点被聚集为同一类，从而获得对象基元。

4.1.2　水平包围框计算

对于大部分基于形态学的滤波算法，滤波窗口尺寸直接影响滤波结果。通常，窗口大小是人工根据经验设置的。但是，当遇到不同的地形环境时需要反复调整参数[208]。本节通过对 Mean Shift 分割得到的目标基元计算水平边界框，来自动确定滤波窗口的大小。这样就不需要人工设置窗口尺寸。森林环境中的主要地物是植被，因此，Mean Shift 分割得到的对象基元主要是树木。然而，一部分裸地也可以形成对象基元。在形态学滤波过程中，窗口尺寸应大于测试区域中最大的物体。也就是说，森林地区的最大滤波窗口应大于最大的树冠尺寸。因此，应先将裸地对象基元与树木对象基元分离。考虑到树木基元中点的高程值通常变化较大，可以根据每个对象基元的高程标准差来探测地面基元。这一过程根据下式计算：

$$\operatorname{std}(\text{obj}^i) = \sqrt{\frac{\sum_{j=1}^{k} (\text{obj}^i.z_j - \text{obj}^i.\bar{z})^2}{k}} \tag{4.4}$$

式中，obj^i 表示第 i 个对象基元；$\operatorname{std}(\cdot)$ 表示其对应的标准差；$\text{obj}^i.z_j$ 表示对象基元中第 j 个点的 z 坐标。$\text{obj}^i.\bar{z}$ 对象基元 z 坐标的均值。标准差较小的对象基元被探测为裸地，这些对象基元将无须计算它们的水平包围框。

如图 4.3(a)所示，首先将每个对象基元划分为水平方向的格网。本节将格网边长设定为 1m。如图 4.3(b)所示，根据点的 x 和 y 坐标计算水平包围框。这一过程可以用式(4.5)和式(4.6)表示。

$$M = \operatorname{floor}\left(\frac{\max(\text{obj}^i.x) - \min(\text{obj}^i.x)}{\text{cellsize}}\right) + 1 \tag{4.5}$$

$$N = \operatorname{floor}\left(\frac{\max(\text{obj}^i.y) - \min(\text{obj}^i.y)}{\text{cellsize}}\right) + 1 \tag{4.6}$$

式中，$M \times N$ 是水平包围框的大小；$\text{obj}^i.x$ 和 $\text{obj}^i.y$ 表示第 i 个对象基元中每一点的 x 和 y 坐标；cellsize 是格网边长；$\operatorname{floor}(\Delta)$ 表示向下取整。

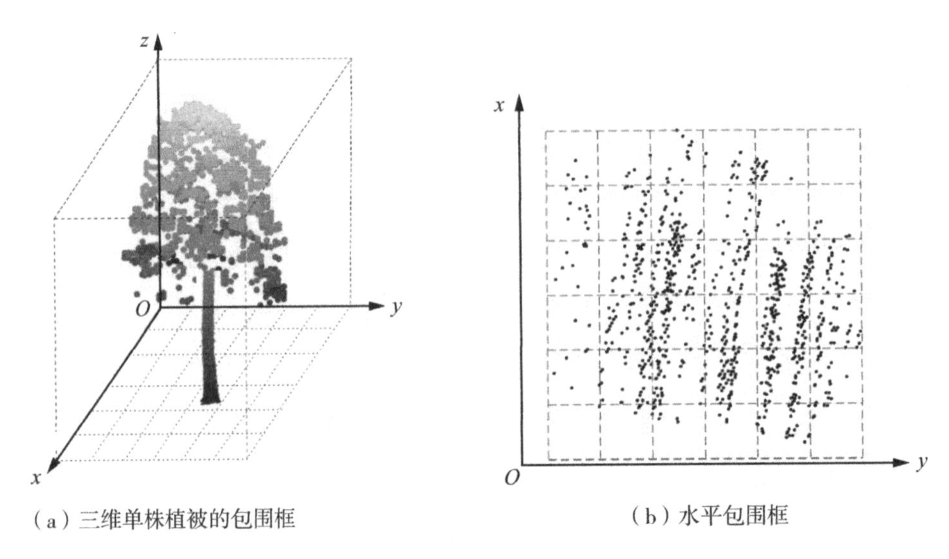

（a）三维单株植被的包围框　　（b）水平包围框

图 4.3　水平包围框计算

4.1.3　点云去趋势化

大多数形态学滤波算法不能很好地适用于坡度较大的地形和陡峭的斜坡。这是因为陡峭地形上的大多数点有突变的高程值。这些点的形态学顶帽变换结果通常大于滤波阈值。因此这些突变的地形点易被错分为地物点。从图 4.4 可以看出点 p_1 的高程明显大于 p_2。当使用形态学滤波算法时，地面点 p_1 将会被滤除掉。这就是大多数基于形态学的滤波算法不能较好保护地形细节的原因。

为解决形态学滤波法不能很好地保护地形细节的问题，本节根据地面种子点生成的趋势面对原始点云观测高程值进行去趋势化处理。如上文所述，滤波窗口的大小可以根据 Mean Shift 分割结果来确定。本节选取滤波窗口 W 内的最低点为地面种子点。如图 4.4 所示，带有圆环的红色点是地面种子点。然后，利用径向基函数(RBF)对地面种子点内插，从而得到一个趋势面。趋势面可以根据式(4.7)计算。

$$F(x,\ y) = \sum_{i=1}^{n} \lambda_i \varphi(\ \| p - p_i \|\ ) - \delta h \tag{4.7}$$

式中，λ_i 为系数；$\varphi(\cdot)$ 表示径向基函数；$\| p - p_i \|$ 表示点 p 与 p_i 之间的距离。为了使构建的趋势面始终低于观测面，本节增加一个高程位移常量 δh。这里使用 δh 是为了避免构建趋势面时插值拟合误差造成的影响。如图 4.4 所示，地面种子点通常较稀疏。用这些稀疏的点生成趋势面时容易产生拟合误差。因此，趋势面某些部分可能会高于

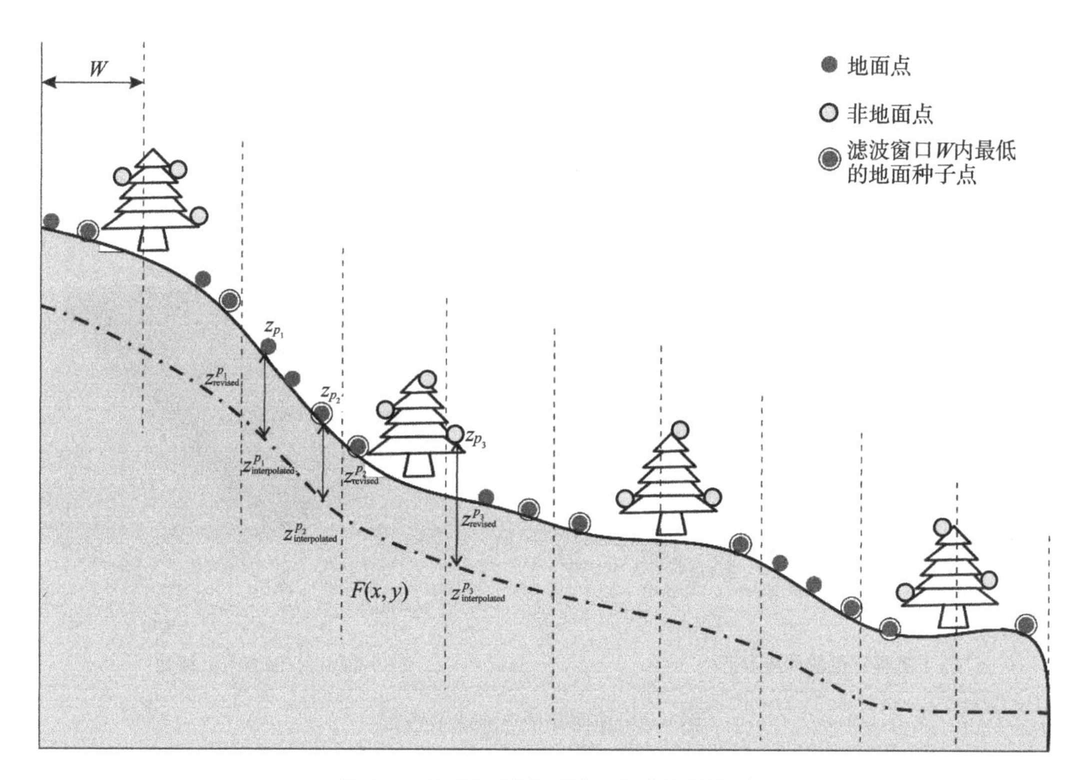

图 4.4　起伏地形示意图和生成的趋势面

（深色圆点代表地面点，浅色圆点代表非地面点。带有圆环的实心圆点是滤波窗口 W 内最低的地面种子点。z^{p_i} 是原始高程；$z^{p_i}_{\text{revised}}$ 是修正高程；$z^{p_i}_{\text{interpolated}}$ 是内插高程。$F(x, y)$ 是使用 RBF 插值方法和地面种子点生成的趋势面）

观测面。显然，这是不合理的。本节将趋势面高程减去一个常数，就可以保证趋势面始终低于观测面。在本节研究中，δh 设为 3m。

将每个点的观测高程值减去趋势面上对应的各个点的拟合高程值即可实现点云去趋势。如图 4.4 所示，$z^{p_1}_{\text{revised}}$、$z^{p_2}_{\text{revised}}$ 和 $z^{p_3}_{\text{revised}}$ 是点 p_1，p_2 和 p_3 的修正高程，由观测高程值减去内插高程值得到，即 $z^{p}_{\text{revised}} = z_p - z^{p}_{\text{interpolated}}$。显然，$z^{p}_{\text{interpolated}}$ 可以由式(4.7)计算。换言之，$z^{p}_{\text{interpolated}}$ 等于 $F(x_p, y_p)$。如图 4.4 所示，尽管 z_{p_1} 明显高于 z_{p_2}，在点云去趋势后，$z^{p_1}_{\text{revised}}$ 接近于 $z^{p_2}_{\text{revised}}$。这是因为 $z^{p_1}_{\text{interpolated}}$ 也明显高于 $z^{p_2}_{\text{interpolated}}$，观测高程($z_p$)减去内插高程后，两个点的修正高程($z^{p}_{\text{interpolated}}$)相差不大。此外，虽然非地面点 p_3 低于地面点 p_2，但是点云去趋势之后 $z^{p_3}_{\text{revised}}$ 大于 $z^{p_2}_{\text{revised}}$。这样，可以确保修正后的地物点高程始终大于地面点高程，从而减少在陡峭地形下的拒真误差。

如图 4.4 所示，点云去趋势化的关键是生成趋势面。建立一个精确的趋势面，需要足够数量的准确地面种子点。从图 4.4 中可以看出，通过获取滤波窗口内的最低点，可以获得地面种子点。但是，窗口尺寸越大，获取的地面种子点就越少。较少的地面种子点不能生成准确的趋势面，尤其是在陡峭的地形环境下更难以生成准确的地形趋势面。

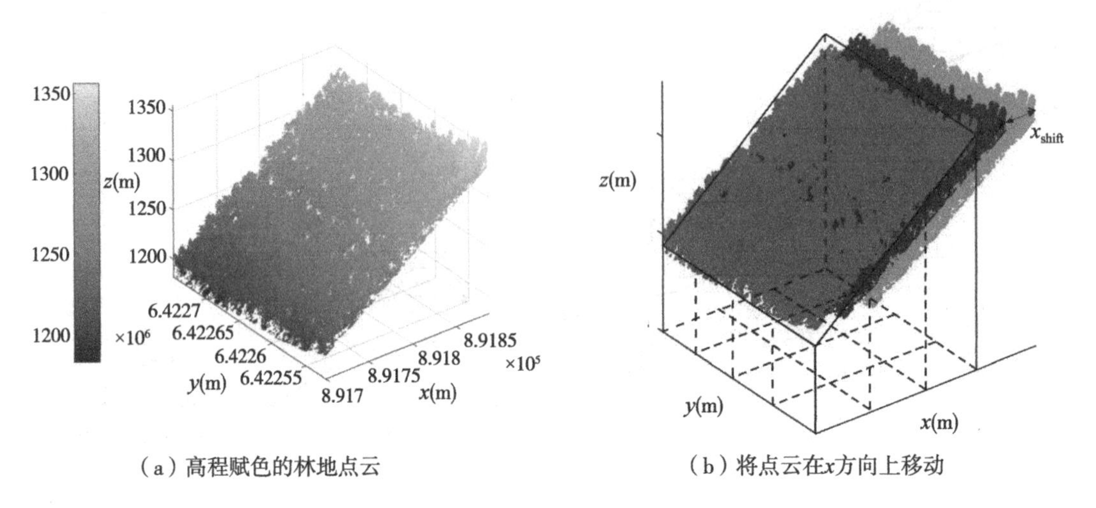

（a）高程赋色的林地点云　　（b）将点云在x方向上移动

图 4.5　地面种子点获取示意图

((a)高程赋色的林地点云；(b)将点云在 x 轴方向上移动，红色点是原始点云，蓝色和绿色分别是沿 x 轴方向移动 shift 和 2×shift 距离的点云)

图 4.5(a)是一个覆盖有茂密森林的斜坡地形。为获取地面种子点，将点云投影到格网化的 x-y 平面上。显然，格网尺寸越大，提取的地面种子点越少。为了获得更多的地面种子点，本节将点云数据沿 x 轴和 y 轴方向平移。由于地面种子点是格网中高程值最低的点，格网只能获取固定的局部区域内有限的高程值最低点。但是，如果逐渐移动点云，每个格网对应的局部区域就会发生变化。也就是说，格网内的最低点将会改变，从而能够提取更多的地面种子点。

在图 4.5(b)中，红色点代表原始点云，蓝色点和绿色点分别是沿 x 轴方向移动一个 shift 和 2×shift 的结果。在每次移动中，只有落在原始点范围内的点才能被用来获取地面种子点。这一过程可以用式(4.8)进行表示。

$$\text{shifted\_pts} = \left\{ P(x_i + x_{\text{shift}},\ y_i + y_{\text{shift}},\ z_i) \;\middle|\; \begin{array}{l} \min(x) \leqslant x_i + x_{\text{shift}} \leqslant \max(x);\ x_{\text{shift}} \in [-2 \times \text{shift},\ 2 \times \text{shift}],\ y_{\text{shift}} = 0 \\ \min(y) \leqslant y_i + y_{\text{shift}} \leqslant \max(y);\ y_{\text{shift}} \in [-2 \times \text{shift},\ 2 \times \text{shift}],\ x_{\text{shift}} = 0 \end{array} \right\} \tag{4.8}$$

式中，$P(x, y, z)$ 是原始点云；x_{shift} 和 y_{shift} 分别是 x 和 y 轴方向的移动步长；$\min(x)$、$\max(x)$、$\min(y)$ 和 $\max(y)$ 代表原始点的范围。shift 是步长，本节将其定义为窗口尺寸的 1/5。因此，每次移动可以将 x_{shift} 分别设置为[- 2 × shift， - shift，0，shift，2 × shift]，从而得到 5 倍的地面种子点。shift 也可以设置为其他值，例如窗口尺寸的 1/3，来获取 3 倍的地面种子点。因此，步长是一个只影响最终获取地面种子点数量的经验值。值得注意的是，当点云沿 x 轴方向移动时，y_{shift} 应为零。同样，当点云沿 y 轴方向移动时，x_{shift} 等于零。

4.1.4　渐进形态学滤波

如上文所述，对象基元(obj_1，obj_2，…，obj_k)由 Mean Shift 分割得到。本节中的窗口尺寸（W_1，W_2，…，W_k）设置为对象基元的水平尺寸。注意，窗口尺寸是按升序排列的，也就是说 W_{k-1} 应小于 W_k。将窗口尺寸设置为对象基元水平尺寸有两方面的优点。一方面可以自动获得最大滤波窗口，提高了在未知环境下滤波的自动化程度和鲁棒性。另一方面，传统的形态学滤波方法总是粗略地设定窗口尺寸以指数增长，这种设置是没有依据的。本节根据对象基元的大小设置滤波窗口尺寸，可以减少迭代次数，同时还可以提高滤波效率。

图 4.6 是本节提出的形态学滤波方法的流程图。该方法采用滤波窗口逐步减小的迭代方式进行滤波。迭代从最大的窗口尺寸 W_k 开始，即对象基元的最大尺寸。然后，采用形态学顶帽运算滤除非地面点。

形态学顶帽变换包括三种运算，分别是侵蚀、膨胀和开运算。这些形态学运算由式(4.9)~式(4.12)表示。

$$E_W[\mathrm{DSM}(x, y)] = \min\{\mathrm{DSM}(x+i, y+i) \mid i, j \in W \ \& \ (x+i, y+i) \in \mathrm{DSM}\} \tag{4.9}$$

$$D_W[\mathrm{DSM}(x, y)] = \max\{\mathrm{DSM}(x+i, y+i) \mid i, j \in W \ \& \ (x+i, y+i) \in \mathrm{DSM}\} \tag{4.10}$$

$$O_W[\mathrm{DSM}(x, y)] = D_W[E_W[\mathrm{DSM}(x, y)]] \tag{4.11}$$

$$\mathrm{TH}_W[\mathrm{DSM}(x, y)] = \mathrm{DSM}(x, y) - O_W[\mathrm{DSM}(x, y)] \tag{4.12}$$

式中，$E_W[\cdot]$ 是形态学腐蚀运算，该运算使像素值在滤波窗口 W 内达到最小。这里的像素值相当于 DSM(x, y) 每个格网的值，可以看作每个格网中最低点的高程值。$D_W[\cdot]$ 是形态学膨胀运算，该运算使滤波窗口 W 内像素值达到最大。$O_W[\cdot]$ 是形态学开运算，通过先进行形态学腐蚀运算，再进行形态学膨胀算法来实现。$\mathrm{TH}_W[\cdot]$ 是形

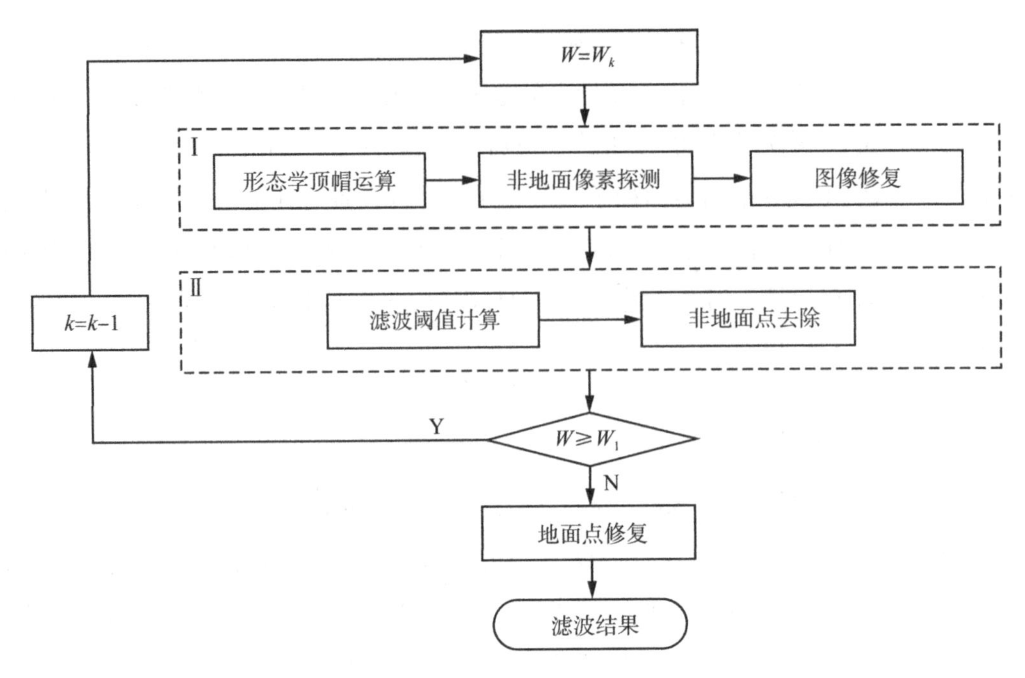

图 4.6　本节提出的形态学滤波方法流程图

态学顶帽变换，由原始数据减去形态学开运算的结果来实现。如果形态学顶帽变换的结果大于滤波阈值，则可以检测到非地面像素。滤波阈值可以根据 Zhang 等[36]提出的滤波窗口大小自动计算。

在探测并去除非地面像素后，本节采用 Pingel 等[242]，Özcan 和 Ünsalan[243]等提出的图像填充技术来填充这些滤除后的像素。图像填充技术是利用最邻近的像素值来填补空白像素。运用这一技术，可以在每次迭代中获得数字地形模型(DTM)。此外，从图 4.6 中可以看出，非地面像素将被迭代探测并删除。因此，DTM 将以此由粗到精进行变化。为去除非地面点，本节计算点与 DTM 之间的距离残差。若残差大于阈值，则将点标记为非地面点并且删除。阈值由为 DTM 坡度的平方计算获得[243]。这样可以保护陡峭地形上的点不被移除，因为这些地方的坡度较大，相应的滤波阈值也会较大。残差 z^i_{residual} 和阈值 tre 由式(4.13) ~ 式(4.14) 计算。

$$z^i_{\text{residual}} = z_i - z^i_{\text{DTM}} \tag{4.13}$$

$$\text{tre} = \rho + \Delta^2 \tag{4.14}$$

式中，z_i 为每个点的观测高程；z^i_{DTM} 表示 DTM 中每个点对应的高程值；Δ 表示 DTM 的局部坡度。ρ 是一个常量，本节设置为 0.3m，即当 DTM 的局部坡度为零时，高程残差值小于 0.3m 的点被接受为地面点。一般来说，ρ 具有协调拒真误差和纳伪误差的作用。当ρ值较大时，一些包括低矮灌木在内的低高程点被划分为地面点，从而造成纳伪误差较大。相反，较小的ρ值会导致拒真误差较大。这是因为一些位于陡峭地形上的点被误分为非地面点。一般来说，ρ的值是通过反复实验确定的[243]。

由于渐进形态学滤波法没有利用几何特征分离地面点与地物点，一些位于突出地形的地面点容易被误分为地物点并被滤除[254]。因此，无法有效保护地形细节。为解决这一问题，本节采用基于曲面的滤波策略，恢复部分滤除的地面点。

图4.7中深色实心圆点表示地面点，灰色圆点表示非地面点。带有圆环的点是一个被修复的地面点。r是邻近点半径。S是根据邻近点构造拟合的曲面。h是点到拟合曲面S的距离残差。

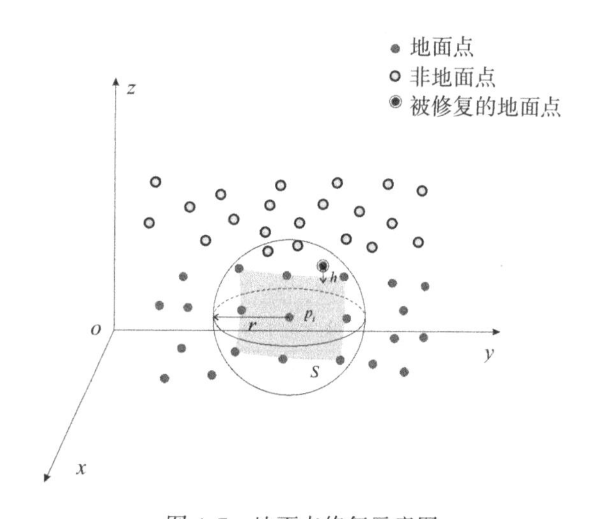

图4.7 地面点修复示意图

如图4.7所示，深色实心圆点和灰色圆点分别是采用渐进形态学滤波得到的地面点和非地面点。本节试图将一些靠近地形的误判为非地面点恢复为地面点。具体过程如下：

(1)遍历地面点集合{Gpts}中的每个点，并且找出距离p_i点半径r内的地面邻近点，r为式(4.5)中的格网尺寸。

(2)利用这些地面邻近点通过RBF插值器构造一个拟合曲面S。

(3)在非地面点集{NGpts}中查找p_i点半径r内的邻近点。

(4)计算从非地面邻近点到拟合曲面S的距离残差h。若h小于阈值δz，那么该非地面点被恢复为地面点。

重复步骤(1)~(4)直到遍历{Gpts}中所有的地面点；并将所有被恢复的地面点加

入{Gpts}中。

4.1.5 实验结果与验证

本节采用分布于不同森林环境的数据集来测试所提方法的有效性。这些数据集是由 NEWFOR(NEW technologies for a better mountain FORest timber mobilization)项目提供[255]。数据集位于 5 个国家的 8 个不同区域，涵盖不同地形环境和森林特征[144]。这些机载激光雷达数据集是使用不同传感器获得的，如表 4.1 所示。18 组场景，面积从 0.1hm^2 到 1.2hm^2 不等，点云密度从 5 个/m^{2}到 121 个/m^{2}不等。因此，这些数据集可以有效验证本节方法对于不同密度点云数据的滤波性能。值得注意的是，在这 18 个数据集中有 4 个数据集不能公开。因此，本节使用 14 个数据集进行滤波实验。

表 4.1　ALS 数据的采集参数[144]

研究区域	国家	场景	面积(hm^2)	点云密度(个/m^2)	传感器
Stain-Agnan	法国	1	1.0	13	Riegl LMS-Q560
Cotolivier	意大利	3	0.4	11	Optech ALTM 3100
Berner Jura	瑞士	1	0.1	5	Leica ALS 70
Montafon	奥地利	1	0.3	22	Riegl LMS-Q560
Pellizzano	意大利	2	0.3	95~121	Riegl LMS-Q680i
Asiago	意大利	3	0.4	11	Optech ALTM 3100
Tyrol	奥地利	3	1.2	4~10	Optech ALTM 3100
Leskova	斯洛文尼亚	4	0.8	30	Riegl LMS-Q560

图 4.8 显示了 6 个不同场景的点云数据。从图中可以看出，这些样本覆盖了不同的地形环境，具有不同的点云密度。此外，这些数据集包含不同的植被类型。因此，有利于检测本节滤波算法对于不同森林环境的性能。NEWFOR 项目提供了空间分辨率是 1m×1m 或 0.5m×0.5m 的参考数字地形模型。因此，可以将滤波后的 DTM 与参考 DTM 进行对比。滤波得到的 DTM 与参考 DTM 的差异使用由式(4.15)计算的均方根误差(RMSE)表示。

$$\mathrm{RMSE} = \sqrt{\frac{\sum_{i=1}^{m}\sum_{j=i}^{n}\left(\mathrm{refer}_{\mathrm{DTM}}(i,\ j) - \mathrm{DTM}(i,\ j)\right)^2}{m \times n}} \tag{4.15}$$

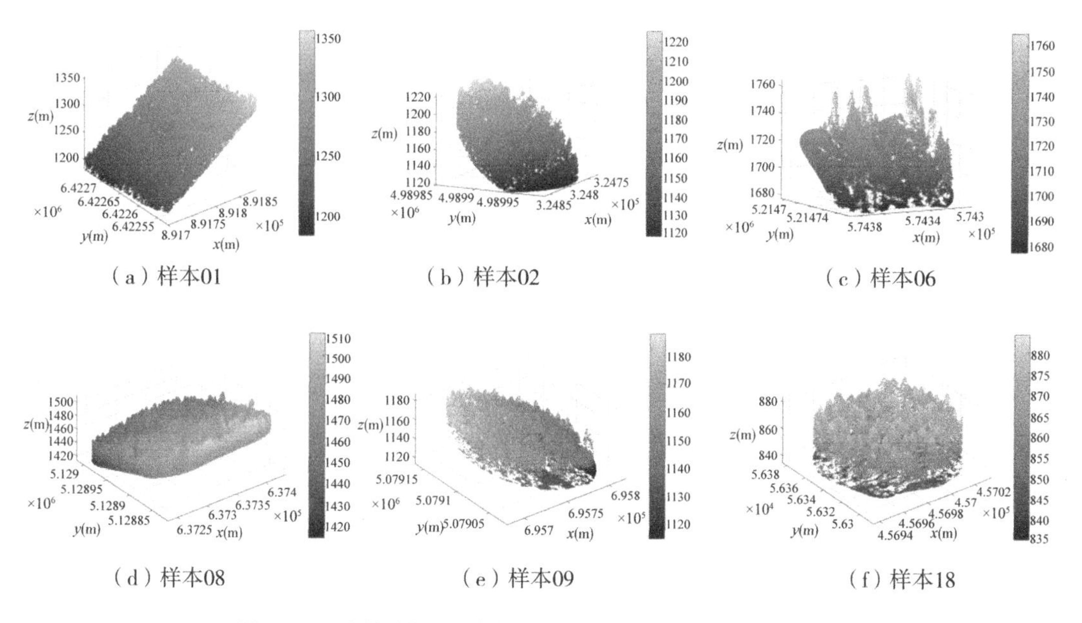

图 4.8　不同场景的三维点云(点云数据根据高程显示颜色)

式中，$refer_{DTM}$ 表示参考 DTM；DTM 表示滤波得到的 DTM；$m \times n$ 表示 DTM 的尺寸大小。

为进一步分析所提出的方法，本节计算Ⅰ类误差(TypeⅠ)、Ⅱ类误差(TypeⅡ)，总误差(Total)和 Kappa 系数(κ)4 个精度指标。由于 NEWFOR 没有在 14 个样本中提供可供参考的地面点和非地面点，本节使用可视化分析软件 CloudCompare[256] 手动提取地面点。4 个精度指标可以根据混淆矩阵(表 4.2)使用式(4.16)~式(4.19)计算。本节方法对于 14 个样本数据的滤波结果如表 4.3 所示。

$$\text{Type Ⅰ} = \frac{b}{e} \times 100\% \tag{4.16}$$

$$\text{Type Ⅱ} = \frac{c}{f} \times 100\% \tag{4.17}$$

$$\text{Total} = \frac{b + c}{n} \times 100\% \tag{4.18}$$

$$\begin{cases} P_0 = \dfrac{a + d}{n} \\ P_e = \dfrac{e}{n} \times \dfrac{g}{n} + \dfrac{f}{n} \times \dfrac{h}{n} \\ \kappa = \dfrac{P_0 - P_e}{1 - P_e} \times 100\% \end{cases} \tag{4.19}$$

表 4.2　滤波结果的混淆矩阵

		滤波结果		
		地面点	非地面点	
参考结果	地面点	a	b	$e=a+b$
	非地面点	c	d	$f=c+d$
		$g=a+c$	$h=b+d$	$n=a+b+c+d$

如表 4.3 所示，本节提出的滤波算法对于这 14 个样本都具有较好的效果。最大的总误差是 2.64%(样本 16)，并且所有样本的 Kappa 系数均大于 90%。此外，只有 3 个样本(样本 06、样本 11 和 18)的均方根误差大于 1.00。这说明滤波结果非常接近参考地面。同时，滤波得到的 DTM 与参考 DTM 差异较小。图 4.8 展示了 14 个样本的误差分布。灰色点是正确分类的地面点。如图 4.9(a)~(n)所示，大部分地面点被正确分类。蓝色点是被漏分的地面点，与Ⅰ类误差有关(也被称为拒真误差)。从图 4.9(k)、(l)和表 4.3 可以看出，样本 15 和 16 的Ⅰ类误差较大，分别是 9.43%和 9.96%。这 2 个样本数据的误差大于其他 12 个样本。红点是错误分为地面点的非地面点，从而导致Ⅱ类误差(也被称为纳伪误差)。从图 4.9(f)和表 4.3 中可以看出，样本 07 的Ⅱ类误差较大，且是 14 个样本中最大的。除样本 06、07、15 和 16 的滤波误差较大之外，其他样本数据都取得了很好的滤波精度。

表 4.3　本节方法对 14 个样本的滤波精度

样本	Ⅰ类误差(%)	Ⅱ类误差(%)	总误差(%)	Kappa 系数(%)	均方根误差(m)
01	2.28	0.38	0.62	97.20	0.65
02	2.96	1.57	1.88	94.63	0.56
03	1.07	1.07	1.07	97.47	0.36
04	0.48	0.08	0.23	99.51	0.30
06	1.41	2.02	1.70	96.58	1.08
07	1.00	2.05	1.84	94.28	0.36
08	1.71	0.13	0.32	98.47	0.29
09	1.19	0.01	0.26	99.21	0.55

续表

样本	Ⅰ类误差(%)	Ⅱ类误差(%)	总误差(%)	Kappa 系数(%)	均方根误差(m)
10	2.80	1.26	1.55	94.98	0.59
11	3.75	0.25	0.56	96.49	1.13
15	9.43	0.69	2.28	92.16	0.54
16	9.96	0.68	2.64	91.85	0.69
17	2.06	0.03	0.29	98.68	0.47
18	1.49	0.17	0.35	98.47	1.28

注：NEWFOR 项目未提供 4 个样本(05、12、13 和 14)。

4.1.6 讨论与对比分析

如表 4.4 所示，本节涉及 5 个参数，分别是 h、δh、shift、ρ 和 δz。为使本节方法便于实现，将 5 个参数设置为固定值。h 表示带宽，与 Mean Shift 分割结果有关。正如前文所述，带宽 h 是 Mean Shift 分割算法中使用的唯一参数。h 决定了计算 Mean Shift 向量(式(4.1)中的 $Ms(v_i)$) 的邻域大小，因此 h 的取值会影响分割结果。一般而言，带宽应该根据森林中的树冠尺寸来设置。本节采用 Mean Shift 方法分割对象基元，主要用于计算滤波窗口尺寸，不需要准确分割单株植被。因此，带宽可以设置为常数，只要保证其略大于测试区域的树冠尺寸即可。本节中，带宽被设置为 5m。δh 是式(4.7) 中的一个参数。式(4.7) 用来构建趋势面，从而计算每个点的内插高程。如图 4.4 所示，使用 RBF 插值器基于地面种子点生成趋势面时，内插过程容易产生拟合误差。因此，部分内插高程值会高于实际观测值。显然，这是不合理的。为避免这种情况发生，高程偏移 δh 被添加到趋势面构建公式中。δh 可以设置为大于插值拟合误差的任意常数。本节将 δh 设置为 3m。shift 是一个用于获得更多地面种子点的参数，表示点云沿 x 或 y 方向移动时的步长。本节将步长设置为窗口尺寸的 1/5，即点云每次移动分别是 $-2\times$shift、$-$shift、0、shift 和 $2\times$shift。因此，可以获得 5 倍的地面种子点。当然，shift 也可以设置为其他值，例如窗口尺寸的1/3，从而得到 3 倍的地面种子点。可以看出，步长只影响最终获得的地面种子点的数量，可以通过经验来设定。ρ 是式(4.14) 中使用的一个常数参数。式(4.14) 用于自动计算滤波阈值。式(4.14) 中，ρ 表示一个固定的高度值。这意味着当 DTM 的局部坡度为零时，残差小于 ρ 的点将被接受

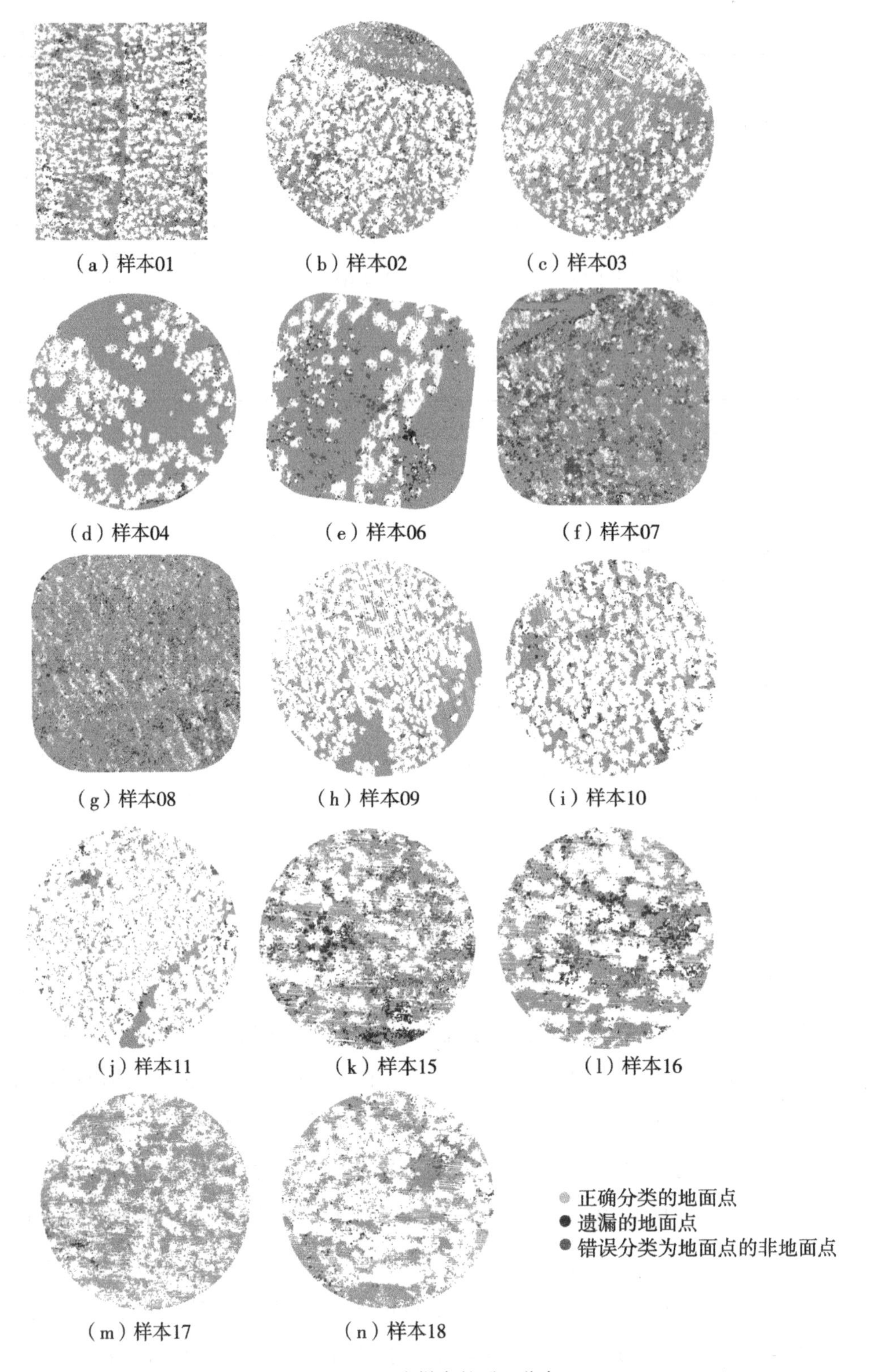

图 4.9　14 个样本的误差分布

为接地点。如前文所述，ρ 在拒真误差和纳伪误差之间发挥调节作用，不存在最佳值。一般来说，ρ 是通过实验确定的。本节将 ρ 设置为 0.3m。δz 是用于恢复滤波后地面点的阈值，在地面点修复过程的第四步中提到。大多数形态学滤波算法比较容易滤除地形细节。换言之，突变地形上的点容易被误分为非地面点。为了恢复这些滤波后的地面点，本节提出了一个地面点恢复算法。δz 是决定恢复哪个点的参数。与 ρ 相似，δz 也影响滤波结果的拒真误差和纳伪误差。δz 越大，表示被接受的地面点越多。导致一些高程较低的非地面点被误分为地面点，从而使纳伪误差增大。相反，δz 越小，恢复的地面点就越少。这意味着，一些地面点被分为非地面点。因此，需要根据经验确定 δz。本节将 δz 设置为 0.3m。

表 4.4　本节使用的参数及其对应值

参　数	数　值
h	5m
δh	3m
shift	windowsize/5
ρ	0.3m
δz	0.3m

为客观比较本节滤波方法的性能，在这 14 个样本上测试了其他 4 种著名的开源滤波算法。第一个专为林区设计的滤波算法是由 Kraus 和 Pfeifer 开发的[54]。该方法是基于曲面滤波方法的一种，在 FUSION v.3.8 中实现。渐进形态学(PM)滤波是 Zhang 等[36]提出的。这种滤波方法使用多个滤波窗口，逐步去除非地面点。PM 算法在 ALSPAT v.1.0 中实现，MCC-LiDAR v.2.1 也是为在森林环境滤波开发的。与 FUSION v.3.8 类似，MCC 也是基于曲面的滤波法。在这个方法中，若非地面点的高程超过由 TPS 构造表面计算的曲率阈值时，则对其进行迭代滤除[257]。CSF 是最近提出的一种著名滤波算法，集成在软件 CloudCompare[256] 中。CSF 也是一个基于曲面的滤波方法，模拟布料接触物体时的物理过程。CSF 算法的优点是所涉及的参数易于设置。

这 4 种著名滤波法和本节所提方法的实验结果如表 4.5、表 4.6 和图 4.10～图 4.12 所示。表 4.5 和表 4.6 给出了这 5 种滤波方法在 14 个样本的 Ⅰ 类误差和 Ⅱ 类误差。计算 14 个样本误差的平均值(ave)、最小值(min)，最大值(max)和标准差(std)，来检验本节滤波算法对于不同森林环境的鲁棒性。与其他 4 种方法相比，本节方法的评价Ⅰ类误差最小(2.97%)。这意味着该滤波器能够更好地保留地形细节。除FUSION方法外，PM、MCC、CSF的平均Ⅰ类误差均大于10%。另外，本节方法的Ⅰ类误差平均标准差也小于其他滤波算法。因此，本节滤波方法对于不同的森林地形具有较强的鲁棒性。5种滤波方法在14个样本中的Ⅱ类误差，均具有较好的结果。4种滤波方法(PM、MCC、CSF和本节方法)的平均Ⅱ类误差均小于1%。同时，Ⅱ类误差的标准差也较小。本节方法最大的Ⅱ类误差是2.05%，明显小于FUSION方法。因此，本节方法可以有效地去除非地面点。

图4.10~图4.12是5种滤波方法的总误差，Kappa系数和均方根误差的对比结果。从图4.10中可以看出，本节方法只有2个样本(样本15和16)的总误差大于2%。在14个样本中，有11个样本的总误差最小，分别是样本01、02、03、04、08、09、10、11、15、16和18。本节方法的平均总误差是1.11%，明显小于其他滤波方法。从图4.11可以看出，14个样本的Kappa系数均大于90%。本节方法的平均Kappa系数为96.43%，是这5个滤波方法中最大的。从图4.12可以看出，本节方法在11个样本的均方根误差最小，包括样本01、02、03、04、06、07、08、10、15、16和18。本节方法的平均均方根误差是0.63，是生成DTM的最佳滤波结果。

表4.5　不同滤波方法对于14个样本的Ⅰ类误差

样本	FUSION	PM	MCC	CSF	本节方法
01	1.83	5.64	34.58	6.96	2.28
02	1.39	13.65	26.53	33.03	2.96
03	0.82	6.86	26.77	29.00	1.07
04	0.25	1.67	9.79	4.94	0.48
06	2.17	24.71	13.18	31.97	1.41
07	4.75	38.63	17.04	19.01	1.00
08	2.66	28.07	13.76	8.11	1.71
09	0.50	5.29	29.25	5.73	1.19
10	2.61	13.55	32.11	7.17	2.80
11	1.17	10.24	36.91	8.40	3.75
15	14.34	22.18	35.09	20.08	9.43
16	12.15	24.42	33.56	21.78	9.96
17	0.60	8.28	20.58	1.56	2.06
18	1.72	24.96	24.99	5.64	1.49

续表

样本	FUSION	PM	MCC	CSF	本节方法
ave	3.35	16.30	25.30	14.53	2.97
min	0.25	1.67	9.79	1.56	0.48
max	14.34	38.63	36.91	33.03	9.96
std	4.37	10.87	9.04	10.98	2.98

表 4.6 不同滤波方法对于 14 个样本的 II 类误差

样本	FUSION	PM	MCC	CSF	本节方法
01	1.58	0.76	0.07	0.19	0.38
02	3.47	3.37	0.23	0.18	1.57
03	2.08	1.91	0.10	0.08	1.07
04	1.08	0.23	0.01	0.03	0.08
06	0.72	0.93	0.19	0.11	2.02
07	0.45	0.37	0.16	0.27	2.05
08	0.01	0.01	0.00	0.00	0.13
09	1.55	0.02	0.02	0.00	0.01
10	3.29	0.89	0.61	0.90	1.26
11	7.96	0.19	0.08	0.14	0.25
15	0.42	0.32	0.01	0.02	0.69
16	0.87	0.47	0.08	0.08	0.68
17	0.18	0.02	0.03	0.01	0.03
18	0.60	0.07	0.02	0.01	0.17
ave	1.73	0.68	0.12	0.14	0.74
min	0.01	0.01	0.00	0.00	0.01
max	7.96	3.37	0.61	0.90	2.05
std	2.09	0.93	0.16	0.23	0.73

从图 4.12 可以看出，MCC、CSF 和本节方法都能获得较小的均方根误差。为进一步分析本节方法，将本节方法生成的 DTM 与 MCC 和 CSF 方法得到的进行比较。之所以选择 MCC，是因为以往的研究表明，这种方法对于森林地形的滤波效果最佳[258]。CSF 是近几年很有名的一种滤波方法。这种方法使用方便，对不同的地形环境具有较

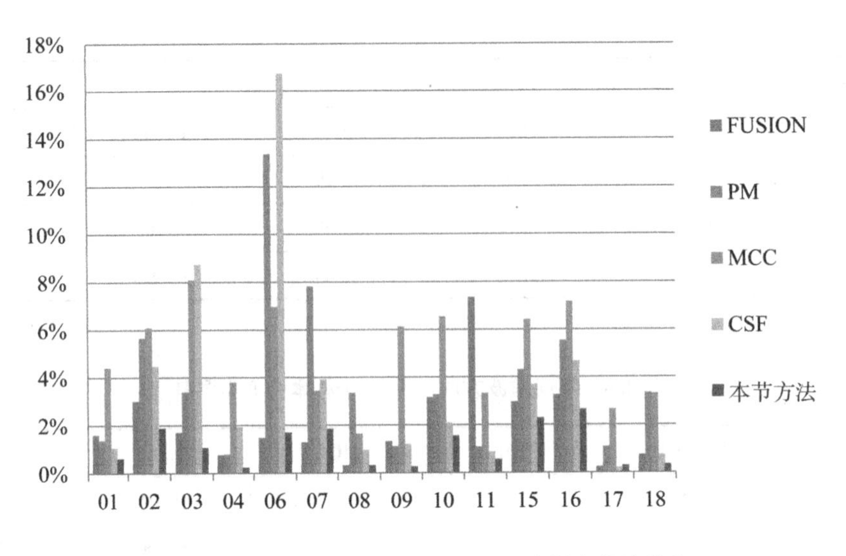

图 4.10　比较不同滤波方法对于 14 个样本的总误差

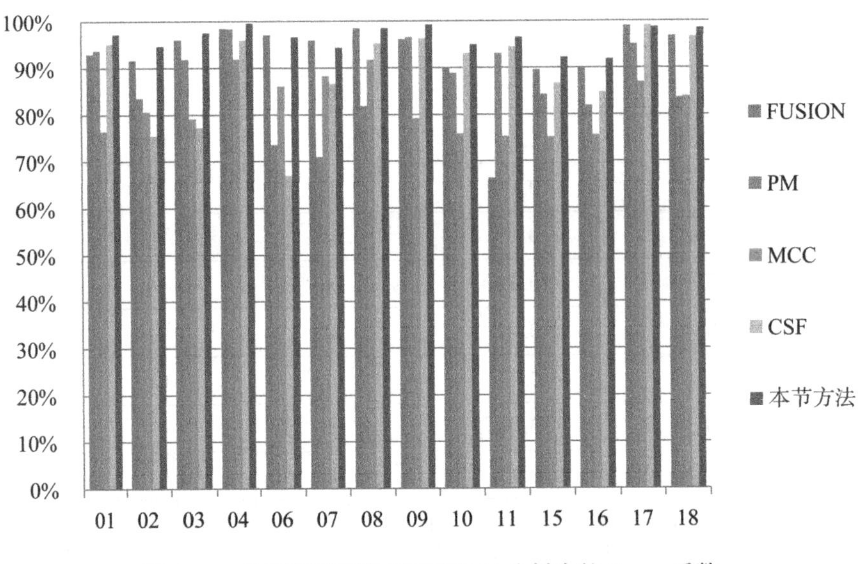

图 4.11　比较不同滤波方法对于 14 个样本的 Kappa 系数

强的鲁棒性。除了使用滤波结果生成的 DTM，本节还展示了 NEWFOR 项目提供的参考 DTM，用来对比分析。对比结果如图 4.13 所示。第一行显示了样本 01 的 DTM，第二行显示了样本 02 的 DTM，第三行展示了样本 04 的 DTM，第四行展示了样本 10 的 DTM。每一行分别列出 MCC、CSF 和本节方法获得的 DTM。在样本 01 中，MCC 由于误判非地面点为地面点，进而产生部分错误的地形凸起，如图 4.13(a)所示。图 4.13(b)可以看出 CSF 不能保护地形细节、平滑地形，如图 4.13(f)和(j)所示。与图 4.13

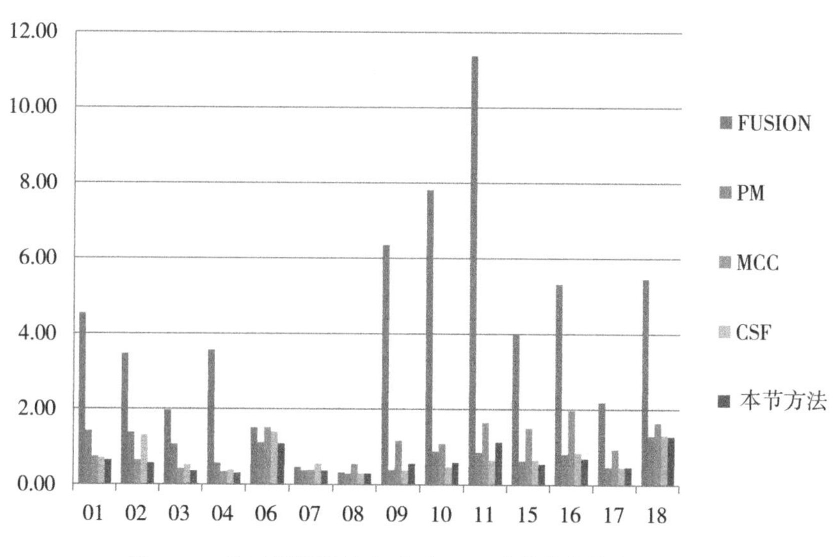

图 4.12　比较不同滤波方法对于 14 个样本的均方根误差

(d)所示的参考 DTM 相比，本节方法可以得到效果更好的 DTM(图 4.13(c))。在样本 02 中，MCC 和本节方法生成的 DTM(图 4.13(e)和(g))除存在一些小的纳伪误差外，均接近参考 DTM(图 4.13(h))。CSF 方法产生的 DTM 具有较大的拒真误差，如图 4.13(f)所示。在样本 04 中，这三个滤波方法得到的 DTM(图 4.13(i)、(j)和(k))与参考数据(图 4.13(l))一样准确。对于样本 10，与参考 DTM(图 4.13(p))相比，CSF 和本节方法产生的 DTM(图 4.13(n)和(o))精度更高。如图 4.13(m)所示，MCC 产生的 DTM 存在较大的拒真误差和纳伪误差。总之，从上述的结果对比中可以看出，本节方法可以产生精度更高、拒真误差和纳伪误差更小的 DTM。也就是说，本节方法既可以准确地去除地物点，又能有效地保护地形细节。

为了解误差分布的详细情况，并了解造成拒真误差和纳伪误差的原因，本节对不同方法生成的样本 02 的 DTM 横截面剖面进行了比较。图 4.14(a)是使用参考地面点生成的真实 DTM。绿线表示 DTM 上横截面的位置。图 4.14(b)为真实 DTM 剖面和激光雷达点。从图 4.14(c)可以看出，MCC 方法生成的 DTM 与真实 DTM 相比，由于将非地面点归为地面点，从而容易导致纳伪误差更大。在图 4.14(d)中，很容易发现 CSF 方法不能很好地保护地形细节。显然，CSF 方法使突出的地形变得平整，如图 4.14(d)中的蓝色椭圆标记的点。因此，CSF 方法的拒真误差较大。与 MCC 和 CSF 方法相比，本节方法可以得到最准确的 DTM 截面图。如图 4.14(e)所示，本节方法可以有效保护地形细节，同时准确去除地物点。

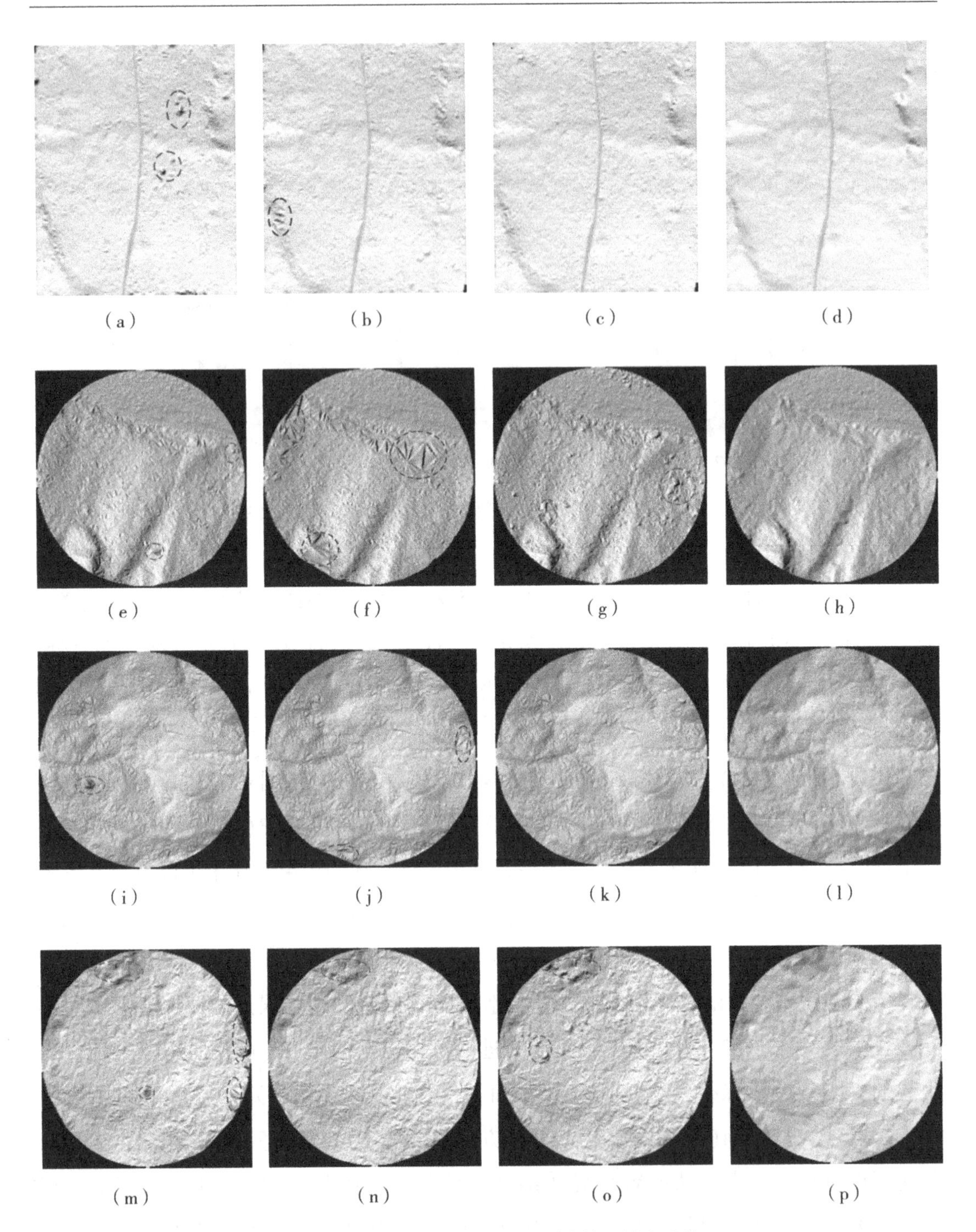

图 4.13 比较不同滤波方法对于不同森林区域生成的 DTM

((a)~(d)为样本 01 的 DTM；(e)~(h)为样本 02 的 DTM；(m)~(p)为样本 10 的 DTM；第一列是 MCC 方法的 DTM；第二列是 CSF 方法的 DTM；第三列是本节方法的 DTM；第四列是参考 DTM；红色虚线椭圆表示纳伪误差，蓝色虚线椭圆表示拒真误差)

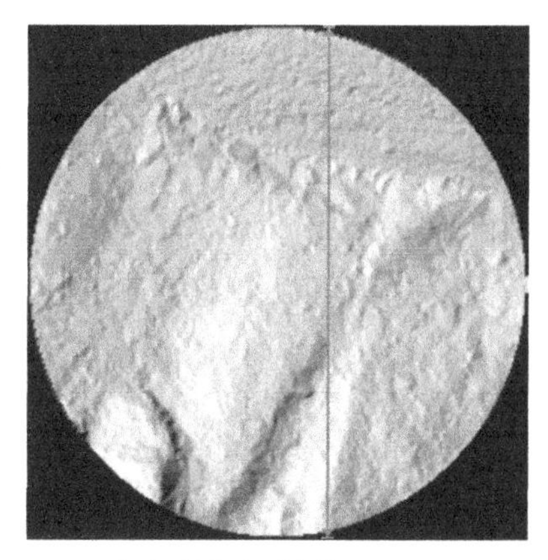

（a）真实地面点的DTM

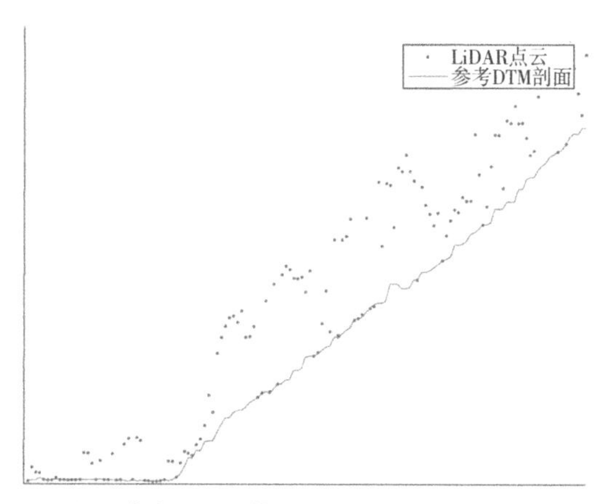

（b）真实DTM的横截面（（a）中绿色为截线）

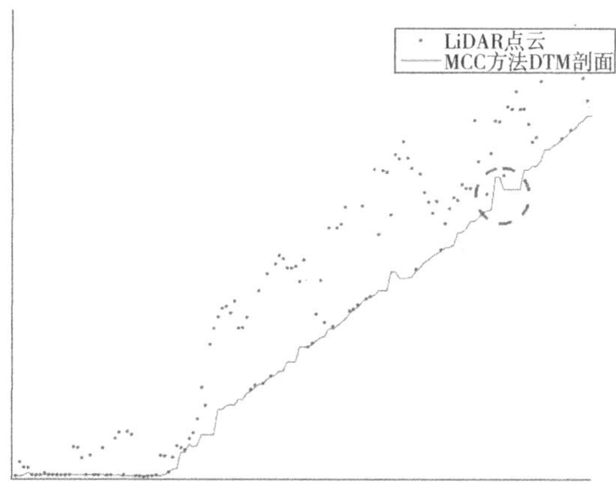

（c）MCC方法的DTM的截面图

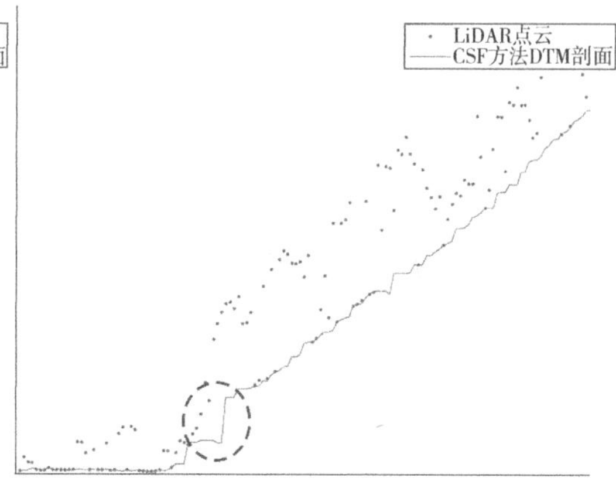

（d）CSF方法的DTM截面图

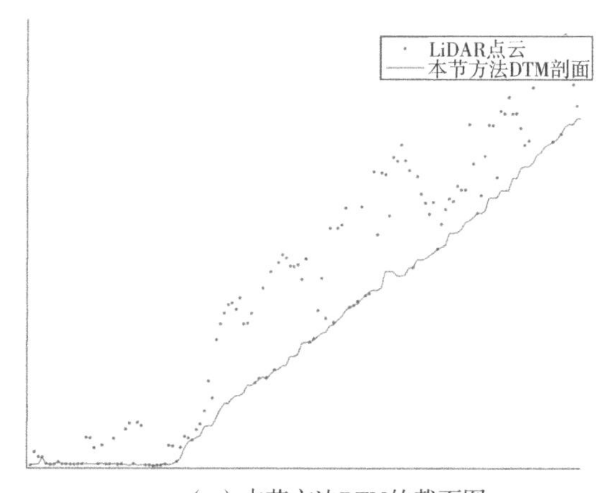

（e）本节方法DTM的截面图

图 4.14　比较不同方法对于样本 02 生成的 DTM 的横截面

（红色虚线椭圆表示纳伪误差，蓝色虚线椭圆表示拒真误差）

4.1.7 小结

对森林地区的机载激光雷达点云进行滤波是一项具有挑战性的任务。本节首次结合 Mean Shift 分割与形态学滤波，提出了一种改进的形态学滤波方法，主要用于提取森林冠层下的 DTM。Mean Shift 分割用来获取对象基元，这样可以自动确定滤波窗口尺寸，从而提高了本节方法的鲁棒性和自动化程度。点云去趋势化是使用 RBF 插值器生成一个趋势面，从而提高了对陡峭地形的适应性。为获得更多的地面种子点以生成准确的趋势面，提出了点云数据沿 x 轴和 y 轴方向平移的方法。最后，采用基于曲面的滤波策略恢复渐进形态学错误滤除的地面点。本节使用 NEWFOR 项目提供的 14 个森林样本进行测试。实验结果表明，与其他 4 种著名的开源滤波方法相比，其中包括 FUSION、PM、MCC 和 CSF，本节方法具有最小的平均 I 类误差，为 2.97%。对于总误差，Kappa 系数和均方根误差，本节方法同样具有最好的性能。本节还将 MCC、CSF 和所提方法生成的 DTM 与参考数据进行比较。对比结果表明，本节方法不仅能准确地去除非地面点，而且能有效保护地形细节。

4.2 基于机载 LiDAR 点云的针叶林多级自适应单木分割方法

机载 LiDAR 能够高效地进行大范围点云数据采集，并且能够获取具有较高精度的水平和垂直坐标。此外，机载 LiDAR 系统发射的激光脉冲可以穿透植被冠层，更有利于探测树木的内部结构信息[254,259]，因此机载 LiDAR 已广泛应用于森林资源调查领域[260,155]。例如，机载 LiDAR 已广泛应用于植被参数估测，与传统的采用塔尺、卷尺进行树木位置、高度、冠幅测量方式相比，其效率更快、精度更高[261]。

而实现以上诸多林地应用的前提，即是要进行单木分割。尽管近年来提出了许多单木分割方法，但仍然存在一些未解决的问题和挑战。例如，对于基于栅格的单木分割方法，虽然效率很高，但栅格化过程会导致信息丢失，无法充分利用单木的三维结构信息。尤其是针对高大树木下抑制树的探测，往往效果不佳。基于点的单木分割方法，主要缺点是计算量很大[259]，通常难以应用于大尺度森林区域。同时，基于点的方法通常需要设置许多约束条件，使得这些方法在复杂的森林环境下难以获得令人满意的单木分割效果。

针对上述问题，本节提出了一种将上述两类方法相融合的混合模型方法。图 4.15 为该方法的主要流程图。首先，采用 Hui 等[262]提出的林下地形探测方法进行点云滤波，

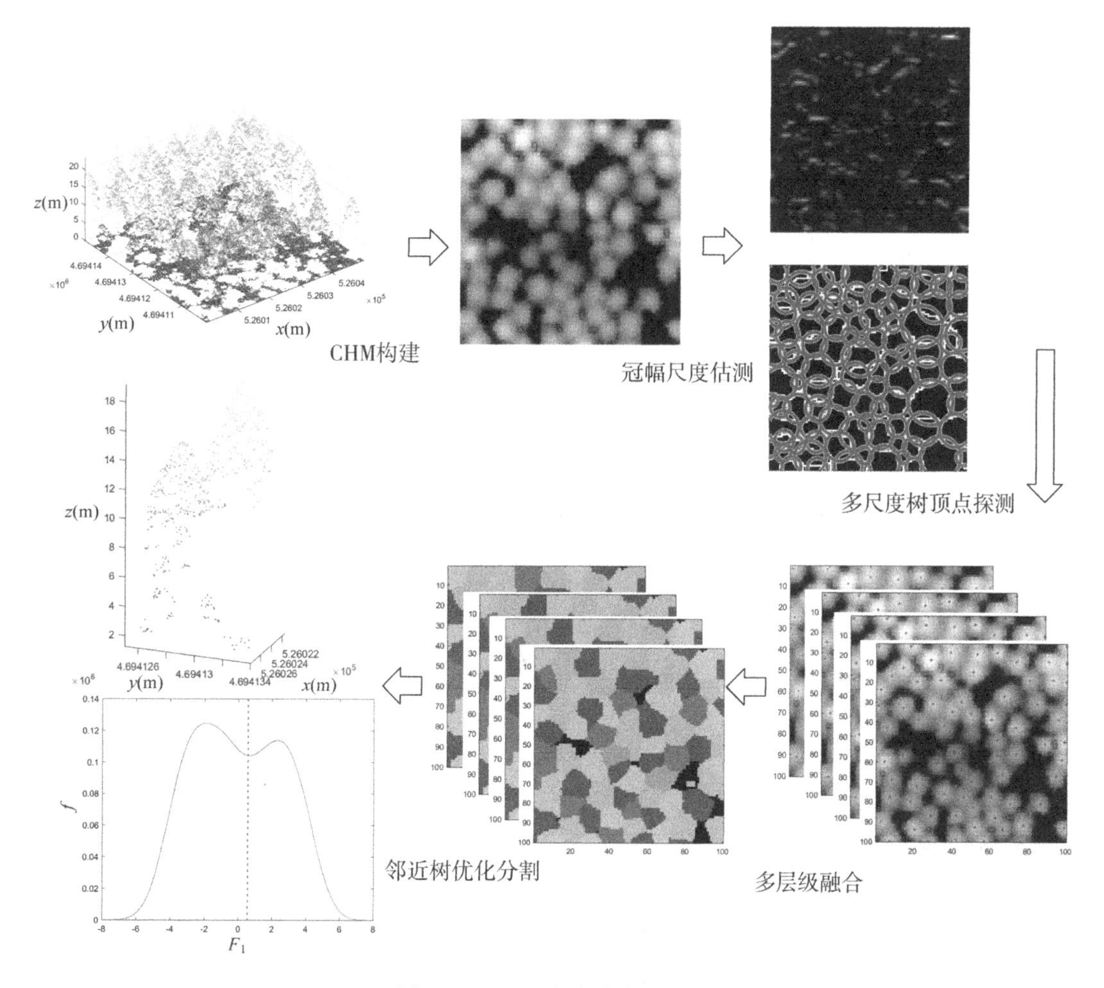

图 4.15　MSA 方法的主要流程

去除地面点云对植被点云的干扰。进而，生成冠层高度模型(CHM)，以便进行冠幅尺度估测。为实现冠幅尺度估测，本节主要基于 CHM 梯度变化大小沿边缘将冠幅划分为若干区域。然后，计算每个分割区域所对应椭圆的长短轴，取长短轴均值作为冠幅尺度。根据不同的冠幅尺度，可以得到不同尺度对应的树顶点。进而，可采用基于标志的分水岭分割方法获取多尺度分割结果。为充分利用不同尺度分割的优势，本节提出多层次自适应融合优化方法，将多尺度分割结果进行优化融合，以获取更准确的分割结果。针对部分难以精确分离的相邻树，本节通过计算各个分割部分的概率密度函数，探测概率密度函数分布的波谷位置，实现相邻树木的精准分割。总的来说，本节方法主要包括以下 4 个步骤：①冠幅尺度估测；②基于形态学重建的多尺度树顶点探测；③多层级融合和单木自适应提取；④基于概率密度函数分割的邻近树优化探测。

4.2.1 冠幅尺度估测

传统方法通常基于固定尺度进行树顶点探测，而该尺度往往是通过采用基于树高的异速生长模型计算获取的。由于异速生长模型并不适用于所有树种，因此计算出的冠幅通常并不准确。此外，冠幅大小不一，设置固定的比例尺无法正确检测出所有树顶。为了解决这些问题，本节提出了一种多尺度冠幅估算方法。该方法的主要步骤如图 4.16 所示。

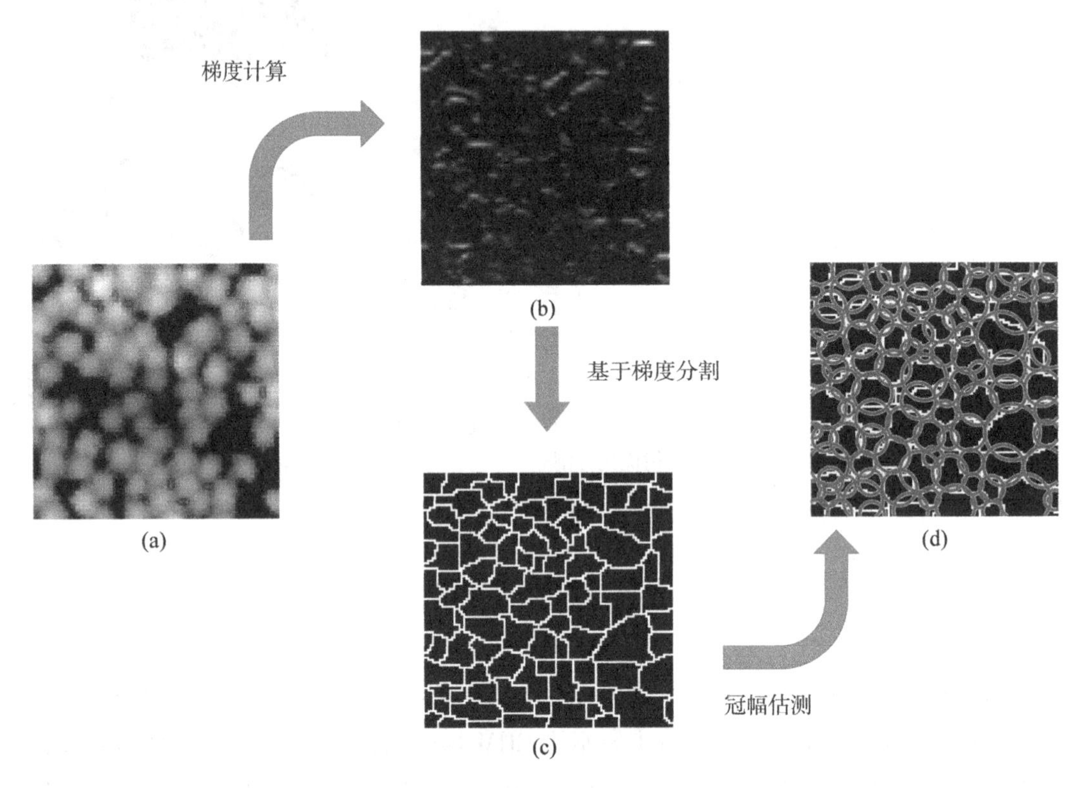

图 4.16　冠幅估测的主要步骤

在该方法中，首先根据式(4.20)计算 CHM 内的梯度：

$$\nabla f=\begin{pmatrix} g_x \\ g_y \end{pmatrix}=\begin{pmatrix} \dfrac{\partial f}{\partial x} \\ \dfrac{\partial f}{\partial y} \end{pmatrix} \tag{4.20}$$

式中，∇f 表示二维函数 $f(x,y)$ 的梯度向量。这里，$f(x,y)$ 是图 4.16(a) 中的 CHM，梯度向量的大小可以按式(4.21) 计算：

$$\mathrm{mag}(\nabla f) = [g_x^2 + g_y^2]^{\frac{1}{2}} = \left[\left(\frac{\partial f}{\partial x}\right)^2 + \left(\frac{\partial f}{\partial y}\right)^2\right]^{\frac{1}{2}} \tag{4.21}$$

如图 4.16(a)所示，在冠层高度模型中，冠幅边缘一般梯度变化比较大，因此可基于梯度变化进行冠幅分割。但是，如果直接利用梯度大小进行树冠分割，会导致过度分割。为了避免过度分割，本节首先进行了形态学闭运算和开运算，以获得滤除噪声后的梯度大小，如图 4.16(b)所示。随后可沿 CHM 内的边缘得到树冠分割结果，如图 4.16(c)所示。然后，求取每个分割区域的长短轴分别为对应的具有相同中心二阶矩椭圆的长短轴。如图 4.16(d)所示，将每个分割区域长轴和短轴的平均值设定为估测的冠幅。为了消除部分错误估测冠幅尺度的影响，本节对计算出的冠幅尺度设置了置信区间，只保留所有冠幅尺度的 5%~95%，这样就可以排除一些极大或极小的尺度。

4.2.2　基于形态学重建的多尺度树顶点探测

针叶林通常呈圆锥形，因此，可以选择高斯滤波器来拟合不同大小尺度的树木。根据估测的冠幅，可以设计一系列高斯滤波器，如式(4.22)所示。

$$G_k(V|\mu_k,\ \sigma_k) = \frac{1}{\sqrt{2\pi}\sigma_k} \times \exp\left[-\frac{(V-\mu_k)^2}{2{\sigma_k}^2}\right] \tag{4.22}$$

式中，$G_k(\cdot)$ 表示第 k 个尺度的高斯滤波器。在本节中，设计的高斯滤波器在每个尺度上对应于 M 像素 × M 像素模板。μ_k 设置为 M，而 σ_k 设置为 $0.1 \times M$。这里的 M 等于前文中提到的经过校准的冠幅尺度。这样，不同尺度的高斯滤波器可以匹配不同冠幅的树木。为了提取不同尺度下的树顶，可以将上述一系列高斯滤波器应用于 CHM，如式(4.23) 所示。

$$\mathrm{CHM}_{\mathrm{filter}}^{k} = G_k(\mathrm{CHM}|\mu_k,\ \sigma_k) \tag{4.23}$$

随后，对滤波后的 CHM 进行多尺度形态学重建。在形态学重建中，包括两幅图像，分别为掩膜图像和标记图像。标记图像是重建的开始，而掩膜图像则用来约束重建过程。值得注意的是，标记图像是掩膜图像的子集。本节将掩膜图像和标记图像分别定义为式(4.24) 和式(4.25)。

$$\mathrm{mask}_k = G_k(\mathrm{CHM}_{\mathrm{filter}}^{k}|\mu_k,\ \sigma_k) \tag{4.24}$$

$$\mathrm{marker}_k = \mathrm{mask} - \delta h \tag{4.25}$$

很明显，$marker_k \subseteq mask_k$。形态学重建采用式(4.26) 所示迭代过程进行实现。

$$h_{j+1} = (h_j \oplus B) \cap mask_k \tag{4.26}$$

式中，h_j 为标记图像；$\oplus$ 代表形态学膨胀运算；B 是结构元素，在本节中为值为1的3×3矩阵。当 $h_{j+1}=h_j$ 时，停止迭代。图4.17(a)和(b)显示了二维和三维形态学重建过程。如图4.17(a)所示，掩膜为深色虚线段，标记为浅色虚线段。形态学重建停止后，可以得到重建后的实线条。从图4.17(a)和(b)可以发现，经过形态学重建后，波峰在掩膜的约束下变得平坦。一般来说，针叶林的顶部是波峰的最高点。形态学重建后，可以发现树顶的水平位置恰好在重建后平坦区的中心。如图4.17(a)所示，P_1 和 P_2 为树顶的位置。

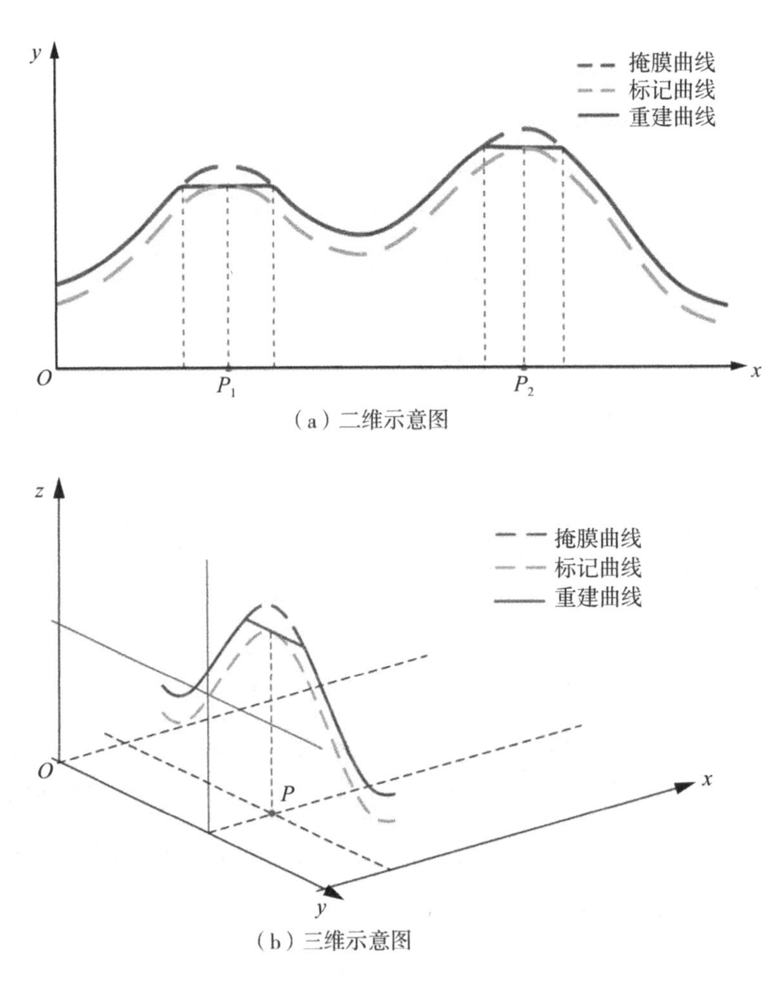

图4.17 基于形态学重建的树顶探点探测示意图

4.2.3　多层级融合和单木自适应提取

当探测出不同尺度对应的树顶后，可采用标记控制的分水岭分割方法得到不同尺度下的树木分割结果。为提高单木探测精度，本节将不同尺度下的分割结果进行融合。融合时按尺度从大到小进行，在每一层级融合过程中逐步提取符合设定规则的单木。按尺度从大到小进行融合的原因在于冠幅尺寸较大的单木往往能够在大尺度分割中被探测出来，从大到小进行融合，可以实现单木从大到小进行依次探测提取。具体的多层次融合与单木提取的步骤如下：

第 1 步：由大尺度到小尺度遍依次遍历每个尺度下对应的树顶点($\text{Treetops}^{\text{iter}}[i]$)

第 2 步：在 iter 层级分水岭分割结果中，找到对应的 iter 尺度树顶点($\text{Treetops}^{\text{iter}}[i]$)的分割区域($\text{seg\_watershed}^{\text{iter}}[k]$)。

第 3 步：在 iter+1 层级分水岭分割结果中，找到与($\text{seg\_watershed}^{\text{iter}}[k]$)相同的区域。如果此区域包含多个分割标签，请转到步骤 4。否则，转到步骤 5。

第 4 步：在两个相邻层级(iter，iter+1)的分割区域中，分别计算对应的长轴和短轴($(r_{\text{major}}^{\text{iter}},\ r_{\text{minor}}^{\text{iter}})$，$(r_{\text{major}}^{\text{iter+1}},\ r_{\text{minor}}^{\text{iter+1}})$)。需要注意的是，在 iter+1 层级中，需选择最大的区域。如果 $\text{abs}(1-r_{\text{major}}^{\text{iter+1}}/r_{\text{minor}}^{\text{iter+1}})<\text{abs}(1-r_{\text{major}}^{\text{iter}}/r_{\text{minor}}^{\text{iter}})$，则保留第 iter+1 层级对应的分割结果，并用于替换 iter 层级的相同分割区域。否则，保留 iter 层级的分割结果并转到步骤 5。

第 5 步：将树木点云进行水平投影，并进行正交变换，如图 4.18 所示。同时，计算变换后的树木点云的概率密度函数。如果概率密度函数的局部最大值为 1，则表明对应的树是单木，可以进行正确提取。

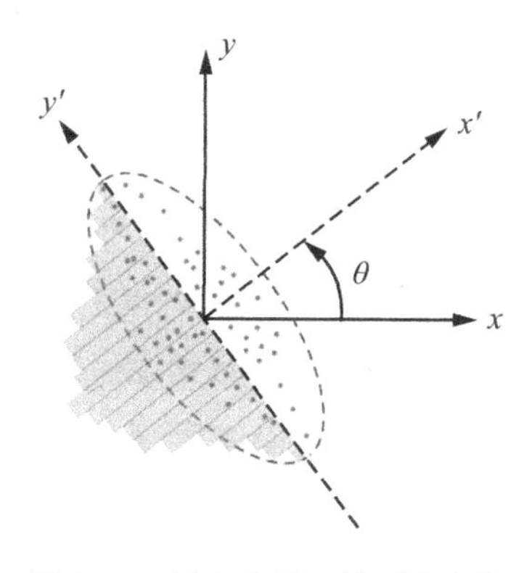

图 4.18　树木点云二维正交变换

步骤 4 是多层级融合的关键步骤。图 4.19(a)是 iter 层级的分割结果，而图 4.19(b)是 iter+1 层级的分割结果。可以发现，图 4.19(a)中的分割区域“A”在图 4.19(b)中被进一步分割为区域“A1”和“A2”。出现这种现象的原因是，iter+1 层级检测到的树顶点比 iter 层级检测到的树顶点多，iter+1 级能获取更多的分割部分。根据本节的设置规则，选择图 4.19(b)中最大的区域(“A1”)计算其长轴和短轴($r_{\text{major}}^{\text{iter+1}}$，$r_{\text{minor}}^{\text{iter+1}}$)。相应地，还计算分割区域“A”的长轴和短轴($r_{\text{major}}^{\text{iter}}$，$r_{\text{minor}}^{\text{iter}}$)。如果 $1-r_{\text{major}}^{\text{iter+1}}/r_{\text{minor}}^{\text{iter+1}}$ 的绝对值小于 $1-r_{\text{major}}^{\text{iter}}/r_{\text{minor}}^{\text{iter}}$ 的绝对值，则 iter+1 层级中的分割区域(“A1”和“A2”)将被保留，以替换 iter 层级中的相同区域(“A”)。长轴和短轴长度之比越接近 1，表明相应的形状越接近圆形，则分割后的区域更有可能是一棵独立的单木。

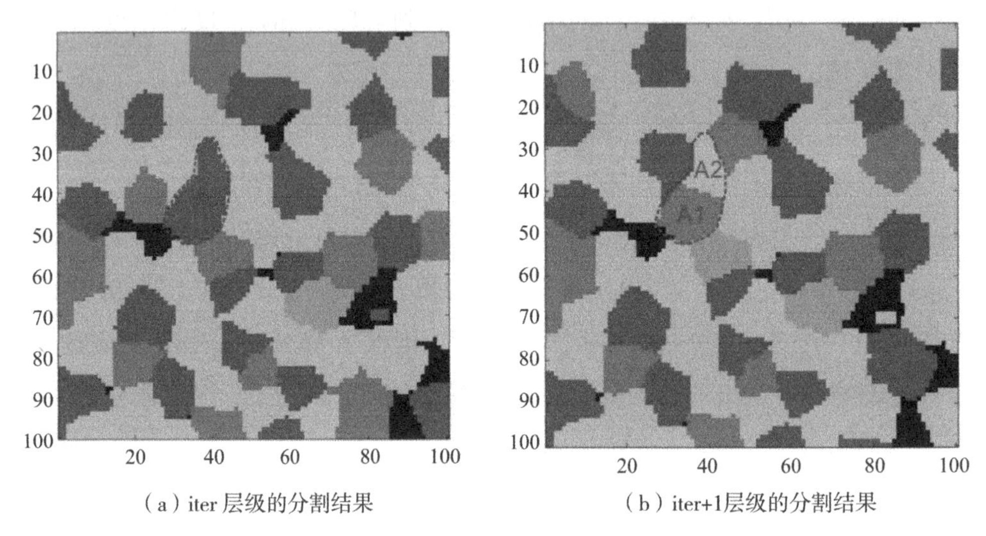

(a) iter 层级的分割结果　　(b) iter+1层级的分割结果

图 4.19　多层级融合分割

(红色虚线标出了相邻两层级分割结果的相同区域)

4.2.4　基于概率密度函数分割的邻近树优化探测

在多层级融合过程中，将分割区域对应的概率密度函数分布为单峰的分割部分作为正确探测的单木。其原理是针叶树通常是如图 4.20(a)所示的锥形。一般来说，单棵树的中心区域树木点云密度高于边缘区域的密度。因此，单棵树的点云密度分布总是单峰的，如图 4.20(b)所示。为了定量描述密度分布情况，本节采用概率密度函数进行计算，定义为式(4.27)。

$$f(p) = \frac{1}{nh}\sum_{i=1}^{n} K\left(\frac{p - p_i}{h}\right) \tag{4.27}$$

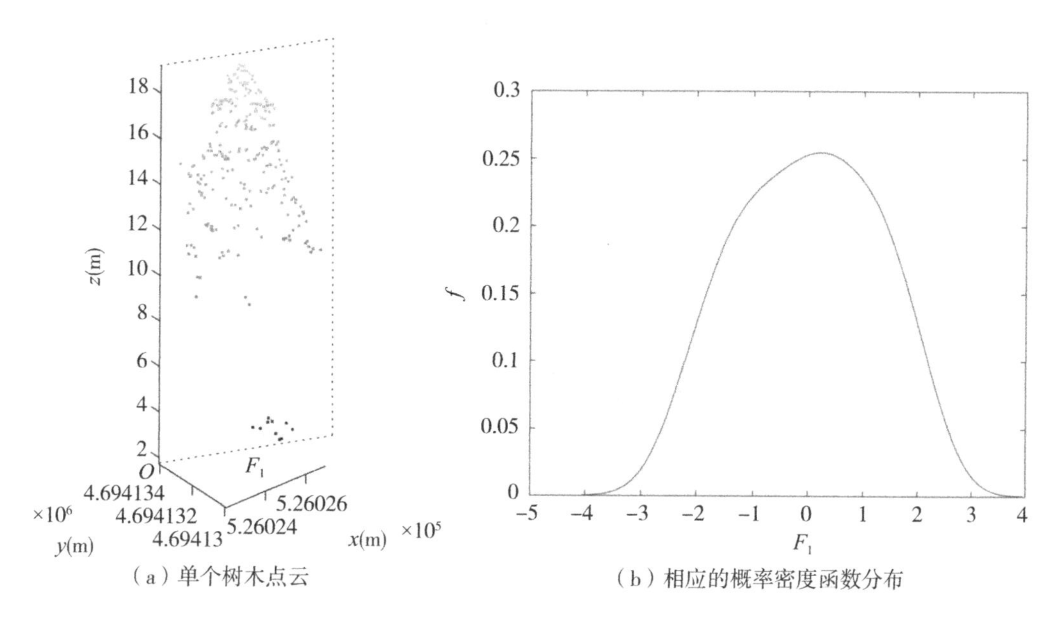

（a）单个树木点云　　（b）相应的概率密度函数分布

图 4. 20　单棵树点云和相应的概率密度函数分布

((a)中，F_1-O-Z 为投影面，F_1 是正交变换的方向）

式中，n 是每个分割区域内的树木点云数量；h 表示带宽；$K(\ )$ 是高斯核函数；p 为正交变换后的坐标。

多层级融合之后，一些单木将被准确地提取出来。然而，部分概率密度函数分布为多峰的聚类树被保留到最终的融合结果中。显然，如图 4. 21(a)所示的一些聚类树需要进一步优化才能获得单木。如上所述，单木的形状是锥形的，如果各个树木点云被投影在水平面上，则形状应该是圆形的，反之，聚类树的形状应该是椭圆形。如图 4. 18 所示，椭圆的长轴可以确定水平投影点的第一主成分方向，也是图 4. 21(a)中描述的 F_1 方向。可以将三维树木点云投影到 F_1-O-Z 平面上，如图 4. 21(b)所示。随后，可以根据式(4. 27)计算聚类树木点云的概率密度函数。图 4. 21(c)表明概率密度函数分布是多峰的。

一般来说，聚类树的相邻区域点云个数往往(图 4. 21(b)中的红色虚线)较少。概率密度函数内会存在一个如图 4. 21(c)中红色虚线所示的局部最小值。因此，通过找到概率密度函数局部最小值，可以很容易地将两棵树分开。通过在最小值处分割概率密度函数，聚类树可以正确地分割成单木，如图 4. 21(d)所示。

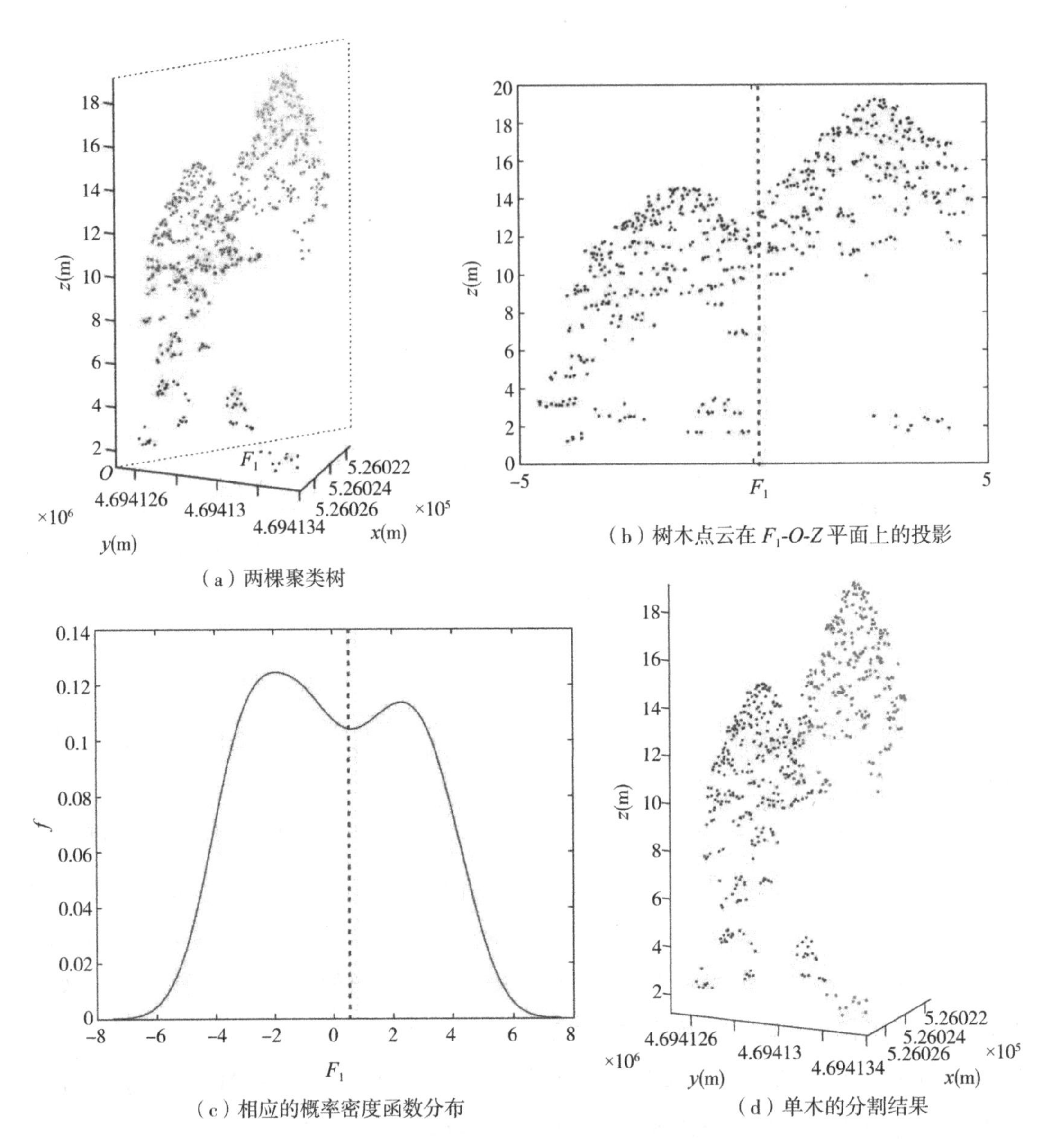

（a）两棵聚类树

（b）树木点云在 F_1-O-Z 平面上的投影

（c）相应的概率密度函数分布

（d）单木的分割结果

图 4.21　基于概率密度函数分割的聚类树优化

4.2.5　结果与分析

本节选取了 6 块不同区域的针叶林样地进行试验分析。该实验数据主要采用徕卡 ALS60 激光扫描仪进行获取。扫描角度约为 30°，航高为 1500m。树木点云密度为 14.3 pts/m^2。这 6 个样地位于不同的森林区域，树木数量也各不相同。这些测试样地的树木点云密度和树木密度也不同。表 4.7 列出了这 6 个样地的数据特征，树木密度为 72.9 棵/hm^2 至 133.3 棵/hm^2。图 4.22 也显示了不同树木密度的树木分布情况。因此，本节所采用的试验样本将有助于评估算法针对不同树木密度的鲁棒性。而且树高平均值的标准差(std)也不同，标准差越大，表明树高的差异性越大。因此，采用上述 6 种针叶林进行试验将有助于评估本节方法的优劣。本节分别计算了 5 个精度评定指标，包括提取率、匹配率、纳伪误差、拒真误差和 F_1 指数。这些精度评定指标的定义如式(4.28)~式(4.32)所示。

$$\text{Extraction}_{\text{rate}}=\frac{\text{TP}+\text{FP}}{\text{TP}+\text{FN}} \tag{4.28}$$

$$\text{Matching}_{\text{rate}}=\frac{\text{TP}}{\text{TP}+\text{FN}} \tag{4.29}$$

$$\text{Commission}_{\text{error}}=\frac{\text{FP}}{\text{TP}+\text{FP}} \tag{4.30}$$

$$\text{Omission}_{\text{error}}=\frac{\text{FN}}{\text{TP}+\text{FN}} \tag{4.31}$$

$$r=\frac{\text{TP}}{\text{TP}+\text{FN}} \qquad p=\frac{\text{TP}}{\text{TP}+\text{FP}} \qquad F_1=2\,\frac{r\times p}{r+p} \tag{4.32}$$

式中，TP 表示匹配的树；FN 是未检测到的树；FP 是误检的树。本节采用了 Eysn 等[144]提出的方法来提取匹配树。

表 4.7　样地特征

样地	面积 (m^2)	树木数量	树木点云密度 (pts/m^2)	树木密度 (棵/hm^2)	树高平均值 (m)	树高标准差 (m)
S1	18686.7	249	13.4	133.3	30.8	10.5
S2	13170.5	153	16.3	116.2	28.7	7.8
S3	12213.5	89	15.4	72.9	25.1	14.2
S4	10303.6	94	13.2	91.2	23.1	10.3
S5	18043.6	159	14.3	88.1	27.5	11.3
S6	14251.6	185	13.8	129.8	30.6	12.2

图 4.23 为应用本节方法进行单木分割的结果。在图 4.23 中，圆圈表示匹配的树，十字表示提取的树，星号表示参考树。图 4.23 显示，在 6 个图中通过该方法检测到许多匹配的树，这意味着大多数树被准确分割了。同时，分割后树木的数量与参考树的

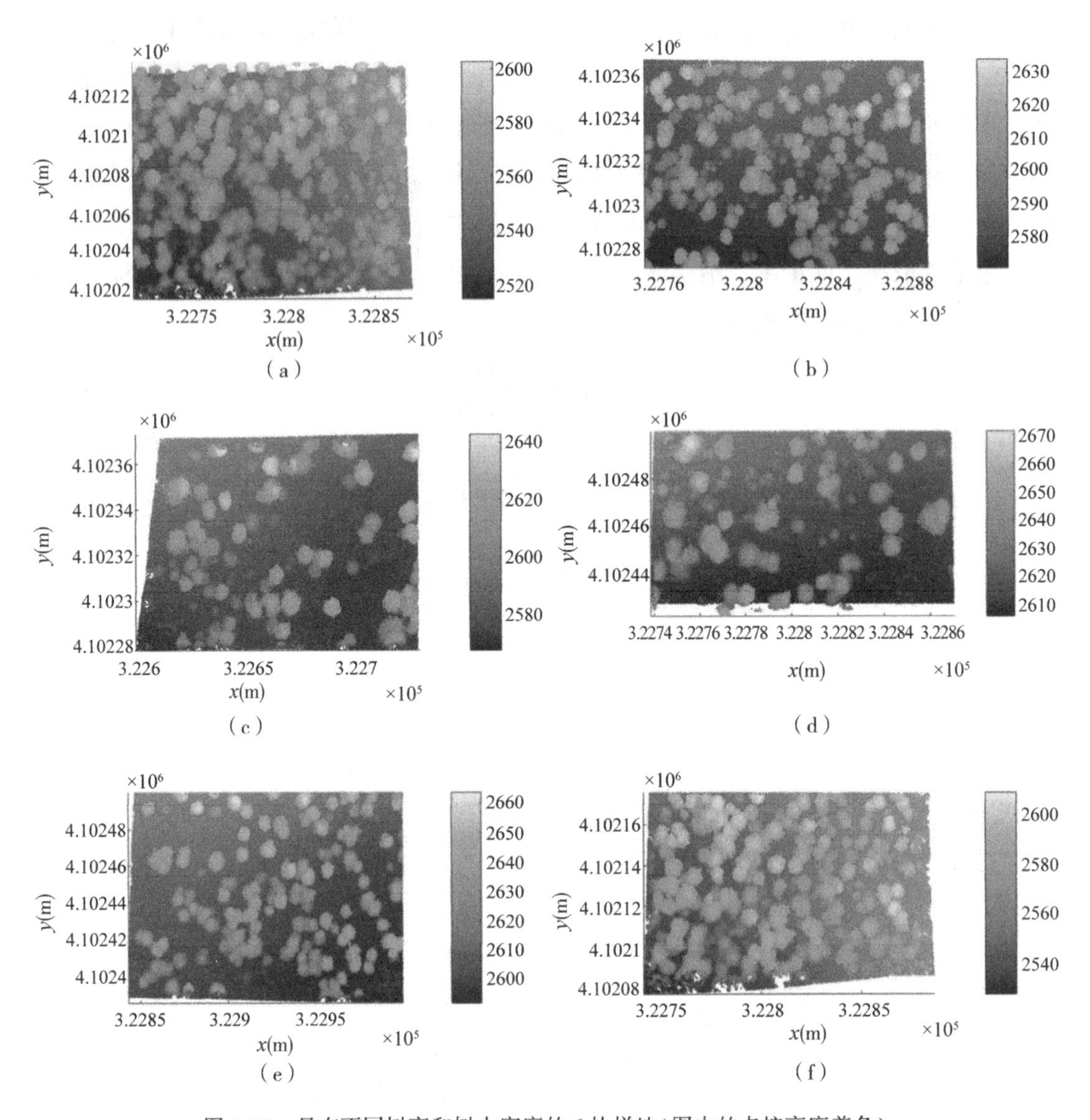

图 4.22　具有不同树高和树木密度的 6 块样地(图中的点按高度着色)

数量接近，这表明本研究不易将树木点云过度分割为单木。因此，该方法的错误提取的误差较低。

计算的精度指标如表 4.8 所示。从表 4.8 中可以看出，6 个测试样本的提取率接近 1。这说明本节提出的方法不会将一些局部极大值点误判为树顶，这也是本节方法误差较小的原因。虽然这 6 个样本的特征完全不同，但运用该方法后匹配率都在 0.8 以上，并且平均 F_1 指数为 0.84。因此，本节方法在不同的针叶林环境都能获得满意的单木分割效果。

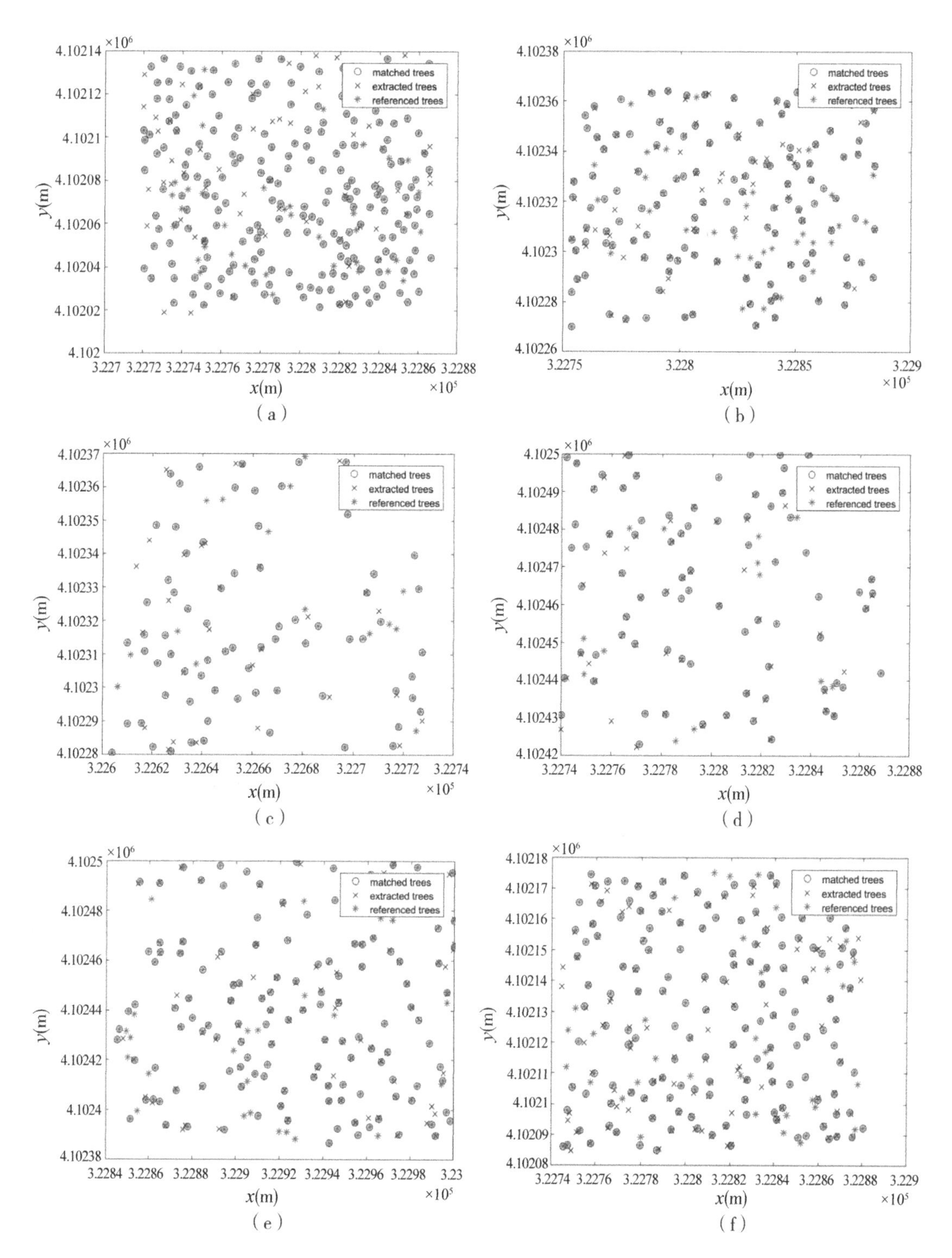

图 4.23 本节方法在 6 个区域的提取结果

表 4.8 本节方法的计算精度指标

	提取率	匹配率	纳伪误差	拒真误差	F_1
S1	1.03	0.86	0.17	0.14	0.84
S2	0.96	0.80	0.17	0.20	0.81
S3	1.01	0.83	0.18	0.17	0.83
S4	0.97	0.86	0.11	0.14	0.88
S5	0.99	0.85	0.14	0.15	0.85
S6	0.97	0.82	0.16	0.18	0.83
平均值	0.99	0.84	0.16	0.16	0.84

为了进一步评估本节方法的优劣，本节还测试了其他三种著名的机载 LiDAR 单木分割方法，分别是 Chen 等[149]描述的基于标记的分水岭算法(MCW)，Latella 等[263]提出的基于密度的方法(ITDM)和 Pang 等[264]提出的基于谱聚类的方法(NSC)。

表 4.9 列出了 4 种方法的平均精度指标对比。除了本节所提出的方法(MSA)外，其他 3 种方法的平均提取率都远大于 1。这意味着其他 3 种方法往往会误测到更多的树。它们的纳伪误差是本节所提出方法的 2~5 倍。在匹配率方面，4 种方法取得了相似的结果。表 4.9 显示，本节方法能够很好地平衡纳伪误差和拒真误差。也就是说，本节可以在保持较低检测误差的同时，探测出更多的树。由于在式(4.32)中定义的 F_1 指数的计算中同时考虑了召回率和准确率，因此 F_1 指数通常可以反映试验结果的优劣。可以看出，与其他 3 种方法相比，本节可以获得更高的平均 F_1 指数。因此，本节方法能够获取更准确的单木分割结果。

表 4.9 4 种方法的平均精度指标对比

	提取率	匹配率	纳伪误差	拒真误差	F_1
MCW	1.45	0.84	0.41	0.16	0.69
ITDM	1.67	0.81	0.49	0.19	0.62
NSC	2.59	0.84	0.66	0.16	0.48
MSA	0.99	0.84	0.16	0.16	0.84

为了展示这 4 种方法在不同样本中的表现，本节比较了它们在 6 个样本中的纳伪误差、拒真误差和 F_1 指数，如图 4.24~图 4.26 所示。图 4.24 显示，与其他 3 种方法相比，本节提出的方法拥有 6 个样本的所有最小纳伪误差。如图 4.25 所示，尽管所提出的方法在拒真误差方面表现不佳，但是拒真误差在不同样本间的变化不大。这说明本节所提出的方法具有稳定的效果，并且在与其他 3 种方法的比较中，平均拒真误差(0.16)也是最小的。从图 4.26 中不难发现，本研究在所有 6 个样本中都取得了最高的 F_1 指数。在本节中，所有 F_1 指数都大于 0.8。这表明本研究在不同的针叶林环境都能取得良好的效果。

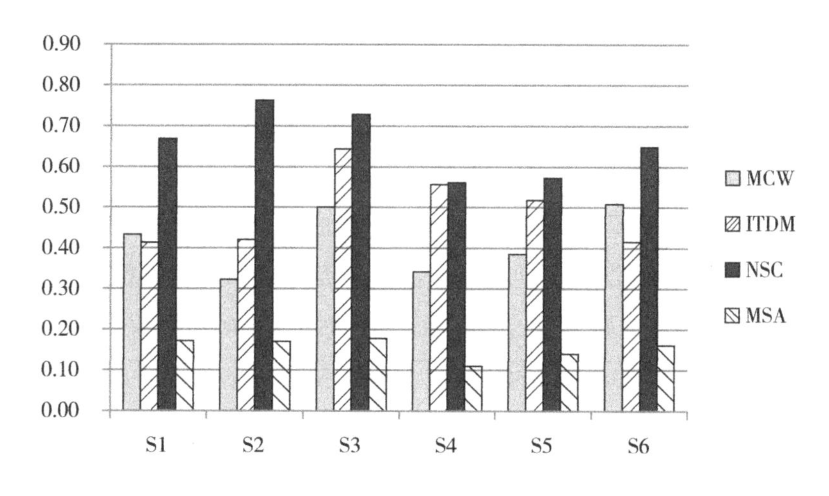

图 4.24　4 种方法的纳伪误差比较

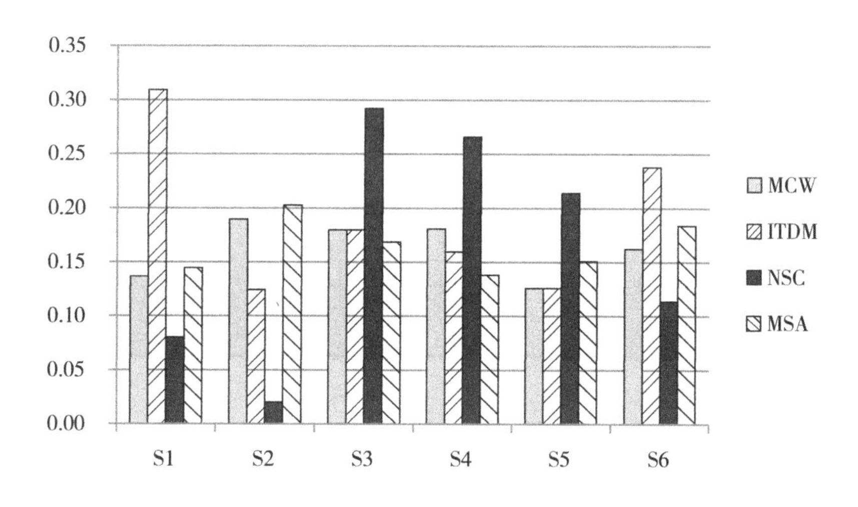

图 4.25　4 种方法的拒真误差比较

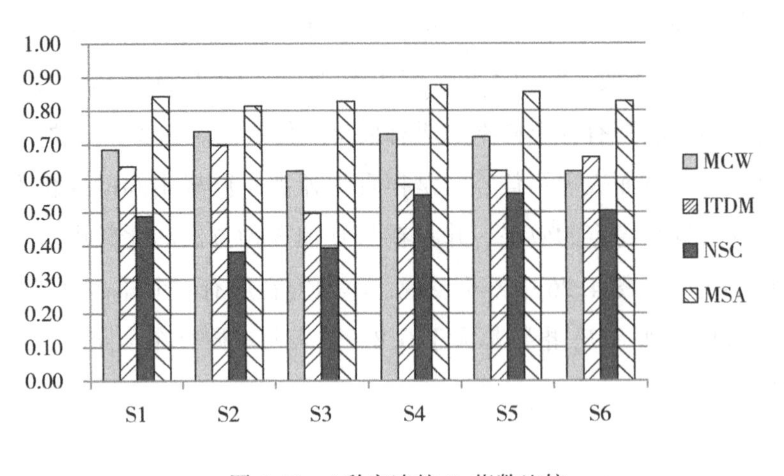

图 4.26　4 种方法的 F_1 指数比较

为了进一步分析本节方法的提取效率，本节进行了 4 种方法的效率对比，如表 4.10 所示。所有方法都是在具有英特尔Ⓡ酷睿™ i7- 9750H CPU、16.0GB 内存和 Windows 10(64 位)操作系统的笔记本电脑上进行的。可以发现，MCW 的效率最高，因为 MCW 是基于栅格的方法，只执行一个固定尺度的单木分割。ITDM 需要计算每个点的半径和点密度，因此处理时间最长。NSC 要进行 Mean Shift 聚类，需要更长的时间。与基于点云的方法(ITDM 和 NSC)相比，MSA 执行效率更快。虽然 MSA 的处理时间比 MCW 长，但 MSA 的精度比 MCW 高得多，如表 4.9 所示。

表 4.10　4 种方法的效率比较

	MCW(s)	ITDM(s)	NSC(s)	MSA(s)
S1	1.15	1410.29	1165.62	10.13
S2	0.72	1192.53	536.31	6.25
S3	0.65	968.65	276.47	5.67
S4	0.71	581.39	215.54	4.35
S5	0.68	1468.23	678.21	7.62
S6	0.71	1025.01	577.18	9.10
平均值	0.77	1107.68	574.89	7.19

4.2.6　讨论

为了评估该方法对具有不同树木点云密度的单木分割效果，本节对上述 6 个样本的树木点云进行了重采样，采样率从 100%降至 10%。值得注意的是，这里使用的重采样策略是体素化。通过设置不同的体素分辨率，可以获得不同重采样结果。F_1 指数用于评估单木分割的效果。图 4.27 显示了 6 个样本在不同树木点云密度下的 F_1 指数。可以发现，随着树木点云密度由大变小，F_1 指数呈下降的趋势。然而，即使点密度降低了 90%，所有 6 个样本的 F_1 指数仍然大于 0.5。注意，当树木点云数减少 90%时，这意味着每个样本中仅保留 10%的树木点云数量，这时树木点云密度仅为 1~2 点/m^2。因此，可以得出这样的结论，即使树木点云密度很低，使用本节方法也能取得很好的效果。

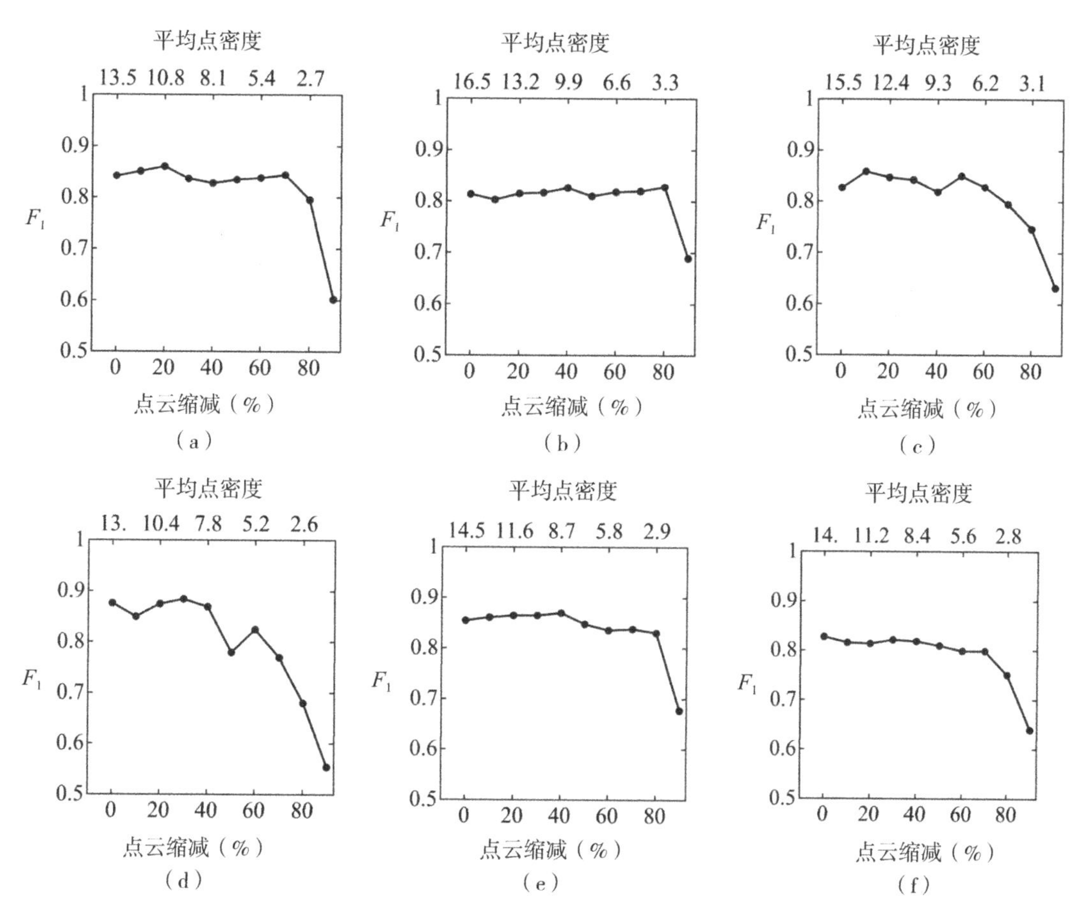

图 4.27　6 个样本在不同树木点云密度下的 F_1 指数

（每个样本的树木点云数量从 100% 减少到 90%）

为了进一步证明多层级融合（基于栅格）和聚类树优化（基于点）相结合的有效性，本节进行了消融实验分析。表 4.11 列出了多层级融合和聚类树优化后的结果精度对比。可以发现，多层级融合后结果的 F_1 指数都远低于聚类树优化后的指数。虽然多层级融合后结果的纳伪误差较小，但拒真误差很大。其主要原因是在多层级融合后只有少数树被正确分割出来。因此，可以认为聚类树优化是本节提出方法的一个重要步骤。将多层级融合和聚类树优化相结合，可以获得更优的单木分割结果。

表 4.11　多层级融合和聚类树优化后的结果精度比较

	多层级融合后的结果			聚类树优化后的结果		
	纳伪误差	拒真误差	F_1	纳伪误差	拒真误差	F_1
S1	0.09	0.49	0.65	0.17	0.14	0.84
S2	0.06	0.60	0.56	0.17	0.20	0.81
S3	0.03	0.56	0.60	0.18	0.17	0.83
S4	0.03	0.60	0.57	0.11	0.14	0.88
S5	0.03	0.53	0.63	0.14	0.15	0.85
S6	0.07	0.55	0.61	0.16	0.18	0.83
平均值	0.05	0.55	0.60	0.16	0.16	0.84

4.2.7　小结

为提高复杂针叶林环境下的单木分割精度，以及处理海量点云时的分割效率，本节提出了一种多层级自适应融合与优化的单木分割方法。本研究结合了基于栅格和基于点的单木分割方法的优点，实现了自动、高效和高精度的单木分割。首先使用基于栅格的策略获取初始的单木分割结果，为了进一步优化部分邻近树木的分割结果，本节提出了基于概率密度函数分割的单木优化算法。

本节对 6 块具有不同特征的针叶林样地进行实验分析。实验结果表明，与其他 3 种经典方法相比，本节方法能够获取最小的拒真误差和纳伪误差。同时，F_1 指数也是最高的。虽然这 6 块样地的特征不同，但无论采用哪种精度指标，本节所提出的方法都能取得令人满意的单木分割结果。此外，还测试了本方法在不同树木点云密度的鲁棒性。本节将 6 块样地的树木点云进行重采样，采样率从 100%到 10%。实验结果表明，即使数值降低到 10%，这 6 个样本的 F_1 指数都大于 0.5，表明本节方法对不同的树木点云密度具有良好的鲁棒性。

4.3 基于车载 LiDAR 点云对象基元空间几何特征的行道树提取与分割

在数字孪生城市的建设中，行道树作为城市的重要组成部分，急需实现高精度的树木模型构建，以发挥其在改善城市环境质量、服务城市居民等方面的重要作用[265,266,259]。与此同时，行道树作为城市区域能够通过光合作用促进“碳中和”的有效手段，也急需进行精确的量测。传统的行道树信息获取方法主要有人工测量、RTK 测量、全站仪测量等。这些方法耗费大量的人力、物力，信息采集效率低，无法满足快速提取行道树信息的需求[267]。

激光雷达(LiDAR)技术是一种目前发展十分迅速的主动遥感技术，可以快速、准确地获取物体表面的三维信息，其具有主动性强、测量精度高等优点[268]。相较于机载 LiDAR 和车载 LiDAR，车载 LiDAR 具有良好的移动性，能够快速、精确地获取城市道路及其周边地物的三维信息[269,270]。车载激光雷达不仅能比 ALS 获取更完整的树干点云，而且比 TLS 具有更大的测量范围。因此，基于移动激光扫描数据的行道树提取与分割方法仍是目前研究的热点问题[271]。

虽然，MLS 测量范围广、点云密度大，更适用于提取城市区域的行道树信息，但基于 MLS 点云进行行道树提取与分割依然面临以下难点与挑战：行道树提取方法鲁棒性较差，面对复杂城市环境时，行道树提取精度变化较大；城市道路两旁的其他柱状地物容易被误判为树干，从而降低行道树提取的准确度；距离较近的行道树难以实现有效分离，单株行道树提取精度较低。针对以上问题，本节提出了一种基于车载 LiDAR 点云数据对象基元空间特征的行道树提取与分割方法。该方法首先设定约束条件构建网图结构，实现车载 LiDAR 点云对象基元获取。继而，基于对象基元的线性特征和高宽比特征，实现树干点云探测。通过对点云体素化并进行连通分析，实现行道树点云提取。最后，通过比较各个点到树根点的最短路径实现行道树单株分离。

本节方法的流程如图 4.28 所示。首先采用 Hui 等[51]提出的基于克里金插值的形态学滤波算法来实现地面点云滤波。为减小计算量、提升方法的实现效率，本节保留与邻近地面点的高程差小于阈值的地物点，这样可以去除大量树冠和高大建筑物，保留树干点，从而减少了图形分割的计算量，有效提高了算法的实现效率。之后对保留的地物点云构建网图结构，并用本节所提的约束条件进行图形分割获取对象基元。进而，计算对象基元的空间特征，提取树干点云。然后将地物点云体素化，通过分析相邻体素的连通性来提取初始树木点云。为提高算法精度，去除错误提取的非树木点，并获取独立的单株行道树，本节通过最短路径分析对初始树木点云进行优化分割。本节方法具体包括以下 4 个步骤：基于图形分割的对象基元获取；基于对象基元空间特征的树干点云提取；基于连通分析的初始树木点云提取；基于最短路径的树木点云分割优化。

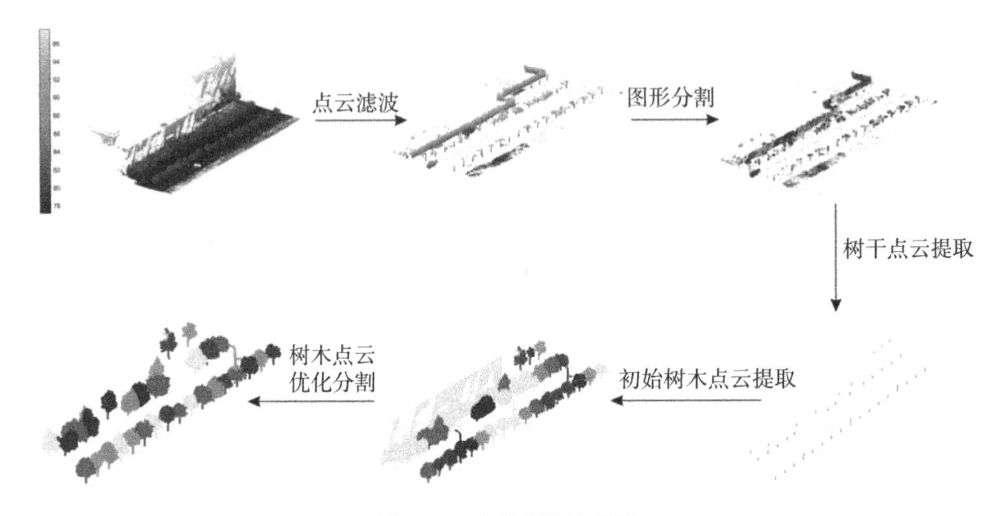

图 4.28　本节方法流程图

4.3.1　基于图形分割的对象基元获取

本节采用基于图形分割的方法，将滤波并经过高程阈值保留(user-defined height threshold)的地物点分割成具有相似空间特征的对象基元。为方便树干对象基元的提取，本节运用网图结构来获取初始对象基元。通常网图结构可用式(4.33)表示[51]：

$$G = (V,\ E) \tag{4.33}$$

式中，G 为网图结构；V 为构成网图顶点(v_i) 的集合；E 为边($e_{i,\ j}$) 的集合。在本节中，v_i 由点云中所有的点(p_i，$i = 1, 2, \cdots, N$) 组成，$e_{i,\ j}$ 则为任意两点(p_i，p_j) 所构成的边。由于边的存在决定图形分割的结果，因此本节通过如图 4.29 所示的 3 个条件对边进行约束，从而完成网图的构建与分割。

1. 邻域半径约束

查找邻近点通常有两种方法：一种是将与某点距离最近的 k 个点作为该点的邻近点；另一种是根据邻域半径来确定邻近点。在使用 K 最近邻域法时，由于缺少距离约

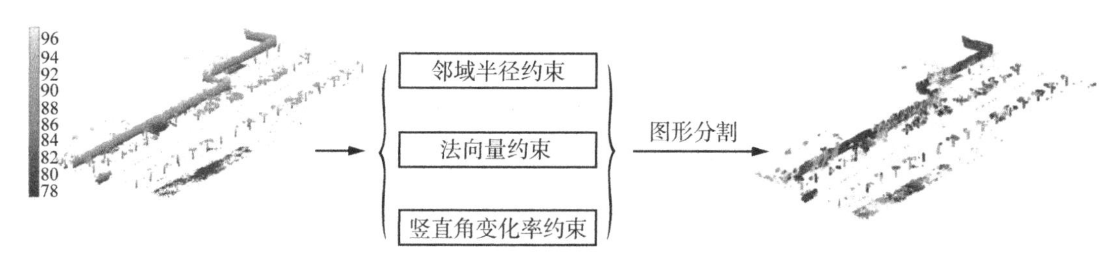

图 4.29　图形分割

（左图是分割前根据高程显示颜色的点云数据，右图是分割后的结果，不同对象基元的颜色不同）

（a）邻域半径约束　（b）法向量夹角约束，θ是两个邻近点的法向量v_1和v_2的夹角　（c）竖直角变化率约束，$\Delta\beta$是两个邻近点的竖直角β_1和β_2的变化量

图 4.30　图形分割约束条件

束，在点云稀疏或存在离群点的情况下，通常会将距离较远的两个点判断为邻近点，从而出现较长的边。为删除这些较长边，往往需要添加对边长的约束条件。因此，为减小计算量，获取准确的对象基元，本节通过邻域半径 R 来确定邻近点，并构建网图结构。如图 4.30(a) 所示，以红色点为圆心、R 为半径的球形邻域内的任一点都与圆心点进行边的构建。本节中邻域半径 R 由任意 n 个点与其 k 个邻近点的最大距离的均值来决定，计算公式如下：

$$R = \frac{\sum_{i=1}^{n} \max(\mathrm{Dist}_j^i,\ j = 1,\ 2,\ \cdots,\ k)}{n} \tag{4.34}$$

式中，n 是随机选择的点个数；Dist_j^i 表示第 i 个随机点的 j 个邻近点与该点的距离，通常邻近点个数 k 取 10[272]。邻域半径可以根据不同点云数据的密度、空间分布等特征自动确定，提高了算法的自动化程度。

2. 法向量夹角约束

一些非地面点的对象基元各点间的法向量趋于一致性，即相邻点间的法向量夹角较小。因此，该特征可以对具有法向量一致性的非地面对象基元进行聚类。相反，低矮植被和树冠部分的各点法向量一致性较差，被划分多个较小的对象基元。构建网图结构后，为得到具有相似空间特征的对象基元，本节计算每个点与其邻近点间的法向量夹角 θ（图 4.30(b)），并设置角度阈值。若 θ 小于阈值，则保留两点间的边。当阈值设置过大时，树冠和低矮植被无法被有效分割。这种欠分割现象不利于后续利用对象基元的几何特征提取树干点。当阈值设置过小时，树干点云会存在过分割现象。因此，本节根据试验测试将阈值设置为 36°。法向量夹角 θ 可由式(4.35)计算：

$$\theta = \arccos \frac{v_1 \cdot v_2}{\| v_1 \| \ \| v_2 \|} \tag{4.35}$$

式中，v_1、v_2 分别是两个相邻节点的法向量。

3. 竖直角变化率约束

由于树干点云通常呈柱状分布，为了得到准确的树干点云对象基元，法向量夹角阈值不宜设置过小。这样就会存在一些分布密集的树冠和低矮植被没有被准确分割，出现一种“欠分割”现象。因此，本节提出第三个图形分割约束条件，即竖直角变化率约束。由于大多数行道树树干生长方向较集中，并且在竖直方向上分布均匀且排列规则，而树冠部分点云呈现自由随机生长的特点。因此树干的局部区域点云的法向量与 z 轴方向夹角的变化率，即竖直角变化率，明显小于树冠各点。某点的竖直角变化率 β_{rate} 由式(4.36)计算：

$$\beta_{\text{rate}} = \sqrt{\frac{\sum_{i=1}^{\text{num}} \Delta\beta^2}{\text{num}}} \tag{4.36}$$

式中，$\Delta\beta$ 是该点与其邻近点的竖直角差值（图 4.30(c)），num 是与该点相连的邻近点个数。如图 4.29 所示，经过竖直角变化率约束，具有相同或相近竖直角变化率的邻近点被分割为同一个对象基元，例如树干和建筑物点。而树冠等竖直角变化率较大的邻近点被分割为多个较小的对象基元。

4.3.2 基于对象基元空间特征的树干点云提取

点云数据经过阈值分割后，被分为多个对象基元，其中属于树干的对象基元通常呈现独立的圆柱状。为准确提取树干，本节计算每个对象基元的空间特征，如图 4.31 所示。从图中可以看出，对象基元线性特征较大的黄色点云大部分是树干点。因此，可以通过提取线性特征值较大的对象基元，来实现树干点云提取。对象基元的线性特征由式(4.37)计算：

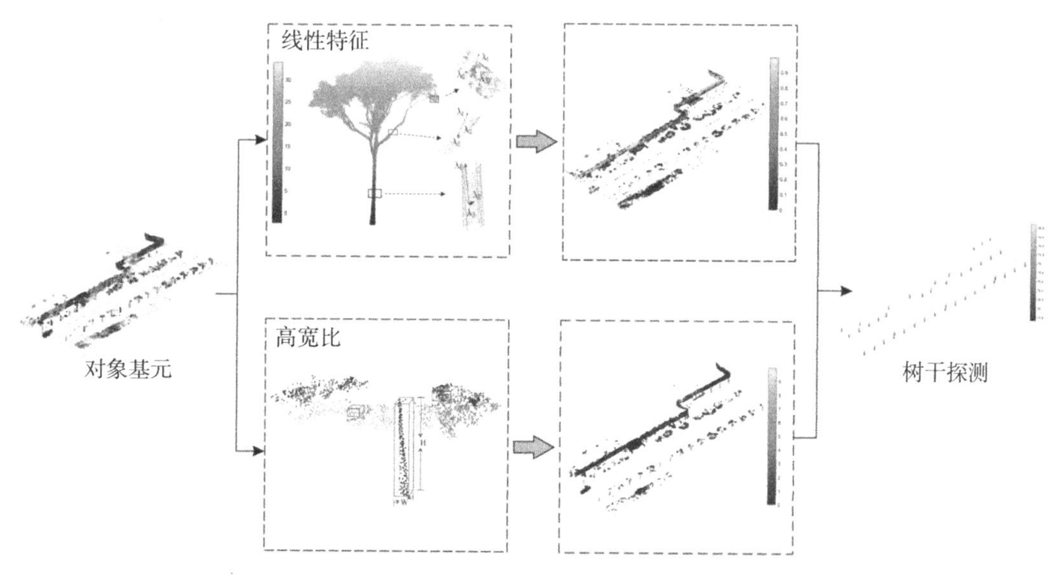

图 4.31　基于对象基元空间特征的树干点云提取

(左图是输入的初始对象基元点云，分别计算每个对象基元的线性特征值和高宽比，保留满足阈值的对象，从而得到树干点云)

$$\text{linearity}_{\text{obj}} = \frac{\lambda_1 - \lambda_2}{\lambda_1} \tag{4.37}$$

式中，λ 是对象基元协方差矩阵的特征值，其中 $\lambda_1 > \lambda_2 > \lambda_3 > 0$。图 4.31 中以单株植被为例，分别展示了树干、树枝和树冠部分的特征值，特征值的指向与其对应的特征向量相同，长度与特征值大小成正比。从图中可以看出，相对于树冠点云，树干和树枝的 λ_1 明显大于 λ_2，因此，树干和树枝点云的线性特征值通常大于树冠点云。

由于建筑物外墙、低矮植被等其他地物也可能具有较高的线性特征，因此本节设置了另一个用于提取树干对象基元的空间特征，即对象基元的高宽比。由于树干是细高的圆柱状，树干点云的高宽比通常大于建筑物、低矮植被和汽车等其他典型地物。因此，可以通过保留高宽比较高的对象基元，来提取准确的树干点云。对象基元的高宽比是指每个对象最小包围盒的高与底面宽的比值(图 4.31)，公式表示如下：

$$\text{ratio}_{\text{obj}} = \frac{h_{\text{obj}}}{\sqrt{\text{diff}_x{}^2 + \text{diff}_y^2}} \tag{4.38}$$

式中，h_{obj} 是对象基元的高，由对象基元最高点与最低点的高程差来计算；diff_x 和 diff_y 分别表示对象基元在 x 轴和 y 轴的取值范围。由于经过高程截断后，树干对象基元的高度 h_{obj} 通常大于其底部的宽度，少数粗壮树干对象基元的高度与宽度接近。而其他地物对象基元如汽车、围栏等，通常呈现扁平状或细长的长方体，这些对象基元的高宽比远小于树干。因此通过设置合适的阈值，可以获取准确的树干点云。

4.3.3 基于连通分析的树木点云提取

根据上述方法获取的树干，本节采用基于连通分析的方法来提取完整树木点云。该方法首先对非地面点云进行体素化；之后判断每个体素中是否有点，将有点的体素值记为 1，空体素记为 0；最后查找与树干点所在体素相连通的体素块，保留其中的点云数据作为初始树木点云，具体步骤如图 4.32 所示。

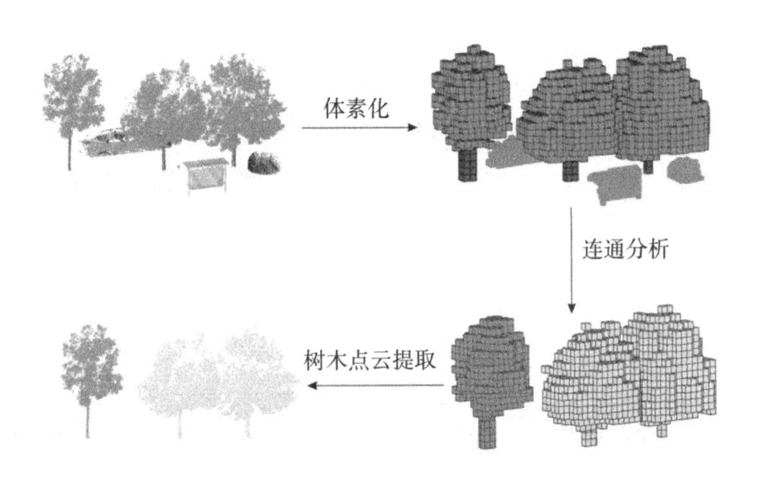

图 4.32　树木点云提取与分割优化

图 4.32 中第一幅图是原始树木点云数据，其中红色点是每个树干对象基元的最低点。第二幅图是体素化结果，绿色显示的小正方体是值为 1 的体素。第三幅图中黄色部分是树冠存在交叉重叠的两棵树，通过连通分析被标记为同一标签；而左侧绿色部分与其相邻树木不具备连通性，从而与周围树木区分开，经连通分析后形成一个由单株植被组成的对象。

在这一步中，选择树干的体素作为种子体素。然后，搜索邻近体素并判断其与种子体素的连通性。在本节中，只有具有共同面的相邻体素才被认为具有连通性，如图 4.33 所示，一个体素与其周围 6 个相邻体素相连通[88]。

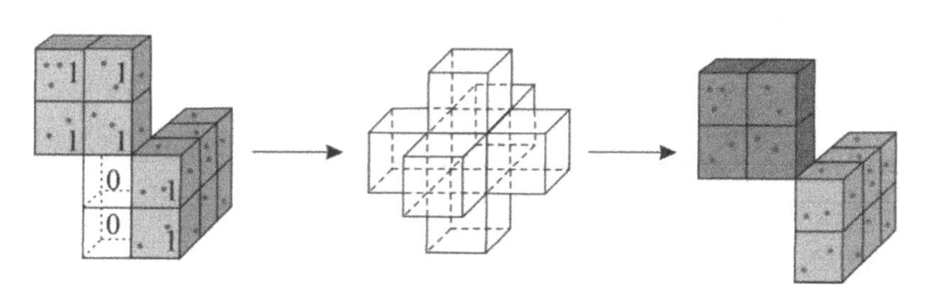

图 4.33　体素连通性

（左图是分割前的体素，有点的体素值为 1，没有点的体素值为 0；中间是一个六连通的模型；右图是分割结果，不同对象被赋予不同颜色）

4.3.4　基于最短路径的树木点云优化分割

从图 4.32 中可以看出，体素连通性分析可以根据树干点提取出更多的树木点云。采用上述方法，可以准确提取大部分的行道树，但在生活中，树冠经常存在交叉和重叠等现象，这会导致经过连通分析得到的树木点云存在欠分割的情况，不利于植被参数提取与建模。因此需要进一步优化获取最优的单株行道树分割结果。本节采用最短路径分析的方法，计算并比较树冠到树干最低点的最短路径长度，来进行树木点云优化分割。

该方法流程如图 4.34 所示。从图中可以看出，该方法首先判断一个树木点云集合中是否包含两个或两个以上的树干对象基元最低点，若是，则根据 K 最近邻域法构建连通图。然后，分别计算节点到各个树干最低点的最短路径长度[88]。树冠某点到其所在树木树干最低点的最短路径长度应小于该点到其他树木树干最低点的最短路径长度，因此将节点与其距离最近的树干最低点聚为一类，从而完成树木点云优化分割。为减少计算量，提高算法的实现效率，本节将包含多个行道树的对象基元体素化后，再计算树冠体素块到树干最低点所在体素块的最短路径长度。分割效果如图 4.35 右图所示，经最短路径分析后，右边两个树冠部分存在交叉重叠的行道树被成功分割。

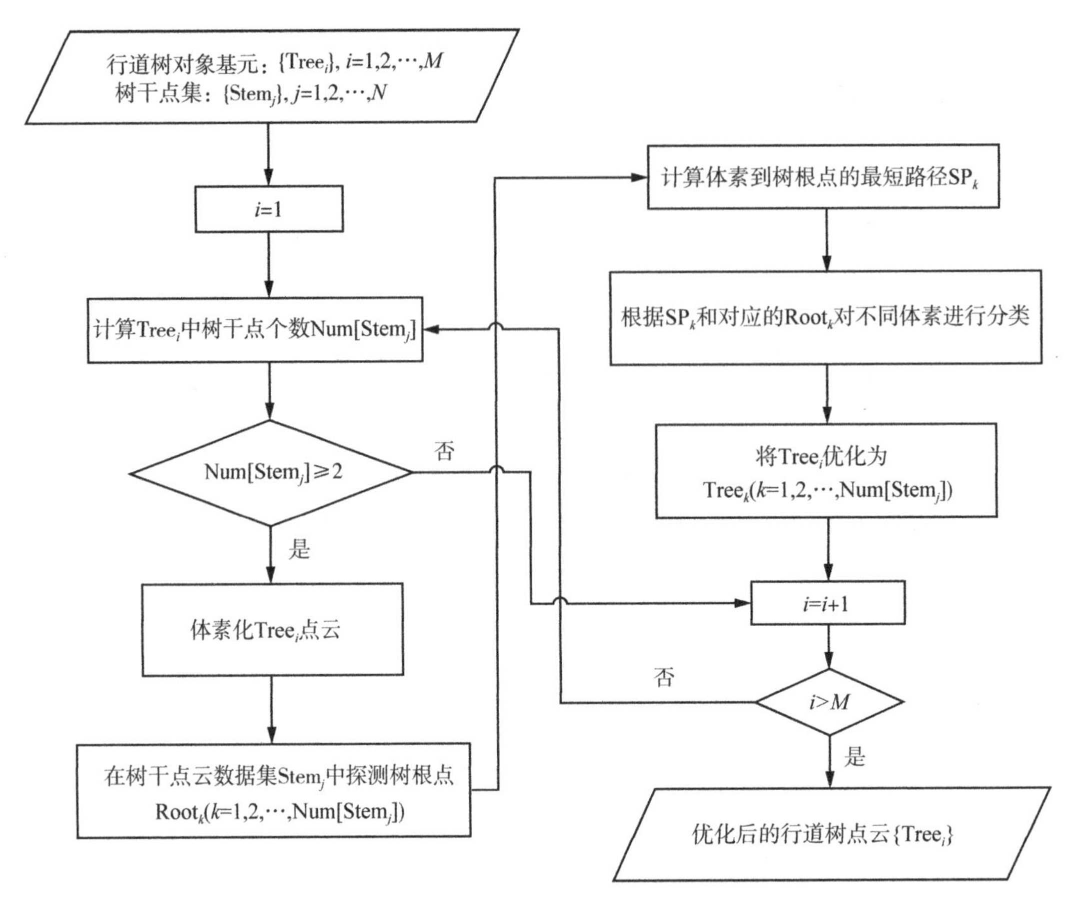

图 4.34　基于最短路径分析的树木点云优化分割

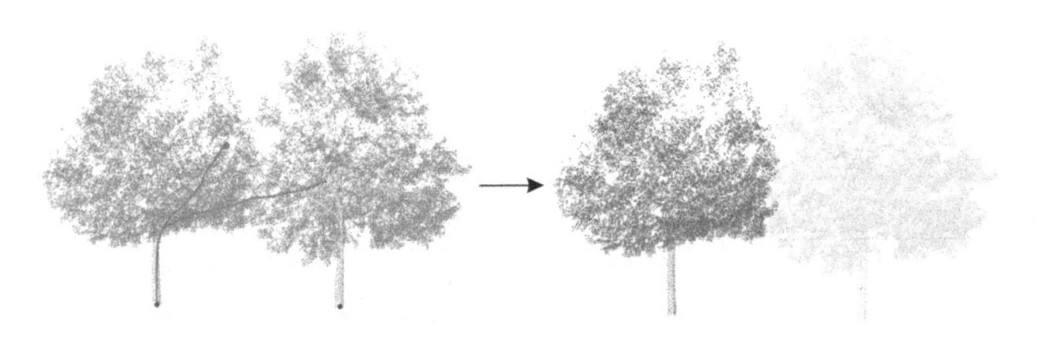

图 4.35　点云优化分割

（左图是优化前树冠部分存在交叉重叠的两棵行道树，其中蓝色点到左侧树底点的最短路径长度明显小于其到右侧树底点的最短路径长度，因此与左侧树底点划分为一类；右图是优化分割后的结果）

4.3.5　实验数据

为验证本节方法的有效性，本节选用 4 个能够公共获取的不同区域特点的车载激光雷达点云数据集①。该数据集是采用 SSW-2 型车载激光扫描仪获取的，位于大学校园内的道路场景。点云数据中的主要地物包括行道树、建筑物、路灯、汽车和行人等，其中行道树存在独立分布和相连分布等现象，如图 4.36 所示。图 4.36(a)、(d)中存在大量树冠重叠且高矮不同的行道树，而图 4.36(b)、(c)中的行道树大部分是规则分布且高矮相近。4 组数据的具体特征展示在表 4.12 中。从表 4.12 可以看出，该数据集可以检测本节方法对于不同分布特征的行道树的提取效果，从而验证方法的有效性和鲁棒性。

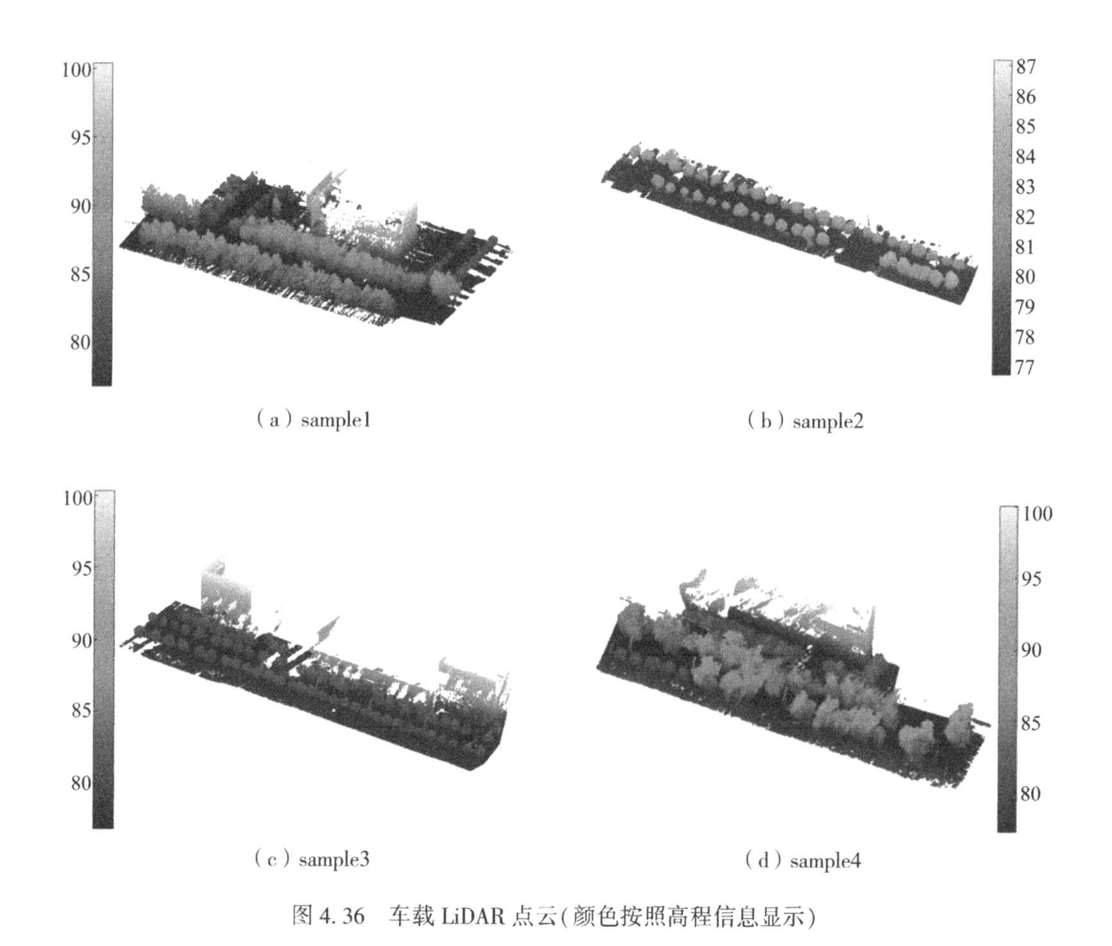

(a) sample1　(b) sample2

(c) sample3　(d) sample4

图 4.36　车载 LiDAR 点云(颜色按照高程信息显示)

① The 7th National Lidar Conference. Available online: http://chxy.hpu.edu.cn/lidar2021/data.htm.

表 4.12　4 组实验数据特征

数据集	点云个数	行道树点云	非树木点	树木总数	树种	非树木地物
sample1	4463551	2185245	2278306	106	梧桐树，杨树	建筑物，汽车，路灯，自行车，行人，低矮植被
sample2	2018179	792204	1225975	45	杨树	汽车，路灯，自行车，行人，低矮植被，广告牌
sample3	2109819	709638	1400181	76	杨树	建筑物，汽车，路灯，低矮植被
sample4	2281056	1170290	1110766	46	柳树，杨树	建筑物，汽车，路灯，自行车，行人，低矮植被

4.3.6　试验结果

本节方法的测试软件是 MATLAB 2020a，运行环境是 Intel ® Core™ i7-9750H CPU，运存 16G，Windows 10(64 位)操作系统。本节方法的最终结果是分离出单株行道树点云，为评估所提方法的有效性，需要获取单株行道树的参考数据。因此，本节使用 CloudCompare 可视化软件①手动获取单株行道树，并采集对应的树顶点。本节采用 Eysn 等[144]提出的树顶点匹配算法来评价单株行道树分离算法的性能。

树顶匹配的算法如图 4.37 所示。该方法首先选择最高的并在参考半径内的点作为候选树顶点，本节将半径阈值设置为 5m。进而，对候选点与参考树顶之间的二维距离和高差进行排序，并去除高差较大的候选树顶点。选择高度差较小且与参考树顶点二维距离小于 2.5m 的候选点作为匹配树顶点。

为定量评价本节单木分割方法的有效性，本节采用提取率、匹配率、错误率、漏检率和 F_1 得分这 5 个指标来计算方法精度。5 个精度指标计算公式如式(4.39)~式(4.43)所示。

$$\text{Extraction}_{\text{rate}} = \frac{\text{Num}_{\text{test}}}{\text{Num}_{\text{ref}}} \tag{4.39}$$

$$\text{Matching}_{\text{rate}} = \frac{\text{Num}_{\text{match}}}{\text{Num}_{\text{ref}}} \tag{4.40}$$

① CloudCompare. Available online：http：//www. cloudcompare. org/main. html.

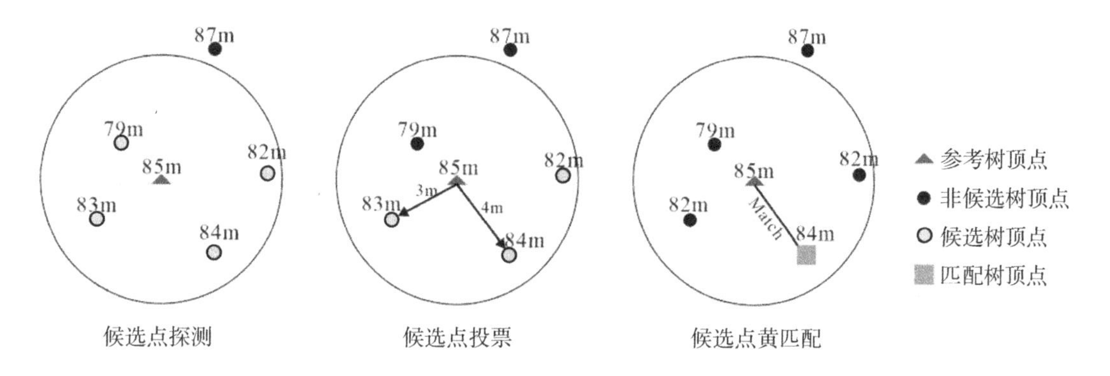

图 4.37　树顶点匹配算法

$$\text{Commission}_{\text{error}}=\frac{\text{Num}_{\text{test}}-\text{Num}_{\text{match}}}{\text{Num}_{\text{test}}} \tag{4.41}$$

$$\text{Omission error}=\frac{\text{Num}_{\text{ref}}-\text{Num}_{\text{match}}}{\text{Num}_{\text{ref}}} \tag{4.42}$$

$$F_1=2\times\frac{\text{Num}_{\text{match}}}{\text{Num}_{\text{ref}}+\text{Num}_{\text{test}}} \tag{4.43}$$

式中，Num_{test}表示在分割结果中检测到的树顶点，即检测到的树木总数；Num_{ref}表示参考树顶点个数，即树木的准确数量。提取率表示检测到的行道树与参考行道树数量之比。匹配率表示检测到的行道树与参考数据的匹配程度。漏检率表示未被正确分割的植被总数的百分比；错误率表示了算法的过分割程度；F_1 得分是评价树木点云优化分割效果的综合指标，能够整体反映分割方法的有效性。

本节方法的行道树提取精度如表 4.13 所示。从表 4.13 中可以看出 4 个数据集的提取率均接近 1，这表示本节方法对行道树的过分割或欠分割程度较低。平均匹配率大于 0.85，由此说明，本节方法可以取得不错的行道树提取结果。样本 4 区域中的错误率和漏检率偏大，这是由于样本 4 区域中包含较多的柳树，垂落的柳树枝条被误判为树干点，导致该区域的检测误差较大，F_1 得分较小。其他 3 个试验区域的 F_1 得分均大于 0.8，且 4 个研究区域的平均 F_1 得分大于 0.8，这表明该方法可以获得良好的单株行道树检测性能。

表 4.13　行道树分割结果精度

试验区域	提取率	匹配率	错误率	漏检率	F_1得分
sample1	0.9823	0.7965	0.1892	0.2035	0.8036
sample2	1.2955	0.9773	0.2456	0.0227	0.8515

续表

试验区域	提取率	匹配率	错误率	漏检率	F_1得分
sample3	0.9868	0.8816	0.1067	0.1184	0.8874
sample4	1.2381	0.7619	0.3846	0.2381	0.6809
平均值	1.1257	0.8543	0.2315	0.1457	0.8059

4.3.7 分析与讨论

本节方法主要包括3个步骤：树干检测、树木点云识别和单株行道树优化。为进一步分析每个步骤，本节分别对其进行讨论。

本节方法在树干点云提取环节，主要涉及对象基元的2个空间特征：分别是对象基元的线性特征 $\mathrm{linearity}_{obj}$ 和高宽比 ratio_{obj}。线性特征 $\mathrm{linearity}_{obj}$ 反映了每个对象基元的整体形状与树干的相似程度，数值越大说明相似程度越高。图4.38(a)是仅根据线性特征提取的对象基元，图中对象基元的线性特征均大于0.9。可以看出，大部分树干被正确提取，但仍然存在一些其他地物(绿色和黄色部分)被错误提取。这些是线性特征满足阈值的建筑物外墙。因此，当仅约束对象基元的线性特征时，竖直向上生长的树干点云和一部分水平延伸或倾斜存在的其他人工地物被同时保留，从而降低行道树提取的准确率。

高宽比 ratio_{obj} 在一定程度上反映了对象基元在竖直方向的分布特征。例如，树干点云对象基元的高宽比通常较高，这是由于树干是一个近似于竖直向上生长的细长圆柱体，圆柱体的高明显大于其底面直径。图4.38(b)是仅根据高宽比约束条件提取的高宽比大于2的对象基元。从图中可以看出，在正确提取树干点的同时，一部分点云个数较小的对象基元被错误提取(红色部分)。这是由于红色部分对象基元包含的点云个数较少，导致这些对象基元的宽远小于高。在图4.38(a)、(b)中可以看出，仅根据对象基元线性特征和仅根据高宽比分别提取树干点云的效果并不理想。图4.38(a)中错误提取的对象基元，其高宽比较小；而图4.38(b)中错误提取的对象基元，线性特征值较小。因此只有对这两个空间特征同时约束时，才能得到较理想的树干点云提取结果，如图4.38(c)所示。

本节方法的第二个主要步骤是树木点云识别。树木点云识别的结果直接影响最终单数行道树分割的精度。本节方法采用体素连通性分析来识别树木点云，将场景中的点云分为树木点和非树木点两类。因此，可以根据Ⅰ类误差、Ⅱ类误差和总误差这3

（a）仅使用线性特征约束的树干提取结果

（b）仅使用高宽比约束的树干提取结果

（c）综合线性特征和高宽比约束的树干提取结果

图 4.38　不同空间特征约束的树干点云提取结果

个精度指标来评估所提方法的性能。Ⅰ类误差表示树木点被错误分类为非树木点的百分比，Ⅱ类误差表示非树木点被错分为树木点的百分比，总误差表示错误分类的百分比，精度计算结果如表 4.14 所示。从表 4.14 中可以看出，样本 3 区域的Ⅱ类误差较大，其他试验区域的各精度指标都较小。这是因为样本 3 中一些行道树与墙壁相连，当对检测到的树干进行体素连通性分析时，墙体被误判为树木点。因此，该区域具有较大的Ⅱ类误差和总误差。整体来说，3 种误差在 4 个研究区域的平均值均小于 5%，由此可见，本节提出的方法具有良好的树木点云提取结果。

表 4.14　树木点提取的精度

	Ⅰ类误差(%)	Ⅱ类误差(%)	总误差(%)
sample1	3.07	0.59	1.74
sample2	1.12	2.56	2.09
sample3	1.87	11.01	8.41
sample4	3.23	4.68	3.94
平均值	2.32	4.71	4.04

行道树点云提取完成后，便可进行单木分割。为客观评价本节单木分割方法的优劣，本节选用另外 3 种单木分割方法进行试验结果的对比分析。Chen 等[149]提出了基于标记的分水岭分割方法(Watershed)。该方法首先建立树冠的极大值模型，利用活动窗口进行树冠检测，采用标记控制的分水岭分割方法获取单株植被。Wang 等[273]提出

了一种基于超点图结构的非监督方法(SSSC)。SSSC 方法将点云递归分割后，提取每个对象基元的超点，并计算超点的特征向量。然后构造一个无向超点图，用邻接关系来更新超点的特征向量。最后，基于超点的特征向量和最短路径分析对超点代表的对象基元进行聚类，实现单木提取。Latella 等[263]提出了一种基于密度的分割方法(ITDM)。该方法首先去除高程值较低的灌木、草地等点云数据以减少计算时间。然后，将点云数据投影到水平面上并计算其投影密度，从而提取局部密度较大的点，这些点对应于树干位置。最后，查找树干位置周围的高程极大值点作为树顶点。

图 4.39~图 4.42 是本节方法与上述 3 种方法在 4 个研究区域中的精度对比。结果表明，本节方法在 4 个研究区域中均取得了令人满意的结果。本节方法在 4 个研究区域的 F_1 得分均大于其他 3 种方法，且其中 3 个区域的 F_1 得分大于 0.8。这表明本节方法相对于其他 3 种方法具有较高的树木点云分割精度和较强的鲁棒性。在 4 个研究区域的 5 个精度指标中，本节方法均在至少 3 个精度指标上达到最优。由此可以看出，本节方法相较于另外 3 种方法的整体性能最优。如图 4.39 所示，本节方法具有最小的错误率及最佳的提取率，表明本节方法在规则分布且高矮不同的行道树分布环境中分割效果较好。如图 4.40 和图 4.42 所示，本节方法的匹配率较低，但是提取率最优。这表明本节方法在保证正确分割的同时，尽量减少了过分割的情况。相较于其他区域，本节方法在 sample3 区域表现最好，如图 4.41 所示。5 个精度指标均大于其他 3 种方法。这表明本节方法对于在道路两侧规则分布的行道树具有较好的识别分割效果。

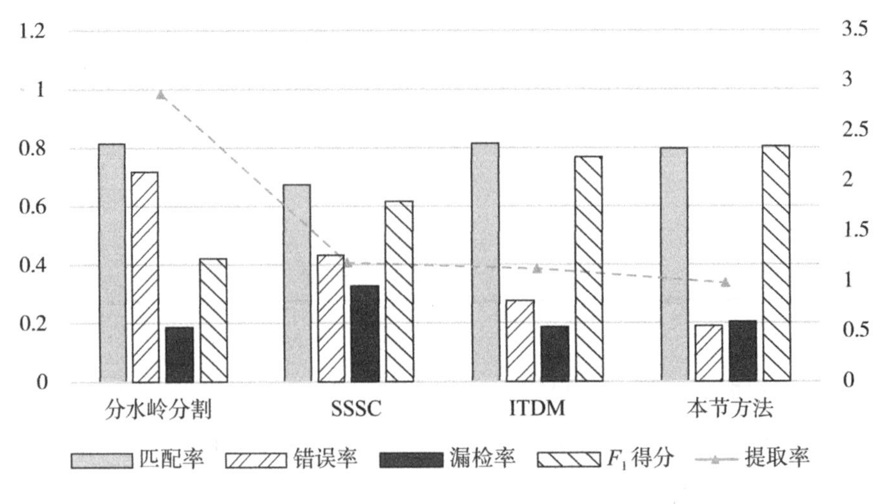

图 4.39　4 种方法在 sample1 区域的精度对比

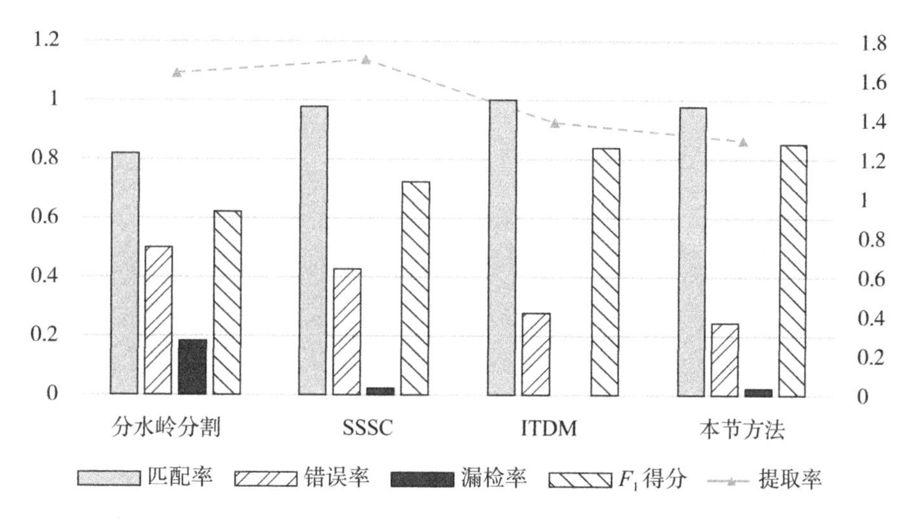

图 4.40　4 种方法在 sample2 区域的精度对比

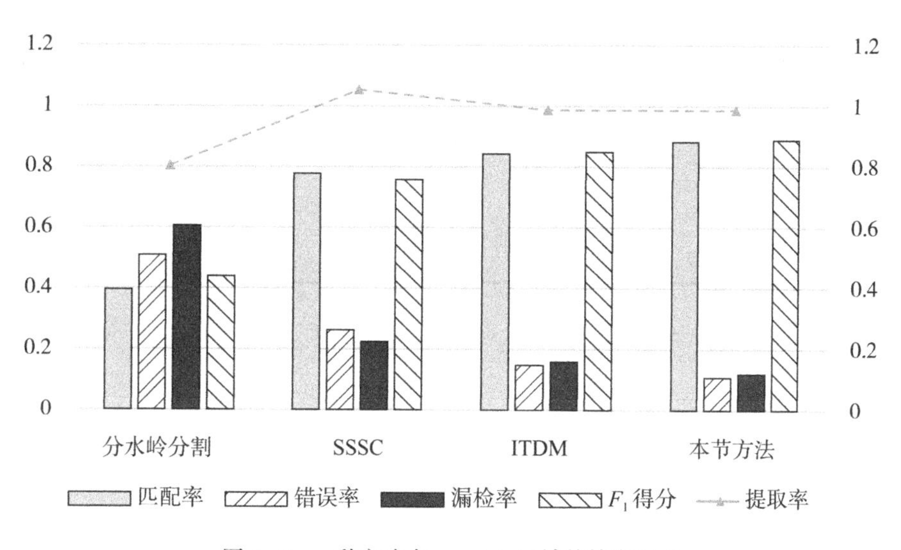

图 4.41　4 种方法在 sample3 区域的精度对比

表 4.15 是 4 种方法的平均精度对比，粗体表示对比结果中的最高值。本节方法在 4 个研究区域的平均 F_1 得分明显优于其他 3 种方法，表明本节方法较好地平衡了错误率和漏检率，在 4 个区域中均能取得较好的单木分割结果。本节方法的平均匹配率略低于 ITDM 方法，但是平均提取率和平均错误率在 4 种方法中达到最优。由此可见，本节方法在准确分割的情况下，较好地避免了过分割。

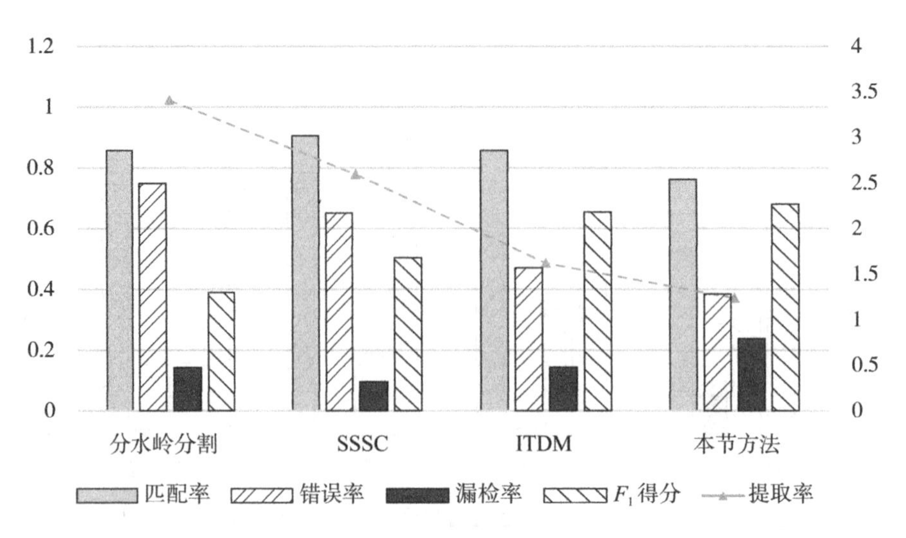

图 4.42　4 种方法在 sample4 区域的精度对比

表 4.15　4 种方法单木分割平均精度对比，粗体表示对比结果中的最高值

方法	提取率	匹配率	错误率	漏检率	F_1 得分
分水岭分割	2.1778	0.7211	0.6181	0.2789	0.4672
SSSC	1.6346	0.8327	0.4433	0.1673	0.6494
ITDM	1.2790	**0.8784**	0.2929	**0.1216**	0.7767
本节方法	**1.1257**	0.8543	**0.2315**	0.1457	**0.8059**

4.3.8　小结

行道树是城市环境的重要组成部分之一，行道树提取与重建是数字孪生城市建设中的关键环节。然而，从车载 LiDAR 点云中提取行道树仍面临提取精度低、在复杂城市环境中鲁棒性差、距离较近的行道树难以有效分离等问题和挑战。针对这些问题，本节提出了一种基于车载 LiDAR 点云对象基元空间几何特征的行道树提取与分割方法。该方法首先设定约束条件构建网图结构，实现车载 LiDAR 点云对象基元获取。继而，基于对象基元的线性特征和高宽比特征，实现树干点云探测。通过对点云体素化并进行连通分析，实现行道树点云提取。最后，通过基于最短路径的树木点云优化分割方法实现行道树单株分离。本节采用 4 组可以公开获取的车载激光雷达点云数据集进行行道树点云提取与分割优化。实验结果表明，本节方法在 4 个测试区域均具有良好的行道树提取与分割效果。4 个区域行道树提取的平均 F_1 得分均大于 90%，平均完整率达到 95.92%，说明本节方法具有良好的鲁棒性。与其他 3 种单木分割算法相比，本节行道树分割方法的平均 F_1 得分最高，能够均衡错误率和漏检率，有效避免过分割，得到较好的行道树分割效果。但本节方法的实现需要设置部分参数，例如对象基元的线性特征和高宽比阈值。为了便于实现，本节将 2 个参数设置为常数。但为了获得更好的行道树提取与分割效果，需要根据树木种类、城市环境和点云密度的不同对参数进行调整。如何进一步提升方法的自动化程度，使参数能够根据每个点云数据的特殊性自动调整，将是本书未来的研究方向。

4.4　基于连通性标记优化的地基 LiDAR 点云单木分割方法

在获取森林内部信息方面，TLS 较其余激光雷达系统具有显著优势，TLS 数据有高密度、高精度的特点，可以在不破坏森林的情况下，精确获取树木尤其是下层植被的结构信息，例如人工无法测量的林木的上部直径，TLS 的出现极大地提高了单木测量的精度[274]。

单木分割是森林资源调查的重要环节[275]。单木分割的好坏直接影响树高、树冠直径、树冠高度、胸径等单木参数的准确性[276]。现有的单木分割方法主要分为两类：第一种是基于点云三维信息的单木分割方法，直接利用点云的三维信息，相互之间的几何信息进行单木分割；第二种是基于冠层高度模型(CHM)的单木分割方法，该算法将搜索窗口应用于 CHM，首先找到冠层的局部最大值，识别树顶的位置，然后基于分割算法对单株树进行分离[277]。

基于冠层高度模型的单木探测方法则是利用所有点云生成数字表面模型(DSM)及采用地面点生成数字地面模型(DTM)，对二者进行差值计算得到冠层高度模型[278]；再将 CHM 与局部最大值算法相结合，从点云的冠层高度模型中检测树顶；最后采用图像处理算法对冠层高度模型进行分割，得到单木树。虽然基于 CHM 的方法具有较好的单木分割效果，但由于点云数据复杂的空间形状和噪声点的影响，仅用局部极大值来定义树顶，则不可避免地会产生过分割结果。

基于点云的单木分割算法可通过点云数据的空间分布特征直接进行单木分割，相较于基于 CHM 的单木分割算法，避免了点云数据栅格化造成的信息丢失。但由于离散点云数据的非结构化特性，基于点云的方法通常需要基于大量的先验知识进行单木提取，且在处理数据量较大的点云数据时，存在运算效率低的问题。基于 CHM 的单木分割算法普遍比基于点云的单木分割算法运算效率高，但精度一般比基于点云的单木分割算法精度低。造成该现象的主要原因为基于CHM的单木分割算法通常将局部最大值检测作为单木分割的标记点。而局部最大值识别不准确，会造成漏分割、过分割的情况。标记点选取的准确性对于后续的单木分割有至关重要的影响。为提升树顶点识别的准确性，本节首先采用移动窗口进行局部极大值探测，实现候选树顶点探测。接着，对初始树顶点进行连通性生长，通过探测连通区域的最高点，实现树顶点的优化提取。继而，采用基于标记的分水岭分割方法获取树木的初始分割结果。最后，基于单木密度的分布特性对欠分割的树木进行优化，获取高精度的单木分割结果。本节所提方法的技术路线如图4.43所示。具体包括以下4个步骤：①冠层高度模型提取；②基于连通性的树顶点优化探测；③基于标记的分水岭分割；④单木分割优化。

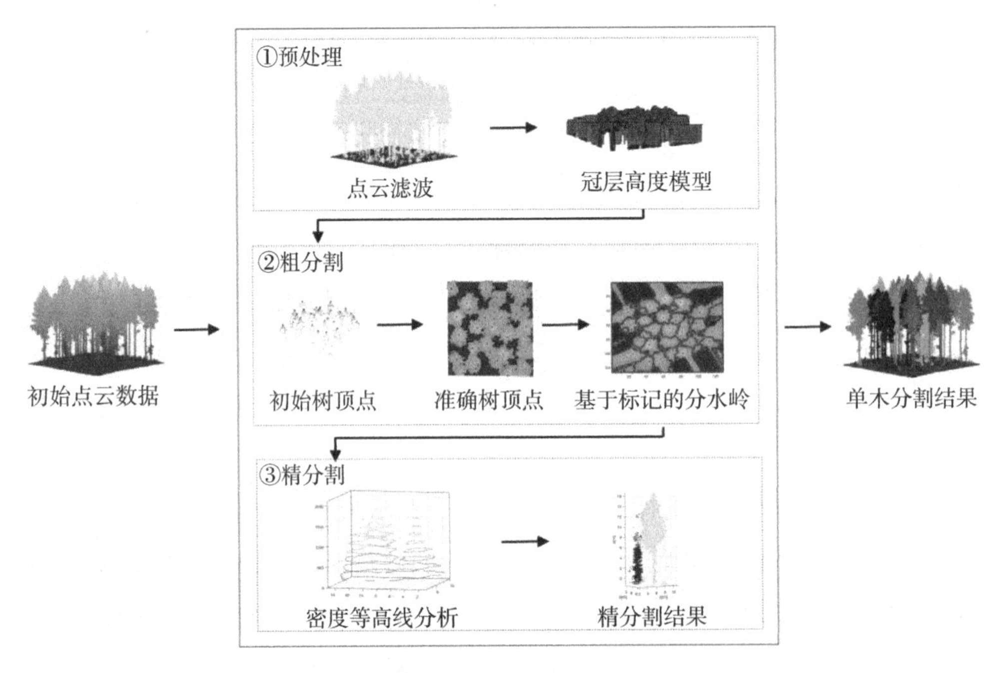

图4.43　技术路线图

4.4.1　冠层高度模型提取

冠层高度模型(CHM)能够表达森林中每棵树木的枝叶到地面的垂直距离。CHM的获取可有效消除地形起伏对树冠高度的影响，准确反映了森林冠层高度的波动，在单木分割过程中发挥重要作用。其主要生成方法是数字表面模型(DSM)与数字地面模型(DTM)的差值。本节采用布料模拟算法(CSF)进行点云滤波，实现地面点和非地面点的分离[45]。利用 CSF 布料模拟滤波算法分出的地面点云数据，进行格网化并取最高点赋值至格网中，对空白格网进行插值处理，由此生成数字地面模型。同理，对初始点云数据格网化，取点云最高值赋值至格网中，对空白格网进行插值生成数字表面模型。利用式(4.44)可获取冠层高度模型。

$$\mathrm{CHM}=\mathrm{DSM}-\mathrm{DTM} \tag{4.44}$$

式中，CHM 为冠层高层模型；DSM 为数字表面模型；DTM 为数字地面模型。

4.4.2　基于连通性的树顶点优化探测

由于树冠的尺寸难以确定，但是依据树木的形状特征可知，树顶点位于树木的偏中央位置，且处于整棵树木的最高点，因此，如图 4.44 所示，可以用较小的搜索窗口，在 CHM 栅格格网中进行逐个格网遍历，由此检测出在 CHM 中，搜索窗口每移动一个格网，对应窗内的高程最大值。此时，由移动窗口所检测到的高程最大值点云集合可视为研究区内的所有潜在树顶点集合 $P(x_i,\ y_i)$，$i=1,\ 2,\ \cdots,\ n$，n 为潜在树顶点个数。但同时其中仍然混杂其他非树顶点的局部高程最大值。因此，需对该潜在树顶点集合进行筛选处理。

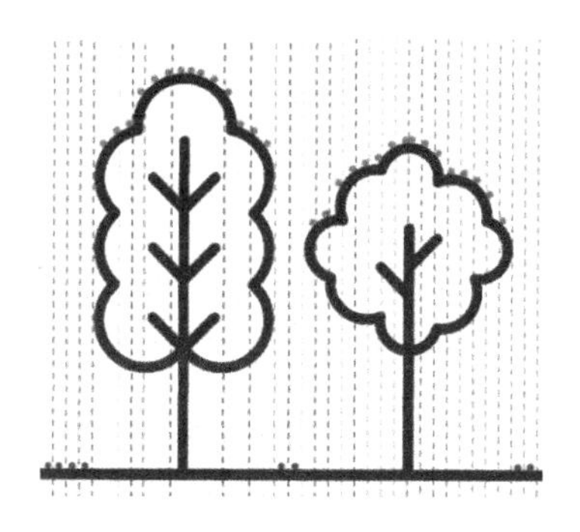

图 4.44　局部极值点探测

由移动搜索窗口检测出的树冠顶点，根据其位置的特殊性，树顶点周围应存在其他搜索窗口探测出的局部最大值。由此，依据单木树的形态特征，本节采用最邻近点连通性判断对树顶点进行过滤。计算步骤如下：

(1)连通性生长聚类。从潜在树顶点集合中随机选取一点 P_1，通过式(4.45) 进行 8 连通性判断。若该点邻近的 8 个格网内有其他潜在树顶点 P_2，则将其连通为一类，然后以 P_2 点为初始点，继续进行 8 连通性判断，直到该类最后潜在树顶点无法连通其他点，该类结束。进行下一类生长，直到所有潜在树顶点都进行连通性判断实现分类为止。生长结果如图 4.45(a)所示。

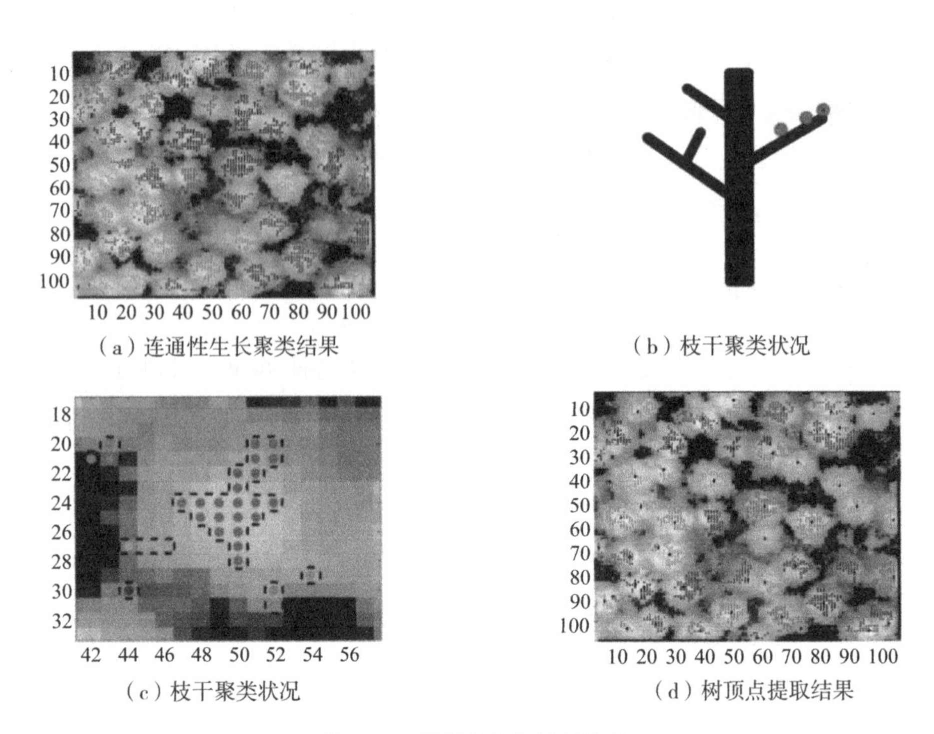

(a) 连通性生长聚类结果　(b) 枝干聚类状况　(c) 枝干聚类状况　(d) 树顶点提取结果

图 4.45　局部极值点搜索结果

(2)滤除枝干类。待连通性生长完毕，由于移动窗口尺寸的局限性，探测生长结果中存在部分树木分支的单独类别，如图 4.45(b)和(c)所示，该部分类别个数较少，且生长方向较为单一，不满足以树顶点为中心向外扩充生长的特性。因此，对于类别中连通性生长后个数少于 4 的类别进行剔除。

(3)准确树顶点获取。依据 8 连通性生长过后的潜在树顶点的类数，由式(4.46)分别从各类潜在树顶点中提取出最高点，即为该类的树顶点，从而获取该区域内所有树顶点。最终搜索结果如图 4.45(d)所示。

$$P_{\text{label}} = P(x_i \pm 1,\ y_i \pm 1) \tag{4.45}$$

式中，$P(x_i,\ y_i)$ 为潜在树顶点的格网坐标集合；P_{label} 为经过连通性判断后的同一棵树的潜在树顶点集合，label 为同一棵树的潜在树顶点标签。

$$T_{\text{label}}(x,\ y) = \max(H(P_{\text{label}})) \tag{4.46}$$

式中，$H(P_{\text{label}})$ 表示标签为 label 的潜在树顶点的高程值集合；$T_{\text{label}}(x,\ y)$ 表示 label 棵树的顶点坐标集合。

4.4.3 基于标记的分水岭分割

本节改进传统的分水岭算法，提出一种基于连通性标记优化的分水岭算法。分水岭分割最早由Beucher和Lantuejoul(1979)提出，是一种基于二值数学形态学的分割算法，其基本思想是将CHM中的局部极小值及其周围影响区域作为局部“积水盆”；并在每个局部“积水盆”底部“凿洞”，将整个模型缓慢浸入水中，CHM中的极小值周围会形成集水盆地，各个盆地的水要汇集时，在盆地交界处构建堤坝，形成分水岭[279]。但分水岭容易产生过分割，对树冠中的局部极值点较为敏感，同一棵树易探测出多个“积水盆”，导致过分割现象。基于标记的分水岭算法依据合适的标记方法，设置每个区域相关的标记作为分水岭的初始点，可以确定分割后的区域数目，有效减弱传统分水岭算法中的过分割现象。

基于标记的分水岭算法则是将CHM进行正负取反操作，并采用预先探测树冠顶点的方法，将探测结果强制标定为分水岭的局部“积水盆”极小值，并给予各自唯一的标记，再由各个局部极小值点向外遍历搜索，进行排序和淹没步骤。由局部极小值开始对区域内的高程由大到小排序，然后从低到高进行淹没，进行判断和标注，直至找到淹没水体即将汇水合并时的集水盆地之间的边界点，即分水岭(树冠边缘)。为求得树冠边缘信息，可先求出区域内的梯度值，计算方法如式(4.47)。当检索完当前盆地后，对该盆地内的所有格网统一标注为一个标记，如此反复进行迭代搜索，直到分水岭变换则完成，实现单木树的提取分割。

$$g(x, y)=\sqrt{(h(x, y)-h(x-1, y))^2+(h(x, y)-h(x, y-1))^2} \tag{4.47}$$

式中，$h(x, y)$表示对CHM取反后格网中所对应的高程值；$g(x, y)$表示相应格网中的梯度值。

4.4.4 单木分割优化

在基于标记的分水岭算法完成单木分割后，由于提取出的单棵树依旧存在个别低矮植被归为同一棵树的情况。针对该种情况，本节提出一种利用密度等值线欠分割识别方法。主要思路：依据树木的结构特征，以俯视投影的二维树木，在中间树干区域点云较聚集，密度较大，并以此为中心密度向外减低。因此，如图4.46(a)所示，在二维平面中，通过判断密度等值线中是否存在互不嵌套的多条等高线，能够将欠分割的单木树较好地区分出来。图中两棵欠分割单木树，各自以单木树中，点云密度最大的树干为圆环中心并逐渐向外扩张减小，最后合并为同一个同心圆。因此，通过绘制单木树的二维俯视密度等值线，统计密度等值线中的同心圆类别个数，能够较好地检测出单木树是否存在欠分割状况，以及欠分割单木树的个数。

当单木树被判定出存在欠分割情况时，如图 4.46(b)所示，利用三维密度等值线能将每一层的密度等值线更形象、立体地显示出来，利于单木树的进一步分割。由于密度等值线的要素之间存在相互嵌套、自我闭合且互不交叉的拓扑关系。本节基于这种特性，由三维密度等值线从上至下(密度逐渐降低)对欠分割单木树进行搜索，并找出两棵单木树的密度等值线在合并前的邻接等高线(两条密度等值线边界相交)，最后以邻接等高线为两棵单木树的分割位置对其进行分割。分割结果如图 4.47(a)、(b)、(c)所示。

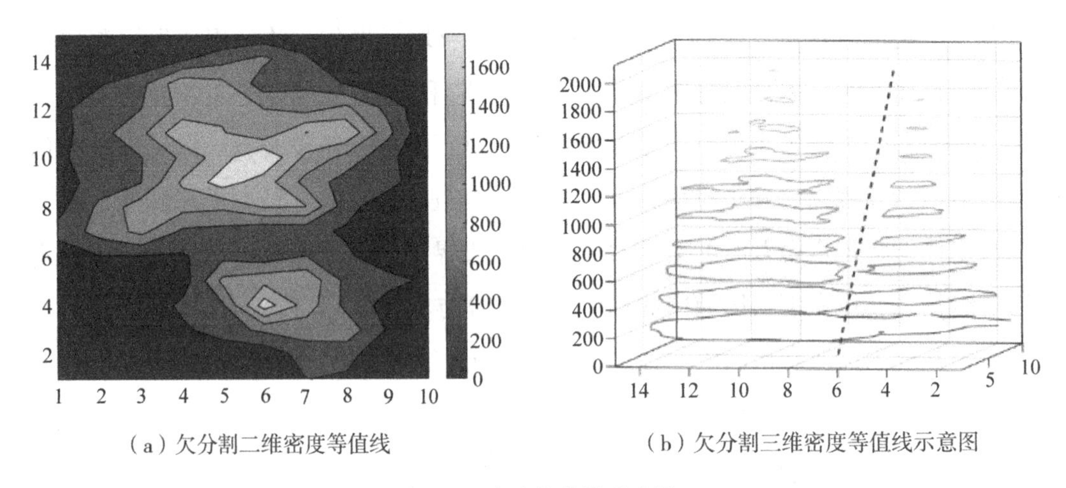

(a) 欠分割二维密度等值线

(b) 欠分割三维密度等值线示意图

图 4.46 密度等值线示意图

4.4.5 实验数据

为验证本节单木分割方法在 TLS 点云数据中的可行性，本节选取 3 组 TLS 森林点云数据进行测试。图 4.48 为本节 3 组 TLS 点云数据所处的地形场景，其中样本 1 采集于荷兰，点云数据包括针叶林和落叶林[280]。样本 2 和样本 3 采集于芬兰埃沃的南部北部森林，数据集包含多种不同的植被类型[281]。3 组数据分别通过人工分类添加标签。本实验运行平台：Windows 10 (64 位)操作系统，处理器 i5-1035G1 CPU，1.19GHz，内存为 16GB，实验采用 Matlab R2018a 实现。

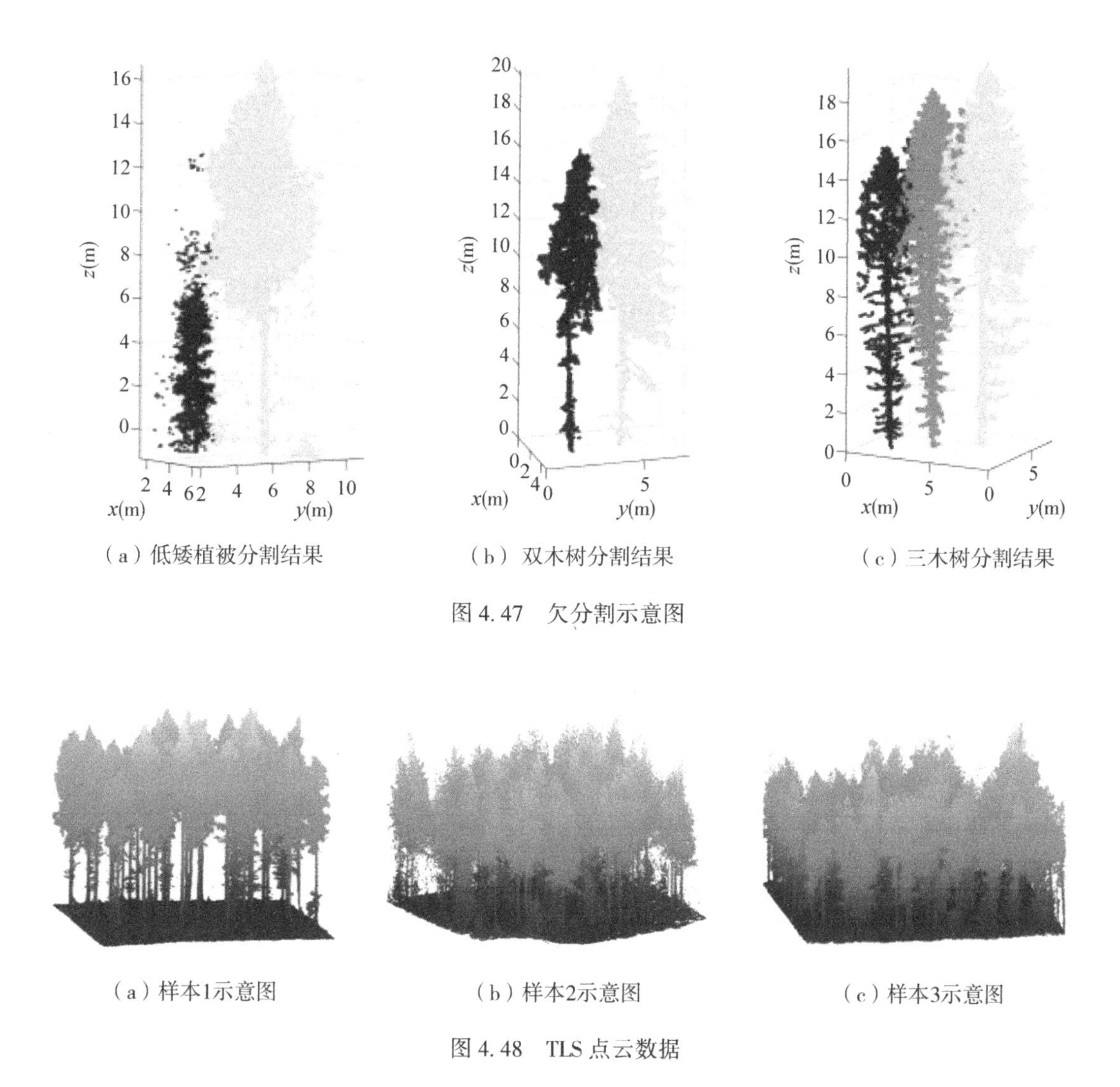

（a）低矮植被分割结果　（b）双木树分割结果　（c）三木树分割结果

图 4.47　欠分割示意图

（a）样本1示意图　（b）样本2示意图　（c）样本3示意图

图 4.48　TLS 点云数据

4.4.6　评价指标

在单木分割实验中，单木提取的输出结果主要为 3 个参数：正确分割的数量（N_{match}）、参考树木的数量（N_{ref}）和分割出来总共的树木数量（N_{extr}）。本节将提取的单木点云数量大于该棵树总点云数量的 80%视为正确分割，若小于则视为未被分割出来。为了进一步定量评价本节提出的方法，采用树木探测的完整率（Comp）、树木探测的准确率（Corr）和树木的平均探测精度（Accuracy）三个评价指标来评价。树木探测的完整率（Comp）表示正确探测的单木株数占参考树木株数的比例，树木探测的准确率（Corr）表示正确探测的单木株数占整个提取单木株数的比率。因此，Comp、Corr 和

Accuracy 的计算方式如下：

$$\text{Comp} = \frac{N_{\text{match}}}{N_{\text{ref}}} \tag{4.48}$$

$$\text{Corr} = \frac{N_{\text{match}}}{N_{\text{extr}}} \tag{4.49}$$

$$\text{Accuracy} = \frac{2N_{\text{match}}}{N_{\text{ref}} + N_{\text{extr}}} \tag{4.50}$$

式中，N_{match}为正确检测到的树木个数；N_{ref} 是参考树木个数；N_{extr} 为提取出的树木个数。

4.4.7 实验结果

本节单木分割结果如表 4.16 和图 4.49 所示，在 3 组样本中，本节单木分割的树木探测的完整率和树木探测的正确率，以及树木的平均探测精度的平均值分别为 65.71 %、68.88 %和 67.02%。

表 4.16 单木分割结果

参数	样本 1	样本 2	样本 3	平均值
Comp(%)	77.14	75.00	45.00	65.71
Corr(%)	75.00	73.58	58.06	68.88
Accuracy(%)	76.06	74.29	50.70	67.02
N_{ref}	35	52	80	55.67
N_{extr}	36	53	62	50.33
N_{match}	27	39	36	34.00

4.4.8 对比分析

为验证本节单木分割方法的有效性，本节分别选取了 Ferraz 等[156]提出的 Mean Shift 算法和 Chen 等[149]提出的基于标记的分水岭单木分割算法进行对比分析。表 4.17 为 3 种单木分割方法对样本 1、样本 2 和样本 3 的 TLS 点云数据进行单木分割结果。已知样本 1、样本 2 和样本 3 分别包含 35、52 和 80 棵单株树木，本节方法在 3 组样本中树木的平均探测精度分别为 76.06%、74.29%和 50.70%，分别准确检测到 27 棵、39

(a) 样本1分割结果

(b) 样本2分割结果

(c) 样本3分割结果

图 4.49　本节单木分割结果

棵和 36 棵单株树木；而 Mean Shift 方法在 3 组样本中树木的平均探测精度分别为 37.04%、51.8%和 30.69%，可分别正确检测到 25 棵、36 棵和 31 棵树木。基于标记的分水岭分割方法在 3 组样本中树木的平均探测精度分别为 53.33%、55.07%和 37.93%，分别正确检测到 24 棵、38 棵和 33 棵树木。在 3 组样本中，本节方法的树木探测的完整率、树木探测的正确率和树木的平均探测精度 3 种精度指标，均高于 Mean Shift 方法和基于标记的分水岭分割方法这两种对比方法。

通过对比单木提取数量，可知本节方法分别在 3 组样本检测到 36 棵、53 棵和 62 棵单株树木。而 Mean Shift 方法和基于标记的分水岭分割方法在样本 1 分别检测到 100 棵和 55 棵树木，在样本 2 分别检测到 87 棵和 86 棵树木，在样本 3 分别检测到 122 棵和 94 棵树木，两种对比方法识别出的单株树木明显高于样本中的正确树木个数，存在严重的过分割现象。本节方法识别出的单株树木与正确的树木差距最小，表明本节方法可减少过分割现象，本节单木分割方法相对于其余两种方法提取精度更高，适应性更强。

表 4.17　三种单木分割方法结果

样本	参数	Mean Shift	The marker-based watershed	本节方法
样本 1	Comp(%)	71.43	68.57	**77.14**
	Corr (%)	25.00	43.64	**75.00**
	Accuracy (%)	37.04	53.33	**76.06**
	N_{ref}	35	35	35
	N_{extr}	100	55	36
	N_{match}	25	24	**27**

续表

样本	参数	Mean Shift	The marker-based watershed	本节方法
样本 2	Comp(%)	69.23	73.08	**75.00**
	Corr (%)	41.38	44.19	**73.58**
	Accuracy (%)	51.8	55.07	**74.29**
	N_{ref}	52	52	52
	N_{extr}	87	86	53
	N_{match}	36	38	**39**
样本 3	Comp(%)	38.75	41.12	**45.00**
	Corr (%)	25.40	35.10	**58.06**
	Accuracy (%)	30.69	37.93	**50.70**
	N_{ref}	80	80	80
	N_{extr}	122	94	62
	N_{match}	31	33	**36**

本节分别对样本 1 中 3 处树木、样本 2 的 4 处树木，以及样本 3 中 3 处树木进行具体分析。如图 4.50 所示，第一列为 3 组样本数据中树木的真实标签图，第二列为 Mean Shift 方法的分割结果，第三列为基于标记的分水岭分割方法的分割结果，以及第四列为本节所提方法的单木结果分割图。

在样本 1 中，第 1 处为包含一棵高大树木和一棵低矮树木，可知 Mean Shift 方法、基于标记的分水岭分割方法均无法提出低矮树木，而本节方法可有效提取该处的低矮植被；第 2 处为一棵树木，本节方法和 Mean Shift 方法均可正确提取。而基于标记的分水岭分割方法过分割，将其分为 2 棵树木。在第 3 处包含 3 棵树木，其中 Mean Shift 方法将其分为 1 棵树木，基于标记的分水岭分割方法可正确识别 2 棵树木，而本节方法可将 3 棵树木均识别出来。在样本 2 中，第 1 处和第 2 处均包含 2 棵树木，图 4.50 中 Mean Shift 方法、基于标记的分水岭分割方法由于欠分割，均将其误检测为 1 棵树木，而本节方法可正确检测出该处树木。而在第 3 处和第 4 处，均为 1 棵树木，本节方法和 Mean Shift 方法均可正确检测，但基于标记的分水岭分割方法在 3、4 处均过分割。在样本 3 中，第 1 处为 2 棵树木，本节方法分割结果和 Mean Shift 方法可正确识别此处的 2 棵树木，而基于标记的分水岭分割方法将该处树木误分为 1 棵树木；第 2 处为 2 棵树木，只有本节方法可实现正确分割，Mean Shift 方法和基于标记的分水岭分割方法将其误分为 1 棵树；第 3 处为 3 棵树木，Mean Shift 方法和基于标记的分水岭分割方法均只识别出 2 棵树木，而本节方法可正确地将 3 棵树木检测出来。

通过图 4.50 的 3 组单木分割结果，可知相较于其他 2 种单木分割方法，本节方法的单木识别更准确，有效改进了分水岭算法中的过分割问题。

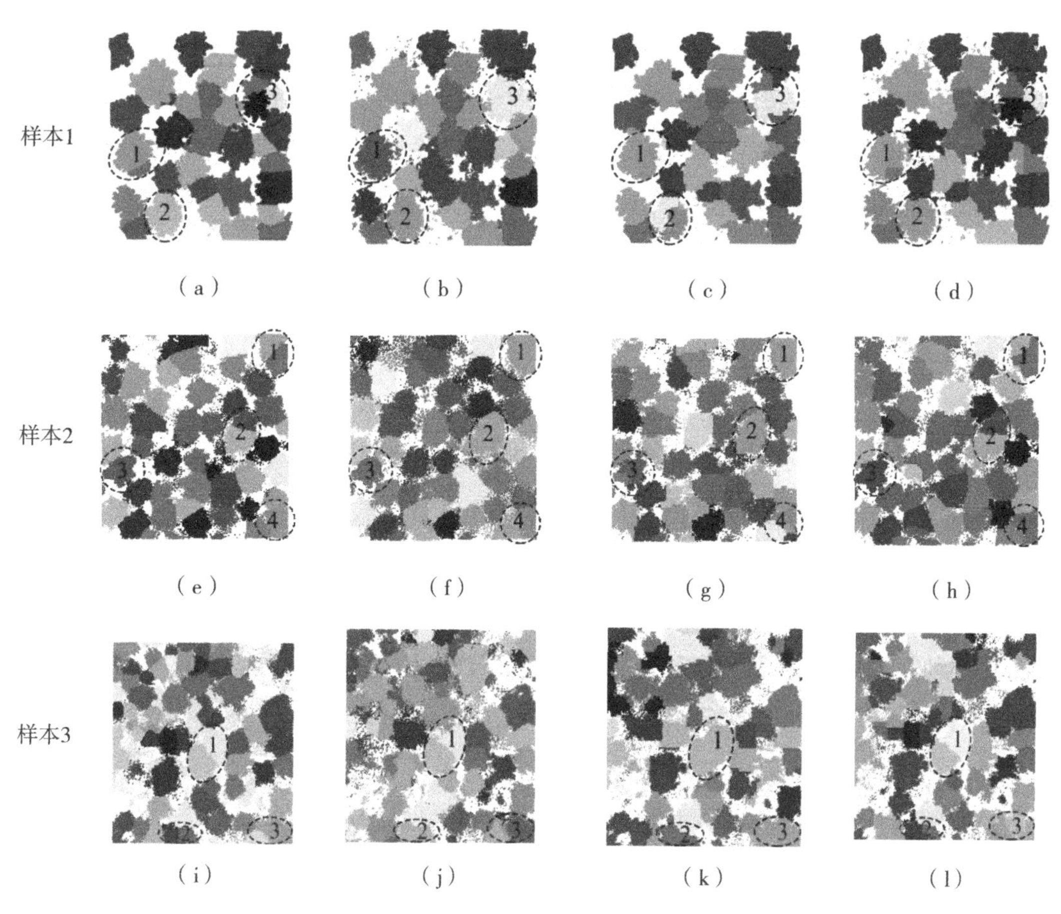

图 4.50　不同单木分割方法的分割结果

((a)~(d)为样本 1 的单木分割结果；(e)~(h)为样本 2 的单木分割结果；(i)~(l)为样本 3 的单木分割结果)

4.4.9　小结

LiDAR 技术因其精度较高、受外界影响较小等优点，现已广泛应用于林地区域单木分割中。然而，目前基于 TLS 进行单木分割的研究中依然面临复杂林地区域单木分割精度较低的难题。为提高单木分割的精度，本节提出了一种基于连通性标记优化的单木分割方法。本节首先对初始树顶点进行连通性生长，通过探测连通区域的最高点，实现树顶点的优化提取，避免局部极大值误判为树顶点，有效降低局部极大值误判为树顶点的误判率，促进后续基于树顶标记单木分割准确率的提高。对于局部欠分割树木点云，本节基于单木点云密度的特性，提出一种基于密度等值线的单木欠分割优化方法，对欠分割树木进行优化分割，显著提升单木分割的准确率。本节采用 3 组不同区域的森林 TLS 点云数据进行实验，实验结果表明本节方法能够获得 76.06%、74.29%和 50.70%的平均探测精度，均优于 Mean Shift 分割方法和传统的基于标记的分水岭分割方法。由此可见，本节方法具有一定的鲁棒性，针对不同区域的植被点云数据均实现较高精度的单木分割。

4.5 基于地基 LiDAR 的单木定量结构模型自适应构建

在单木尺度上分析树木生长过程中结构变化与生长规律是实现高精度森林资源调查与地上生物量估测的关键步骤之一。从地基 LiDAR 数据中建立还原树木原有形态的 QSM 不仅能够获取树木整体体积等基础信息，还能计算枝干数量及枝干夹角等深层树木结构信息，从而帮助完成树种识别等其他森林资源清查任务。基于地基 LiDAR 数据的建模通常可分为基于分割的建模与基于骨架的建模，本节结合上述两类建模方法，提出了一种自适应优化的建模方法，该方法对枝叶分离后的单木点云进行建模，主要步骤包括：①基于双约束联合邻域生长的点云分割；②基于空间连通性分析的单枝分离与枝干拓扑关系建立；③局部对象基元自适应优化与初始模型拟合；④先验知识引导下的局部与全局模型优化。本节方法的流程如图 4.51 所示。

4.5.1 单木点云枝叶分离

在本节建模方法中，为针对树木枝干建立高精度 QSM，首先对单木点云进行了枝叶分离以剔除叶子点云并保留枝干点云。本节使用了 Wang 等[218]开发的 LeWoS 方法实现自动枝叶分离，并通过人工操作对自动分离结果进行修正。

LeWoS 方法基于点云数据中包含的空间结构信息建立了树木点云网图结构，通过基于图的递归分割与分割部分概率探测实现了对单木点云与样地点云的自动化高效枝叶分离。在递归分割前，该方法首先根据邻近点计算了各点的法向量与特征向量，随后为了控制局部点云密度并移除长度异常边，该方法基于空间特征相似性、邻近点平均点间距及邻近点最大点间距对网图结构进行了剪边处理，其处理方法如式(4.51)

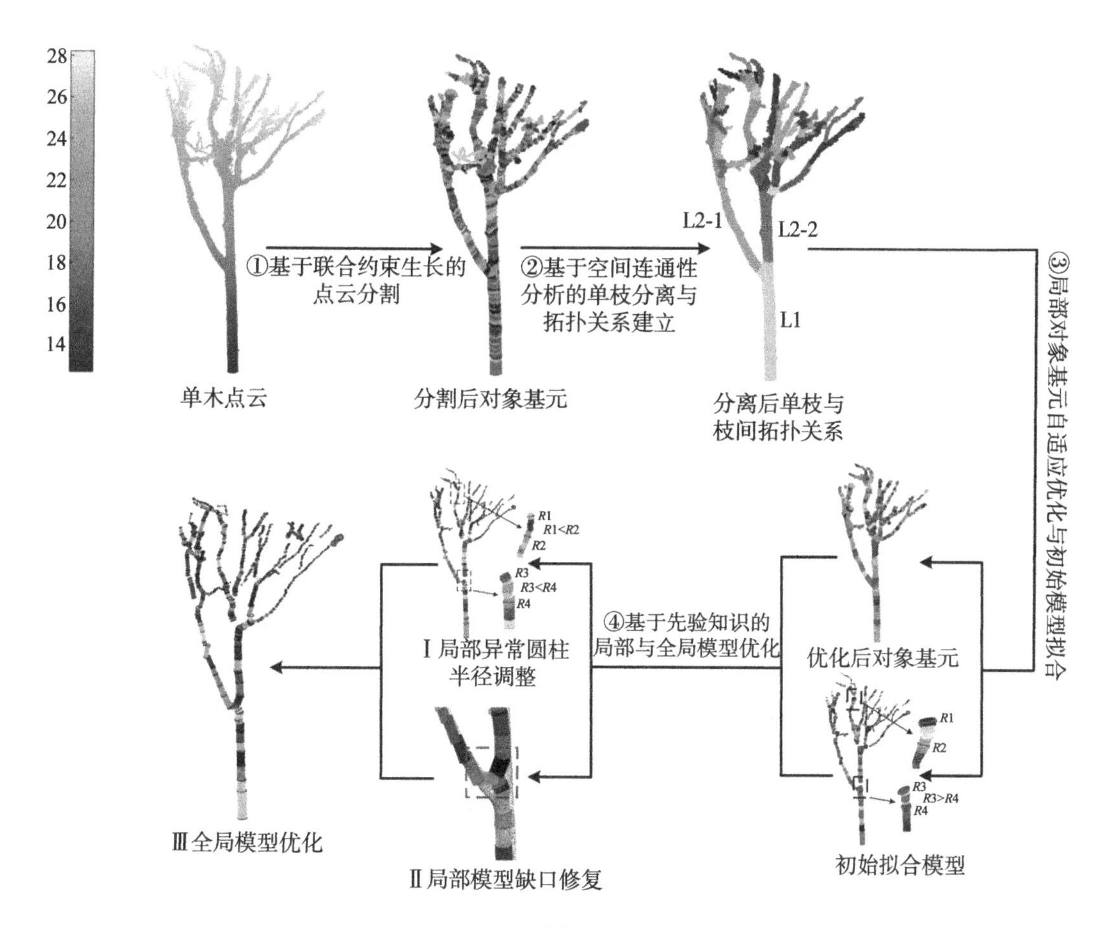

图 4.51　基于 TLS 的自适应优化单木模型构建流程图

所示。

$$e_{i,j} = \begin{cases} 1, & \begin{cases} |N_{zi} - N_{zj}| < N_{z-th} \\ D_{ij} < \bar{D}_{ij} + \sigma_{ij} \\ D_{ij} < \overline{\max(D_{ij})} + \sigma_{\max(D_{ij})} \end{cases} \\ 0, & \text{其他} \end{cases} \tag{4.51}$$

式中，$e_{i,j}$ 代表网图结构中两点间的边；N_{zi} 与 N_{zj} 分别代表点 i 与邻近点 j 的垂直性空间特征；N_{z-th} 为该特征相似性阈值；D_{ij} 为点 i 与邻近点 j 的欧氏距离；$\bar{D}_{ij}$ 为点 i 与其所有邻近点的平均距离；σ_{ij} 为对应的标准差；$\overline{\max(D_{ij})}$ 为所有点最远距离的均值。通过上述剪边处理，能够只保留具有垂直性空间特征相似程度较高的邻近局部点之间的边，从而可以实现对各连通部分的递归分割，并最终将递归分割结果根据其线性特征与尺寸大小分为枝干点与叶子点。

地基 LiDAR 数据具有较高的点密度与位置精度，充分保留了树木的细节信息，使 LeWoS 方法可以更加准确地计算枝干点云与叶子点云的空间结构特征信息，从而实现高效、准确的枝叶分离。但本节实验数据中存在部分枝干与叶子点云的空间特征差异较小的单木点云样本，此类样本直接使用 LeWoS 方法难以得到令人满意的分离结果，对于部分自动枝叶分离效果较差的实验样本，我们进一步在 CloudCompare 软件中通过裁剪工具进行人工枝叶分离操作以提高最终获取的枝干点云的精度。

4.5.2 基于联合约束生长的点云分割

本节方法最终构建的单木模型由若干局部拟合圆柱组成，在模型拟合中首先需对局部树木点云进行圆柱体拟合。为了提高局部圆柱体拟合精度，继而提升整体模型拟合精度，本节采用联合邻域生长分割方法将树木点云分割为若干对象基元。在本节提出的分割方法中，首次分割是将树木点云最低点以上 0.4m 内的点作为起始生长对象基元。基于此起始对象基元，在剩余树木点云中首先探测该对象基元中每个点的 k 个邻近点作为邻近对象基元，在本节中 k 取值为 6，上述获取邻近点的过程可由式(4.52)表示：

$$\{\text{Set}^k\} = \{p \mid \bigcup_{i=1\cdots n} \text{neighbors}^k[p_i],\quad p_i \in \{\text{startingpts}\}\} \tag{4.52}$$

式中，$\{\text{Set}^k\}$ 是当前点集的 k 个最邻近点点集；$\{\text{startingpts}\}$ 为上一次生成的邻近点集，在首次生长中该项为起始生长对象基元。然而，由于激光扫描仪扫描角度的差异，TLS 数据中不同区域点密度通常也存在一定差异。当不同区域树干点云密度有差异时，基于对象基元的邻近点在探测过程中易出现如图 4.52 所示的不平衡探测情况，即邻近对象基元内左侧的点密度高于右侧的点密度。例如，图 4.52(a) 中黄色点为根据式(4.52)探测的 k 个邻近点，从该示意图中可以明显看出，黄色点的左右两侧点数量极不均衡，不利于进行之后的圆柱体拟合。为了解决此问题，本节提出了一种联合生长策略，即在 k 个邻近点探测的基础上，进一步对邻近点采用修正半径约束，只有在距离阈值之内的邻近点可以作为邻近生长对象基元，此邻近点优化过程可以由式(4.53)表示：

$$\{\text{Set}_r^k\} = \{p \mid \| p,\ p^c \| \leqslant r,\quad p \in \{\text{Set}^k\}\} \tag{4.53}$$

式中，p^c 是最近生成的邻近对象基元 $\{\text{startingpts}\}$ 的中心点；$\| p,\ p^c \|$ 为两点间距离；r 为距离阈值。在本节中，为在每次生长探测中取得一定数量的点，r 取值为 $\{\text{startingpts}\}$ 中所有点到中心点 p^c 距离最远的前 10% 点的距离均值。在经过联合半径的

约束后，在单次生长中出现的某一侧点云过度探测的现象得到了有效解决。如图 4.52 (b)所示，过度探测的红色点被有效剔除，绿色点为经过双约束联合邻域生长的邻近对象基元。显然，图 4.52 所示的双约束联合邻域生长的绿色点各方向点分布较均衡，呈现出良好的环状结构，且双约束邻域能够保证在每次生长中只对最邻近的环状邻域进行探测，有效减少树木其他部分点对当前生长分割的干扰，因此能够进一步产生更优的圆柱体拟合结果。

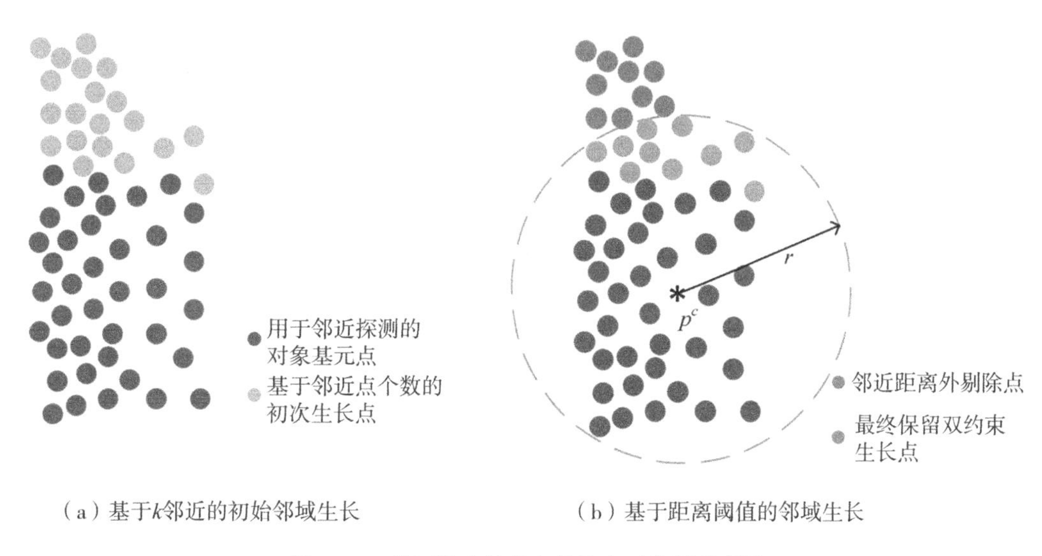

图 4.52　基于联合约束生长的点云分割示意图

4.5.3　基于空间连通性分析的单枝分离与枝干拓扑关系建立

在对树木点云进行基于联合约束生长的点云分割时，每次生长过程中均会分割出一个环状点云对象基元，为了构建正确的枝间拓扑关系以对模型进行进一步优化，应当首先根据每次生长得到的对象基元的空间特征对单木中的各个单枝进行探测分离，并确定各枝在整体单木中的层级。本节基于对象基元的空间连通性实现了单枝分离并在单枝分离过程中建立了各枝的层级拓扑结构，实现过程如下：

(1)如图 4.53 所示，P_1 代表起始生长点集，根据本节采用的基于联合约束生长的点云分割方法，每次生长中得到的对象基元由图中$\{\mathrm{Set}_i\}$表示。在每次得到对象基元$\{\mathrm{Set}_i\}$后，对其进行连通性分析，本节中采用体素化点云方法实现连通性分析，即点云根据其空间位置被划分进不同体素，通过判断某有点体素周围是否有其他有点体素以判断该体素内部点云的连通性，该判断过程可由图 4.54 表示。

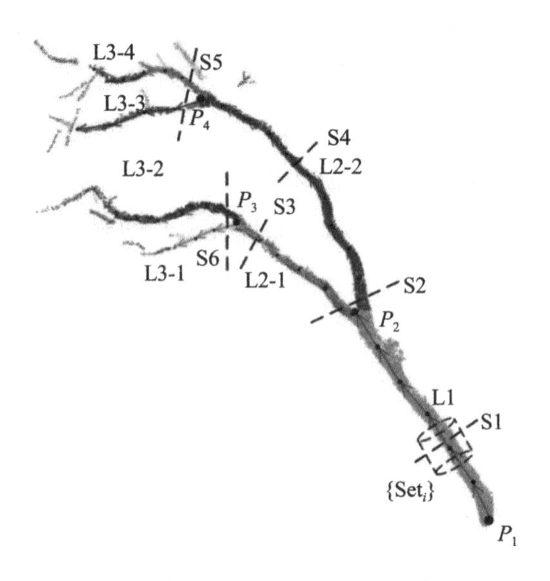

图 4.53　单枝分离与各枝拓扑关系建立过程

在图 4.54 中可以看出，由于体素化点云右上部分内部有点体素不与任何其他内部有点体素相邻，该体素内的点被判断为第二个连通部分。

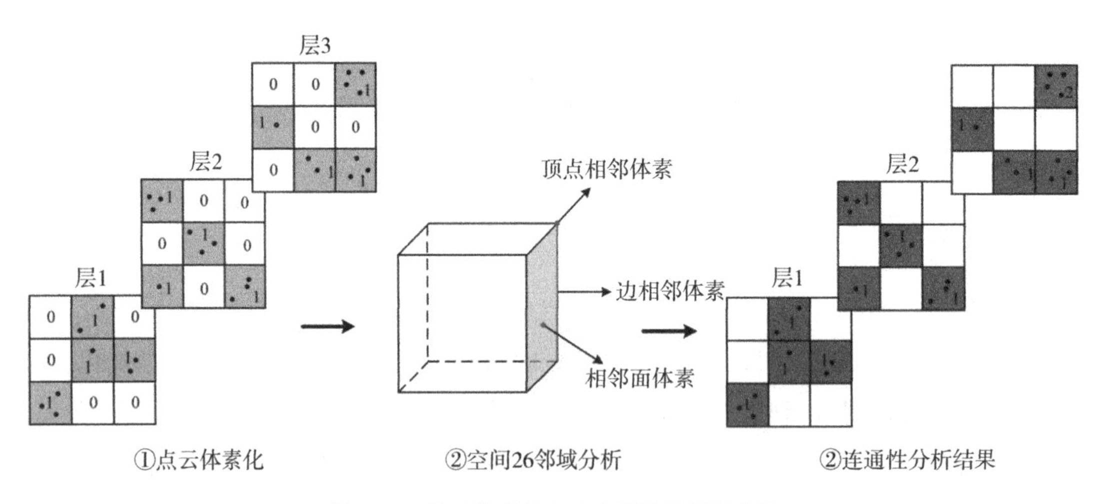

图 4.54　基于体素的点云连通性判断示意图

(2)对每次生长得到的对象基元进行上述连通性分析，若对象基元内部连通部分为 1，说明当前枝未出现分支，将当前对象基元加入当前枝已生长集合并继续生长；若对象基元内部连通部分大于 1，说明当前枝出现分支，此时暂时停止生长，保存未分叉前所有组成该单枝的对象基元作为该单枝点云。以图 4.53 为例，当 {Set_i} 生长至 S1 处时，其内部点情况可由图 4.55(a)所示，可以明显看出，此时对象基元内仅有一个连通部分，此时 $\{Set_i\}$ 加入此单枝已生长集合；而当 $\{Set_i\}$ 生长至 S2 处时，其内部点情况可由图 4.55(b)所示，显然此时对象基元包含了 2 个连通部分，此时保存已生长集合作为父单枝 L1，同时分别从两个连通部分为起始对象基元对该父单枝的下一级别各子枝(L2-1，L2-2)进行双约束联合邻域生长。

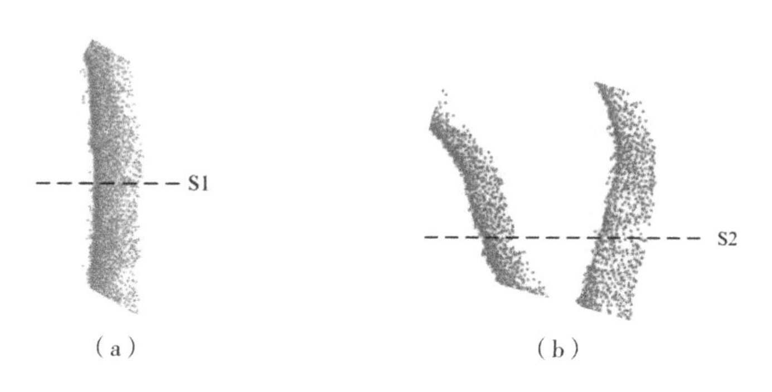

图 4.55　对象基元内部连通部分判断过程

在后续各单枝生长过程中，当对象基元连通部分为 1 时，则继续生长并将当前对象基元加入已生长集合；当对象基元连通部分大于 1 时，则保存已探测到的单枝，并以各连通部分为新的单枝探测起点，新探测的单枝为上述单枝的子枝。综上所述，当对所有的枝干点进行探测后，即可获取该树木点云的全部单枝与各个单枝之间的层级拓扑关系。

4.5.4　局部对象基元自适应优化与初始模型拟合

通过本节所采用的基于联合约束生长的分割方法，原始树木点云被分割为大量对象基元，整体树木分割结果如图 4.56(a)所示。从图中可以看出，这些对象基元绝大多数符合环形结构，这样的结构有助于提升后续的圆柱拟合过程的精度。在生长过程中为减少无关点对分割结果的影响，本节方法将每次分割结果限制为在一个较小的邻域范围内。然而，在这种方法得到的分割结果中不可避免地包含数量庞大的对象基元，若直接对分割后的原始对象基元进行建模计算无疑会大幅增加本建模方法的时间成本，同时也不便于树木结构模型的轻量化表达。为了减轻计算负担，本节根据各局部对象基元间的空间结构信息对其进行了优化调整。

对象基元具体优化调整过程如下：如图 4.57 中所示，$\{Set_1\}$、$\{Set_2\}$ 和 $\{Set_3\}$ 是生长过程中产生的 3 个连续的对象基元。p_1^c、p_2^c 和 p_3^c 是各对象基元对应的中心点，$\overrightarrow{p_1^c p_2^c}$

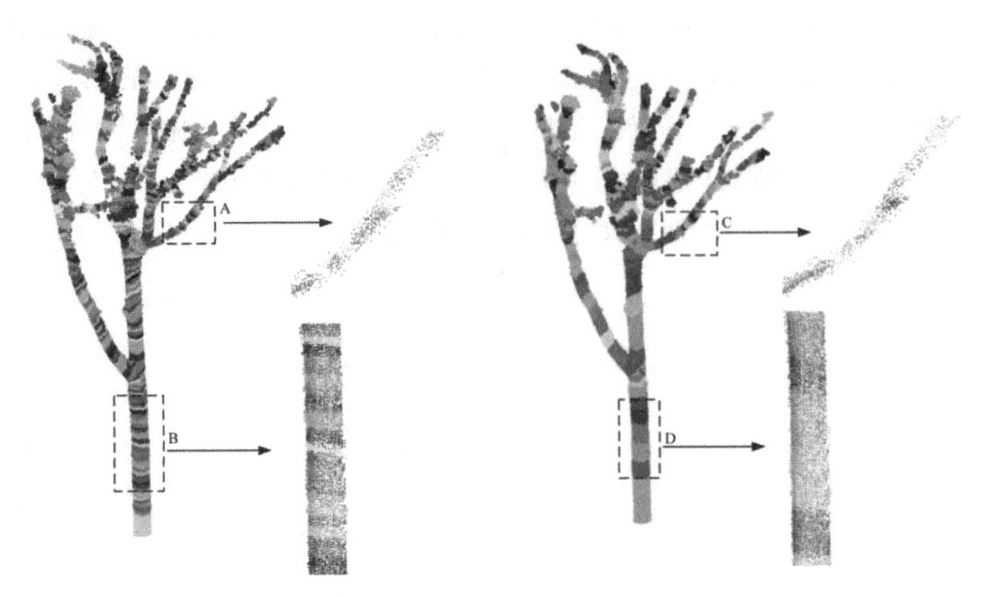

（a）基于双约束邻域生长得到的分割后对象基元　　（b）对象基元调整后结果

图 4.56　局部对象基元自适应约束调整结果对比

与$\overrightarrow{p_2^c p_3^c}$分别为$p_1^c$到$p_2^c$、$p_2^c$到$p_3^c$的方向向量，$\theta$为上述方向向量的夹角，$p_1^c p_2^c$同时也是对象基元{Set₁} ∪ {Set₂} 的拟合中心轴线，同样地，$p_2^c p_3^c$为{Set₂} ∪ {Set₃} 的中心轴线。r_{12}和 r_{23} 是{Set₁} ∪ {Set₂} 和{Set₂} ∪ {Set₃} 中所有点到相应轴线的平均距离，本节结合使用相邻方向向量之间角度差 θ，以及对象基元间内点至轴线平均距离变化率 δ，判断若干对象基元是否可以优化融合，本节中 θ 和 δ 的计算方式如式(4.54) 所示：

$$\begin{cases}\theta = < \overrightarrow{p_1^c p_2^c},\ \overrightarrow{p_2^c p_3^c} > \\ \delta = \dfrac{\text{abs}(r_{23} - r_{12})}{r_{12}}\end{cases} \tag{4.54}$$

在本节中，角度差阈值与距离变化率阈值分别被设置为 15° 与 0.15，即当角度差与距离变化率满足$\theta < 15°$和$\delta < 0.15$时，可以认为对象基元{Set₁} 、{Set₂} 和{Set₃} 具有近似的半径与方向，因此可优化融合为一个对象基元。同时本节为了在提高效率的同时，实现尽可能精细的圆柱体拟合效果，优化融合后对象基元最多由 5 个原始对象基元组成。

本节中，图 4.56 展示了原始对象基元与自适应约束调整后的结果，图 4.56(a)是基于双约束联合邻域生长分割得到的初始对象基元，图 4.56(b)为对象基元自适应约

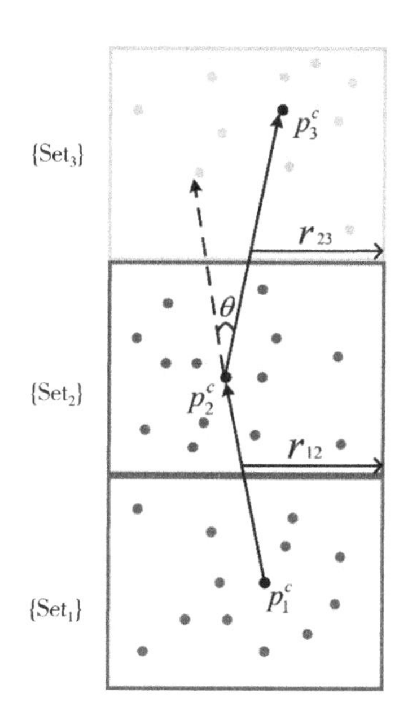

图 4.57　对象基元自适应优化调整过程

束调整后的结果。从图 4.56 中标注区域 B、D 的对比中可以看出在若干对象基元的结构近似时，本节方法实现了对象基元的优化调整，多个对象基元被有效融为同一对象基元；而在标注区域 A、C 的对比中可以看出，当枝条形态结构变化较大时，对象基元较少被融合，仍保留了局部细节信息。因此本节所提出的自适应优化调整方法能够实现在减少计算量的同时保留枝条局部细节信息，从而有助于进一步实现精细高效的模型构建。

在实现对象基元的优化后，本节根据优化后对象基元建立了初始树木拟合模型，在此过程中，本节以单枝中两个连续的对象基元的中心点构成的连线作为局部子圆柱的轴线，以对象基元内的点到轴线的平均距离作为局部子圆柱半径，通过上述方法得到的所有对象基元拟合圆柱作为所构建的初始圆柱模型。

4.5.5　先验知识引导下的局部与全局模型优化

在对象基元自适应优化调整后，结合各枝及其层级拓扑关系，可以建立整体树木的优化后对象基元网图结构，从而通过该网图结构实现对模型的进一步优化。基本的网图关系包括边与顶点两个集合，其形式如式(4.55)所示：

$$G = (V,\ E) \tag{4.55}$$

式中，V 为顶点集合；E 为边集合。在本节将 v_i 定义为优化调整后对象基元的中心点，$e_{i,j}$ 是两个顶点间的边，在本节中两点间是否存在边可由式(4.56)判断：

$$e_{i,j}=\begin{cases}1, & \begin{cases}v_j \in \{\text{neighbors}(v_i)\} \\ v_i \in \{\text{branch}^l\} \ \& \ v_j \in \{\text{branch}^l\}\end{cases}, \ i \neq j \\ 1, & \begin{cases}v_j \in \{\text{neighbors}(v_i)\} \\ v_i \in \{\text{endpoint}^l\} \ \& \ v_j \in \{\text{branch}^m\}\end{cases}, \ l \neq m \\ 0, & \text{其他}\end{cases} \tag{4.56}$$

如式(4.56)中所定义，当 v_i 和 v_j 属于同一枝条的邻近点或者当 v_i 是枝 l 的末端点，同时 v_j 是属于另一枝 m 上的邻近点时，则两点间存在边 $e_{i,j}$。为了限制边的数量，本节在构建网图结构时只对各顶点的 6 个欧氏距离最近的邻近点进行连接，并且为了提高网图结构的合理性，本节还移除了长度过长边。图 4.58 为基于优化后对象基元中心点构建的树木网图结构，从图中可以看出该网图结构可以较好地反映出对象基元间的拓扑关系，从而可以实现进一步的模型优化。

图 4.58　基于单木各对象基元构建的网图结构

1. 局部模型优化

(1)局部异常圆柱半径调整。

在建立初始拟合模型后，由于分叉等复杂树木结构处的对象基元在被判断为两个连通部分前半径通常较大，因此模型中往往会出现一些异常拟合情况，常出现的异常结构如图 4.59 所示。

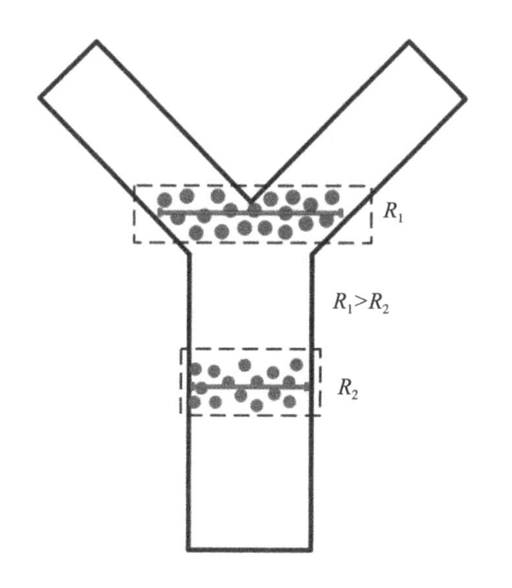

（a）分叉处异常对象基元导致的异常半径示意图

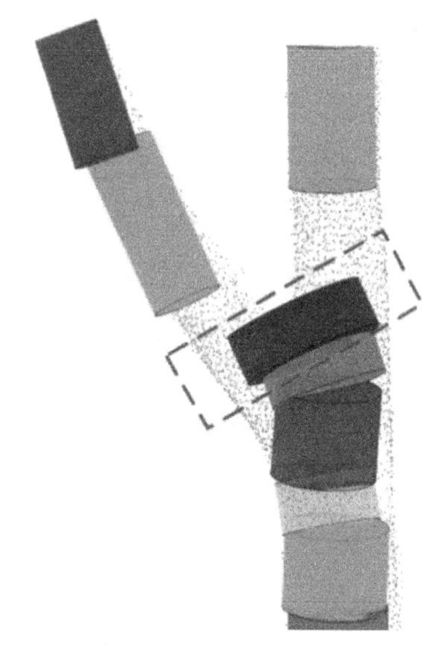

（b）分叉处异常圆柱体模型

图 4.59　对象基元拟合圆柱异常情况

如图 4.59 所示，树枝在即将分叉但仍未分开处所获取的对象基元拟合半径大于先前生长的对象基元，因此导致部分模型结构出现异常，为得到复合树木原始形状的建模结果，本节首先基于树木生长的先验知识对局部拟合圆柱模型进行了优化。通常认为，在自然生长条件下更靠近形态学下端(即根部)的枝干具有更大的直径，图 4.60(a)展示了同一枝条的半径变化趋势，根据树木固有的生长规律，半径变化应符合 $R_1 > R_2 > R_3$；图 4.60(b) 中展示了不同枝的半径变化，同样应符合 $R_1 > R_2 > R_3$ 的趋势。

根据得到的单枝及对象基元间拓扑关系，异常圆柱从各树枝开始生长处沿形态学生长方向探测，若当前探测圆柱半径大于上一个探测圆柱半径，则当前圆柱体被判断为异常圆柱，并且根据式(4.57)对其直径进行修正：

$$R = \begin{cases} \text{mean}(R_{\text{last}},\ R_{\text{next}}), & R_{\text{next}} < R_{\text{last}} \\ \eta \cdot R_{\text{last}}, & R_{\text{next}} \geqslant R_{\text{last}} \end{cases} \tag{4.57}$$

式中，R_{last} 为目前探测圆柱沿树木生长方向的下一个圆柱体的直径；η 为调整系数，为使沿树木生长方向的模型直径逐渐变小，在本节中 η 设置为 0.99，该系数确保修正半径略小于上一个邻近圆柱，从而使整体模型更加符合树木原有形态。经过上述处理，

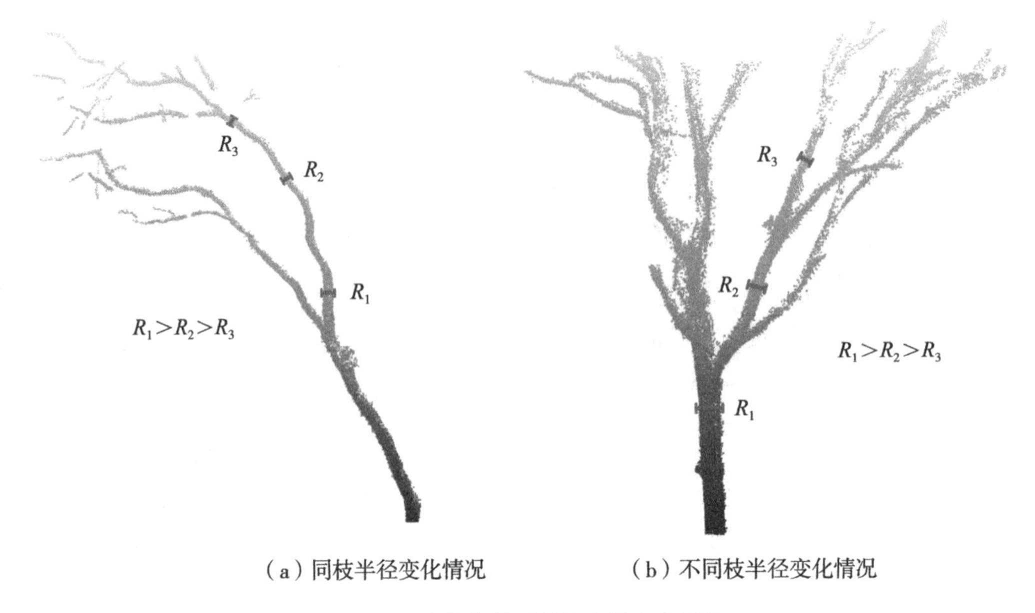

（a）同枝半径变化情况　　（b）不同枝半径变化情况

图 4.60　自然条件下树枝半径变化情况

模型中局部异常圆柱得到了有效修正。图 4.61 为局部优化前后的树木模型对比图，从图中可以看出，在局部优化后，异常圆柱得到了有效修正。例如，图 4.61(a)中 R_1 明

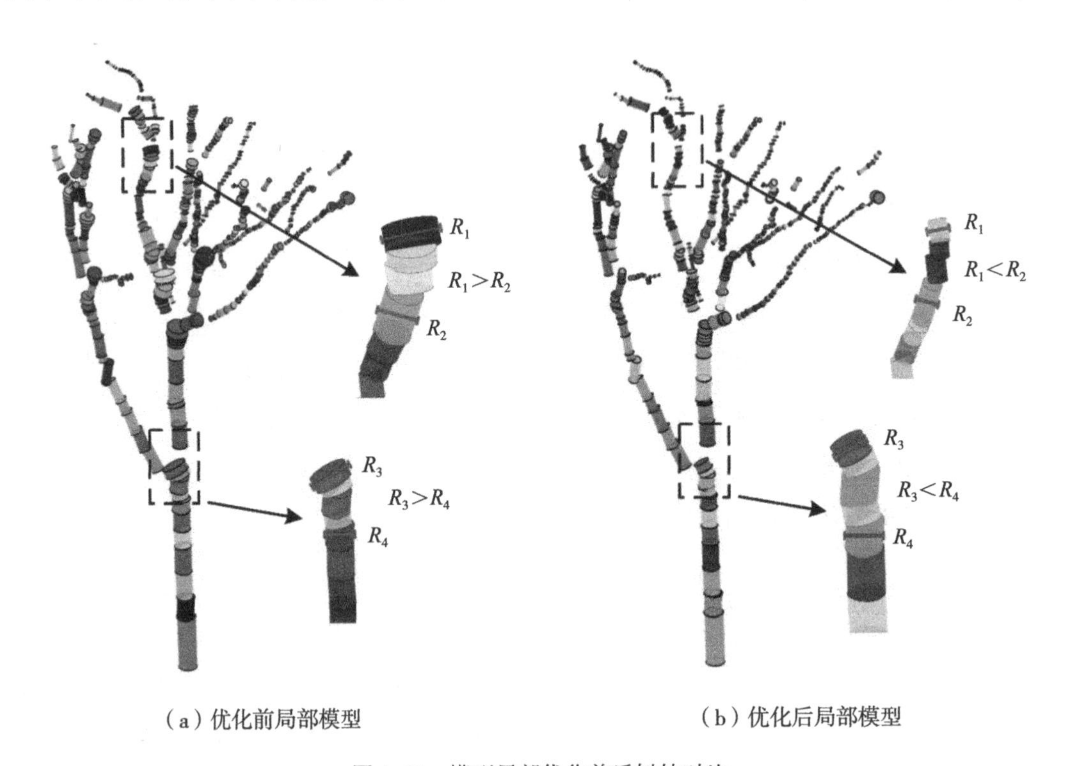

（a）优化前局部模型　　（b）优化后局部模型

图 4.61　模型局部优化前后树枝对比

显异常，且大于 R_2，而在图 4.61(b)中可以明显看出该异常圆柱已被修正，同理，图 4.61(b)中 $R_3>R_4$ 的异常情况也被成功修正。

(2)局部模型缺口修复。

如图 4.62 中所示，在对局部模型进行调整后，各枝模型均更符合现实中的树木生长规律，即通过调整，将图 4.62(a)中的圆柱 A 优化为图 4.62(b)中的圆柱 A'。然而，此时整体模型在树木分叉处还存在缺口，模型缺口的存在不仅会影响模型与真实树木形态的贴近程度，还会在一定程度上影响模型的整体精度，从而进一步影响单木体积估算准确性。为解决此类单枝连接处出现模型缺口的问题，本节基于上文所述的对象基元间拓扑连接关系，通过最短路径分析实现了局部模型缺口的修复。

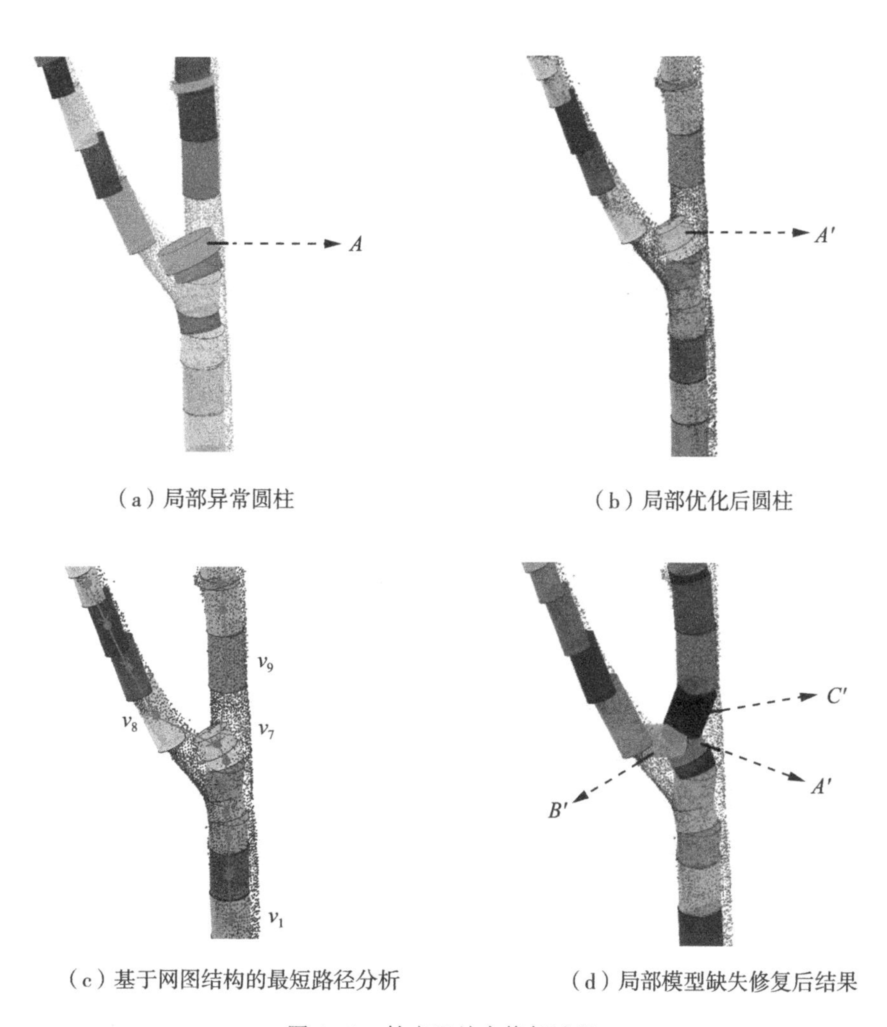

(a) 局部异常圆柱　(b) 局部优化后圆柱

(c) 基于网图结构的最短路径分析　(d) 局部模型缺失修复后结果

图 4.62　枝交叉处自修复过程

在模型缺口修复中，本节首先基于 Dijkstra 最短路径算法对与图 4.62(b)中圆柱 A' 存在拓扑连接关系的圆柱进行了探测。在网图结构中，每个节点都有其到根节点的最短路径。在图 4.62(c)中，由于 v_7 到 v_1 的最短路径是 $SP\{v_7 \to v_1\}$，v_8 到 v_1 最短路径是 $SP\{v_8, v_7 \to v_1\}$，v_9 到 v_1 的最短路径是 $SP\{v_9, v_7 \to v_1\}$，因此 v_8 和 v_9 是 v_7 的邻近节点，此时添加 v_8，v_9 和 v_7 之间的圆柱即可修复枝干分叉处的局部模型缺口。为保证模型的还原度与精度，所添加修复圆柱的半径可以略小于 v_7 节点对应的父圆柱体的半径。图 4.62(d)为局部模型缺口修复结果，在图中可以看出所添加的修补圆柱体 B' 与 C' 连接了原来分离的父枝与子枝，修正了初始模型中树枝连接处存在缺口的问题。

2. 全局模型优化

经局部模型优化后之后，部分异常圆柱可以被有效探测并修正。然而，此时整体模型中仍有部分枝条模型不符合沿树木生长方向逐渐变细的趋势。这是由于在局部模型优化中只进行了各枝内部的圆柱模型调整与各枝连接处的模型缺口修复，没有从单木整体角度考虑枝条的形状变化趋势。因此，为进一步提升模型还原度，本节还需对局部优化结果进行整体优化。本节基于各枝层级关系，采用如下方法实现全局模型优化：

(1)根据分离的单枝及各枝间层级拓扑关系可将各枝划分为不同的级别，其中树干层级为 L1，根据其生长方向与层级拓扑关系将下一个层级的枝，即树干的各子枝均设置为 L2，以此类推得到各枝所属层级。如图 4.53 所示，从树根直接开始生长的树干为 L1 级别枝(树木仅有一个树干，因此 L1 层级有且仅有一个枝)，沿着生长方向，枝层级逐渐增加，树干 L1 的子枝 L2-1、L2-2 均属于 L2 层级枝，同理，枝 L2-1 的子枝 L3-1、L3-2，以及枝 L2-2 的子枝 L3-3、L3-4 均属于 L3 层级枝。

(2)根据各层级枝内部所有圆柱平均判断下一层级中的异常圆柱。由于自然状态下，树木沿生长方向的各枝半径逐渐减小，因此层级较高的枝中任意一部分支半径均应小于上一层级的最小枝半径。在本节所采用的全局优化方法中，从 L2 层级开始对各层级内的各枝包含的圆柱模型进行探测，若此层级内某圆柱半径大于上一层级所有圆柱的平均半径，则将其探测为异常圆柱，并将上一层级所有拟合圆柱中半径最小的三个圆柱中的半径最大值设置为该异常圆柱的修正半径，上述过程可由式(4.58)表示：

$$\text{if} \quad R_{\mathrm{L}}(k) > \sum_{i=1}^{n} \frac{R_{\mathrm{L}-1}(i)}{n}, \quad R_{\mathrm{L}}(k) = \max(R_{\mathrm{L}-1}^{n}, R_{\mathrm{L}-1}^{n-1}, R_{\mathrm{L}-1}^{n-2}) \tag{4.58}$$

式中，$R_{\mathrm{L}}(k)$ 代表第 L 层级枝中第 k 个圆柱体的半径；$R_{\mathrm{L}-1}(i)$ 为 L-1 层级枝中的第 i 个

圆柱体的半径；n 为所有第 L-1 层级枝包含的拟合圆柱模型总数。通过上述的全局模型优化，整体模型中不符合实际树木生长规律的异常情况得到有效修正。

4.5.6　实验数据

本节使用了 De Tanago 等[194]从秘鲁、印度尼西亚及圭亚那 3 个实验区获取包含 29 组单木 TLS 的数据集进行实验以衡量本节所提出建模方法的实际表现效果。该数据集通过 RIEGL VZ-400 地基雷达扫描仪获取，其扫描范围覆盖 360°方位角和 100°天顶角。该数据集的基本特征如表 4.18 所示，从表 4.18 中可以看出数据集中 29 组数据属于不同的种森林类型，因此实验区内森林中树木密度也各不相同，实验区中树木最小密度为 516 株/hm^2，最大密度为 1314 株/hm^2。

表 4.18　实验数据集基本信息

	秘鲁实验区 (PER)	印度尼西亚实验区 (IND)	圭亚那实验区 (GUY)
树木数量	9	10	10
森林类别	低地热带潮湿雨林	沼泽森林	低地热带潮湿雨林
所在地区	亚马孙流域 西南地区	加里丹曼中部	圭亚那

图 4.63 展示了 3 个森林站点中选取的共 12 株树木样本，在图中可以明显看出各类树种 DBH 与树高间存在明显差异，具有不同的形态特征。因此，本节采用的数据集对于验证本节所提出建模方法的有效性与适应能力具有足够的代表性。

4.5.7　实验结果

本节采用的 29 组单木点云数据均具有破坏性采样后人工测量的树干、树枝及单株树木的参考体积。本节构建的树木模型由一系列的子圆柱组成，各圆柱体积累加之和即为基于模型估测的单木体积，因此本节通过比较树木的参考体积与所构建树木模型的体积验证所提出建模方法的结果。此外，本节还对各单木的树高与 DBH 进行了估测以评价本节方法面对尺寸大小不同的树木时的建模表现。在上述各单木参数估测中，估测体积通过累加全部子圆柱体体积确定；树高通过单木点云最高点与最低点之差确定；DBH 通过 Wang 等[24]提出的圆拟合方法计算，该方法将傅里叶级数与常规最小二

图 4.63　实验数据集中各实验区部分单木点云样本

((a)~(d)为秘鲁实验区中部分单木点云样本；(e)~(h)为印度尼西亚实验区中部分单木点云样本；(i)~(l)为圭亚那实验区中部分单木点云样本)

乘圆拟合方法结合，提高了树木胸径处切片点云拟合圆的精度与鲁棒性，在他们的实验结果中，该方法可使 DBH 均方根误差降低 12.4%。表 4.19 为本节所采用实验数据的上述各项参数估测结果。

表 4.19 本节方法对数据集内 29 个单木样本的参数估测结果

样本编号	估测体积(m^3)	估测树高(m)	估测 DBH(cm)
PER01	41.934	38.957	137.6
PER02	10.385	26.688	76.8
PER03	7.799	31.878	77.4
PER04	5.956	34.624	66.2
PER05	25.91	35.053	108
PER06	21.353	41.837	115.4
PER07	14.111	43.997	117
PER08	20.144	43.231	91.4
PER09	7.82	34.012	67.1
IND01	1.578	23.251	41.5
IND02	2.918	25.214	59.8
IND03	4.545	23.758	66.8
IND04	1.751	26.288	38.3
IND05	0.974	21.446	34.6
IND07	15.859	36.651	89.6
IND08	3.732	26.389	61.3
IND09	4.717	23.373	51
IND10	2.697	24.999	49.1
IND11	12.869	36.457	79.8
GUY01	13.207	32.261	88.3
GUY02	5.646	31.781	63.9
GUY03	6.078	29.138	60.3
GUY04	6.527	28.476	62.6
GUY05	5.98	30.017	66.4
GUY06	6.382	31.484	70.5
GUY07	12.455	33.996	95.8
GUY08	8.661	28.924	75.9
GUY09	16.817	35.051	95.2
GUY10	8.506	27.893	65.4

图 4.64(a)~(c)为各单木样本的估测体积，高度与 DBH 和参考数据的差值分布散点图，从图 4.64(a)中可以看出，本节建模方法可以得到较好的体积估测结果，在全部的 29 个样本中有 21 个样本的模型估测体积与参考体积的偏差绝对值在 $-2m^3$ 和

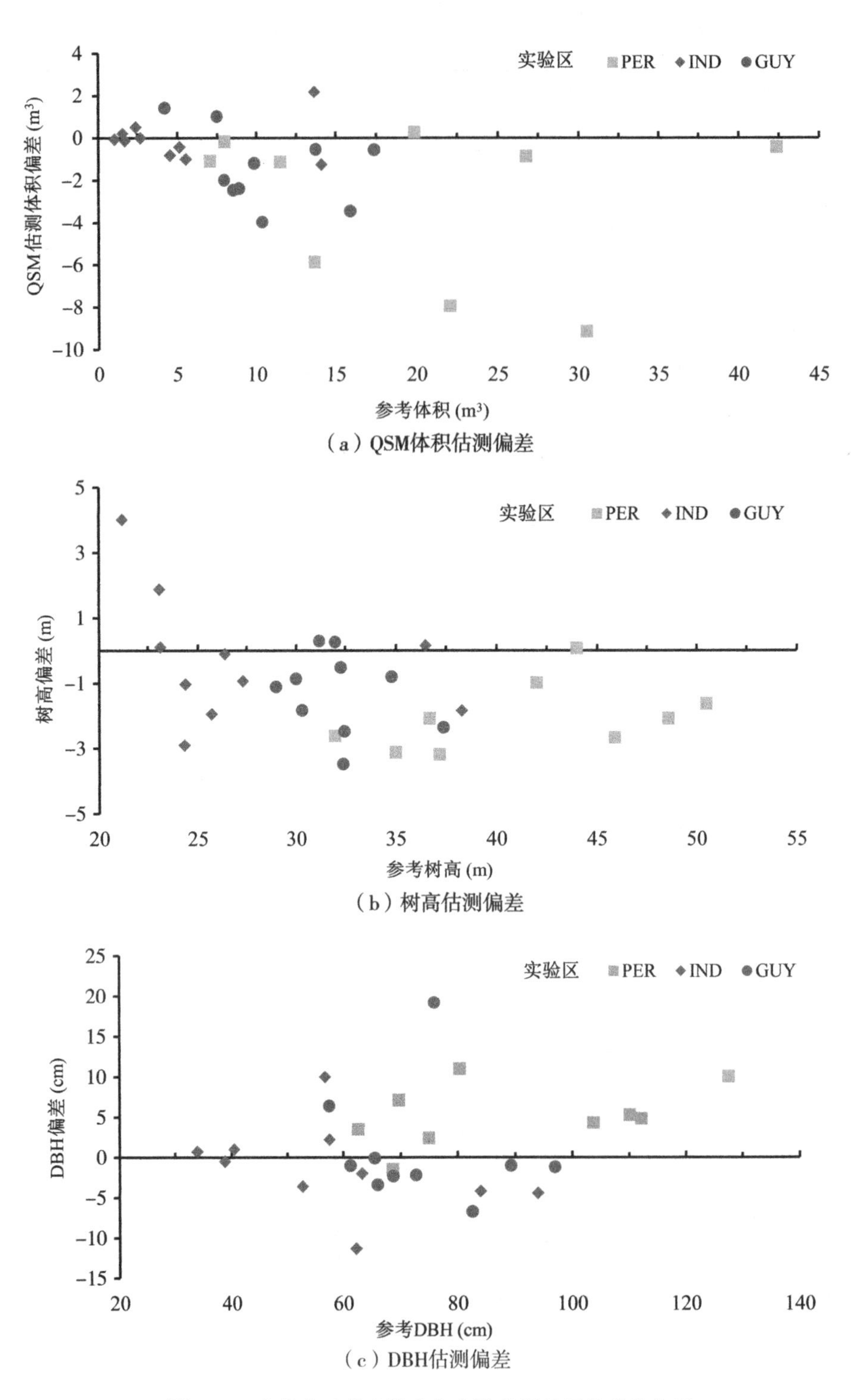

图 4.64　本节实验单木样本各参数估测结果偏差分布图

$2m^3$之间，即高达 72.4%的实验样本数据的体积估算偏差值非常小。图 4.64(b)表示了树高估测值与参考值的偏差情况，从该图中可以看出，由于垂直扫描角度的限制，地面激光扫描仪无法准确检测树木顶部树梢，因此从点云中计算得到的树木高度往往偏低，大多数估测树高小于参考树高。图 4.64(c)为估测胸径与参考值的偏差，从图中可以看出 TLS 可以获得与参考值较近似的胸径估测结果，大多数胸径偏差在 10cm 内。

在本节中，主要根据 QSM 体积与参考树木体积的近似程度评价本节方法的建模效果，为更综合地评价本节方法，本节采用 5 个精度指标：平均偏差(MD)、相对平均偏差(RMD)、均方根偏差(RMSE)、相对均方根偏差(rRMSE)及一致性相关系数(CCC)进行定量分析，各精度指标计算方式如式(4.59)~式(4.63)所示：

$$MD = \sum_{i=1}^{n} \frac{Vol_i - Vol_i^r}{n} \tag{4.59}$$

$$RMD = \frac{MD}{\overline{Vol^r}} \tag{4.60}$$

$$RMSE = \sqrt{\sum_{i=1}^{n} \frac{(Vol_i - Vol_i^r)^2}{n}} \times 100\% \tag{4.61}$$

$$rRMSE = RMSE\sqrt{Vol^r} \times 100\% \tag{4.62}$$

$$CCC = \frac{2 \times \sum_{i=1}^{n} \frac{(Vol_i - \overline{Vol})(Vol_i^r - \overline{Vol^r})}{n}}{\frac{1}{n}\sum_{i=1}^{n}(Vol_i - \overline{Vol})^2 + \frac{1}{n}\sum_{i=1}^{n}(Vol_i^r - \overline{Vol^r})^2 + (\overline{Vol} - \overline{Vol^r})^2} \tag{4.63}$$

式中，Vol_i 是第 i 个单木样本的模型估测体积；Vol_i^r 是该样本对应的真实测量参考体积；$\overline{Vol^r}$ 是参考体积的均值；Vol 是估测体积的均值。从图 4.64(a)中可以看出，PER 实验区中存在部分与参考体积偏差较大的样本，再进一步结合图 4.64(b)、(c)后，可以发现 PER 实验区的树木往往树高较高，相应的 DBH 也较大，因此其树木尺寸也较大，从而会取得相对偏大的偏差绝对数值。为了进一步分析本节建模方法对于不同尺寸树木的建模效果，本节针对不同 DBH 和树高的树木计算了其模型估测体积与参考体积的 RMD、RMSE 与 CCC。

图 4.65(a)展示了不同 DBH 的树木的体积估测精度指标。从图 4.65(a)中可以看出，DBH 小于 70cm 的树木取得的 RMD 与 RMSE 明显小于 DBH 更大的树木，从图 4.65(b)中同样可以看出树高小于 30m 的树木取得的 RMD 与 RMSE 明显小于树高更高的大型树木。实验结果表明，本节方法在面对具有较低树高与较小 DBH 的小型树木时

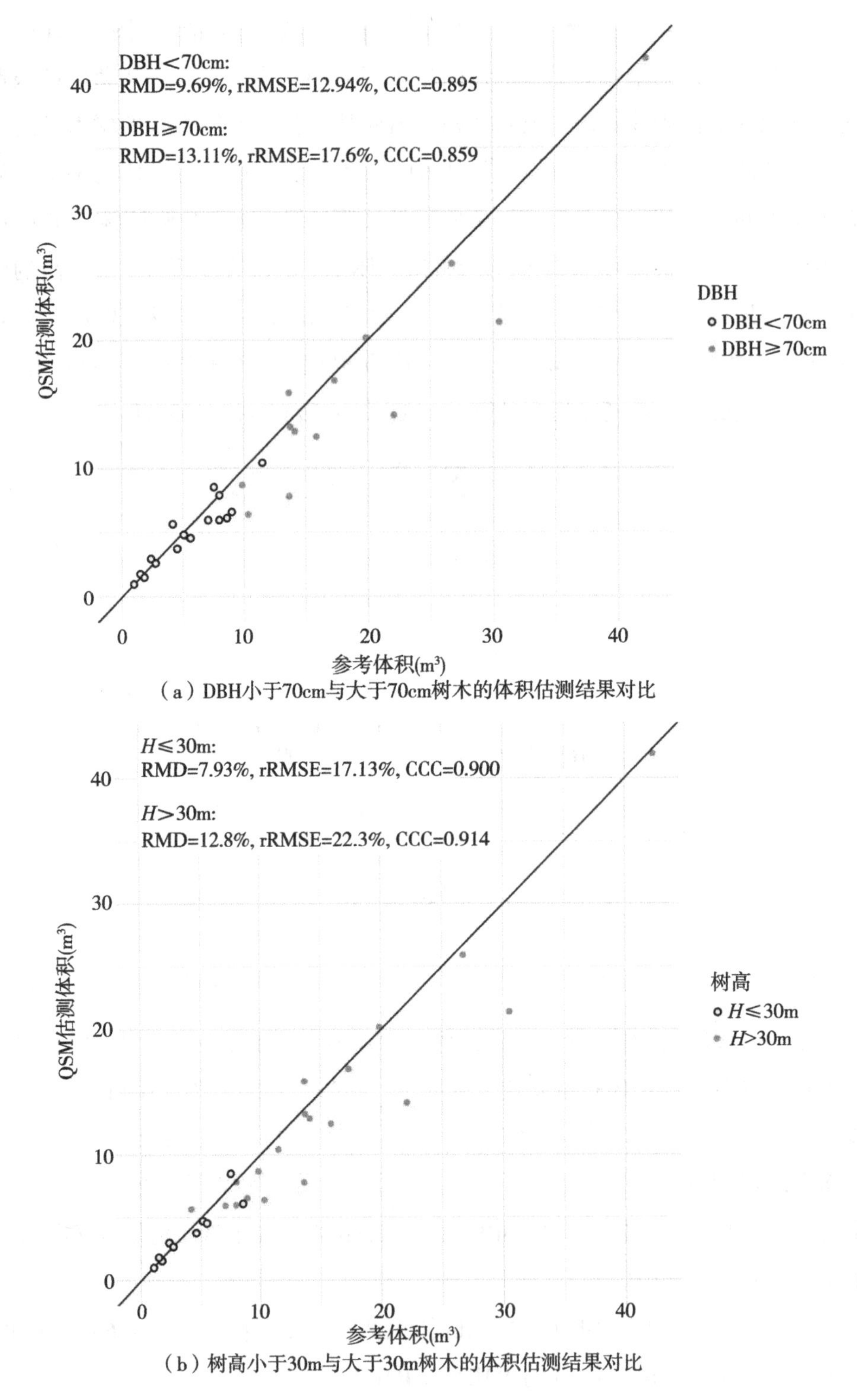

（a）DBH小于70cm与大于70cm树木的体积估测结果对比

（b）树高小于30m与大于30m树木的体积估测结果对比

图 4.65　不同树高与 DBH 情况下模型体积估测结果

会取得更好的建模效果。此外，不论树木尺寸如何，本节提出方法都可以得到良好的一致性相关系数(CCC)，所有的 CCC 均大于 0.85，即模型估测体积与参考体积的数值变化保持了高度的一致性。

4.5.8　对比分析

为更全面、客观地评价本节方法的建模表现，本节中选取了另外 2 种经典的建模方法(TreeQSM 与 AdQSM)与本节的建模结果进行了对比。TreeQSM 是由 Raumonen 等[200]提出的树木建模方法，在该方法中，树木点云首先被分割为一系列的小覆盖集，随后，通过探测这些覆盖集的邻近关系获得树木组成部分。最后，各组成部分被进一步分割并拟合为不同长度与半径的圆柱。AdQSM 为 Fan 等[282]开发的具有用户操作界面的终端软件，在该软件中可以针对输入的单木点云进行自动建模，并根据模型获取树木体积等参数信息。

表 4.20 为 TreeQSM、AdQSM 及本节所提出方法的模型体积估测精度指标对比，从表中可以看出，本节建模方法对全部精度指标均能够实现最优结果。就 MD 而言，本节方法取得的该项指标值为 $-1.427m^3$，其绝对值均小于 TreeQSM 与 AdQSM；TreeQSM 与 AdQSM 的 RMSE 与 rRMSE 指标值是本节方法的 2 倍以上，就 CCC 而言，本节方法的该项指标值也明显优于其他 2 种建模方法。

表 4.20　各方法模型估测体积结果精度指标

	TreeQSM	AdQSM	本节方法
MD(m^3)	4.257	2.364	-1.427
RMSE(m^3)	6.732	5.766	2.887
RMD	36.45%	20.24%	-12.22%
rRMSE	57.60%	49.40%	24.70%
CCC	0.679	0.788	0.949

图 4.66 为各种方法构建的 QSM 估测体积与参考体积的回归分析结果，在线性回归分析中，若两变量的决定系数 R^2 越接近 1，则回归模型更加精准，拟合效果也更好。从图 4.66(a)~(c)的对比中可以看出，本节所提出方法获取的估测体积在回归中取得的 R^2 比 TreeQSM 与 AdQSM 方法取得的 R^2 更大，表明本节方法的估测体积与参考体积具有更高的相关性。

本节方法取得的各类更优的精度指标表明，所提出方法构建的树木模型最接近参考树木体积；在与上述各种建模方法对比中，所提出方法同样也实现了最优的树木建模结果，因此认为本节方法所构建的模型能够较好地反映树木原有形态结构，从而有潜力支持更精细的森林资源管理与应用。

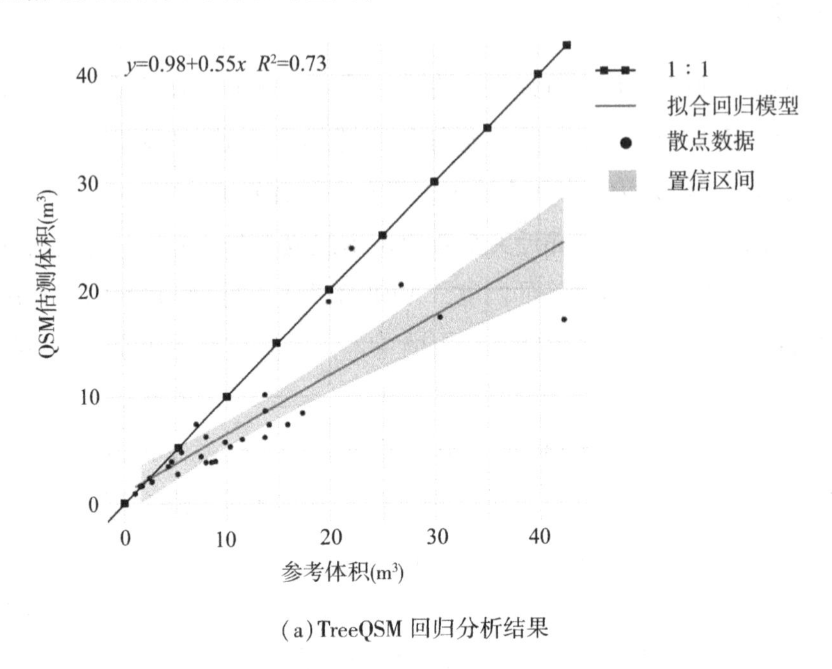

(a) TreeQSM 回归分析结果

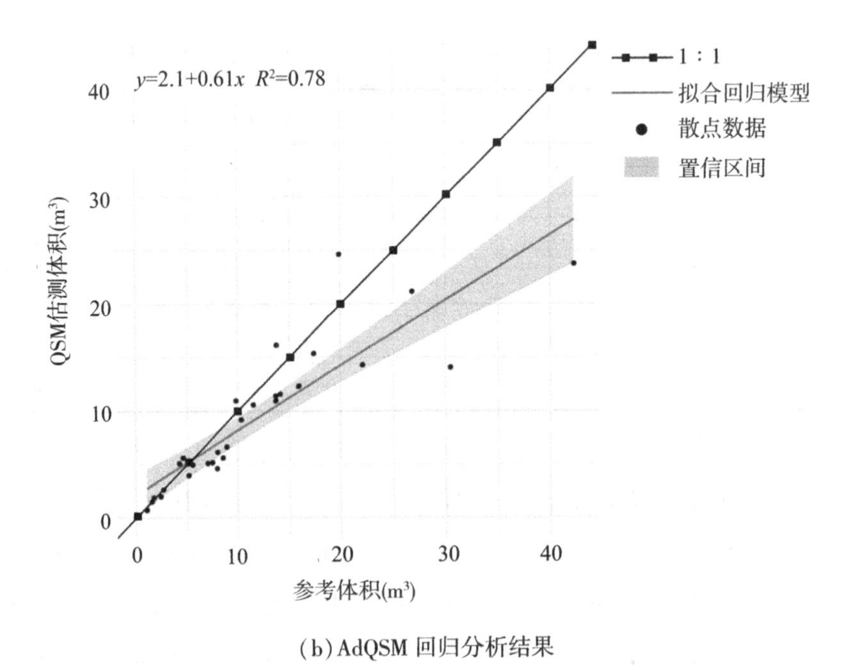

(b) AdQSM 回归分析结果

图 4.66　各建模方法所构建 QSM 体积回归模型(一)

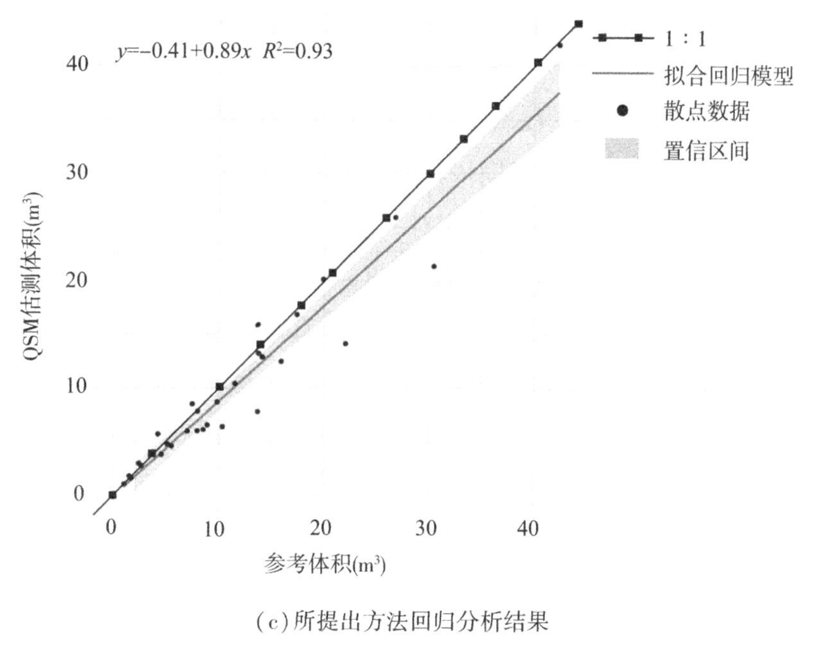

(c)所提出方法回归分析结果

图 4.66 各建模方法所构建 QSM 体积回归模型(二)

4.5.9 小结

本节针对当前基于 TLS 建模中存在的适应能力不足、计算量过大等问题，提出了一种自适应的三维树木优化建模方法。本节方法首先使用双约束联合邻域生长将树木点分割为对象基元，随后对象基元被自适应调整融合以提高建模效率。在对象基元被初步拟合为一系列圆柱模型后，本节基于先验知识对构建的初始模型进行了局部与全局优化，使最终 QSM 更贴近树木形态，进一步提高模型的精细程度。在本节实验中，采用了从 3 个实验区的 29 组单木点云数据测试本节方法的建模效果，同时，将本节方法与 2 种经典的建模方法进行了对比。实验结果表明，本节方法所构建 QSM 的估测体积与参考体积的平均偏差绝对值仅为 1.427m³，且对于全部所采用的精度指标，所提出方法均能取得优于其他 2 种建模方法的指标值，进一步说明本节方法对形态大小不同的树木均能实现良好的建模效果，方法具有较强的适应能力，有望为更精细的森林资源管理提供一定帮助。

4.6 基于分形几何与定量结构模型特征优化的树种识别方法

在单木 QSM 建立后，结合 QSM 与树木密度信息进行单木地上生物量估测是一种常用的生物量估测方法。然而，不同树种的树木密度信息也不尽相同，因此当采用这种估测方法在森林尺度下进行 AGB 估测时，须顾及森林树种不同对 AGB 估测的影响。为此，首先完成对森林中的树种进行识别的研究任务，从而针对不同树种采用不同密度数据提高森林整体 AGB 的估测精度。针对目前有效的树种分类特征发掘不够充分，以及分类特征冗余影响识别效率的问题，本节提出了一种结合基于分形几何与 QSM 特征优化的树种识别方法。在本研究了三类特征向量，分别是直接测量特征向量、基于分形几何的特征向量及基于 QSM 的特征向量。为了减少特征向量的维度，首先采用 CART 分析每个特征向量的重要性，并剔除了部分分类重要性相对较低的特征，采用具有较高重要性的特征向量进行下一步分析。为进一步提高算法效率，选取了在较优集合中使用频率较高的特征向量作为优化特征向量集合，并将其应用于 SVM 中实现树种分类。因此，本节方法主要包括以下 3 个主要步骤：①多维特征向量提取；②基于相对重要性的特征集合维度初次优化；③基于频次的特征集合深度优化。本节方法技术流程如图 4.67 所示。

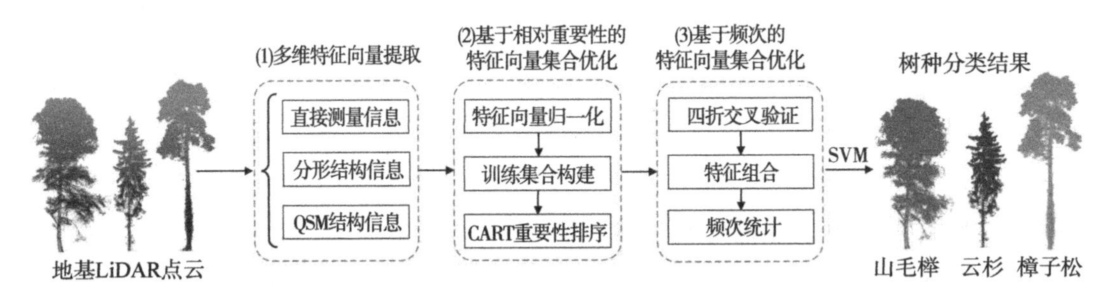

图 4.67 本节方法技术流程图

4.6.1 多维特征向量提取

本节方法采用了 3 种来源的特征向量进行树种识别，这些特征向量包括直接测量特征向量、基于分形几何的特征向量和基于 QSM 的特征向量，各来源特征向量详细信息如图 4.68 所示。

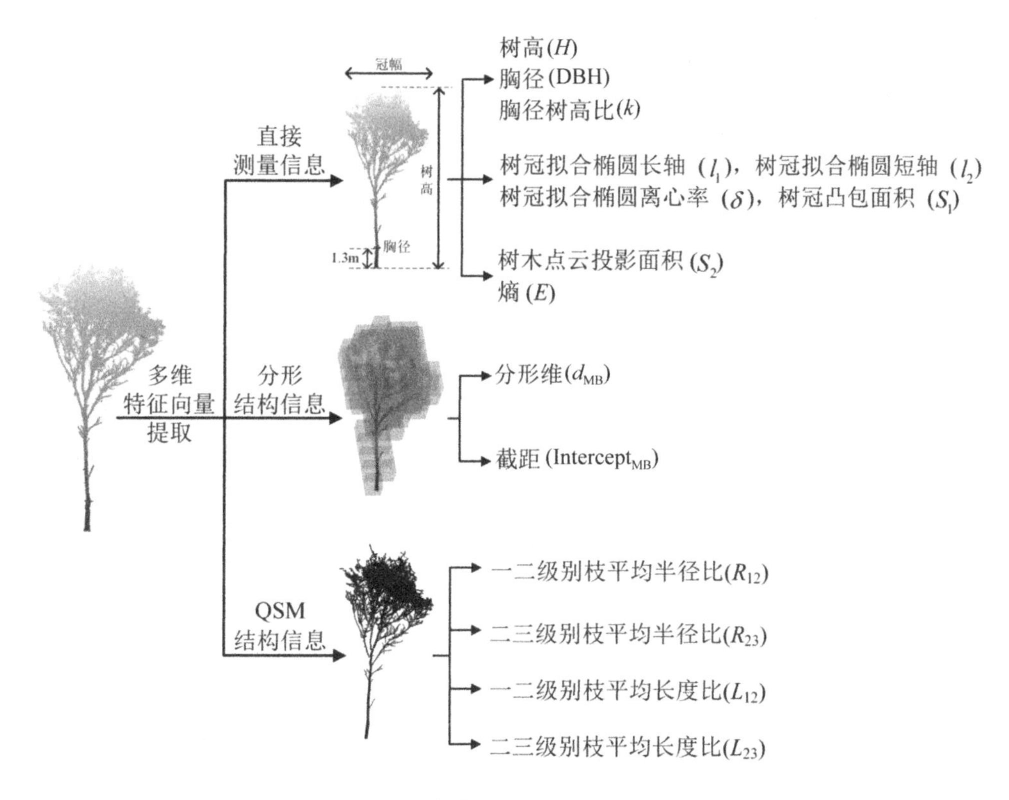

图 4.68　各来源特征向量详细信息

1. 基于直接测量的特征向量

第一类特征向量为从单木点云中直接测量得到的特征，包括树高（H）、胸径（DBH）、树高胸径比(k)、树冠椭圆长轴(l_1)、树冠椭圆短轴(l_2)、树冠椭圆离心率(δ)、树冠凸包面积(S_1)、树冠点云投影面积(S_2) 和熵(E)。H 为单木点云最高点与最低点的高度差；DBH 通常定义为地面以上 1.3m 处树木直径，在本节中，该参数由 Wang 等[24] 的方法计算得到；l_1 和 l_2 为树冠点拟合椭圆的长轴与短轴；δ 为该拟合椭圆的离心率；E 通过体素化的单木点云得到，在本节中，将每个体素内点数量与全部点数量之比定义为 p_i，由此 E 的计算方式如式(4.64) 所示：

$$E = -\sum_{i=1}^{n} p_i \times \log(p_i) \tag{4.64}$$

式中，n 为对单木体素化后的体素总数。

2. 基于分形几何的特征向量

分形几何学认为研究对象具有自相似性，即研究对象在从整体到局部的不同层次中的形态、功能、信息、时间、空间等方面具有统计意义上的相似性，在适当放大或缩小研究对象的几何形状时，其整体结构特征不会发生变化[283]。Guzmán 等[284]已经充分证明，同类树种的树高、DBH 和树冠面积等分形几何参数之间有明显的相关性。因此，这些参数也可能为识别不同树种提供有效指标，本节将对树木点云的分形几何参数进行计算，并进一步判断这些参数在树种识别中的效能。

在本节中，通过包围盒计数法计算分形几何参数，如图 4.69(a)所示，包围盒计数法采用一系列尺寸不同的包围盒覆盖单木点云。当包围盒尺寸由大变小时，用于覆盖树木点云的包围盒数量将明显增加，在这个过程中包围盒尺寸大小和数量之间存在一定的对数线性关系，该线性关系可由式(4.65)表示：

$$\log N = d_{\mathrm{MB}} \cdot \log \frac{1}{V} + \mathrm{Intercept}_{\mathrm{MB}} \tag{4.65}$$

如图 4.69(b)所示，d_{MB} 是线性回归方程的斜率，定义为分形维；$\mathrm{Intercept}_{\mathrm{MB}}$是线性回归方程的截距，定义为分形截距。这 2 个分形几何参数将在之后作为本节树种识别中的特征向量。

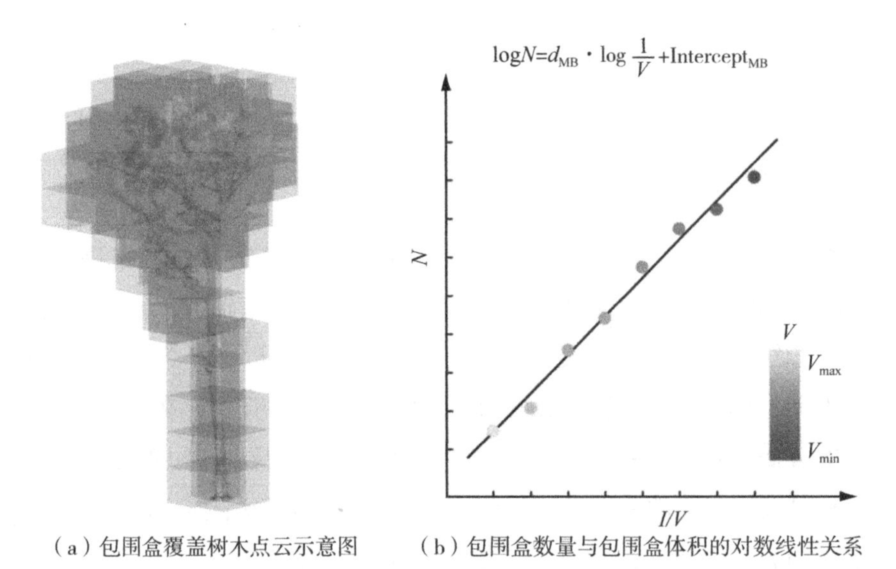

(a) 包围盒覆盖树木点云示意图 (b) 包围盒数量与包围盒体积的对数线性关系

图 4.69 基于包围盒计数法的分形几何参数计算方法

3. 基于定量结构模型的特征向量

QSM 可以反映单木的结构特征和枝条间拓扑关系，因此本节进一步提取了基于

QSM 的树种识别特征向量。Raumonen 等[200]提出的 TreeQSM 方法可以构建出树木的各枝之间明确的拓扑层级关系，因此在本节采用该方法获取各层级枝条的半径与长度。不同树种的各级别枝之间的长度半径比(图 4.70)通常具有显著差异，此类差异情况在前几个级别的枝条中体现得更加明显。

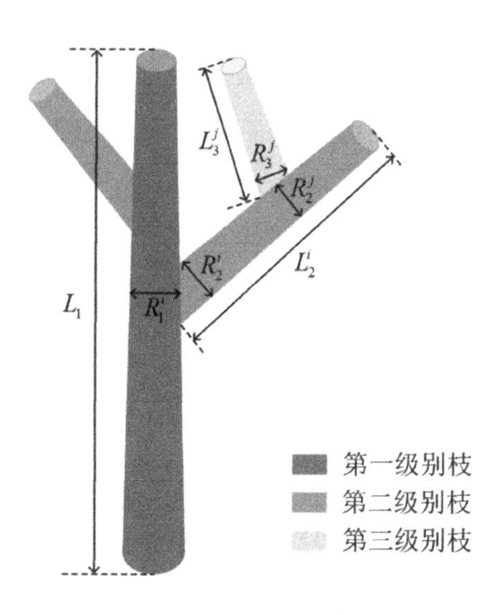

图 4.70　QSM 中前三级别各枝半径比与长度比示意图

本节基于 QSM 对计算了 4 个前三个级别的枝之间的半径比与长度比特征，并在之后进一步分析了各特征的树种识别能力，4 个基于 QSM 的特征向量计算方法如式(4.66)~式(4.69)所示。

$$R_{12}=\frac{\sum_{i=1}^{K}\left(\frac{R_2^i}{R_1^i}\right)}{K} \tag{4.66}$$

$$R_{23}=\frac{\sum_{j=1}^{M}\left(\frac{R_3^j}{R_2^j}\right)}{M} \tag{4.67}$$

$$L_{12}=\frac{\sum_{i=1}^{K}\left(\frac{L_2^i}{L_1}\right)}{K} \tag{4.68}$$

$$L_{23}=\frac{\sum_{j=1}^{M}\left(\frac{L_3^j}{L_2^j}\right)}{M} \tag{4.69}$$

式中，R_{12} 与 R_{23}、L_{12} 与 L_{23} 分别是不同级别枝间的半径与长度之比；K 代表第二级别枝总数；R_2^i 为第二级别枝中第 i 个枝的半径；L_2^i 为第二级别枝中第 i 个枝的长度；同样地，M 代表第三级别枝总数；R_3^j 为第三级别枝中第 j 个枝的半径；L_3^i 为第三级别枝中第 i 个枝的长度。

4.6.2 基于相对重要性的特征向量集合优化

如上文所述，本节基于 3 个来源提取了 15 种树种识别特征向量，然而在树种识别中，并非所有的特征都对本次实验树种具有较强的识别能力。为获取树种识别能力较强的特征，减少在树种识别中贡献较小的冗余特征，本节首先通过 CART 计算了各特征向量的相对重要性并基于此对所提取的原始特征进行了初次降维优化。

CART 能够分析分类任务中各特征向量的相对重要性，从而可以进一步剔除重要性相对较低的特征向量，从而达到特征集合维度优化的目的[285]。CART 基于特征向量的基尼指数对数据进行划分，从而进一步通过数据划分情况得到该特征向量的相对重要性，基尼系数的计算公式如式(4.70)所示：

$$\mathrm{Gini}(D) = 1 - \sum_{k=1}^{N} p_k^2 \tag{4.70}$$

式中，p_k 是数据中类别 k 的比例；Gini(D) 为从数据集中随机选择的两个样本类别不一致的概率；Gini(D) 越低则数据集 D 的纯度越高。在 CART 决策树中，叶节点为决策结果，分支节点为划分数据的特征向量。在构建决策树时，分支节点所包含的样本应尽可能属于同一类别，即使节点的纯度尽可能高。相反地，对于每个节点，对数据进行划分得到的节点风险用不纯度表示，通过对每个节点上由于数据划分而导致的节点风险变化之和计算得到每个特征向量的重要性。

CART 计算的特征向量分类相对重要性结果如图 4.71 所示，在图中可以看出，在 9 个直接测量的特征向量中有 3 个取得了较低的相对重要性，这 3 个特征向量分别是 DBH、DBH 与 H 之比(k) 以及树冠椭圆的离心率(δ)；在基于分形几何的特征向量中，$\mathrm{Intercept}_{\mathrm{MB}}$ 取得了比 d_{MB} 更高的相对重要性；在基于 QSM 的特征向量中，所有特征向量都取得了较高的相对重要性，其中 L_{12} 略低于其他三种 QSM 特征向量。为了降低特征向量的维数，同时保持树种识别的精度，本节在之后的 SVM 机器学习分类中剔除了相对重要性最低的 5 种特征向量，这 5 种被剔除的特征向量分别是直接测量特征向量中的 k、δ 和 DBH、基于分形几何的特征中的 d_{MB}，以及基于 QSM 的特征向量中的 L_{12}。

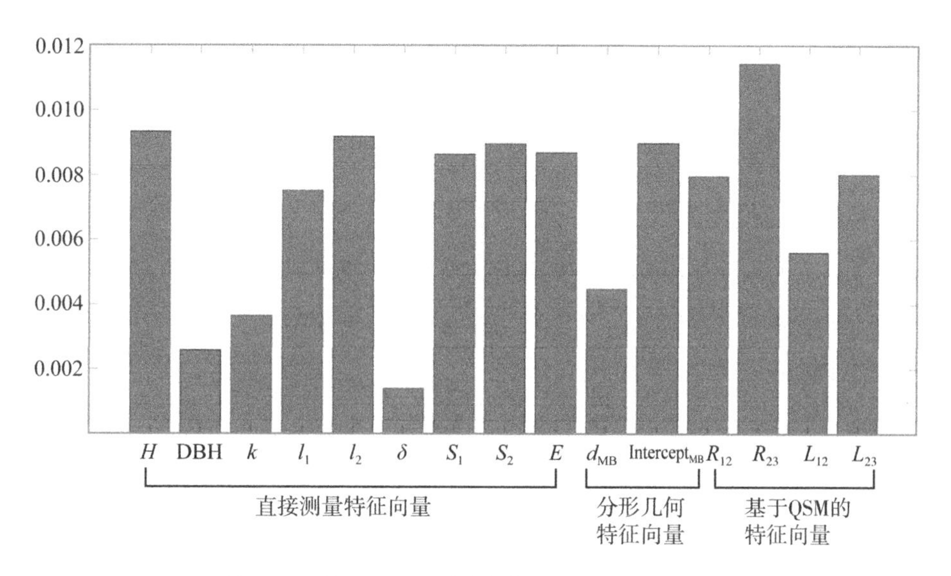

图 4.71　基于 CART 的特征相对重要性计算结果

4.6.3　基于频次的特征向量集合优化

在通过 CART 对特征向量进行初次优化降维后，本节保留了最初提取的 15 个特征向量中的 10 个，为进一步提高算法效率，得到针对本节实验树种的相对最优特征向量组合，在下一步优化过程中，通过四折交叉验证检验了不同维度(即特征集合内特征向量数量，初次降维优化后各集合维度最小为 1，最大为 10)的特征向量集合的树种识别性能，并统计了具有较强树种识别能力的集合中各特征向量的出现频率。

在图 4.72 中呈现了四折交叉验证的流程，在交叉验证中，原始的整体数据集被分为互不交叉的 4 个子集，在每次的实验中选择其中的 3 个子集训练分类模型，剩下的一个子集用于测试模型分类表现，最终综合 4 次测试中取得的结果得到最终树种分类结果。

表 4.21 为初次优化后不同维度特征向量集合的分类结果，可以看出各特征向量集合的维度最低为 1，最高为 10，且不同维度的特征向量集合总数各不相同。举例来说，当特征集合维度为 1 时，该维度下共有 10 个特征向量集合，如 $\{H\}$、$\{l_1\}$ 和 $\{L_{23}\}$ 等；同理，当特征集合维度为 2 时，该维度下共有 45 个特征向量集合，如 $\{H, l_1\}$、$\{H, l_2\}$ 和 $\{R_{23}, L_{23}\}$ 等，以此类推，所有维度下共有 1023 个特征向量集合。

同时，由表 4.21 也可以看出，当集合维度相同时，由于其集合内部的特征向量组

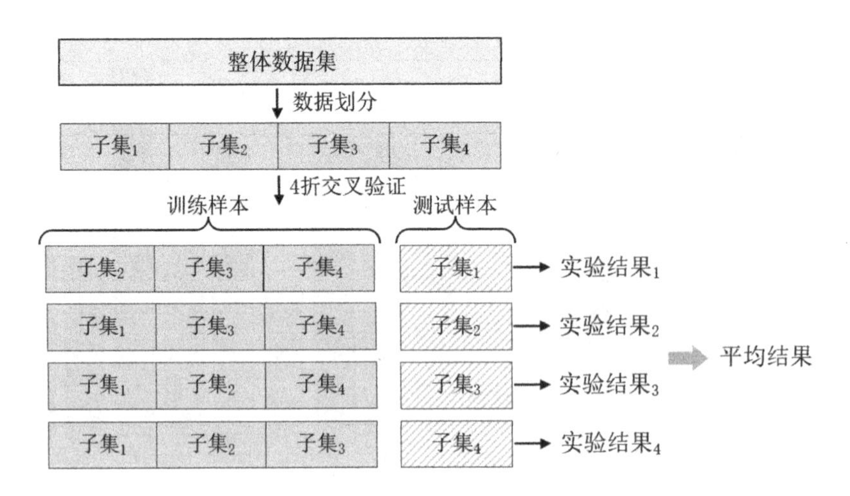

图 4.72　四折交叉验证示意图

成不同，其在机器学习中的分类结果也存在明显差异。例如，当维度为 3 时，该维度下的特征向量集合中分类正确率最低仅为 0.421，而最高分类正确率高达 0.845。若某些特征向量在机器学习中对树种识别有更明显的贡献，那么这些特征向量在具有较高分类正确率的特征向量集合中通常有更高的使用频次。

表 4.21　各维度特征向量集合部分信息

集合维度	最低分类正确率	最高分类正确率	特征向量组合	该维度集合数量
1	0.354	0.583	$\{H\}$, $\{l_1\}$, …, $\{L_{23}\}$	10
2	0.426	0.734	$\{H, l_1\}$, $\{H, l_2\}$, …, $\{R_{23}, L_{23}\}$	45
3	0.421	0.845	$\{H, l_1, l_2\}$, $\{H, l_1, S_1\}$, …, $\{R_{12}, R_{23}, L_{23}\}$	120
4	0.440	0.896	$\{H, l_1, l_2, S_1\}$, $\{H, l_1, l_2, S_2\}$, …, $\{\text{Intercept}_{MB}, R_{12}, R_{23}, L_{23}\}$	210
5	0.521	0.938	$\{H, l_1, l_2, S_1, S_2\}$, $\{H, l_1, l_2, S_1, E\}$, …	252
6	0.610	0.928	$\{H, l_1, l_2, S_1, S_2, E\}$, $\{H, l_1, l_2, S_1, S_2, \text{Intercept}_{MB}\}$, …	210
7	0.688	0.931	$\{H, l_1, l_2, S_1, S_2, E, \text{Intercept}_{MB}\}$, $\{H, l_1, l_2, S_1, S_2, E, R_{12}\}$, …	120

续表

集合维度	最低分类正确率	最高分类正确率	特征向量组合	该维度集合数量
8	0.783	0.947	$\{H, l_1, l_2, S_1, S_2, E, \text{Intercept}_{MB}, R_{12}\}$, $\{H, l_1, l_2, S_1, S_2, E, \text{Intercept}_{MB}, R_{23}\}$, …	45
9	0.880	0.938	$\{H, l_1, l_2, S_1, S_2, E, \text{Intercept}_{MB}, R_{12}, R_{23}\}$, $\{H, l_1, l_2, S_1, S_2, E, \text{Intercept}_{MB}, R_{12}, L_{23}\}$, …	10
10	0.923	0.923	$\{H, l_1, l_2, S_1, S_2, E, \text{Intercept}_{MB}, R_{12}, R_{23}, L_{23}\}$	1
合计	—	—	—	1023

为深入分析初次优化后特征向量在机器学习中对树种分类的贡献，从而进一步优化特征向量集合，本节方法中对所有分类正确率高于 0.85 的较优分类集合中各特征向量的出现频率进行了统计，统计结果如图 4.73 所示。

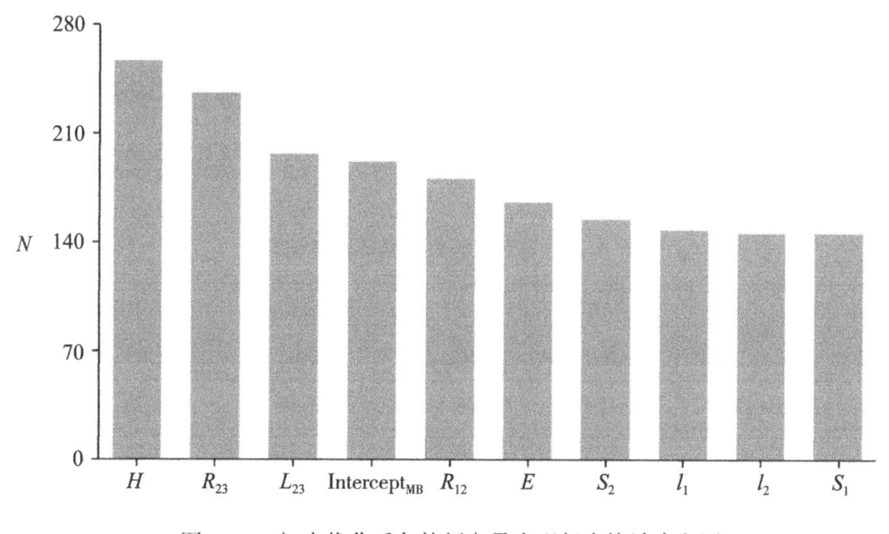

图 4.73　初次优化后各特征向量出现频次统计直方图

从图 4.73 中可以看出，在优化后的 10 种特征向量中，树高 (H) 的出现频率最高，而树冠椭圆拟合短轴(l_2) 和树冠凸包面积(S_1) 的出现频率最低，同时，从表 4.21 中可以看出，在特征向量维度等于 8 时，取得了最高的分类正确率。因此，在进一步的特征集合优化中，树冠椭圆拟合短轴(l_2)和树冠凸包面积(S_1)被剔除，剩余的 8 个特征向量(H，R_{23}、L_{23}、Intercept_{MB}、R_{12}、E、S_2 及 l_1)被保留为本节方法确定的针对实验树种的优化后特征向量集合。

4.6.4 实验数据

本节采用 Weiser 等[177]提供的单木点云数据集评估本节方法获取的特征集合的树种识别性能，该数据集包含 12 块实验区的不同平台(机载、无人机及地面激光雷达)扫描数据。上述实验区位于德国 Bretten 与 Karlsruhe 城市附近的混合型森林中，并且该数据集中同时提供了各实验区分割后单木点云，且各单木数据同时具有相应的树种信息和部分树木结构测量信息。由于本节方法提出的部分特征向量来源于 QSM，为构建更精细的 QSM，本节实验数据只选取了无人机和地面激光雷达获取的较高质量的单木点云进行模型构建。此外，为尽可能避免分类模型出现过拟合问题，本节忽略了原始数据集中样本数量过少的部分树种，选择了 5 个树种(山毛榉、云杉、樟子松、花旗松和岩生栎)的 568 个样本评估本章方法获取的较优特征向量集合的分类性能，图 4.74 中呈现了 5 类树种的部分单木样本。

从图 4.74 中可以看出，本节实验中所采用的各树种单木点云均具有较高的质量，因此能够产生更准确的 QSM 构建结果，从而能够更加精准地计算与之相关的特征向量，同时高质量的单木点云也可以使树高与 DBH 等直接测量树木参数的结果更加精确。表 4.22 列出了本节实验数据的基础信息。

表 4.22 本节实验数据集的基本信息

树种	简称	样本数量	平均树高(m)	树高标准差(m)	平均 DBH(m)	DBH 标准差(m)
山毛榉	FagSyl	129	28.02	4.08	0.35	0.15
云杉	PicAbi	123	20.84	5.59	0.26	0.12
樟子松	PinSyl	81	29.20	3.45	0.29	0.13
花旗松	PseMen	124	36.30	4.76	0.28	0.12
岩生栎	QuePet	111	21.18	7.46	0.19	0.08

从表 4.22 中可以看出，对于实验中各树种，除樟子松种类由于数据质量的限制导致其可用实验样本数量相对较少外，其余树种样本数量均较均衡，从而在数据层面减

少了过拟合现象出现的可能。此外，图 4. 75(a)和(b)分别为表 4. 22 对应的单木树高和 DBH 分布小提琴图，在图 4. 75(a)中可以更直观地看出不同树种的平均树高差异较大，其平均树高分布区间为 20. 84~36. 30m，而在图 4. 75(b)中可以看出，平均 DBH 变化较小，各树种平均 DBH 分布区间为 0. 19~0. 35m。

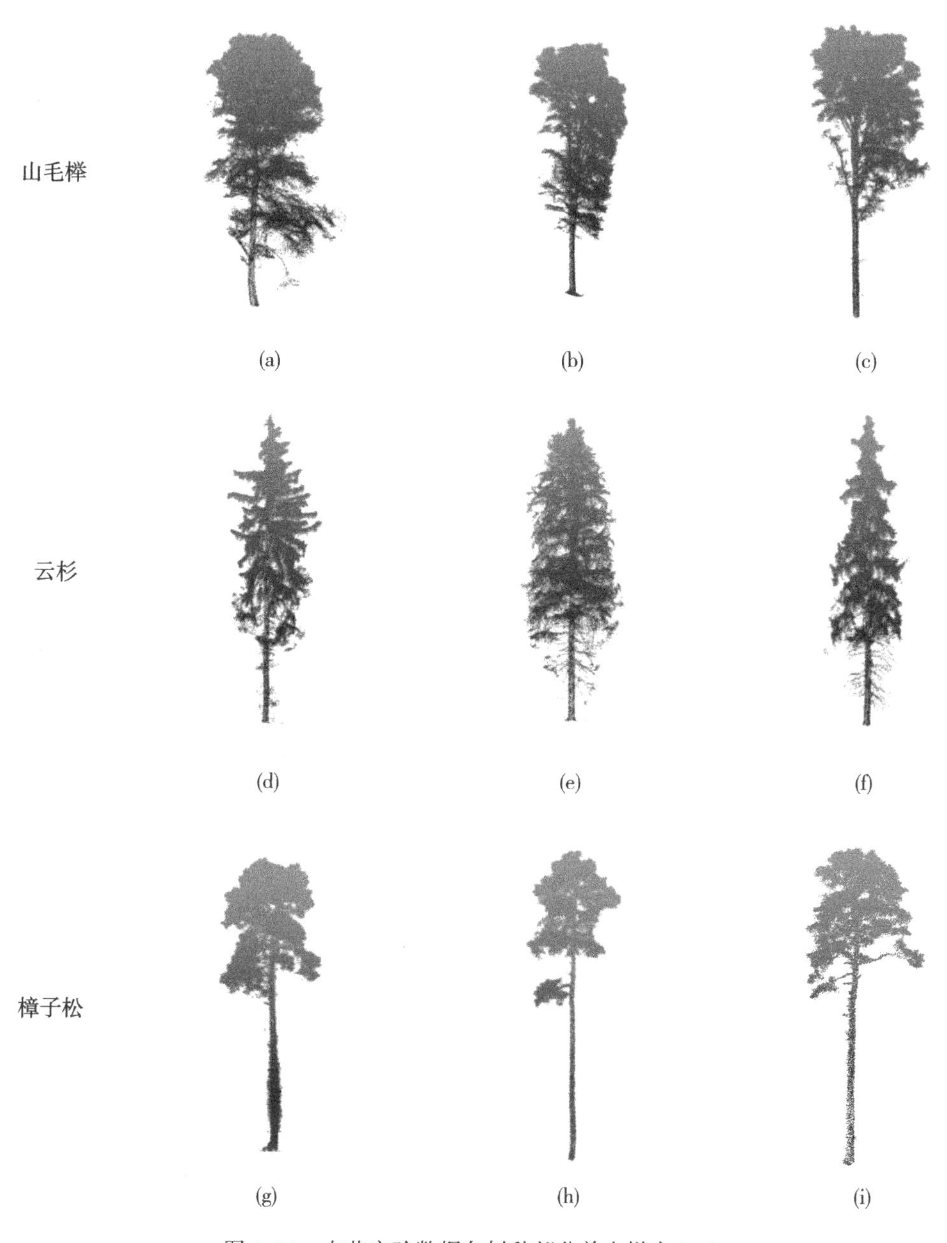

图 4. 74　本节实验数据各树种部分单木样本(一)

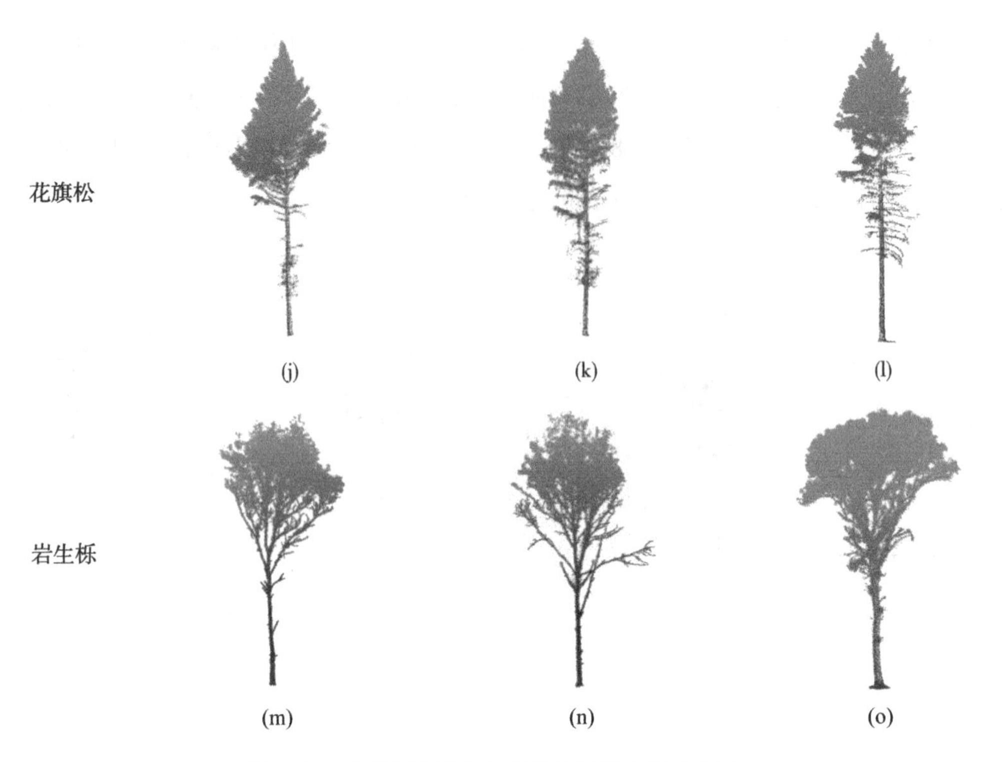

图 4.74　本节实验数据各树种部分单木样本(二)

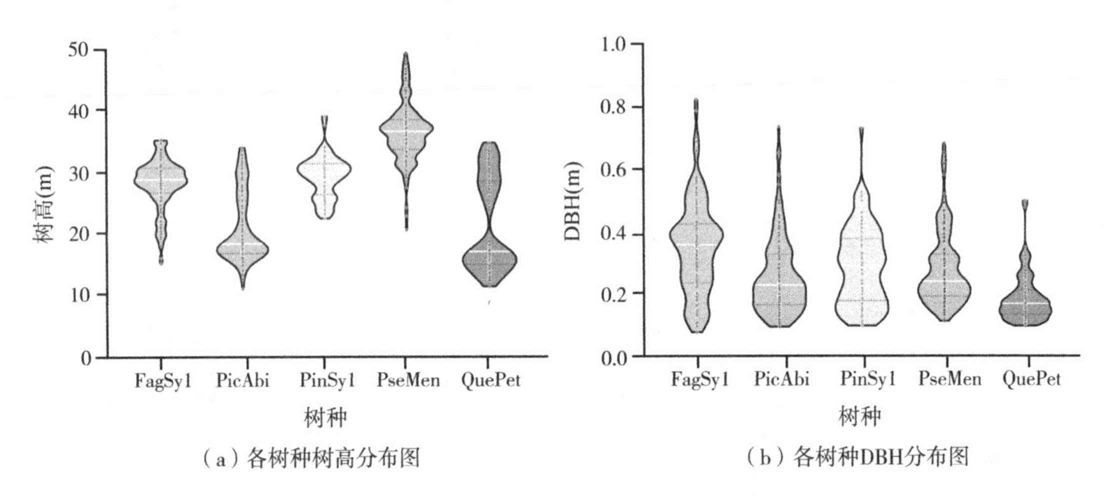

图 4.75　本节各实验树种树高与 DBH 分布图

4.6.5　实验结果

本节采用了整体精度(OA)、查准率(Pr)、查全率(Re)、F_1 得分及 Kappa 系数(κ) 5 个精度指标对本节方法的树种识别结果进行综合评价，上述精度指标计算方法如式

(4.71)~式(4.76)所示：

$$\mathrm{OA}=\frac{\mathrm{TP}+\mathrm{TN}}{\mathrm{TP}+\mathrm{TN}+\mathrm{FP}+\mathrm{FN}} \tag{4.71}$$

$$\mathrm{Pr}=\frac{\mathrm{TP}}{\mathrm{TP}+\mathrm{FP}} \tag{4.72}$$

$$\mathrm{Re}=\frac{\mathrm{TP}}{\mathrm{TP}+\mathrm{FN}} \tag{4.73}$$

$$F_1=2\times\frac{\mathrm{Pr}\times\mathrm{Re}}{\mathrm{Pr}+\mathrm{Re}} \tag{4.74}$$

$$\kappa=\frac{\mathrm{OA}-P_e}{1-P_e} \tag{4.75}$$

$$P_e=\frac{(\mathrm{TP}+\mathrm{FN})\cdot(\mathrm{TP}+\mathrm{FP})+(\mathrm{FP}+\mathrm{TN})\cdot(\mathrm{FN}+\mathrm{TN})}{N^2} \tag{4.76}$$

式中，TP 是树种 i 被正确分类的样本数量；TN 是除树种 i 外其他树种被正确分类的样本数量；FN 是树种 i 被错误分为其他树种的样本数量；FP 是其他树种被错误分为树种 i 的样本数量。本节方法所取得的分类结果混淆矩阵如图 4.76 所示。

真实类别 \ 预测结果	FagSyl	PciAbi	PinSyl	PseMen	QuePet
FagSyl	126	0	1	2	0
PciAbi	0	115	0	0	8
PinSyl	3	0	74	4	0
PseMen	4	0	5	115	0
QuePet	1	10	0	0	100

图 4.76　所提出方法分类结果混淆矩阵

表 4.23 为图 4.76 分类结果混淆矩阵对应的分类结果精度指标计算结果。从表中可以看出，所有实验树种都取得较高的整体精度，其整体精度指标值均大于 95%；就查准率指标而言，所有树种的该项指标均大于 90%；此外，其余精度指标也取得令人满意的结果，各实验树种所取得的各类良好的精度指标值充分说明本节方法获取的优

化后特征向量集合能够对 5 个树种的大部分样本取得精准的树种识别结果。另一方面，在图 4.76 中也可以更直观地看出，在全部的 129 棵山毛榉样本中的 126 个样本被正确分类，其他种类树木的绝大部分样本也得到正确分类。综上所述，可以认为本节所提出方法得到的优化后特征向量集合能够实现对实验树种的有效识别。

表 4.23　本节各实验树种精度指标值

	FagSyl	PicAbi	PinSyl	PseMen	QuePet
OA(%)	98.06	96.83	97.71	97.36	96.65
Pr(%)	94.03	92.00	92.50	95.04	92.59
Re(%)	97.67	93.50	91.36	92.74	90.09
F_1 (%)	95.82	92.74	91.93	93.88	91.32
κ (%)	94.56	90.72	90.59	92.19	89.25

除了 SVM 外，还有许多经典的监督学习方法，例如自适应增强(Adaptive Boosting，AdaBoost)、K 邻近(K-Nearest Neighbors，KNN)、朴素贝叶斯(Naive Bayes，NB)和 RF 等。为验证本节所提出方法的有效性，进一步对比了 SVM 和其他几种经典的监督学习方法的树种识别精度指标。各分类器的识别结果如表 4.24 所示，从表中可以看出，无论何种精度指标，本节方法得到的树种识别结果均能取得最优指标值，且就 OA 指标而言，本节提出方法取得了 93.31%的整体精度，而其他方法的整体精度都小于 90%；并且上述各分类器最长分类用时为 5.35s，平均分类用时为 1.8s，而本节方法的用时仅为 0.012s。因此，可以认为本节方法中采用的 SVM 分类方法对实验树种的识别能力优于其他几种经典的监督学习方法，能够实现准确、高效的树种识别。

表 4.24　本节所采用方法与其他机器学习方法分类结果对比

	AdaBoost	KNN	NB	RF	本节方法
OA(%)	88.03	89.61	81.34	89.79	93.31
Pr(%)	87.69	89.63	81.11	89.66	93.23
Re(%)	87.34	89.21	81.37	88.95	93.07
F_1 (%)	87.49	89.37	80.95	89.22	93.14
κ (%)	85.36	87.26	77.60	87.44	91.72
运行时间(s)	5.350	0.016	0.181	3.454	0.012

4.6.6 对比分析

本节方法通过一系列降维处理，将原始提取的 15 种特征减少为最终采用的 8 种特征向量，为定量分析初次降维后各特征向量集合与本节最终获取的优化后集合识别能力之间的差异，本节测试了全部初次降维处理后维度为 8 的特征向量集合的树种分类结果，各集合分类结果如表 4.25 所示。

表 4.25　初次降维后全部维度为 8 的特征向量集合分类结果

特征组合	OA(%)	Pr (%)	Re (%)	F_1(%)	κ (%)
$\{H, l_1, l_2, S_1, S_2, E, \mathrm{Intercept}_{MB}, R_{12}\}$	85.74	84.99	85.19	85.05	82.08
$\{H, l_1, l_2, S_1, S_2, E, \mathrm{Intercept}_{MB}, R_{23}\}$	88.73	87.83	88.01	87.9	85.85
$\{H, l_1, l_2, S_1, S_2, E, \mathrm{Intercept}_{MB}, R_{23}\}$	82.04	80.79	81.18	80.82	77.44
$\{H, l_1, l_2, S_1, S_2, E, R_{12}, R_{23}\}$	85.74	84.71	84.63	84.66	82.06
$\{H, l_1, l_2, S_1, S_2, E, R_{12}, L_{23}\}$	84.86	84.22	84.64	84.39	80.98
$\{H, l_1, l_2, S_1, S_2, E, R_{23}, L_{23}\}$	89.61	89.45	89.29	89.34	86.93
$\{H, l_1, l_2, S_1, S_2, \mathrm{Intercept}_{MB}, R_{12}, R_{23}\}$	88.38	87.62	87.65	87.62	85.39
$\{H, l_1, l_2, S_1, S_2, \mathrm{Intercept}_{MB}, R_{12}, L_{23}\}$	88.38	87.98	88.26	88.09	85.4
$\{H, l_1, l_2, S_1, S_2, \mathrm{Intercept}_{MB}, R_{23}, L_{23}\}$	91.02	90.85	90.67	90.75	88.71
$\{H, l_1, l_2, S_1, S_2, R_{12}, R_{23}, L_{23}\}$	90.32	90.16	89.91	90.00	87.82
$\{H, l_1, l_2, S_1, E, \mathrm{Intercept}_{MB}, R_{12}, R_{23}\}$	87.85	86.86	86.85	86.84	84.73
$\{H, l_1, l_2, S_1, E, \mathrm{Intercept}_{MB}, R_{12}, L_{23}\}$	87.68	87.39	87.25	87.26	84.5
$\{H, l_1, l_2, S_1, E, \mathrm{Intercept}_{MB}, R_{23}, L_{23}\}$	92.78	92.93	92.33	92.58	90.91
$\{H, l_1, l_2, S_1, E, R_{12}, R_{23}, L_{23}\}$	93.13	92.85	92.86	92.85	91.37
$\{H, l_1, l_2, S_1, \mathrm{Intercept}_{MB}, R_{12}, R_{23}, L_{23}\}$	91.9	91.61	91.68	91.64	89.82
$\{H, l_1, l_2, S_2, E, \mathrm{Intercept}_{MB}, R_{12}, R_{23}\}$	89.44	88.65	88.61	88.61	86.72
$\{H, l_1, l_2, S_2, E, \mathrm{Intercept}_{MB}, R_{12}, L_{23}\}$	87.85	87.65	87.37	87.46	84.72
$\{H, l_1, l_2, S_2, E, \mathrm{Intercept}_{MB}, R_{23}, L_{23}\}$	93.13	93.44	92.82	93.08	91.36
$\{H, l_1, l_2, S_2, E, R_{12}, R_{23}, L_{23}\}$	91.02	90.54	90.8	90.65	88.72
$\{H, l_1, l_2, S_2, \mathrm{Intercept}_{MB}, R_{12}, R_{23}, L_{23}\}$	92.43	92.24	92.28	92.23	90.48
$\{H, l_1, l_2, E, \mathrm{Intercept}_{MB}, R_{12}, R_{23}, L_{23}\}$	92.25	92.08	92.1	92.07	90.26

续表

特征组合	OA(%)	Pr (%)	Re (%)	F_1(%)	κ (%)
$\{H, l_1, S_1, S_2, E, \text{Intercept}_{MB}, R_{12}, R_{23}\}$	88.56	87.98	87.86	87.89	85.61
$\{H, l_1, S_1, S_2, E, \text{Intercept}_{MB}, R_{12}, L_{23}\}$	89.79	89.37	89.58	89.46	87.17
$\{H, l_1, S_1, S_2, E, \text{Intercept}_{MB}, R_{23}, L_{23}\}$	94.01	94.23	93.89	93.96	92.47
$\{H, l_1, S_1, S_2, E, R_{12}, R_{23}, L_{23}\}$	91.37	91.03	91.14	91.05	89.16
$\{H, l_1, S_1, S_2, \text{Intercept}_{MB}, R_{12}, R_{23}, L_{23}\}$	90.67	90.48	90.32	90.38	88.26
$\{H, l_1, S_1, E, \text{Intercept}_{MB}, R_{12}, R_{23}, L_{23}\}$	94.19	94.12	93.94	94.02	92.69
$\{H, l_1, S_2, E, \text{Intercept}_{MB}, R_{12}, R_{23}, L_{23}\}$	**93.31**	**93.23**	**93.07**	**93.14**	**91.72**
$\{H, l_2, S_1, S_2, E, \text{Intercept}_{MB}, R_{12}, R_{23}\}$	89.61	88.95	89.13	89.03	86.95
$\{H, l_2, S_1, S_2, E, \text{Intercept}_{MB}, R_{12}, L_{23}\}$	90.14	90.11	89.72	89.86	87.6
$\{H, l_2, S_1, S_2, E, \text{Intercept}_{MB}, R_{23}, L_{23}\}$	91.9	91.93	91.61	91.74	89.81
$\{H, l_2, S_1, S_2, E, R_{12}, R_{23}, L_{23}\}$	90.67	90.39	90.49	90.39	88.27
$\{H, l_2, S_1, S_2, \text{Intercept}_{MB}, R_{12}, R_{23}, L_{23}\}$	91.9	91.7	91.78	91.65	89.83
$\{H, l_2, S_1, E, \text{Intercept}_{MB}, R_{12}, R_{23}, L_{23}\}$	93.84	93.81	93.75	93.78	92.25
$\{H, l_2, S_2, E, \text{Intercept}_{MB}, R_{12}, R_{23}, L_{23}\}$	93.66	93.39	93.33	93.35	92.03
$\{H, S_1, S_2, E, \text{Intercept}_{MB}, R_{12}, R_{23}, L_{23}\}$	91.37	91.07	91.27	91.14	89.16
$\{l_1, l_2, S_1, S_2, E, \text{Intercept}_{MB}, R_{12}, R_{23}\}$	81.51	81.09	81.05	81.04	76.76
$\{l_1, l_2, S_1, S_2, E, \text{Intercept}_{MB}, R_{12}, L_{23}\}$	82.92	82.77	82.53	82.62	78.52
$\{l_1, l_2, S_1, S_2, E, \text{Intercept}_{MB}, R_{23}, L_{23}\}$	85.21	85.88	85.66	85.71	81.4
$\{l_1, l_2, S_1, S_2, E, R_{12}, R_{23}, L_{23}\}$	80.46	80.99	80.69	80.8	75.42
$\{l_1, l_2, S_1, S_2, \text{Intercept}_{MB}, R_{12}, R_{23}, L_{23}\}$	85.21	86.1	85.91	85.99	81.4
$\{l_1, l_2, S_1, E, \text{Intercept}_{MB}, R_{12}, R_{23}, L_{23}\}$	88.03	88.37	88.16	88.23	84.94
$\{l_1, l_2, S_2, E, \text{Intercept}_{MB}, R_{12}, R_{23}, L_{23}\}$	86.27	86.92	86.7	86.75	82.73
$\{l_1, S_1, S_2, E, \text{Intercept}_{MB}, R_{12}, R_{23}, L_{23}\}$	86.27	86.72	86.74	86.67	82.74
$\{l_2, S_1, S_2, E, \text{Intercept}_{MB}, R_{12}, R_{23}, L_{23}\}$	86.27	86.73	86.64	86.62	82.73

从表 4.25 可以看出，在集合维度为 8 时共有 45 个特征向量集合。在所有的 45 个集合取得的各项精度指标中，有 4 个特征向量组合的 OA 指标值比本节采用的特征向量组合稍大一些(在表 4.25 中，这 4 个组合取得的精度指标值单以下划线突出显示，本节方法获取的优化集合以粗体与下划线突出显示)。然而，上述的 4 个特征向量集

合取得的 OA 指标值只比本节提取的优化集合的 OA 指标值高不到 1%；另外，无论采用何种精度指标，本节选取的优化集合的树种识别性能都优于其他 40 个随机组合的特征向量集合。总的来说，在初次优化后，结合较优集合中的特征向量使用频率可以进一步选取出具有良好树种识别能力的优化特征向量。

为进一步评价本节方法的树种识别表现，本节进一步对比了 Åkerblom 等[286]提出的树种识别方法与本节所提出方法。在 Åkerblom 等[286]的方法中，首先基于树干、树冠和整体树木多种特征向量，随后他们采用了 KNN、多项式回归(Multinomial Regression，MNR)和 3 种核函数的 SVM(线性、多项式和径向基核函数，即 SVM_{lin}、SVM_{pol} 和 SVM_{rbf})进行树种分类。本节将 Åkerblom 等[286]提出的特征向量在各分类器的分类表现与本节方法的分类表现进行了比较，对比结果如表 4.26 所示。从表中可以看出，虽然只采用了 8 个优化特征向量，但本节方法仍取得了更优的各项指标值，因此可以认为本节方法选取的 8 个特征向量具有相对较强的树种识别能力。

表 4.26　所提出方法与其他方法的精度指标对比

	Åkerblom 等[286]所提出方法					本节方法
	KNN	MNR	SVM_{lin}	SVM_{pol}	SVM_{rbf}	
OA(%)	79.75	81.87	81.69	75.88	82.04	93.31
Pr(%)	80.00	80.94	80.87	78.79	81.82	93.23
Re(%)	78.18	80.93	80.96	73.54	80.75	93.07
F_1 (%)	78.44	80.90	80.91	74.01	81.09	93.14
κ (%)	74.46	77.21	76.99	69.47	77.37	91.72

4.6.7　小结

本节针对当前对树木深层特征挖掘程度不足与树种识别中部分重要性较低特征向量出现冗余等问题，提出了一种基于分形几何与 QSM 的特征优化树种识别方法。本节在提取树木的直接测量特征向量外，为挖掘更有效的特征向量，实现更好的树种识别效果，还对单木的分形几何特征与基于 QSM 的树木深层结构特征进行了挖掘，随后通过 CART 方法计算了各特征向量对于树种识别的相对重要性，通过保留重要性较高的特征向量实现了初次优化。之后通过统计较优集合中各特征向量的使用频率实现了特征向量集合的深度优化，最后，将选取的 8 种优化特征向量应用于 SVM 中得到了最终树种分类结果。在本节进行的实验中，对 5 个树种的 568 个单木点云的分类结果表明，通过本节方法获取的优化集合可以高效、准确地实现树种识别；在与其他树种识别方法的对比中，本节所提出方法也取得了更优的分类表现。各实验与对比结果表明，本节方法为树种分类任务提供了一种具有适用性的特征降维流程框架，能够高效、准确地实现树种识别。

4.7 顾及树木类别的最优单木生物量估测模型构建

在对森林中的树种进行识别后，不仅可以通过结合单木 QSM 的体积信息对生物量进行估测，还可以通过树种信息与基于树木参数的异速生长模型实现对森林 AGB 的快速估测。然而，不同树种间的结构形态特征普遍存在差异，因此很难通过某一种特定类型的异速生长模型实现对生物量的准确估测。为探究不同树种对应的最优异速生长模型并进一步量化在采用各对应最优异速生长模型对生物量估测精度的提升作用，本节基于树木的树高与胸径，采用了 4 种经典的异速生长模型对实验单木生物量进行估测，并对各类估测模型对于各类树种的估测表现进行了定量分析。通过对比各方法取得的精度指标值，得出本节各实验树木类别对应的最优生物量估测模型，并进一步量化分析了各实验树种采用最优估测模型时对整体实验单木估测精度的提升作用。

4.7.1 基于胸径与树高的单木生物量估测异速生长模型

胸径是单木生物量估测中的关键性指标，其代表树木距离地面 1.3m 处的树干的直径，该项参数能够较直观地反映出树木尺寸，从而与单木生物量具有密切联系。在相关研究中直接根据胸径建立单木生物量估测模型是一种常见的估测方法，因此本节方法采用的第一类估测模型来源于 Cienciala 等[287]在其研究中使用的基于胸径的异速生长模型，其模型基本形式如式(4.77)所示：

$$\widehat{\mathrm{AGB}} = \alpha \cdot \mathrm{DBH}^{\beta} \tag{4.77}$$

式中，$\widehat{\mathrm{AGB}}$ 为单木生物量估测值；DBH 为单木胸径；α、β 为模型参数。此外，胸径不仅可以直接用来建立单木生物量估测模型，也可以通过建立胸径与树高的估测模型对树高进行计算，从而进一步建立树高与生物量之间的异速生长模型。因此，在许多学者之前的相关研究中，树高也是一类经常被使用的生物量估测参数，在构建生物量估测模型时具有重要意义[192,288]。本节方法采用的第二类估测模型为基于树高的异速生长模型，其模型基本形式如式(4.78)所示：

$$\widehat{\mathrm{AGB}} = \alpha \cdot H^{\beta} \tag{4.78}$$

式中，H 为单木树高。除单独使用胸径与树高建立生物量估测模型外，另外一种常见的方式是结合胸径与树高建立异速生长模型，从而对单木生物量进行估测[27,178]。模型中参数的增加通常能够提高模型估测的适用性以提升估测表现，其形式通常如式(4.79)~式(4.80)所示：

$$\widehat{\mathrm{AGB}} = \alpha \cdot (\mathrm{DBH}^2 \cdot H)^{\beta} \tag{4.79}$$

$$\widehat{\mathrm{AGB}} = \alpha \cdot H^{\beta} \cdot \mathrm{DBH}^{\varepsilon} \tag{4.80}$$

式中，ε 同样为模型参数。然而，由于在上述非线性的估测模型中存在异方差的干扰，为在消除此类干扰的同时更便捷地得到估测模型，常用的做法是对上述模型取对数，将原始估测模型转变为各单木参数与生物量的对数之间的线性关系模型[192,289]。在转换后本节最终所采用的估测模型形式如表 4.27 中各式所示。

表 4.27　本节所采用的生物量估测异速生长模型

生物量估测模型	模型形式	
模型 1	$\ln(\widehat{\mathrm{AGB}}) = \alpha + \beta \cdot \ln(\mathrm{DBH})$	(4.81)
模型 2	$\ln(\widehat{\mathrm{AGB}}) = \alpha + \beta \cdot \ln(H)$	(4.82)
模型 3	$\ln(\widehat{\mathrm{AGB}}) = \alpha + \beta \cdot \ln(\mathrm{DBH}^2 \cdot H)$	(4.83)
模型 4	$\ln(\widehat{\mathrm{AGB}}) = \alpha + \beta \cdot \ln(\mathrm{DBH}) + \varepsilon \cdot \ln(H)$	(4.84)

4.7.2　实验数据

为验证各估测模型对不同树种的单木 AGB 估测表现，本节采用了 Demol 等[22]等与 Falster 等[290]提供的单木参数数据集，在他们的数据集中，提供了包括树高、胸径、树种信息及参考单木生物量信息在内的多种单木属性参数。在他们提供的数据集中，我们选取了 44 棵水青冈属树木、42 棵松属树木、41 棵栎属树木，并提取了这些树木的树高、胸径、参考 AGB 信息组成了本节的实验数据集。表 4.28 为本节实验数据集中各类树木的基本属性信息。

表 4.28　本节所选取实验数据集中各类树木基本属性信息

种属	树木数量	平均树高(m)	树高标准差(m)	平均 DBH (m)	DBH 标准差(m)	平均生物量(kg)	生物量标准差(kg)
水青冈属(*Fagus*)	44	20.124	2.936	0.330	0.174	847.712	1382.775
松属(*Pinus*)	42	20.040	3.836	0.271	0.090	350.929	268.921
栎属(*Quercus*)	41	21.039	5.193	0.305	0.105	602.698	513.910

从表 4.28 中可以看出，不同种类的树木的树高、胸径及参考生物量参数均有所差异，不同树木种类间树高与胸径的差异通常反映不同种树木尺寸上的差异，在不同树种存在较大尺寸差异的情况下使用同种单木 AGB 估测方法可能导致估测精度下降。为改善此问题，在生物量估测中需顾及各树种形态构造之间的差异，针对不同树种探测其相对最优生物量估测模型。图 4.77(a)、(b)分别是本节选取实验树木的树高与 DBH 分布图，可以更直观地看出，不同树种的树高分布情况存在明显差异，其中，栎属树木的平均树高高于其他 2 个树种。此外，不同树种间胸径分布也同样存在差异，其中水青冈属树木中不仅有若干样本的胸径远大于其他种属树木，且其下四分位数也大于其他树种。

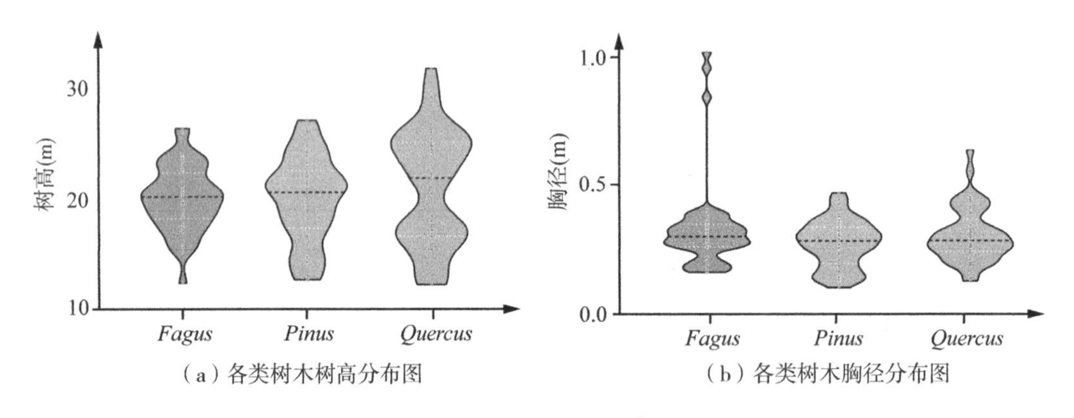

(a) 各类树木树高分布图　(b) 各类树木胸径分布图

图 4.77　实验数据中各类树木树高与胸径分布图

4.7.3　精度指标

本节采用了平均偏差(Bias)、相对平均偏差(rBias)、均方根误差(RMSE)、相对均方根误差(rRMSE)、一致性相关系数(CCC)及决定系数(R^2)6 个精度指标对各估测模型生物量估测结果进行综合评价，本节中上述指标计算方法如式(4.85)~式(4.90)所示：

$$\mathrm{Bias} = \frac{\sum_{i=1}^{n}(\widehat{\mathrm{AGB}_i} - \mathrm{AGB}_i^r)}{n} \tag{4.85}$$

$$\mathrm{rBias} = \frac{\mathrm{Bias}}{\overline{\mathrm{AGB}^r} \times 100\%} \tag{4.86}$$

$$\mathrm{RMSE} = \sqrt{\frac{\sum_{i=1}^{n}(\widehat{\mathrm{AGB}_i} - \mathrm{AGB}_i^r)^2}{n}} \tag{4.87}$$

$$\mathrm{rRMSE} = \frac{\mathrm{RMSE}}{\overline{\mathrm{AGB}^r}} \times 100\% \tag{4.88}$$

$$\mathrm{CCC} = \frac{\dfrac{2 \times \sum_{i=1}^{n}(\widehat{\mathrm{AGB}_i} - \overline{\mathrm{AGB}})(\mathrm{AGB}_i^r - \overline{\mathrm{AGB}^r})}{n}}{\dfrac{1}{n}\sum_{i=1}^{n}(\widehat{\mathrm{AGB}_i} - \overline{\mathrm{AGB}})^2 + \dfrac{1}{n}\sum_{i=1}^{n}(\mathrm{AGB}_i^r - \overline{\mathrm{AGB}^r})^2 + (\overline{\mathrm{AGB}} - \overline{\mathrm{AGB}^r})^2} \tag{4.89}$$

$$R^2 = 1 - \left(\frac{\sum_{i=1}^{n}(\mathrm{AGB}_i^r - \overline{\mathrm{AGB}^r})^2}{\sum_{i=1}^{n}(\mathrm{AGB}_i^r - \widehat{\mathrm{AGB}_i})^2}\right) \tag{4.90}$$

式中，$\widehat{\mathrm{AGB}_i}$ 为数据集中第 i 个样本的生物量估测值；AGB_i^r 为 i 个样本的生物量参考值；n 为数据集中样本的数量；$\overline{\mathrm{AGB}^r}$ 为数据集中所有单木样本参考生物量的均值；$\overline{\mathrm{AGB}}$ 为数据集中所有单木样本估测生物量的均值。

4.7.4　实验结果

本节首先对比了不同树种采用各估测模型时的生物量估测结果，各实验树种应用不同生物量估测模型取得的精度指标如表 4.29 所示。

从表 4.29 中可以明显看出，在使用基于树高的异速生长模型对生物量进行估测时，由于本节实验树种树高与生物量之间呈现出较弱的异速生长关系，各树种的估测表现均难以令人满意，其最小的相对平均误差为-7.230%，而由于 *Fagus* 树种中存在部分生物量远高于平均生物量的单木样本，该估测模型产生了更大的误差，其估测结果与参考结果的相对平均误差高达-35.723%。

表 4.29 各类别树木采用不同估测模型取得的精度指标值

AGB 估测模型	精度指标	树木类别		
		Fagus	*Pinus*	*Quercus*
估测模型 1 $\ln(\widehat{AGB}) = \alpha + \beta \cdot \ln(DBH)$	Bias	21.588	-3.591	-4.294
	rBias	2.547%	-1.023%	-0.712%
	RMSE	303.809	46.346	112.128
	rRMSE	35.839%	13.207%	18.604%
	CCC	0.978	0.985	0.976
	R^2	0.964	0.971	0.954
估测模型 2 $\ln(\widehat{AGB}) = \alpha + \beta \cdot \ln(H)$	Bias	-302.289	-25.372	-105.499
	rBias	-35.723%	-7.230%	-17.504%
	RMSE	1358.394	177.344	450.001
	rRMSE	160.243%	50.536%	74.664%
	CCC	0.103	0.744	0.379
	R^2	0.109	0.579	0.284
估测模型 3 $\ln(\widehat{AGB}) = \alpha + \beta \cdot \ln(DBH^2 \cdot H)$	Bias	-11.722	-3.961	-12.772
	rBias	-1.383%	-1.129%	-2.119%
	RMSE	297.621	42.570	134.688
	rRMSE	35.109%	12.131%	22.347%
	CCC	0.977	0.987	0.964
	R^2	0.954	0.977	0.931
估测模型 4 $\ln(\widehat{AGB}) = \alpha + \beta \cdot \ln(DBH) + \varepsilon \cdot \ln(H)$	Bias	7.799	-3.631	-6.060
	rBias	0.920%	-1.035 %	-1.005%
	RMSE	279.837	39.143	97.421
	rRMSE	33.011%	11.154%	16.164%
	CCC	0.981	0.989	0.982
	R^2	0.964	0.980	0.965

除此之外，其余估测模型的估测结果间同样存在差异。例如，在 *Fagus* 树种中，当采用仅基于 DBH 的估测模型 1 时，其平均偏差为 21.588kg，其相应的相对平均误差

为 2.547%。然而，当采用结合 DBH 与树高的估测模型 4 时取得了最低的平均误差，仅为 7.799kg，相应的，其相对平均误差小于 1%，该模型估测值与参考值的致性相关系数也高达 0.981。各精度指标值的变化表明该树种在结合 DBH 与树高信息进行估测时能够取得更好的估测表现。此类不同模型间估测表现的差异存在于各实验树种中，为更加直接地对比各树种采用不同估测模型时的生物量估测结果，本节将估测 AGB 与参考 AGB 的结果绘制在图 4.78(a)～(c)中。

结合表 4.29 与图 4.78，可以更明显地看出不同估测模型的估测结果之间的差异。对于 *Fagus* 类别，当其采用结合 DBH 与树高的估测模型 4 时实现了最优估测表现，采用结合 DBH 与树高的估测模型 3 时取得的估测表现也同样优于其余 2 种单一参数的估测模型。然而，对于 *Quercus* 类别而言，结合使用两参数的模型分别取得了-2.119%与-1.005%的相对平均偏差，相较于仅使用 DBH 的估测模型取得的相对偏差，两参数估测模型该项指标值分别升高了 198%与 41%，进一步说明了采用不同生物量估测模型对特定树木类型估测精度的显著影响。

由于不同树种间特征形态结构与生物量等各项指标之间通常存在差异，本节实验树种的最优估测模型也各不相同，对于 *Fagus* 类别，其估测模型 4 对于全部精度指标均取得了最优结果，因此认为估测模型 4 是该类别对应的最优估测模型；对于 *Pinus*

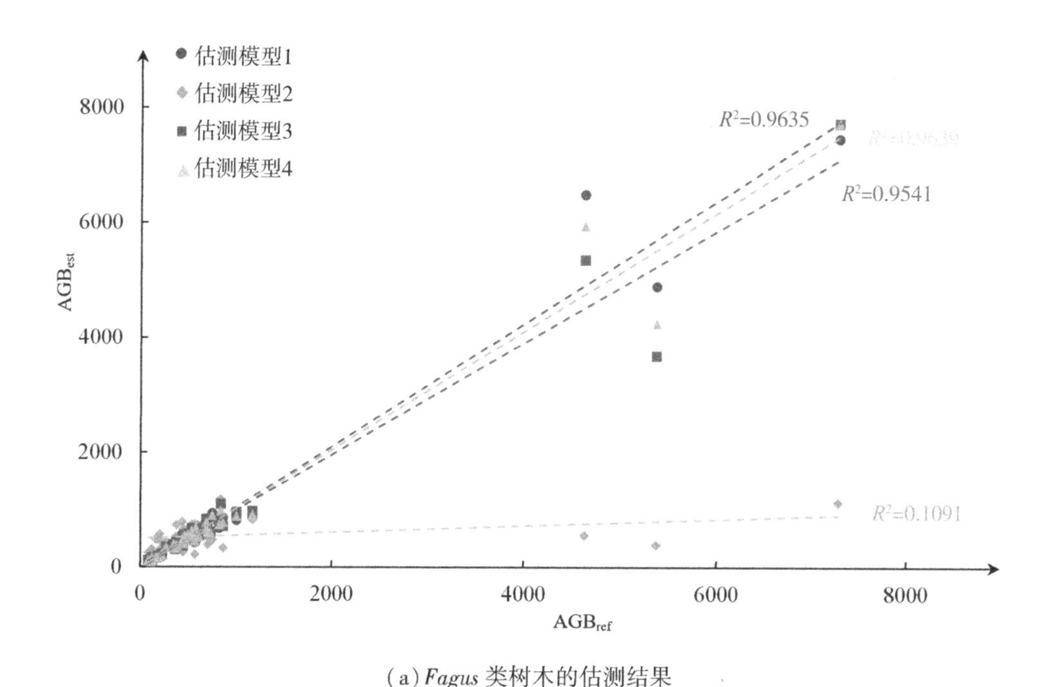

(a) *Fagus* 类树木的估测结果

图 4.78　各类树木采用不同估测模型的估测结果散点图(一)

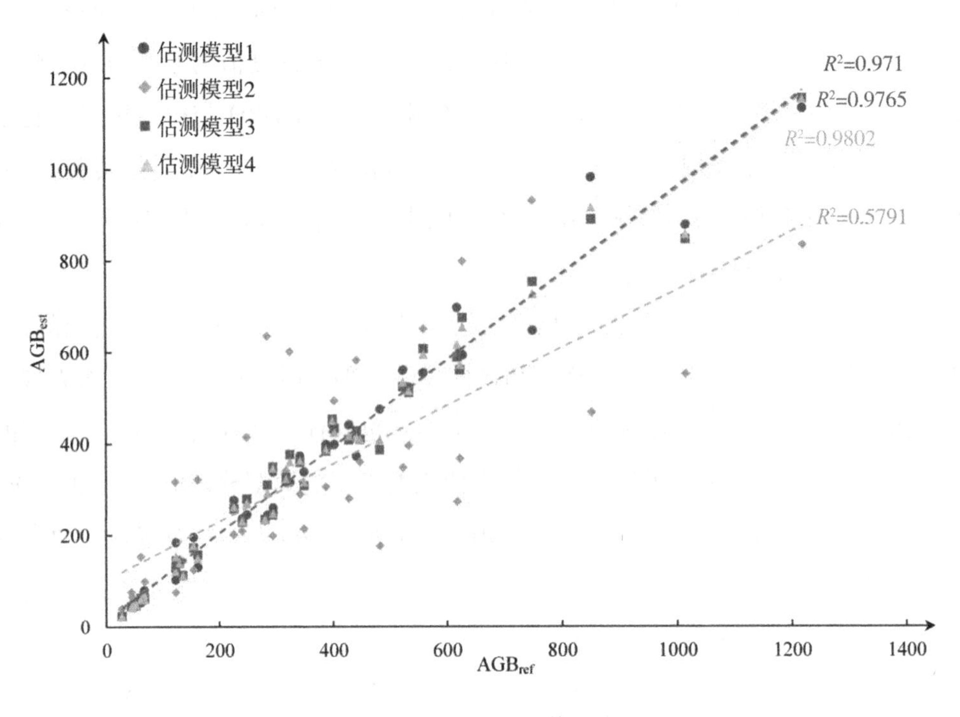

(b) *Pinus* 类树木的估测结果

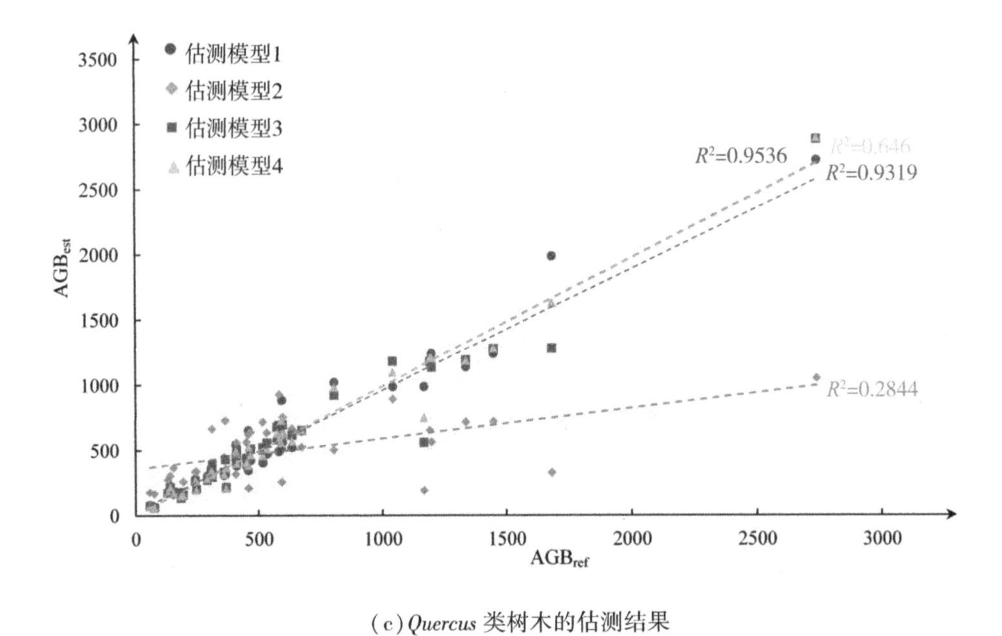

(c) *Quercus* 类树木的估测结果

图 4.78　各类树木采用不同估测模型的估测结果散点图(二)

树种，在估测模型 4 取得的各精度指标值中，只有平均偏差与对应的相对平均偏差略低于估测模型 1 取得的相应指标结果，其余各类指标值均取得了最优结果，因此估测模型 4 也是该类别树木的最优估测模型；对于 *Quercus* 类别树木，当其采用估测模型 1 时，其平均误差与相对平均误差明显优于其他估测模型，其他精度指标也取得了相对较优结果，因此认为对于 *Quercus* 类别，估测模型 1 能够取得最优生物量估测结果。

4.7.5　对比分析

从表 4.29 中可以看出，无论对于何种树种，估测模型 4 取得的估测结果对应的各精度指标值均为较优或最优值，且估测模型 3 取得的部分估测结果也优于单参数模型的对应结果。因此，对于本节实验树种，当在估测模型中结合使用 DBH 和树高时通常能够实现更好生物量估测表现。此外，为更明显地表达不同估测模型与各树种对应最优模型对本节实验树种生物量估测的影响，本节对比分析中计算了本节所有实验样本采用各估测模型(优于估测模型 2 估测结果较差，与其他估测模型的结果相差过大，故不列入本节讨论范围)与对应最优模型的估测结果及精度指标值，各模型取得的指标值如图 4.79(a)~(c)所示。

从图 4.79 中可以明显看出，当各树种采用对应的最优估测模型进行估测时，其整体估测结果的各项精度指标均取得了较优结果，其中，各树种采用对应最优估测模型时平均相对偏差指标取得了最佳结果，其指标值仅为 0.115kg，比其他估测模型的偏差绝对值低 0.34~4.79kg；与之相应的，采用各树种最优估测模型时相对平均偏差仅为 0.019%。因此可以认为，当各树种采用对应最优估测模型时通常可以取得更低的估测偏差，从而实现更好的估测结果。

此外，在统计学角度中，均方根误差也是一类重要的精度指标，能够反映估测值与对应的参考值之间的偏差程度，这项指标对与相应参考数据具有较大偏差的异常估测数据较敏感，因此通常用来反映估测值与对应的参考值之间的偏差程度，偏差越大，则该指标值越高。估测模型 1 与估测模型 3 虽取得了较低的相对平均偏差指标，其指标值分别仅为 0.812%与 1.571%，但其均方根误差指标较高，意味着估测模型 1 与估测模型 3 虽可以取得较好的整体估测结果，但对于部分实验样本，上述估测模型存在估测结果与参考值的偏差较大的情况。当各树种采用其对应最优估测模型时取得了较优的均方根误差与相对均方根误差，均方根误差指标值仅为 178.034；相对均方根误差指标值为 29.460%。不仅如此，对于一致性相关系数指标，各树种采用对应最优模型时估测结果也在很大程度上趋近于整体最优结果，其指标值为 0.981，意味着使用

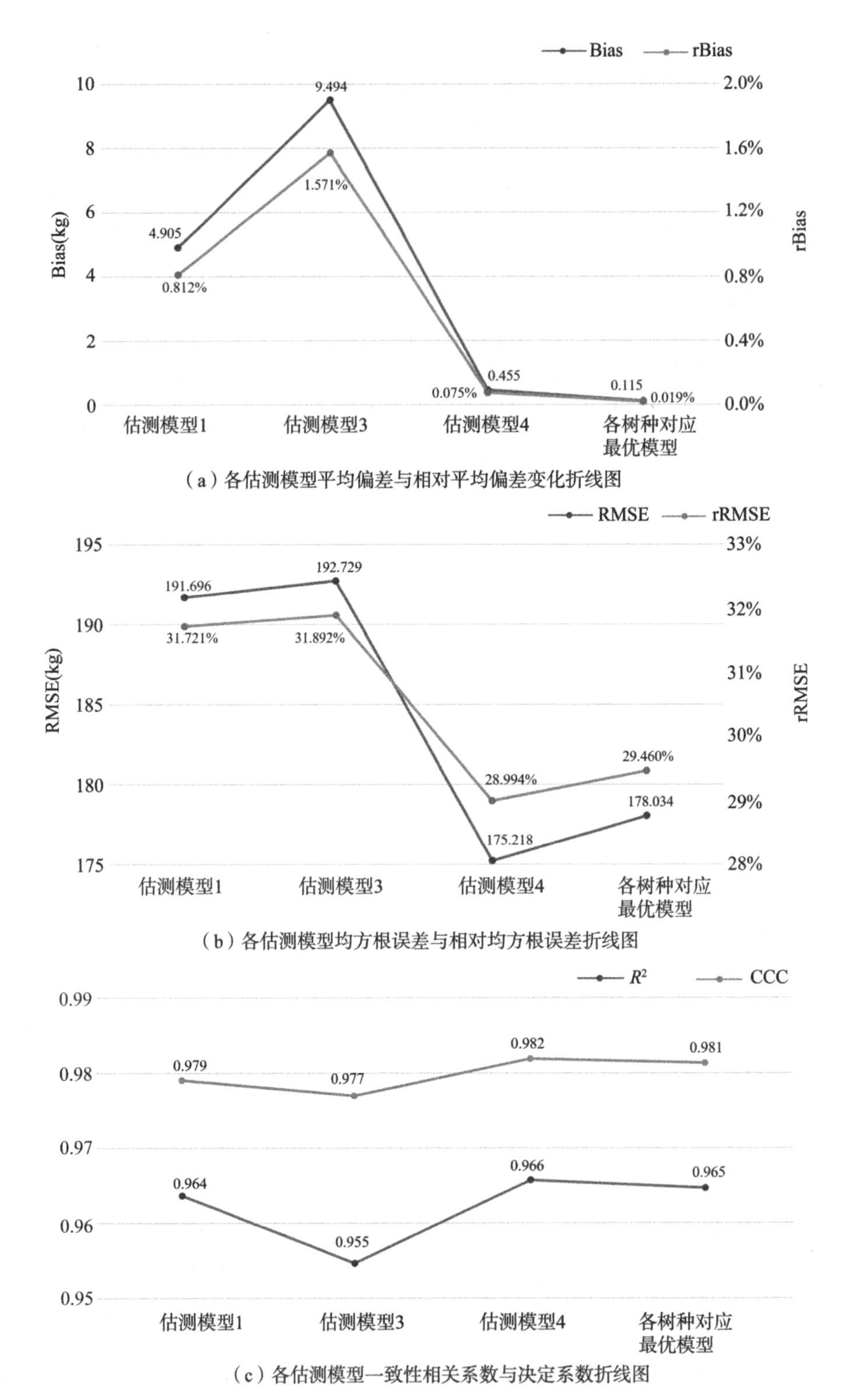

(a) 各估测模型平均偏差与相对平均偏差变化折线图

(b) 各估测模型均方根误差与相对均方根误差折线图

(c) 各估测模型一致性相关系数与决定系数折线图

图 4.79　各类树木采用不同估测模型的精度指标

本节方法选取的对应估测模型取得的估测值与参考值之间的变化情况具有较高的一致性。

以上对比实验结果充分表明，在本节实验中，针对各树种采用最适合的估测模型能够提高林地整体生物量估测的精度。此外，在图 4.79 中还可以看出，除了对各树种采用对应最优估测模型的情况外，估测模型 4 对本节实验各树种的全部单木样本均取得了较优的平均偏差与相对平均偏差指标，仅次于各树种采用对应最优模型时的估测情况，说明该方法能够取得较为准确的整体估测结果，同时，该模型也取得了更优的均方根误差，即在采用该模型时对于大多数样本而言，其生物量估测值与参考值间的差距较小。综上所述，对于不同树种组成的林地以及特定的林地生物量估测任务，应当根据其树种组成灵活地采用更具针对性的估测方法或采用多种估测方法相结合的方式对其进行估测，以提高相应的林地整体生物量估测精度。

4.7.6　小结

本节针对内部存在多种树木类型的森林在使用同一种异速生长模型难以实现令人满意的生物量估测结果的问题，探究了部分树种相对最优异速生长模型与各树种采用对应最优模型时对估测表现的提升作用。本节采用了树木 DBH 与树高，选取了 4 种传统的估测模型对 3 个树木类别的 127 个样本进行生物量估测。实验结果表明，同种估测模型对不同树种的生物量估测表现存在明显差异，对于估测模型 2，该模型对 *Fagus* 类别树木的估测相对平均偏差高达-35.723%，而对于 *Pinus* 类别的估测相对平均偏差仅有-7.230%；同样地，同种树木采用不同异速生长模型时，其估测结果也存在差异，对于 *Quercus* 类别树木，该类别样本采用估测模型 3 取得的相对平均偏差约为估测模型 1 的 3 倍。在根据各类别树木的估测结果选取出对应最优估测模型后，本节对比了对应最优估测模型与单一估测模型生物量估测结果的差异。对比结果表明，在采用最优估测模型时可以在保持其余精度指标接近最优的情况下有效降低估测的平均误差。各实验与对比结果充分表明，为了提高多树种林地的生物量估测精度，应根据其树种组成灵活地选取更适用于该林地主要树种的针对性估测方法。

4.8　基于分形几何的地基 LiDAR 地表生物量估测理论方法

森林是地面生态系统的主要组成部分，占有着 70%~80%的地面生物量[291,292]。森林能够通过光合作用将大气中的二氧化碳固定植被和土壤中，因此森林在维持全球气候系统、调节全球碳平衡、减缓温室气体浓度上升等方面具有极为重要的作用[293]。瑞士温室气体调查研究表明在瑞士有 940 万吨的碳固定于树木植被中[294]。由此可见，森林对于碳汇的重要性。然而，近年来随着森林的不断砍伐，相应的碳汇能力逐渐降低。至此造成气候环境变化的加剧[22]。未能够有效地保护地球生态环境并提升森林的管理效率，继续对森林的碳储量进行精确监测。

地表生物量估测(AGB)是衡量碳储量的有效指标。具体定义：单位面积内实存生活的有机物质(干重)(包括生物体内所存食物的重量)总量，通常用 kg/m 或 g/m^2 表示[272]。一种直接的 AGB 获取方式为破坏性砍伐测量，即将树木进行砍伐、切割，继而对树木的每部分进行测量，进而加和获取整株植被的生物量。为获取准确的 AGB，需对树木干重和湿重的比例系数进行准确计算。为实现该目的，Hackenberg 等[201]首先在实地进行树木湿重的测量，进而对树木在 106℃ 的条件下烘干 72 小时来获取干重。很明显地可以看出，采用破坏性测量方式获取 AGB 无疑是费时且费力的。更重要的是，此种方法往往难以适用于大范围森林区域的 AGB 估测。因此，许多研究人员通过基于植被参数建立异速生长模型来实现 AGB 估测。植被参数包括树高、胸径(DBH)、冠幅等。为建立准确的异速生长模型，需要获取大量的树木样本并进行破坏性测量[295]。此种方法往往是非经济的，而且并非在任何区域均是法律所允许的。更重要的是，所构建的异速生长模型往往只能够适用于特定区域或树种[296]。

与传统的破坏性测量方法相比，地基 LiDAR 技术(TLS)能够为 AGB 估测提供一种非接触测量模式。TLS 能够获取高精度的植被三维点云，现已广泛应用于林业调查当中[297-299]。随着地基 LiDAR 设备的快速发展，TLS 能够获取植被内部结构的更多信息。因此，可以实现在不需要砍伐树木的情况下来获取精确的植被参数。例如，DBH 能够通过对距离树根位置 1.25~1.35m 的点云数据进行圆形拟合求取。树高能够通过获取单株植被内最高的树顶点来获取。正是由于这些植被参数能够以这种更简单的方式进行获取，许多研究人员基于 DBH 和树高来构建 AGB 估测的异速生长模型[27,192]。然而，DBH 的估测往往存在误差。与此同时，LiDAR 激光脉冲往往难以准确地探测到树顶点，致使树高估测往往偏低。由于这些进行异速生长模型构建的参数存在误差，致使模型估测的结果往往存在偏差。尤其是对于不同的森林区域或不同的植被树种，AGB 的估测结果往往不准确。已有研究表明，针对大型的热带树木和桉树，已有的模型往往低估生物量超过 35%[193,194]。

目前，采用 TLS 进行生物量估测依然存在以下 4 个方面的挑战：

(1)一般而言，AGB 与树木的整体结构和大小尺寸相关。然而，现有的异速生长模型往往基于部分可测量的植被参数，如 DBH、树高等。这些植被参数往往难以整体反映树木的三维结构信息，致使现有的模型无法从全局视角进行较高精度的 AGB 估测。

(2)传统的用于构建异速生长模型的植被参数往往存在计算误差。例如，DBH 的计算依赖最小二乘拟合。当遇到因遮挡而存在的点云数据空白时，往往难以获取高精度的 DBH 计算结果。对于树高测量而言，由于冠层的遮蔽采用 TLS 往往难以准确获取树顶点。因此，基于存在误差的植被参数进行 AGB 估测往往会形成误差传递与累积。

(3)传统的 AGB 估测模型往往依赖树种信息，当将该模型应用于不同的树种时，往往难以获得高精度的 AGB 估测结果。换言之，AGB 估测模型的鲁棒性不强。

(4)目前针对叶片状况(带叶片和不带叶片)对树木 AGB 估测影响的研究较少。这是因为传统的 AGB 估测模型往往依赖可测量的植被参数，如树高、胸径等。这些植被参数的量测往往与叶片状况无关。因此，无法针对叶片状况对 AGB 估测的影响进行更深入的研究。

为解决以上问题与挑战，本节构建了基于分形几何的 AGB 估测的理论方法，并提出了基于分形几何参数的 AGB 异速生长模型。该模型不依赖树种，并能适用于任何单株植被。相较于传统的基于植被参数的 AGB 估测模型方法，本节所构建的模型能够实现更高效的、精度更高的 AGB 估测。

本节所提出的基于分形几何进行 AGB 估测的理论推导如图 4.80 所示。从图中可以看出，该理论推导主要涉及 3 种不同的理论方法，分别为分形几何理论、传统的 AGB 估测理论及干材形数理论。分形几何理论主要涉及分形维(d_{MB})和分形几何($\mathrm{Intercept}_{\mathrm{MB}}$)2 个参数。此 2 个参数能够通过对不同的体素尺寸和相应的体素数目进行对数线性拟合求得。本节主要基于该线性拟合方程进一步推导得出体素与分形几何参数之间的关系。该关系模型将应用于后续的干材形数推算。本节继而基于树高和 DBH，以及 DBH 和分形几何解决之间的幂律关系构建基于分形截距的 AGB 估测异速生长模型。该模型主要涉及干材形数和分形截距 2 个参数。在干材形数理论中，干材形数能够基于干材体积(V)、抛物面高度(h_p)，以及横断面面积(s_p)。V 能够通过计算体素之和来求取，而体素则可表示为分形几何参数的函数。因此，可进一步建立干材形数与分形几何参数之间的关系模型。将该关系模型代入传统的 AGB 估测模型，便可实现本节所提出的基于分形几何的 AGB 模型(FGA)构建。综上所述，该模型方法主要包括以下 4 个步骤：①分形几何参数计算；②传统异速生长模型演化；③基于体素化的干材形数计算；④FGA 异速生长方程推导。

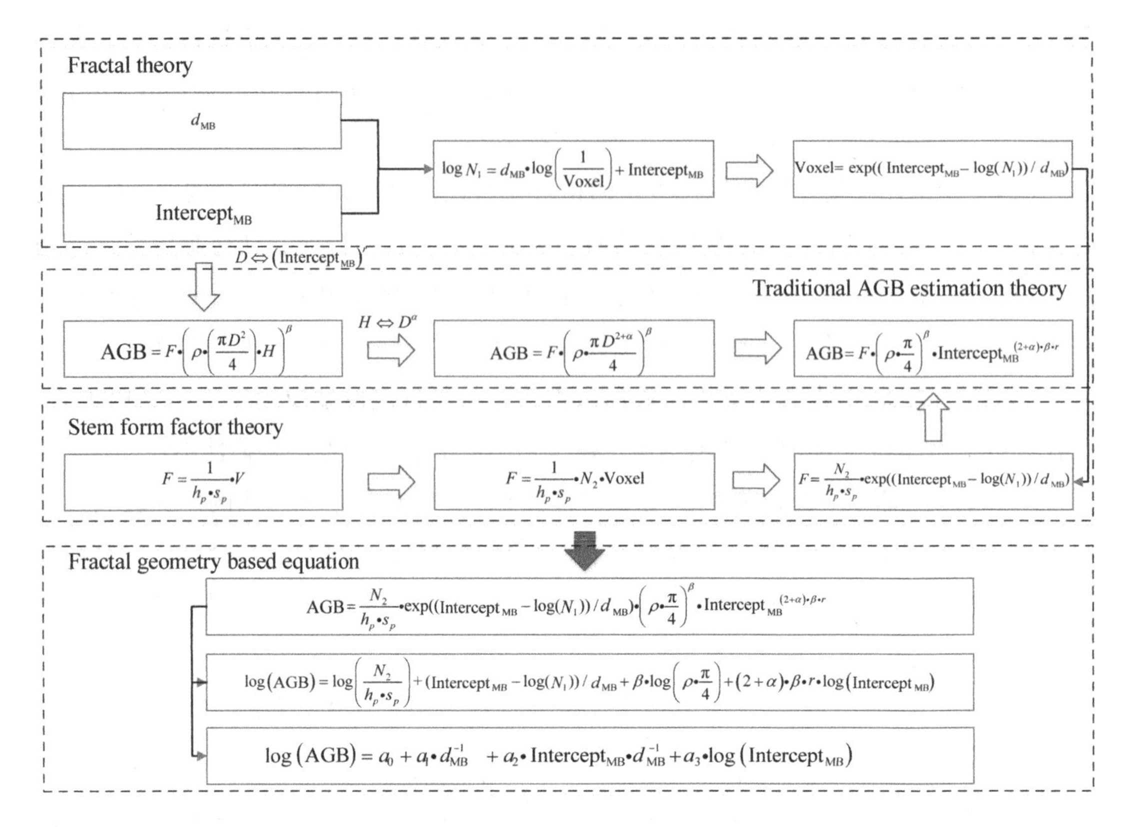

图 4.80　基于分形几何的 AGB 估测理论方法构建

4.8.1　分形几何参数计算

分形几何由 Mandelbrot[300] 首先提出。分形理论认为物体结构或者形态从不同的尺度上观察均具有一定的相似性，而空间的维度既可以是离散的，也可以是连续的[295]。客观自然界中许多事物，具有自相似的“层次”结构，在理想情况下，甚至具有无穷层次。适当地放大或缩小几何尺寸，整个结构并不改变。不少复杂的物理现象，背后就是反映着这类层次结构的分形几何学。由于分形几何能够以更加简单的方式来评估植被的形态结构与尺寸大小，分形理论已应用于植被点云提取及植被参数(DBH、树高、冠幅面积等)估测等相关研究中[284,301-302]。而未有采用分形几何进行地基 LiDAR 生物量估测的相关研究。

分形几何参数能够采用包围盒计算方法获得。在该方法中，物体能够被一系列的包围盒覆盖。对于三维点云数据，包围盒则可替换为体素。如图 4.81 所示，一棵单株树木能够被不同尺寸大小的体素覆盖。

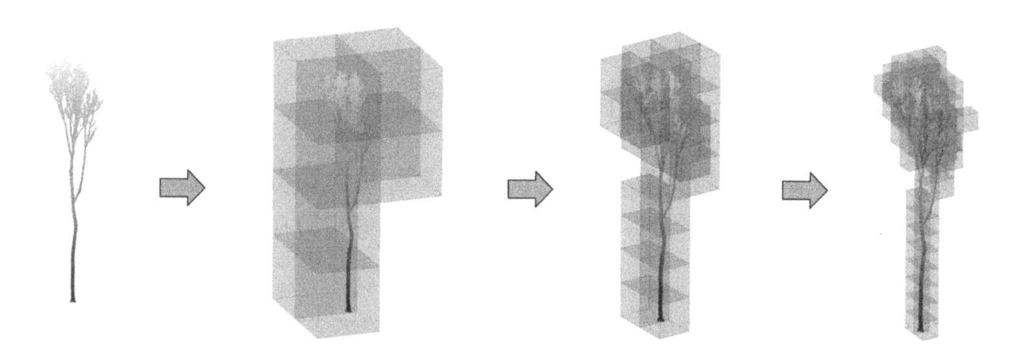

图 4.81　基于包围盒方法的分形几何参数计算

从图 4.81 中可以看出，体素越小，覆盖整棵植被则需越多的体素。当体素的尺寸越来越小时，体素的数目则以指数的方式进行快速增长。因此，可以建立体素尺寸与体素数目之间的对数线性回归方程，如式(4.91)所示[284]。

$$\log N_1 = d_{MB} \cdot \log\left(\frac{1}{\text{Voxel}}\right) + \text{Intercept}_{MB} \tag{4.91}$$

式中，N_1 是体素的树木；Voxel 为体素的尺寸。从图 4.81 中可以看出，不同大小的 Voxel，对应不同的数目 N_1。因此，二者之间的关系可通过线性回归求得。d_{MB} 为线性回归方程的斜率，也称为分形维。Intercept_{MB} 为该线性回归方程的截距，在本节中称为分形截距。

式(4.91)是经典的分形理论方程。与已有的研究不同，本节基于式(4.91)进一步推导体素与分形几何参数之间的关系，如式(4.92)所示。

$$\text{Voxel} = \exp\left(\frac{\text{Intercept}_{MB} - \log(N_1)}{d_{MB}}\right) \tag{4.92}$$

从式(4.92)可以看出，体素的大小与分形几何参数存在函数关系。该函数关系将在后续的干材形数计算演化中得以应用。

4.8.2　传统的异速生长模型演化

传统 AGB 估测模型认为，AGB 与 DBH、树高和树木密度相关。因此，传统的异速生长方程通常定义如式(4.93)所示[303]。

$$\text{AGB} = F \times \left(\rho \times \left(\frac{\pi D^2}{4}\right) \times H\right)^{\beta} \tag{4.93}$$

式中，F 为干材形数；ρ 为树木密度；D 为 DBH；H 为树高；β 表示 AGB 与树木参数成幂律关系。由于树木冠层的遮挡，树高往往难以被 TLS 准确测得。因此，式(4.93) 可演化为基于 DBH 的异速生长方程。

$$\mathrm{AGB} = F \times \left(\rho \times \frac{\pi D^{2+\alpha}}{4}\right)^{\beta} \tag{4.94}$$

式(4.94) 主要基于树高与 DBH 之间的幂律关系演化获得，即 $H \Leftrightarrow D^{\alpha}$。此处，$\Leftrightarrow$ 表示幂律关系。Guzman 等[284] 进一步证明分形几何参数可以用来预测树木参数。尤其是 DBH 与分形截距 $\mathrm{Intercept}_{\mathrm{MB}}$ 之间存在较强的函数关系。这里将其定义为 $D \Leftrightarrow (\mathrm{Intercept}_{\mathrm{MB}})^{r}$。继而，式(4.94) 可进一步推导为式(4.95)。

$$\mathrm{AGB} = F \times \left(\rho \frac{\pi}{4}\right)^{\beta} \times \mathrm{Intercept}_{\mathrm{MB}}^{(2+\alpha)\beta r} \tag{4.95}$$

4.8.3 基于体素化的干材形数计算

从式(4.95) 可以看出，AGB 估测不仅与分形截距相关，还与干材形数相关。一般而言，不同的植被类型具有不同的干材形数[304-305, 195]。在干材形数理论中，树干的形状可假定为二次剖面。因此，树干的体积可定义为剖面高与横断面积的成绩，公式定义如式(4.96) 所示。

$$V = F \times h_p \times s_p \tag{4.96}$$

式中，V 为体积；h_p 为剖面高；s_p 为横断面积[304]；F 为干材形数，通常与树木类型相关。一般而言，成熟的松柏具有较小的 F 值，而阔叶林具有较大的 F 值[304]。因此，可以看出干材形数往往是难以精确确定的。

与已有的研究不同，本节并未根据树种来测定干材形数，而是基于干材体积来推导干材形数函数关系。在本节研究中，干材体积可通过体素化求得，故 F 可进一步推导为式(4.97)。

$$F = \frac{1}{h_p \times s_p} \times N_2 \times \mathrm{Voxel} \tag{4.97}$$

式中，N_2 为体素的个数。与式(4.91) 相同，当体素的尺寸越来越小时，体素的数目将成指数增长。

4.8.4 FGA 异速生长方程推导

将式(4.92) 与式(4.97) 代入式(4.95)，便可得到一种新的 AGB 估测模型，如式(4.98) 所示。

$$\mathrm{AGB} = \frac{N_2}{h_p \times s_p} \exp\left[\frac{\mathrm{Intercept}_{\mathrm{MB}} - \log(N_1)}{d_{\mathrm{MB}}}\right] \times \left(\rho \frac{\pi}{4}\right)^{\beta} \times \mathrm{Intercept}_{\mathrm{MB}}{}^{(2+\alpha)\beta r} \tag{4.98}$$

通过对式(4.98)进行对数变换，对应的对数模型便可得出，如式(4.99)所示。

$$\log(\mathrm{AGB}) = \log\left(\frac{N_2}{h_p \times s_p}\right) + \frac{\mathrm{Intercept}_{\mathrm{MB}} - \log(N_1)}{d_{\mathrm{MB}}} + \beta\log\left(\rho\frac{\pi}{4}\right) + (2+\alpha)\beta r\log(\mathrm{Intercept}_{\mathrm{MB}}) \tag{4.99}$$

式(4.99)可进一步简化为基于几何参数的异速生长方程，即本节所提出的FGA方程，如式(4.100)所示。

$$\log(\mathrm{AGB}) = a_0 + a_1 \times d_{\mathrm{MB}}^{-1} + a_2 \times \mathrm{Intercept}_{\mathrm{MB}} \times d_{\mathrm{MB}}^{-1} + a_3 \times \log(\mathrm{Intercept}_{\mathrm{MB}}) \tag{4.100}$$

式中，a_0、a_1、a_2和a_3分别为对应的系数，可通过回归方程求得。至此，本节所提出的基于分形几何参数的AGB估测模型已构建完成。

4.8.5 实验数据与精度指标

为评估本节所提出的FGA模型的有效性，本节采用8组位于不同区域的公共数据集进行实验分析。这8组实验数据主要涵盖7类不同的树种，包括樟子松、欧洲落叶松、欧洲山毛榉、欧洲白蜡树、无梗栎、格木属、马尾松。实验数据的具体信息如表4.30所示。在这8组数据中，其中5组位于比利时，1组位于德国，2组位于中国[201,306]。位于比利时的5组数据主要由RIEGL VA-1000和VZ-400两种地面激光扫描仪采集获取[306]，分别包含15棵、15棵、5棵、15棵和15棵单株植被。点云的采样角分辨率为0.04°，脉冲重复率为300kHz[306]。这5组数据集采集于2017年12月至2018年3月期间。后3组数据分别包含12棵、12棵、12棵单株植被。3组点云数据主要由Z+F IMAGER 5010(10000 pixel/360°)和Z+F IMAGER 5010c(20000 pixel/360°)两种扫描仪采集获取。这两种扫描仪均属于相位式扫描仪。点云数据采集于2013年3月至2013年10月。综上所述，本次实验数据共包含位于8个不同区域的101棵单株植被，其中54棵树木带叶子，47棵植被不带叶子。所有的单株植被均被砍伐，并采用破坏性测量方式获得对应的AGB外业测量值。这些数据将作为本次实验的参考值来评估本节所提出的基于分形几何参数的AGB模型的实验效果。

本节采用5个精度指标来评定本文所提出的AGB估测模型的有效性，具体包括平均偏差(mBias)、相对平均偏差(rmBias)、均方根误差(RMSE)、相对均方根误差(rRMSE)以及决定系数(R^2)。这5个精度指标定义如式(4.101)~式(4.105)所示。前4个精度指标表明AGB的估值与参考值之间的偏差，R^2可看作自相似性测量的指标，能够反映模型的解释度[284]。

表 4.30　8 组实验数据特征[201,306]

区域	树种	激光扫描仪	叶片状况	树木数量	平均 DBH (cm)	平均树高 (m)
P. sylA (比利时)	樟子松	VZ-1000	带叶片	15	21	31
P. sylB (比利时)	樟子松	VZ-1000	带叶片	15	23	31
Lx. dc (比利时)	欧洲落叶松	VZ-400	不带叶片	5	21	27
F. syl (比利时)	欧洲山毛榉	VZ-1000	不带叶片	15	22	37
F. exc (比利时)	欧洲白蜡树	VZ-1000	不带叶片	15	19	22
Pirmasens (德国)	无梗栎	Z+F IMAGER 5010c	带叶片	12	27	27
白云农场 (中国)	格木属	Z+F IMAGER 5010c	带叶片	12	22	17
白云农场 (中国)	马尾松	Z+F IMAGER 5010	不带叶片	12	21	15

$$\mathrm{mBias} = \frac{\sum_{i=1}^{N} \mathrm{abs}(\mathrm{AGB}_{\mathrm{est}}^{i} - \mathrm{AGB}_{\mathrm{ref}}^{i})}{N} \tag{4.101}$$

$$\mathrm{rmBias} = \frac{\mathrm{mBias}}{\overline{\mathrm{AGB}_{\mathrm{ref}}}} \tag{4.102}$$

$$\mathrm{RMSE} = \sqrt{\frac{\sum_{i=1}^{N} (\mathrm{AGB}_{\mathrm{est}}^{i} - \mathrm{AGB}_{\mathrm{ref}}^{i})^2}{N}} \tag{4.103}$$

$$\mathrm{rRMSE} = \frac{\mathrm{RMSE}}{\overline{\mathrm{AGB}_{\mathrm{ref}}}} \tag{4.104}$$

$$R^2 = \frac{\sum_{i=1}^{N} (\mathrm{AGB}_{\mathrm{ref}}^{i} - \overline{\mathrm{AGB}_{\mathrm{ref}}})^2 - \sum_{i=1}^{N} (\mathrm{AGB}_{\mathrm{ref}}^{i} - \mathrm{AGB}_{\mathrm{est}}^{i})^2}{\sum_{i=1}^{N} (\mathrm{AGB}_{\mathrm{ref}}^{i} - \overline{\mathrm{AGB}_{\mathrm{ref}}})^2} \tag{4.105}$$

式中，AGB_{est}^{i} 为第 i 棵树的 AGB 估值，而 AGB_{ref}^{i} 为其对应的 AGB 参考值；N 为树木的棵数，$\overline{AGB_{ref}}$ 为所有树木 AGB 参考值的平均值。

4.8.6　实验结果与对比

根据式(4.100)可以对 101 棵单株植被的生物量进行估测。如果所有树木生物量的估值与参考值均相同，则图 4.82 中所有的点应均匀分布在 1∶1 黑色线上，意味着所有树木的估值是完全正确的。换言之，如果更多的点分布在 1∶1 线周围，则表明模型的估测效果越好。从图 4.82 可以看出，有很多点分布在 1∶1 线周围。因此，本节所提出的模型具有较好的预测效果。与此同时，本节方法的 R^2 为 0.732，也表明本节方法 AGB 的估值与参考值具有较高的相似性。因此，可以得出针对此次试验的 101 棵单株树木，本节方法能够获得良好的 AGB 估测效果。

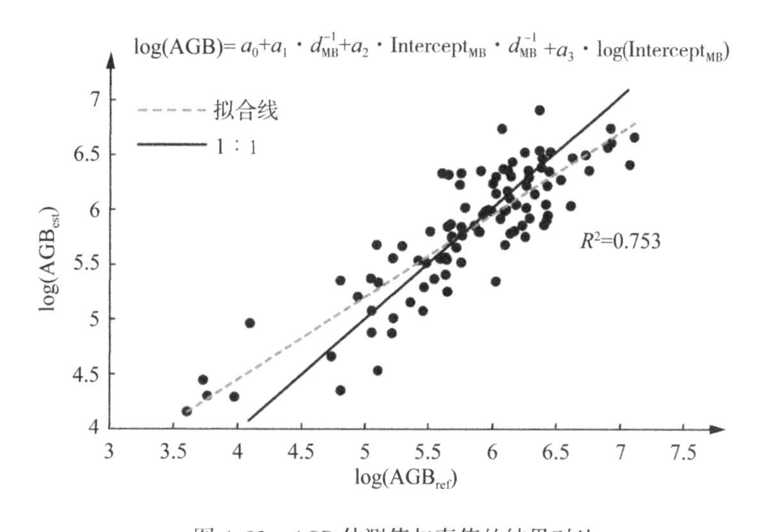

图 4.82　AGB 估测值与真值的结果对比

一种常用的 AGB 估测模型是基于 DBH 的，即 $AGB = aD^b$ [28,307-308]。一些研究人员认为树高与 DBH 之间是存在函数关系的（$H \Leftrightarrow D^{\alpha}$）[305]，故基于 DBH 的 AGB 模型可进一步转化为基于树高的模型，即 $AGB = aH^b$。另一种常用的 AGB 估测模型是基于 DBH 和树高 2 个变量的，即 $AGB = aD^bH^c$ [27,192]。一般而言，该 AGB 估测模型往往要比单个变量模型(DBH 或树高)的估测效果好。为了获得更好的 AGB 估算结果，也可以在异速生长模型中添加一个交互项（$D \times H$），即 $AGB = aD^bH^c\,(DH)^d$。随着单木建模方法的快速发展，一些研究人员也使用树的体积（V）和木材密度（ρ）来估算生物量，即

$AGB = aV^b\rho^c$ 。正如 Altanzagas 等[27]所评论的那样，前4个基于胸径(DBH)、树高，以及两者的组合变量(DBH 和高度)建立的异速生长方程适用于不同的树种，而建立特定树种的 AGB 模型将有助于准确估算生物量。换句话说，前 4 个 AGB 估算模型通常是特定于物种的。最后一个异速生长方程是基于树木体积和木材密度建立的。树木体积可以通过体素化或通过局部圆柱拟合获得。木材密度可以通过现场测量树木样品的干重与鲜体积之比获得，或者根据树种查询全球木材密度数据库获得。这种基于树木体积和木材密度的模型通常被视为估算 AGB 的可靠方法。

为能客观评价所构建模型的有效性，本节对比了上述 3 种模型与本节所构建模型的 5 组精度指标，如表 4. 31 所示。从中可以看出，无论采用何种指标进行评价，本节所构建的 AGB 估测模型均表现最好。就 R^2 而言，本节所构建模型的结果要远优于基于单一变量(D 或者 H)的 AGB 估测模型。即使与基于双变量(D 和 H)的 AGB 估测模型相比，本节方法的 R^2 也明显优于传统模型。就 RMSE 而言，本节所构建的模型能够取得最小的 RMSE。与传统的基于胸径(DBH)、树高，以及这两个变量的组合建立的传统异速生长模型相比，rRMSE 分别提高了 41. 3、10. 2、8. 1 和 9. 9 个百分点。尽管基于树木体积的 AGB 估算模型有望取得良好结果，但由于不同树种的木材密度准确度较差，其性能仍然劣于所提出的模型。

表 4. 31　异速生长模型 AGB 估测对比

异速生长模型	R^2	mBias(kg)	rmBias	RMSE(kg)	rRMSE
$AGB = aD^b$	0. 318	172. 241	0. 420	320. 538	0. 782
$AGB = aH^b$	0. 530	139. 473	0. 340	193. 208	0. 471
$AGB = aD^bH^c$	0. 611	125. 652	0. 306	184. 674	0. 450
$AGB = aD^bH^c\ (DH)^d$	0. 623	127. 237	0. 310	191. 787	0. 468
$AGB = aV^b\rho^c$	0. 593	132. 834	0. 324	194. 920	0. 475
本节模型	0. 753	106. 224	0. 259	151. 419	0. 369

除了 DBH 和树高，一些研究人员也结合树木密度参数进行 AGB 估测。然而，树木密度不同于 DBH 或者树高，往往难以直接从树木点云数据中测得。本节旨在构建一种基于可直接测量获得参数的 AGB 估测模型，因此在本研究中并未涉及树木密度参数。现今有许多构建好的生物量异速生长方程。这些方程通常是针对特殊树种或者特定区域的，如表 4. 32 所示。为进一步分析本节方法的优劣，本节采用表 4. 32 中的异

速生长方程进行了 AGB 估测，并计算了对应的精度指标，计算结果如表 4.33 所示。从表 4.33 中可以看出，采用上述 5 个异速生长方程针对本节所涉及的 101 棵单株树木进行 AGB 估测，估测精度很低。所有的 R^2 值均为负数，表明上述 5 个异速生长方程估测的 AGB 值与对应的参考值并无相似性。表 4.33 中最小的 mBias 为 454.241kg，该值约是本节方法的 4 倍（112.411kg，表 4.31）。表 4.33 中最大的 mBias 为 1435.445kg，该值约是本节方法的 12 倍。就 RMSE 而言，本节方法同样也远远高于上述 5 种异速生长模型。造成此种现象的原因：一是 DBH 和树高的计算往往存在误差。在进行 AGB 估测时，容易形成误差累计与传递；二是以构建的异速生长方程往往是针对于特定树种或者特定区域的。当将该模型应用于其他数据集时，往往难以获得令人满意的 AGB 估测结果。这也是表 4.33 中的 AGB 估测精度要远低于表 4.31 中的估测精度的原因。

表 4.32　已构建的 AGB 估测模型和对应的异速生长方程[309]

模型	样本数据范围	AGB 方程	森林类型	区域
Sandra 等[303]	$n=94$ DBH：5~130cm	$\exp(-2.409+0.9522\times\ln(\text{DBH}^2\times H\times WD))$	潮湿森林	泛热带
Li[311]	$n=102$ DBH：5~80cm	$0.042086\times(\text{DBH}^2\times H)^{0.970315}$	潮湿森林	中国海南
Ketterings 等[308]	$n=29$ DBH：7.6~48.1cm	$0.066\times D^{2.59}$	次生林	印度尼西亚的苏门答腊岛
Chave 等[305]	$n=1504$ DBH：5~156cm	$0.0509\times(\text{DBH}^2\times H\times WD)$	潮湿森林	泛热带
Kenzo 等[310]	$n=136$ DBH：0.1~20.7cm	$0.0829\times D^{2.43}$	次生林	马来西亚的沙捞越
Chan 等[42]	$n=160$ DBH：0.1~20.7cm	$0.063\times(D^2\times H)^{0.862}$	次生林	缅甸的勃固
Chave 等[305]	$n=4004$ DBH：5~156cm	$0.0673\times(\text{DBH}^2\times H\times WD)^{0.976}$	潮湿森林	泛热带

表 4.33　已有模型的精度指标计算结果

模型	R^2	mBias(kg)	rmBias	RMSE(kg)	rRMSE
Sandra 等[303]	-0.018	390.427	0.952	1733.643	4.229
Li[311]	-0.230	500.645	1.221	2110.783	5.149
Ketterings 等[308]	-0.385	825.414	2.013	4921.392	12.005
Chave 等[305]	0.125	347.672	0.848	1774.576	4.329
Kenzo 等[310]	-0.239	523.164	1.276	2711.893	6.615
Chan 等[42]	0.223	237.938	0.580	743.702	1.814
Chave 等[305]	0.073	361.347	0.881	1741.840	4.249

4.8.7　分形几何参数与 AGB 之间的关系

图 4.83 为本次实验的 101 棵单株植被的分形几何参数与对应的 AGB 参考值的分布图。从图 4.83(a)和(b)中可以看出，d_{MB} 和 $Intercept_{MB}$ 均具有随着 AGB 增大而增大的趋势。然而，该趋势并不明显，如图 4.83(a)和(b)中的虚线所示。最大的 AGB 参考值并不对应着最大的 d_{MB} 和 $Intercept_{MB}$。就 d_{MB} 而言，该值的变化范围为 0~1。采用本次实验数据，该值主要介于 0.55 至 0.65 之间(图 4.83(a))。一般而言，当 d_{MB} 越接近于 0，表明该树越近似于圆柱体形状。由于大多数树有树枝和树冠，因此 d_{MB} 的值一般大于 0。此特点也可从图 4.83(a)中看出。相反地，d_{MB} 值越接近于 1，表明该树的点云均匀分布于三维空间。换言之，此时树的形态越近似于门格海绵体。然而，在自然界中很少存在此种形态的树。因此，d_{MB} 的值通常小于 1。就 $Intercept_{MB}$ 而言，该值可正可负。一般情况下，越大的物体有越大的 $Intercept_{MB}$ 值。因此，较大的树木通常也具有较大的 $Intercept_{MB}$ 值。这也是在图 4.83(b)中随着 AGB 参考值的增大，$Intercept_{MB}$ 值呈逐步增大趋势的原因。

如图 4.83(a)与(b)中的虚线所示，d_{MB} 和 $Intercept_{MB}$ 均有随着 AGB 参考值变大而增大的趋势。从中可以看出，d_{MB}、$Intercept_{MB}$ 与 AGB 或许存在一定的对应关系。为证实这一点，本节继而构建了基于分形几何参数单一变量的(d_{MB} 或 $Intercept_{MB}$)异速生长模型并评估它们的估测效果。图 4.84 显示的是 2 种单一变量模型与本节模型预测结果的对比图。从图中可以看出，相较于 d_{MB}，$Intercept_{MB}$ 对 AGB 有更好的预测效果。相较于单一变量模型，本节方法能够取得更好的 AGB 预测结果。本节模型的 R^2 要明显高于其他 2 种模型。更重要的是，本节所提出的异速生长模型是一步步推导得出的，

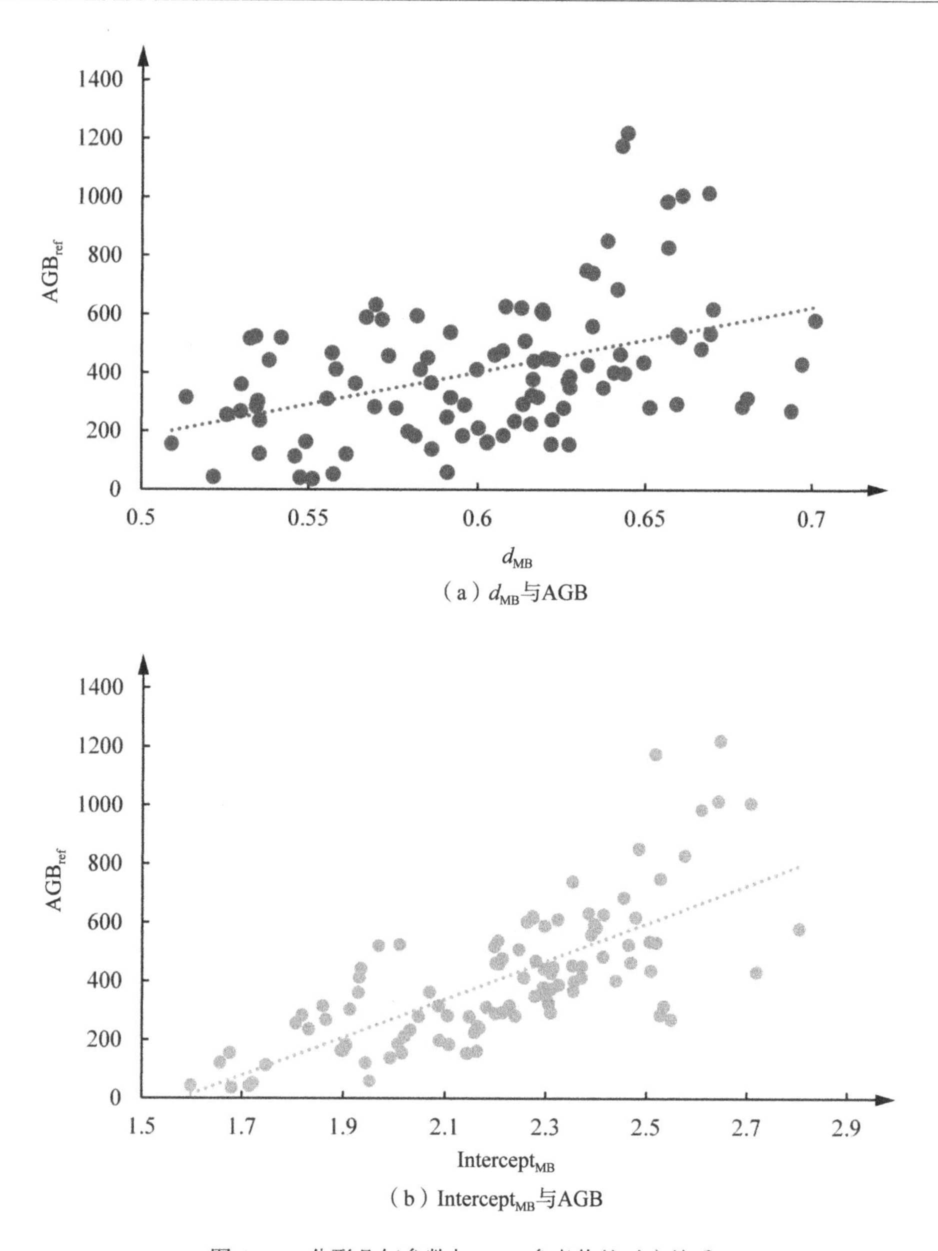

（a）d_{MB}与AGB

（b）Intercept_{MB}与AGB

图 4.83　分形几何参数与 AGB 参考值的对应关系

而非简单地将上述 2 个分形几何参数组合在一起进行 AGB 预测。换言之，本节所构建的 AGB 估测模型是具有明确含义的。

4.8.8　叶片状况对 AGB 估测的影响

如表 4.30 所示，在本次实验的 101 棵单株植被中有 54 棵树是带叶片的，47 棵树是不带叶片的。为进一步分析叶片状况对所构建 AGB 模型的影响，本节分别计算了两

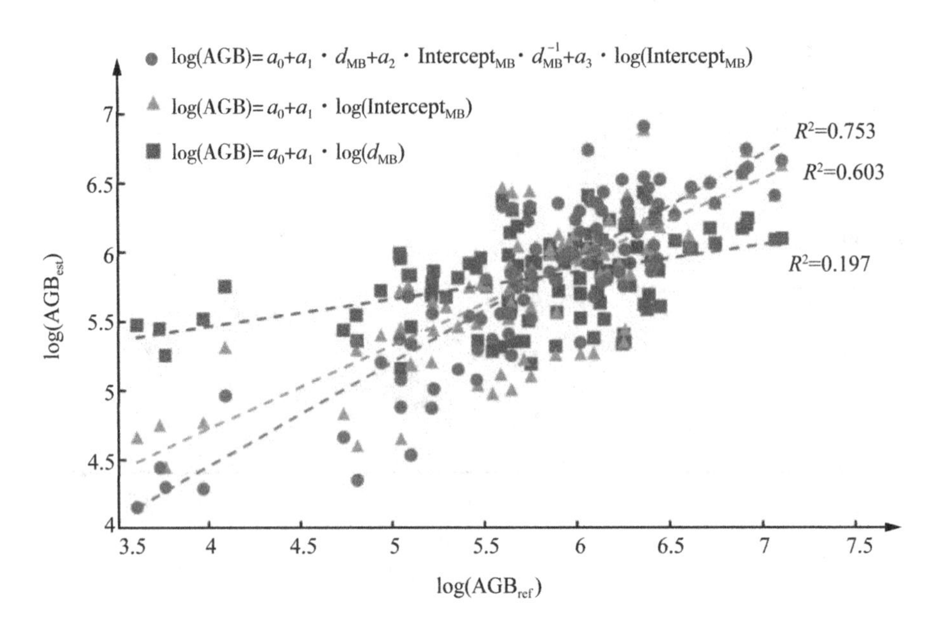

图 4.84　基于分形几何参数的 AGB 估测模型对比

种情况下植被的分形几何参数和对应的 AGB 估测精度指标。分形几何参数的计算结果如图 4.85 所示。从图 4.85(a)中可以看出带叶片的树木往往具有较大的 d_{MB} 值。大多数 d_{MB} 值大于 0.6。同时，带叶片树木的 d_{MB} 中值要明显高于不带叶片树木的 d_{MB} 中值，如图 4.85(a)中的黑色虚线所示。这是因为带叶片树木点云在计算分形维时往往需要覆盖更多的体素。这也就意味着需要更多的体素才能覆盖三维空间。正如前文所述，当一棵树均匀地分布于三维空间时，其对应的 d_{MB} 值将会较大。

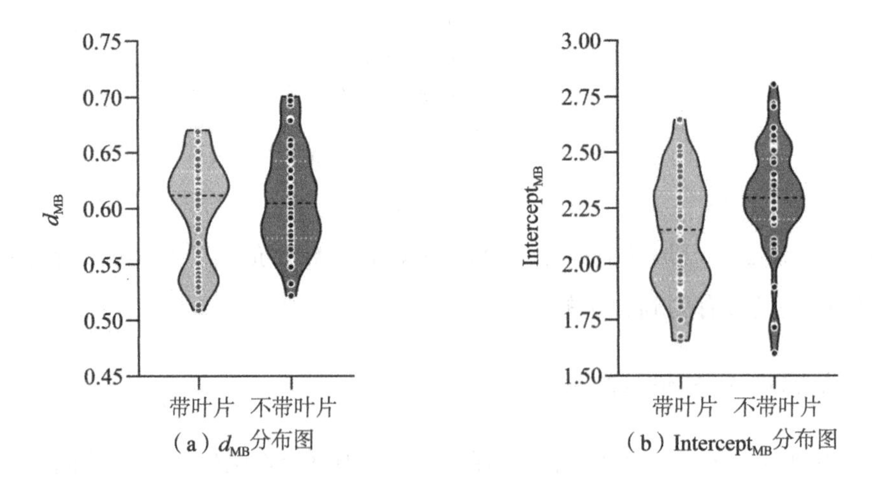

图 4.85　不同叶片状况下的分形几何参数对比小提琴图

图 4.85(b)显示的是在不同叶片状况下的 $Intercept_{MB}$ 值。从图中可以看出，大多数不带叶片的树木具有较大的 $Intercept_{MB}$ 值。表 4.34 为不同叶片状况下的精度计算结果。从表 4.34 中可以看出，在本次实验中不带叶片树的高度要高于带叶片树的高度。同时，不带叶片树的 DBH 也大于带叶片树的 DBH。这就意味着在本次实验的数据中不带叶片树的大小尺寸要大于带叶片树的尺寸。正如 4.1 节所述，一棵尺寸较大的树通常具有较大的 $Intercept_{MB}$ 值。这也是不带叶片树的 $Intercept_{MB}$ 值要大于带叶片树的 $Intercept_{MB}$ 值的原因。

表 4.34　不同叶片状况下的精度指标

叶片状况	N	树高(m)	DBH(cm)	R^2	mBias(kg)	rmBias	RMSE(kg)	rRMSE
带叶片	54	19.227±3.812	27.650±7.236	0.790	67.499	0.186	93.186	0.257
不带叶片	47	22.010±3.538	36.089±28.210	0.740	131.279	0.283	174.263	0.375
带叶片+不带叶片	101	20.522±3.925	31.577±20.291	0.753	106.224	0.259	151.419	0.369

表 4.34 也列出了本节模型针对不同叶片状况的精度计算结果。从中可以看出，无论树木是否带叶片，本节模型均能获得良好的 AGB 估测结果。所有的 R^2 均大于 0.7。在本次实验中，带叶片的树能够取得最小的 mBias 和 RMSE。这是因为本次实验中带叶片树木的 DBH 更小，而且 DBH 的变化率(27.650cm±7.236cm)相较于不带叶片树木 DBH 的变化率(36.089cm±28.210cm)也较小。结果致使不带叶片树木的 mBias 和 RMSE 约为带叶片树木的 2 倍。这也表明当树木的大小尺寸变化较小时，本节模型能够取得更好的 AGB 估测结果。

4.8.9　小结

本节提出了一种新的 AGB 估测异速生长模型。与传统的基于植被参数(DBH、树高等)的估测模型不同，本节模型能够从全局视角采用分形几何参数(d_{MB} 和 $Intercept_{MB}$)进行 AGB 估测。本节所构建模型的优势是多方面的。一是，本节提供了一种新的 AGB 估测模式方法，该方法不需要以计算植被参数为前提；二是，本节所构建的模型不依赖树种。任何单株植被均可采用本节模型进行 AGB 估测。而且，本节所提出的异速生长方程是一步步推导的，而非简单地将 2 个分形参数组合在一起进行 AGB 估测。这也就意味着本节模型是具有明确意义的。

位于 8 个不同区域的 101 棵单株植被用于检测本节模型方法的有效性。该数据集包含了 7 种不同的树木类型，其中有 54 棵树木带叶子、47 棵树木不带叶子。实验结果表明本节模型能够取得良好的 AGB 估测结果。与传统的基于植被参数的模型方法相比，本节模型能够取得最高的 R^2，以及更小的 mBias 和 RMSE。本节也分析了分形几何参数与 AGB 估测之间的关系。实验结果表明，将 d_{MB} 和 Intercept_{MB} 组合起来的模型估测效果要优于单一变量模型效果。本节还分别针对不同的叶片状况进行了模型估测分析。实验结果表明无论树木是否带叶片，本节模型均能取得良好的 AGB 估测结果。希望本节所构建的 AGB 模型能够为更多的相关研究人员提供一种新的 AGB 估测方法；与此同时，也希望本节方法能够在森林调查中发挥更大的作用。

第5章　总结与展望

5.1　研究工作及成果总结

LiDAR技术由于其精度高、效率快、能获取空间三维坐标信息等优势，现已广泛应用于生产、生活的多个领域。本书主要从三方面来系统介绍LiDAR点云智能处理与应用。首先是LiDAR点云数据处理基本理论方法。本书将从点云去噪、点云滤波、点云分割、点云分类4个点云数据处理关键技术环节开展研究。其次，本书将分别从LiDAR技术城区应用和LiDAR技术林地应用进行LiDAR技术后处理应用方面的研究工作。在LiDAR技术城区应用中，重点介绍城市区域地面点云和地物点云分离方法、建筑物点云提取方法，以及建筑物轮廓线提取方法。在LiDAR技术林地应用中，本书将主要从林下地形探测、多源LiDAR点云单木分割、单木定量模型构建、单木生物量估测等方面进行理论方法介绍。现将本书的主要研究工作和取得的成果总结如下。

1. LiDAR点云数据处理基本理论方法

由于外界或者仪器自身的影响，所获取的点云数据通常包含噪声点云。为去除噪声点云的影响，需首先研究噪声点的去除方法，尤其是针对不同类型的噪声点云，根据其特点进行相对应的噪声点云去除。噪声点云去除后，点云滤波是实现诸多点云后处理应用的前提和基础。点云滤波即是实现地面点云和地物点云的有效分离，目前仍需解决滤波精度较差、自动化程度较低等问题。点云滤波完成后，便可进行点云分割，即实现对象基元获取。点云分割，是诸多基于对象的点云数据处理方法的关键步骤。点云分割完成后，基于分割后对象基元的特性，可以进行多维特征向量提取，进而实现点云分类。具体研究内容如下：

(1)针对现有的点云去噪方法往往存在难以同时滤除点状噪声和簇状噪声的问题，本书提出一种基于空间密度和聚类的方法。该方法使用原始点云数据，利用点状噪声密度小于有效点密度，以及簇状噪声聚集数量小于有效点聚集数量的特点，可以有效去除点状噪声、簇状噪声。通过对比实验证明，本书提出的算法既能够有效去除以上两类噪声点，而且能够保护有效点不被滤除，能够获得更小的去噪误差。

(2)针对点云滤波存在的在地形坡度变化较大区域滤波精度较差、滤波参数需要反复调节、自动化程度较低等问题，本书相继提出了基于主动学习的点云滤波方法、基于高斯混合模型分离的点云滤波方法，以及基于全局能量最小化的点云滤波方法。具体方法如下：

① 提出一种无须进行人工样本标记的主动学习模式的点云滤波方法。本方法首先采用多尺度形态学运算自动获取并标记初始训练样本，然后采用主动学习策略，渐进增加训练样本数量并更新训练模型。最后采用基于坡度的方法对分类结果进行进一步的优化。采用国际摄影测量与遥感学会提供的 3 组实验数据对本方法进行实验，实验结果表明本方法对 3 组实验数据均能取得良好的滤波效果。在与其他 10 种滤波方法对比中，本方法能够取得最小的滤波平均总误差。

② 提出一种基于高斯混合模型分离的点云滤波方法。本方法首次将点云滤波问题转化为高斯混合模型分离问题，通过采用期望最大算法实现高斯混合模型参数估测。进而，计算出各个点隶属于地面点集和地物点集的概率，从而实现点云滤波。实验结果表明，在传统的渐进加密不规则三角网(PTD)方法和基于分割的 PTD 方法对比中，本方法的平均拒真误差分别比经典 PTD 方法和基于分割的 PTD 方法低 52.81%和16.78%。此外，与经典 PTD 方法相比，所提方法能够将平均总误差降低 31.95%。

(3)针对点云分割存在的分割效率较低、计算量较大及分割准确率较低的问题，本书分别提出了结合 K-means 聚类的点云区域生长优化快速分割方法和基于多约束图形分割的对象基元获取方法。具体方法如下：

① 提出一种将 K-means 聚类法与区域生长法结合的点云优化快速分割算法。首先，对点云进行 K-means 聚类获取对象基元并计算质心点，判断各对象基元质心点是否满足角度和高差阈值，实现基于对象基元质心点的点云滤波。继而，遍历地物对象基元，通过计算对象基元内各点的邻近点的法向量角度和距离，判断其是否满足阈值生长条件，重复迭代直至分割结束。采用 3 组不同区域的点云数据进行实验分析，实验结果表明本方法的分割精度可达到 86.19%，相较于传统的 K-means 聚类法与区域生长法机载 LiDAR 点云分割的精度有大幅度提升。此外，本方法相较于传统的区域生长法能够显著提高运算效率。

② 提出一种基于多约束图形分割的点云对象基元获取方法。本方法采用基于图的

分割策略，首先使用邻近点约束条件构建网图结构，以此来降低图的复杂度，提高算法的实现效率；然后对相邻节点的法向量夹角进行阈值约束，从而将位于同一平面的点云分割为同一对象基元；最后进行最大边长约束，对建筑物点云与其邻近的植被点进行分离。实验结果表明，所提方法能够有效分割建筑物的不同屋顶平面。使用DBSCAN和谱聚类方法与所提方法进行对比，在5组不同建筑物环境的点云数据中，所提方法均能取得最佳的整体分割效果，召回率和 F_1 得分均优于其他两种方法。

(4)针对点云分类方法存在的多维特征向量信息冗余、复杂场景下点云分类精度不高等问题，提出一种基于多基元特征向量融合的点云分类方法。本方法分别基于点基元和对象基元提取特征向量，并结合色彩信息，利用随机森林对点云数据进行分类。实验结果表明，所提的多基元分类方法相较于单基元分类方法能够获得更高的分类精度。为了进一步分析随机森林用于点云分类的有效性，分别使用支持向量机(SVM)及反向传播(BP)神经网络进行对比分析。实验结果表明，随机森林方法所获得的3组点云分类结果在召回率及 F_1 得分2个评价指标中均高于另外2种方法。

2. LiDAR技术城区应用

在LiDAR技术城区应用中，本书旨在进行建筑物点云及边界线提取的研究。为实现建筑物点云提取，须首先实现地面点云和地物点云分离，去除地面点云对建筑物点云提取的干扰。地物点云分离完成后，继而研究建筑物点云提取方法，主要须去除植被点云尤其是距离建筑物较近的植被点云对建筑物提取的干扰。最后，根据提取的建筑物点云进行建筑物边界线提取，主要解决传统的Alpha-shapes边界线提取存在锯齿状边缘的问题。具体研究内容如下：

(1)针对复杂城市环境中参数设置复杂、滤波精度低等问题，提出了一种适用于城市区域的自动化形态学滤波算法。本方法通过应用一系列形态学高帽运算，可以自动确定最佳的滤波窗口。同时，根据梯度变化自适应地计算滤波阈值。采用国际摄影测量和遥感学会提供的7个位于城市区域的公开数据集进行实验分析。实验结果表明，此方法的平均总误差为4.07%，平均Kappa系数为90.90%，与其他滤波方法相比，性能均为最佳。

(2)针对目前机载LiDAR建筑物点云提取方法存在的计算量大、不同建筑物环境下提取精度相差较大等问题，提出了一种基于对象基元空间几何特征的建筑物点云提取方法。本方法采用滤波方法得到的地物点，通过计算各个分割对象的空间几何特征，实现建筑物初始点云的获取。为进一步提升建筑物点云提取的完整率，提出一种多尺度渐进的建筑物点云优化方法。本方法采用多尺度渐进生长的方法，通过不断将满足条件的点加入建筑物点集中来实现完整建筑物点云的提取。

(3)针对传统 Alpha-shapes 轮廓线提取算法所提取的轮廓线容易受噪声点的干扰，难以获得准确的轮廓边缘的问题，本书提出了一种改进的 Alpha-shapes 轮廓线提取算法。首先，采用随机抽样一致性算法筛选由 Alpha-shapes 算法提取的初始轮廓点；然后，用道格拉斯-普克算法确定关键轮廓点；最后，通过强制正交优化提取准确的轮廓线。用 3 组不同形状建筑物的点云进行实验，结果表明，本算法能获得更准确的建筑物边缘，有效克服了传统 Alpha-shapes 算法提取的轮廓边缘锯齿状现象，准确率、完整率、质量也均优于传统 Alpha-shapes 算法。

3. LiDAR 技术林地应用

在 LiDAR 技术林地应用中，本书首先研究林下地形探测方法。旨在针对冠层遮蔽区域，实现地面点云和植被点云的准确分离，获取准确的林下地形信息。林下地形探测完成后，便可获取林上植被点云。为实现单木后处理应用，需要首先进行单木分割方法的研究。目前，如何实现邻近植被和林下植被精准分割依然难以解决。本书分别针对机载 LiDAR 点云、车载 LiDAR 点云和地基 LiDAR 点云进行单木分割方法的研究。单木分割完成后，便可构建单木定量结构模型，即单木建模。本书主要针对单木自适应优化建模方法开展研究。单木建模完成后，基于所构建的定量结构模型可以提取一系列的用于区分树种的特征向量。本书通过挖掘此类特征向量和基于分形几何理论的特征向量，实现树种的精准识别。最后，本书进行了单木生物量估测方法研究，分别从基于树木类型最优异速生长方程选取的生物量估测方法及基于分形几何的生物量估测方法开展研究。具体研究内容如下：

(1)针对冠层遮挡下穿透冠层的激光脉冲数目较少、起伏林下地形难以精准刻画等难题，本书提出了一种基于 Mean Shift 分割的形态学滤波方法。该方法首先采用 Mean Shift 分割方法获取对象基元以自动确定滤波窗口大小。继而，提出了点云去趋势化方法，以提高对起伏地形的适应性。通过将点云在 x 轴和 y 轴方向进行平移，以获取更多地面种子点，从而生成更精确的趋势面。最后，采用基于曲面拟合的滤波法来提升形态学滤波方法的效果。采用 14 个不同森林环境的样本对提出的方法进行测试和验证。实验结果表明，该方法的平均总误差为 1.11%。这 14 个样本的 Kappa 系数均大于 90%，平均 Kappa 系数为 96.43%。本书所提方法的平均均方根误差(RMSE)为 0.63。与其他一些著名滤波方法相比，这些指标均表现最佳。

(2)针对单木分割方法，本书分别针对机载 LiDAR 点云、车载 LiDAR 点云及地基 LiDAR 点云进行单木分割方法的研究。这主要是由于不同平台所获取的 LiDAR 点云的特点是不同的，因此所采用的单木分割方法和策略也应不同。具体研究方法如下：

① 针对机载 LiDAR 点云单木分割需要反复调整参数，复杂森林环境下难以实现精准单木分割等问题，提出了一种多级自适应单木分割方法。该方法可以看作一种结合了基于栅格和基于点云方法优点的混合模型方法。首先，使用基于栅格的方法获取树木的初始分割结果，再采用基于点云的方法对树木进行优化聚类。在本方法中，植被冠幅可以自动估测，以便能够实现多尺度分割。为避免小尺度分割易过分割，而大尺度分割易欠分割的问题，本书充分利用不同尺幅分割方法的优势，将多尺度的分割结果融合在一起，以实现精准单木分割。本书主要对 6 种不同的针叶林进行试验，实验结果表明，与其他 3 种经典方法相比，本方法能够获取最低的拒真误差和纳伪误差。此外，本方法的平均 F_1 精度指数为 0.84，也优于其他方法。

② 针对车载 LiDAR 单木分割方法应用于复杂城市环境中存在鲁棒性差、在重叠冠层区域难以进行有效分离等问题，本书提出了一种基于车载 LiDAR 点云对象基元空间几何特征的行道树提取与分割方法。本方法首先采用图分割策略将点云数据分割成不同的对象基元，有效提高了方法的计算效率。进而，根据分割后对象基元的空间几何特征提取树干点，提高了树冠部分点云提取的准确率和鲁棒性。最后采用体素连通性分析对单株植被进行优化，实现了相邻行道树的分离。本次使用的 4 组实验数据集由河南理工大学提供。4 组车载 LiDAR 点云数据中包含的行道树总数分别是 106 棵、45 棵、76 棵和 46 棵。实验结果表明，本方法在四组试验数据中都能成功提取并分离单株行道树。相较于其他 3 种方法，本方法能较好地平衡错误率和漏检率，且平均 F_1 得分最高。

③ 针对地基 LiDAR 点云单木分割方法仍然存在在复杂林地区域欠分割或者过分割等问题，本书提出了一种基于连通性标记优化的单木分割方法。首先，采用移动窗口进行局部极大值探测，实现候选树顶点探测。进而，对初始树顶点进行连通性生长，通过探测连通区域的最高点，实现树顶点的优化提取，避免局部极大值误判为树顶点。接着，采用基于标记的分水岭分割方法获取树木的初始分割结果。最后，基于单木密度的分布特性对欠分割的树木进行优化，获取准确的单木分割结果。本次采用 3 组不同区域的点云数据进行实验分析，实验结果表明本方法在 3 个实验区域内均能获得良好的平均探测精度，且均优于 Mean Shift 单木分割方法和传统的基于标记的分水岭单木分割方法。

(3)针对基于地基 LiDAR 数据的建模方法中普遍存在的建模精度与鲁棒性不足等问题，本书提出了一种自适应优化的树木建模方法。本方法首先通过双约束联合邻近生长将树木点云分割为若干对象基元与各单枝，并对其进行自适应优化以减少对象基元数量，提高建模算法运行效率。随后，基于分离后单枝构建了树木的拓扑网图结构，并基于此拓扑结构对模型进行局部与全局优化调整以提高建模的准确性。本次实验中主要对比了 2 种经典的建模方法与本方法取得的单木体积，实验结果表明，本方法能够取得较好的建模结果，所构建单木模型与参考体积的相对偏差仅为 1.427m^3，同时其余精度指标也高于其他对比方法。

(4)针对树种识别相关算法中深层树种分类特征提取不充分及冗余分类特征向量维度过高的问题，本书提出了基于分形几何与定量结构模型特征优化的树种识别方法。在本方法中，除了对直接测量特征向量进行提取外，还提取了基于分形几何的特征向量及基于 QSM 的特征向量。之后采用分类回归树分析每个特征向量的重要性，并进一步根据使用频次对重要性较高的特征向量再次深度优化。最后，将提取的较优特征向量应用于 SVM 以实现树种分类。在对 5 个类别的 568 个实验样本的分类实验中，本方法提取的特征向量集合能够实现 93.31%的整体准确率，充分表明本方法能够在保持识别精度的同时实现特征集合的优化降维，从而提升了分类算法的实现效率。

(5)针对单木生物量估测，本书主要进行了 2 种方法的研究。第一种主要基于树木类型，通过选取最优生物量估测异速生长方程实现单木生物量精准估测。第二种则是通过探究分形几何理论与生物量估测之间的关系，构建基于分形几何参数的异速生长方程，实现单木生物量精准估测。具体研究方法如下：

① 针对当前森林地表生物量估测中对树种顾及较少的问题，本书对比了不同估测模型对不同树种的估测表现，并根据其估测表现选取了相对最优估测模型，并定量分析对应最优估测模型对于估测结果的提升作用。在本方法中，基于树木的树高与胸径，采用了 4 种经典的异速生长模型对 4 类树木共 127 个实验样本的生物量进行估测，通过分析各类树木在不同估测模型下的估测表现，选取了各类树木对应的最优估测模型。在本次实验中，主要对比了实验样本在采用同一估测模型与对应最优估测模型时的估测表现，当采用对应最优估测模型时，其估测平均偏差最小，仅为 0.115kg，对应的相对平均偏差仅为 0.019%。实验结果充分表明，针对森林中各树种选取更适合的估测模型有望提高对于整体森林的生物量估测精度。

② 针对传统的生物量估测模型在对不同的树种或不同的森林区域进行生物量估测时依然存在较大偏差的问题，本书提出一种基于分形几何进行生物量估测的理论方

法。本书首先通过融合分形几何理论、传统生物量估测理论及干材形数理论，揭示了分形几何与生物量估测之间的理论关系。与此同时，建立了基于分形几何参数(分形维与分形截距)的 AGB 异速生长模型。该模型是基于传统 AGB 估测模型通过一步步推导而得出的，因此具有明确的物理意义。本书采用位于不同区域的 101 棵单木及对应的生物量实测真值进行实验分析。实验结果表明本书所构建的模型相较于传统的基于植被参数的模型能够获得更高的 AGB 估测精度。相对均方根误差分别了提升了 41.3、10.2、8.1 和 9.9 个百分点。本书同时也分析了枝叶状况对生物量估测的影响。实验结果表明，本方法针对不同的枝叶状况均能获得良好的生物量估测精度。

5.2　展望

本书的研究工作虽然取得了具有重要理论意义和应用价值的研究成果，但还存在待进一步研究和解决的问题，主要包括如下三个方面。

1. 探究更加精准、高效、智能的点云数据处理方法

(1)在点云去噪研究方面，本书提出的基于空间密度和聚类的分步点云噪声去除方法主要基于不同噪声类型特点对孤立点噪声和簇状噪声进行分步剔除。虽然，该方法能够实现噪声点去除，但涉及较多参数调节。尤其是针对不同点云数据，需要反复试验设置参数，算法自动化程度较低。在之后的研究中，可着重进行参数自适应调节研究，提高算法的自动化程度，提升去噪方法针对不同区域点云数据的鲁棒性。

(2)在点云滤波研究方面，本书分别提出了基于主动学习的点云滤波方法、基于高斯混合模型分离的点云滤波法，以及基于对象基元全局能量最小化的点云滤波法。在基于主动学习的点云滤波方法中，本方法的优势在于不需要进行样本标记。但本书所构建的用于机器学习的特征向量有限，难以充分挖掘地面点集和地物点集空间几何特征。未来将探索更多的特征向量构建方法，进一步提升地面点和地物点的分类精度。在基于高斯混合模型分离的点云滤波方法中，本方法首次将点云滤波问题转化为高斯混合模型分离问题。但本方法针对地形凸起区域仍然存在误判。因此，后续需加强在地形突变区域点云滤波效果的研究。在基于对象基元全局能量最小化的自适应点云滤波方法研究中，本方法对于不同城市环境、不同点云密度的数据均能获取较好的滤波效果。但是在一些地形突变或点云数据边缘区域容易产生误差。针对该问题，可以考虑增加识别地形突变程度的步骤，并将点云数据边缘部分向外做镜面延伸，以此来避

免点云边缘区域存在大量非地面点时所造成的影响。

(3)在点云分割研究方面，本书分别提出了结合 K-means 聚类的点云区域生长优化快速分割方法及基于多约束图形分割的对象基元获取方法。在第一种方法中，本书主要通过 K-means 聚类将区域生长算法由基于点的生长改进为基于对象的生长，从而提升点云分割效率。但对于区域生长算法而言，如何设置有效的阈值生长条件依然难以解决。之后将重点研究自适应的区域生长算法，旨在实现区域生长算法能够依据点云特性自动设置生长停止阈值，实现自适应点云分割。在基于多约束图形分割的对象基元获取方法的研究中，本方法对大多数建筑物屋顶平面能取得较好的分割效果。但是在一些包含烟囱、天窗的复杂建筑物屋顶时，本方法存在一定程度上的过分割现象。因此，本方法在 3 组实验数据集的平均召回率和 F_1 得分较高，而平均准确率较低。针对以上问题，可以考虑添加优化分割结果的步骤，通过分析对象基元的空间特征信息和连通性等，来解决欠分割的问题。

(4)在点云分类研究方面，本书提出的基于多基元特征向量融合的点云分类方法的精度较单基元点云分类方法的精度高，但是点云数量较少的点云类别的分类精度较差，特别是地面车辆容易与建筑物混为同一类别。针对该问题，可考虑添加针对车辆特点构建的特征向量以加强车辆点云的分类，并结合机载 LiDAR 的工作原理，利用多次回波信息、反射强度等提取更有利于区分不同类别的特征向量，或者将分类后的离散分布、聚类数量较小的点云再次分类。

2. 优化复杂城市环境下 LiDAR 点云处理算法

(1)在城市区域点云滤波研究方面，本书依据城市非地面点主要为建筑物的特性，通过估测建筑物的尺度，为形态学滤波窗口设置提供参数选择。本方法的主要优势在于不需要设置滤波窗口，算法的自动化程度较高。但本方法是在进行建筑物尺度估测时，主要基于形态学高帽运算响应一致性进行判断实现的。对于规则建筑物尺度估测效果较好，但对不规则建筑物其估测效果可能较差。未来可结合其他优化算法，提高对复杂建筑物尺度估测的鲁棒性。

(2)在建筑物点云提取研究方面，本书提出的一种基于对象基元空间几何特征的建筑物提取方法在探测出更多建筑物的同时，能够保证获取的建筑物点云尽可能正确。但是本方法的实现需要人工设置部分参数，为了获得更好的建筑物提取效果，需要根据点云密度的不同对参数进行调整。如何进一步提升方法的自动化程度，使参数能够根据每个点云的特殊性自动调整，仍然需要进一步研究。

(3)在建筑物边界提取研究方面，本书提出的一种改进的Alpha-shapes建筑物轮廓线提取方法能够获得更准确的建筑物边缘，能够有效克服传统Alpha-shapes方法所易出现的轮廓边缘呈锯齿状现象。但是本书提出的建筑物轮廓线提取方法仅适合轮廓线转角角度全为直角的建筑物。针对该问题，可考虑将建筑物点云转换成二维图像，通过建筑物与地面的高程灰度差值确定建筑物的边界，用该边界作为参考约束提取的建筑物轮廓线斜率，从而舍弃强制正交的步骤，以适应其他类型的建筑物。

3. 探索跨平台、多尺度林地点云后处理应用技术与方法

(1)在林下地形探测研究方面，本书提出基于Mean Shift分割的林下地形探测方法。本方法主要采用Mean Shift分割方法，首先实现树木冠层分割，进而实现树木冠层尺度估测，为后续点云滤波提供参数。但Mean Shift算法的分割结果受点云质量影响较大，并且每次的分割结果并不是唯一确定的。当点云质量较差、噪声点较多时，往往难以准确实现单木冠层分割。之后，可进一步研究Mean Shift优化分割方法，提升分割方法的稳定性，尤其是针对不同类型森林，例如阔叶林、针叶林等，提升该冠层尺度估测方法的稳定性。

(2)在单木分割研究方面，本书分别进行了机载LiDAR单木分割方法、车载LiDAR点云分割方法及地基LiDAR单木分割方法研究。在机载LiDAR单木分割方法研究方面，本书针对针叶林提出一种自适应多层级优化的单木分割方法。该方法主要的优势在于能够充分利用不同尺度分割结果的优势，实现多尺度分割结果优化融合，提升分割方法的稳定性。但本方法需要首先采用基于梯度的分割方法进行多尺度估测，算法稳定性不强。此外，本方法主要针对针叶林开展研究，未来需探索是否可拓展应用于其他类型林地区域，例如阔叶林区域。针对阔叶林，其冠层形状相较于针叶林更复杂、不规则，之后可尝试通过结合自上而下和自下而上的单木分割方法的优点，加强单木分割方法适用性研究。在车载LiDAR单木分割研究方面，本书主要依据树干探测结果，通过连通分析实现单木分割。但树干探测本身存在诸多挑战性，尤其是如何有效判别电线杆、标识牌等对树干识别的干扰，这依然难以解决。之后可通过构建多维特征向量，提高树干识别精度。在地基LiDAR单木分割研究方面，本书主要基于树顶点标记进行基于标记的分水岭分割。但树顶点探测极易受局部伪极大值的干扰。不准确的树顶点探测结果将严重影响后续单木分割的结果。针对该问题，可结合自下而上的方法对此类自上而下方法的分割结果进行改进，充分利用不同类型方法的优势，提升方法的对于复杂植被环境的适应能力。

(3)在单木建模研究方面，本书提出了自适应单木建模优化方法。本方法主要采用圆柱作为建模基元，通过构建一系列相连的圆柱体实现单木模型建立。此外，本方法能够针对部分构建的异常圆柱体进行自适应优化，提升方法对不同树木类型单木建模的鲁棒性。但本方法由于是以圆柱体为基元进行单木模型构建，因此当点云噪声较多、点云缺失严重时，往往难以准确构建单木模型。之后，将针对上述 2 种情况，进行针对性研究。可考虑先构建单木的枝干间的拓扑结构关系，在此基础上对各个枝干分别进行局部模型构建，以此确保枝干模型拓扑链接的正确性。针对点云噪声和点云缺失，可依据枝干前后相邻圆柱间的结构相似性进行模型优化，以此来增强建模方法的鲁棒性。

(4)在森林树种识别的相关研究方面，本书提出了基于分形几何与定量结构模型特征优化的树种识别方法，所提出方法可以实现特征集合的有效降维，并保持较高的树种识别精度，为树种识别提供了一种具有适用性的特征向量降维流程框架。但在所提出方法中，由于受数据质量的限制，仅能够对较低层级的枝(树干为最低层级的枝干)得到准确模型，因此本方法仅分析了较低级别枝之间的长度与半径关系。然而，许多类别的树木在较高级别枝中也存在明显差异，在之后的研究中，应针对这部分分支之间的差异，提取相关特征向量，并测试其分类重要性，尝试为树种识别提取出更多具有明显贡献的特征向量。

(5)在森林地表生物量估测的相关研究方面，本书构建了顾及树木类别的最优单木生物量估测模型，所提出方法探究了部分种类树木对应的相对最优生物量估测异速生长模型，同时定量分析了在采用各类别树木对应相对最优估测模型时对整体估测结果的提升作用。然而，在本书研究中，实验单木样本暂时缺少密度信息及其他树木测量信息，因此限制了本书对比所采用的估测模型的形式。针对这一问题，需要获取更多树木参数。在之后的研究中，若能够首先获取单木的激光雷达扫描数据，则有望从中提取出更多参数信息，进而更广泛地对比更多形式的估测模型的估测表现。此外，林下植被也是森林地表生物量的重要组成部分，在之后的研究中，应当尝试建立一种同时顾及上层单木与下层植被的估测模型，进一步提高森林地表生物量估测的精度。此外，本书还构建了基于分形几何的单木生物量估测模型。本方法首次提出通过计算分形几何参数进行单木生物量估测。但本书在进行该模型方法验证时，只采用了有限的实验样本。未来需采用不同树木类型、不同区域、样本数量更大的点云数据和生物量实测数据进行模型验证，提升模型的估测精度及对不同树木类型的适应能力。

参 考 文 献

[1]张小红. 机载激光雷达测量技术理论与方法[M]. 武汉：武汉大学出版社，2007.

[2]赖旭东. 机载激光雷达基础原理与应用[M]. 北京：电子工业出版社，2010.

[3]Vosselman G, Maas H G. Airborne and Terrestrial Laser Scanning[M]. DBLP, 2010.

[4]杨必胜，梁福逊，黄荣刚. 三维激光扫描点云数据处理研究进展、挑战与趋势[J]. 测绘学报，2017(10)：1509-1516.

[5]Hui Z, Hu Y, Jin S, et al. Road Centerline Extraction from Airborne LiDAR Point Cloud Based on Hierarchical Fusion and Optimization [J]. ISPRS Journal of Photogrammetry & Remote Sensing, 2016, 118: 22-36.

[6]黄先锋，李娜，张帆，等. 利用 LiDAR 点云强度的十字剖分线法道路提取[J]. 武汉大学学报(信息科学版)，2015(12)：1563-1569.

[7]林祥国，张继贤. 架空输电线路机载激光雷达点云电力线三维重建[J]. 测绘学报，2016(3)：347-353.

[8]段敏燕. 机载激光雷达点云电力线三维重建方法研究[J]. 测绘学报，2016(12)：1495.

[9]Vega C, Renaud J, Durrieu S, et al. On the Interest of Penetration Depth, Canopy Area and Volume Metrics to Improve Lidar-based Models of Forest Parameters [J]. Remote Sensing of Environment, 2016, 175: 32-42.

[10]李增元，刘清旺，庞勇. 激光雷达森林参数反演研究进展[J]. 遥感学报，2016(5)：1138-1150.

[11]Pang S, Hu X, Wang Z, et al. Object-Based Analysis of Airborne LiDAR Data for Building Change Detection[J]. Remote Sensing, 2014, 6(11): 10733-10749.

[12]彭代锋，张永军，熊小东. 结合 LiDAR 点云和航空影像的建筑物三维变化检测[J]. 武汉大学学报(信息科学版)，2015(4)：462-468.

[13]Yang B, Huang R, Li J, et al. Automated Reconstruction of Building LoDs from

Airborne LiDAR Point Clouds Using an Improved Morphological Scale Space[J]. Remote Sensing, 2016, 9(1): 14.

[14]程效军，程小龙，胡敏捷，等. 融合航空影像和 LiDAR 点云的建筑物探测及轮廓提取[J]. 中国激光，2016(5): 253-261.

[15]曹伟，陈动，史玉峰，等. 激光雷达点云树木建模研究进展与展望[J]. 武汉大学学报(信息科学版)，2021，46(2): 203-220.

[16]郭庆华，苏艳军，胡天宇，等. 激光雷达森林生态应用——理论、方法及实例[M]. 北京：高等教育出版社，2018.

[17]曹林，佘光辉，代劲松，等. 激光雷达技术估测森林生物量的研究现状及展望[J]. 南京林业大学学报(自然科学版)，2013，37(3): 163-169.

[18]杨必胜，董震. 点云智能处理[M]. 北京：科学出版社，2020.

[19]郭庆华，刘瑾，陶胜利，等. 激光雷达在森林生态系统监测模拟中的应用现状与展望[J]. 科学通报，2014，59(6): 459-478.

[20]Calders K, Verbeeck H, Burt A, et al. Laser Scanning Reveals Potential Underestimation of Biomass Carbon in Temperate Forest[J]. Ecological Solutions and Evidence, 2022(3): 1-14.

[21]Beyene S M. Estimation of Forest Variable and Aboveground Biomass Using Terrestrial Laser Scanning in the Tropical Rainforest[J]. Journal of the Indian Society of Remote Sensing, 2020, 48(6): 853-863.

[22]Demol M, Verbeeck H, Gielen B, et al. Estimating Forest Above-ground Biomass with Terrestrial Laser Scanning: Current Status and Future Directions[J]. Methods in Ecology and Evolution, 2022, 13(8): 1628-1639.

[23]Wang Y, Lehtomaki M, Liang X, et al. Is Field-measured Tree Height as Reliable as Believed A Comparison Study of Tree Height Estimates From Field Measurement, Airborne Laser Scanning and Terrestrial Laser Scanning in a Boreal Forest[J]. ISPRS Journal of Photogrammetry and Remote Sensing, 2019, 147: 132-145.

[24]Wang D, Kankare V, Puttonen E, et al. Reconstructing Stem Cross Section Shapes From Terrestrial Laser Scanning[J]. IEEE Geoscience and Remote Sensing Letters, 2017, 14(2): 272-276.

[25]Ravaglia J, Fournier R A, Bac A, et al. Comparison of Three Algorithms to Estimate Tree Stem Diameter from Terrestrial Laser Scanner Data[J]. Forests, 2019, 10(5997).

[26] Ye W, Qian C, Tang J, et al. Improved 3D Stem Mapping Method and Elliptic Hypothesis-Based DBH Estimation from Terrestrial Laser Scanning Data[J]. Remote Sensing, 2020, 12(3523).

[27] Altanzagas B, Luo Y, Altansukh B, et al. Allometric Equations for Estimating the Above-Ground Biomass of Five Forest Tree Species in Khangai, Mongolia[J]. Forests, 2019, 10(6618).

[28] Basuki T M, Laake P E V, Skidmore A K, et al. Allometric Equations for Estimating the Above-ground Biomass in Tropical Lowland Dipterocarp Forests[J]. Forest Ecology & Management, 2009, 257(8): 1684-1694.

[29] Takoudjou S M, Ploton P, Sonke B, et al. Using Terrestrial Laser Scanning Data to Estimate Large Tropical Trees Biomass and Calibrate Allometric Models: A Comparison with Traditional Destructive Approach[J]. Methods in Ecology and Evolution, 2018, 9(4): 905-916.

[30] Zhou X, Yang M, Liu Z, et al. Dynamic Allometric Scaling of Tree Biomass and Size[J]. Nature Plants, 2021, 7(1): 42-49.

[31] 马先明，李永树，谢嘉丽. 利用双边滤波法进行点云去噪的试验与分析[J]. 测绘通报，2017(2): 87-89.

[32] 吕娅，万程辉. 三维激光扫描地形点云的分层去噪方法[J]. 测绘科学技术学报，2014, 31(5): 501-504.

[33] Brovelli M A, Cannata M, Longoni U M. Managing and Processing LiDAR Data within GRASS[C]//The GRASS User Conference, 2002: 1-29.

[34] 韩文军，左志权. 基于三角网光滑规则的 LiDAR 点云噪声剔除算法[J]. 测绘科学，2012, 37(6): 153-154.

[35] Carrilho A C, Galo M, Santos R C. Statistical Outlier Detection Method for Airborne LiDAR Data[J]. The International Archives of the Photogrammetry, Remote Sensing and Spatial Information Sciences, 2018, 42: 87-92.

[36] Zhang K, Chen S C, Whitman D, et al. A Progressive Morphological Filter for Removing Nonground Measurements from Airborne LiDAR Data[J]. IEEE Transactions on Geoscience & Remote Sensing, 2003, 41(4): 872-882.

[37] 赵明波，何峻，田军生，等. 基于改进的渐进多尺度数学形态学的激光雷达数据滤波方法[J]. 光学学报，2013(3): 292-301.

[38]左志权，张祖勋，张剑清. 三维有限元分析的 LiDAR 点云噪声剔除算法[J]. 遥感学报，2012，16(2)：297-309.

[39]朱俊锋，胡翔云，张祖勋，等. 多尺度点云噪声检测的密度分析法[J]. 测绘学报，2015(3)：282-291.

[40]张继贤，林祥国，梁欣廉. 点云信息提取研究进展和展望[J]. 测绘学报，2017，46(10)：1460-1469.

[41]Yang B，Huang R，Dong Z，et al. Two-step Adaptive Extraction Method for Ground Points and Breaklines from Lidar Point Clouds[J]. ISPRS Journal of Photogrammetry and Remote Sensing，2016，119：373-389.

[42]Vosselman G. Slope Based Filtering of Laser Altimetry Data[J]. International Archives of the Photogrammetry，Remote Sensing and Spatial Information Sciences，2000，XXXIII(B3)：935-942.

[43]Susaki J. Adaptive Slope Filtering of Airborne LiDAR Data in Urban Areas for Digital Terrain Model(DTM)Generation[J]. Remote Sensing，2012，4(12)：1804-1819.

[44]沈晶，刘纪平，林祥国. 用形态学重建方法进行机载 LiDAR 数据滤波[J]. 武汉大学学报(信息科学版)，2011(2)：167-170.

[45]Zhang W，Qi J，Wan P，et al. An Easy-to-Use Airborne LiDAR Data Filtering Method Based on Cloth Simulation[J]. Remote Sensing，2016，8(6)：501.

[46]张永军，吴磊，林立文，等. 基于 LiDAR 数据和航空影像的水体自动提取[J]. 武汉大学学报(信息科学版)，2010(8)：936-940.

[47]Chen Q I. Improvement of the Edge-based Morphological(EM)Method for Lidar Data Filtering[J]. International Journal of Remote Sensing，2009，30(3-4)：1069-1074.

[48]Hui Z，Wu B，Hu Y，et al. Improved Progressive Morphological Filter for Digital Terrain Model Generation from Airborne LiDAR Data[J]. Applied Optics，2017，56(34)：9359-9367.

[49]Chen D，Zhang L，Wang Z，et al. A Mathematical Morphology-based Multi-level Filter of LiDAR Data for Generating DTMs[J]. Science China Information Sciences，2013，56(10)：1-14.

[50]Li Y，Yong B，Wu H，et al. An Improved Top-Hat Filter with Sloped Brim for Extracting Ground Points from Airborne Lidar Point Clouds[J]. Remote Sensing，2014，6(12)：12885-12908.

[51] Hui Z Y, Hu Y J, Yevenyo Y Z, et al. An Improved Morphological Algorithm for Filtering Airborne LiDAR Point Cloud Based on Multi-Level Kriging Interpolation[J]. Remote Sensing, 2016, 8(1): 35.

[52]高广，马洪超，张良，等. 顾及地形断裂线的 LiDAR 点云滤波方法研究[J]. 武汉大学学报(信息科学版)，2015(4): 474-478.

[53] Axelsson P. DEM Generation from Laser Scanner Data Using Adaptive TIN Models[J]. International Archives of the Photogrammetry, Remote Sensing and Spatial Information Sciences, 2000, XXXIII(Pt. B4/1): 110-117.

[54] Kraus K, Pfeifer N. Determination of Terrain Models in Wooded Areas with Airborne Laser Scanner Data[J]. ISPRS Journal of Photogrammetry and Remote Sensing, 1998, 53(4): 193-203.

[55] Mongus D, Zalik B. Parameter-free Ground Filtering of LiDAR Data for Automatic DTM Generation[J]. ISPRS Journal of Photogrammetry and Remote Sensing, 2012, 67: 1-12.

[56] Chen C, Li Y, Li W, et al. A Multiresolution Hierarchical Classification Algorithm for Filtering Airborne LiDAR Data[J]. ISPRS Journal of Photogrammetry and Remote Sensing, 2013, 82: 1-9.

[57] Hu H, Ding Y, Zhu Q, et al. An Adaptive Surface Filter for Airborne Laser Scanning Point Clouds by Means of Regularization and Bending Energy[J]. ISPRS Journal of Photogrammetry and Remote Sensing, 2014, 92: 98-111.

[58]林祥国，张继贤，宁晓刚，等. 融合点、对象、关键点等 3 种基元的点云滤波方法[J]. 测绘学报，2016(11): 1308-1317.

[59] Lin X, Zhang J. Segmentation-Based Filtering of Airborne LiDAR Point Clouds by Progressive Densification of Terrain Segments[J]. Remote Sensing, 2014, 6(2): 1294-1326.

[60] Tóvári D N P. Segmentation Based Robust Interpolation—A new Approach to Laser Data Filtering[J]. International Archives of Photogrammetry & Remote Sensing Spatial Information Science, 2005(36): 79-84.

[61] Chen C, Li Y, Yan C, et al. An Improved Multi-resolution Hierarchical Classification Method Based on Robust Segmentation for Filtering ALS Point Clouds[J]. International Journal of Remote Sensing, 2016, 37(4): 950-968.

[62]袁虎强，孙豪. 点云分割方法性能评价与对比分析[J]. 测绘科学，2021，46(9)：130-135.

[63]刘阳阳. 三维点云数据预处理和分割算法的研究[D]. 西安：西安工程大学，2019.

[64]Bhanu B，Lee S K，Ho C C，et al. Range Data Processing：Representation of Surfaces by Edges[Z]. Paris：1986.

[65]Jiang X，Bunke H. Edge Detection in Range Images Based on Scan Line Approximation [J]. Computer Vision and Image Understanding，1999，73(2)：183-199.

[66]Filin S. Surface Clustering from Airborne Laser Scanning Data[J]. International & Comparative Law Quarterly，2002，34(3A)：119-124.

[67]Zhan Q，Liang Y. Segmentation of LiDAR Point Cloud Based on Similarity Measures in Multi-dimension Euclidean Space[C]//Advances in Intelligent & Soft Computing，2010.

[68]Fischler M A，Bolles R C. Random Sample Consensus：A Paradigm for Model Fitting with Apphcatlons to Image Analysis and Automated Cartography[J]. Communications of the ACM，1981，24(6)：381-395.

[69]Chen D，Zhang L，Li J，et al. Urban Building Roof Segmentation from Airborne Lidar Point Clouds[J]. International Journal of Remote Sensing，2012，33(20)：6497-6515.

[70]Awadallah M，Abbott L，Ghannam S. Segmentation of Sparse Noisy Point Clouds Using Active Contour Models[C]//2014 IEEE International Conference on Image Processing，2014：6061-6065.

[71]梁标，李泷杲，黄翔，等. 基于特征模板的点云数据精确分割技术[J]. 航空制造技术，2022，65(11)：112-119.

[72]Sallem N K，Devy M. Extended GrabCut for 3D and RGB-D Point Clouds[C]//International Conference on Advanced Concepts for Intelligent Vision Systems. Cham：Springer International Publishing，2013：354-365.

[73]Geetha M，Rakendu R. An Improved Method for Segmentation of Point Cloud using Minimum Spanning Tree[C]//International Conference on Communications and Signal Processing，2014：105-107.

[74]Besl P J，Jain R C. Segmentation Through Variable-Order Surface Fitting[J]. Ieee Transactions on Pattern Analysis and Machine Intelligence，1988，10(2)：167-192.

[75]杨娜，秦志远，晏耀华，等. 面向地面点识别的机载 LiDAR 点云分割方法研究[J]. 测绘工程，2014，23(10)：18-22.

[76]VuVo A, Truong-Hong L, Laefer D F, et al. Octree-based Region Growing for Point Cloud Segmentation[J]. ISPRS Journal of Photogrammetry and Remote Sensing, 2015, 104: 88-100.

[77]韩英，郑文武，赵莎，等. 一种改进的超体素与区域生长点云分割方法[J]. 测绘通报，2022(12)：126-130.

[78]Ma T, Wu Z, Feng L, et al. Point Cloud Segmentation Through Spectral Clustering [C]//The 2nd International Conference on Information Science and Engineering, 2010: 1-4.

[79]Nurunnabi A, Belton D, West G. Robust Segmentation in Laser Scanning 3D Point Cloud Data[C]//IEEE, 2012: 1-8.

[80] Green W R, Grobler H. Normal Distribution Transform Graph-based Point Cloud Segmentation[C]//2015 Pattern Recognition Association of South Africa and Robotics and Mechatronics International Conference, 2015: 152-157.

[81]李峰，崔希民，刘小阳，等. 机载 LiDAR 点云提取城市道路网的半自动方法[J]. 测绘科学，2015(2)：88-92.

[82]左志权，张祖勋，张剑清. 区域回波比率与拓扑识别模型结合的城区激光雷达点云分类方法[J]. 中国激光，2012，39(4)：6.

[83]Brodu N, Lague D. 3D Terrestrial Lidar Data Classification of Complex Natural Scenes Using a Multi-scale Dimensionality Criterion: Applications in Geomorphology[J]. ISPRS Journal of Photogrammetry and Remote Sensing, 2012, 68: 121-134.

[84]刘婷，苏伟，王成，等. 基于机载 LiDAR 数据的玉米叶面积指数反演[J]. 中国农业大学学报，2016，21(3)：8.

[85]马东岭，王晓坤，李广云. 一种基于高度差异的点云数据分类方法[J]. 测绘通报，2018(6)：4.

[86]何鄂龙，王红平，陈奇，等. 一种改进的空间上下文点云分类方法[J]. 测绘学报，2017，46(3)：9.

[87]林祥国，宗浩. 基于语义推理的城区机载 LiDAR 分割点云分类[J]. 测绘科学，2014，39(1)：7.

[88]Becker C, Rosinskaya E, Häni N. et al. Classification of Aerial Photogrammetric 3D Point Clouds[J]. Photogrammetric Engineering & Remote Sensing, 2018, Ⅳ-1/W1: 3-10.

[89]赵传，张保明，余东行，等. 利用迁移学习的机载激光雷达点云分类[J]. 光学精密工程，2019，27(7)：12.

[90]郭波，黄先锋，张帆，等. 顾及空间上下文关系的 JointBoost 点云分类及特征降维[J]. 测绘学报，2013，42(5)：7.

[91]Zhang J X，Lin X G，Ming X G. SVM-Based Classification of Segmented Airborne LiDAR Point Clouds in Urban Areas[J]. Remote Sensing，2013，5(8)：3749-3775.

[92]赖祖龙，孙杰. 利用随机森林的城区机载 LiDAR 数据特征选择与分类[J]. 武汉大学学报：信息科学版，2014，39(11)：4.

[93]马京晖，潘巍，王茹. 基于 K-means 聚类的三维点云分类[J]. 计算机工程与应用，2020，56(17)：181-186.

[94]张爱武，李文宁，段乙好，等. 结合点特征直方图的点云分类方法[J]. 计算机辅助设计与图形学学报，2016，28(5)：7.

[95]何雪，邹峥嵘，张云生，等. 面向对象的倾斜摄影测量点云分类方法[J]. 国土资源遥感，2018，30(2)：87-92.

[96]张爱武，肖涛，段乙好. 一种机载 LiDAR 点云分类的自适应特征选择方法[J]. 激光与光电子学进展，2016，53(8)：11.

[97]释小松，程英蕾，赵中阳，等. 基于三角网滤波和支持向量机的点云分类算法[J]. 激光与光电子学进展，2019，56(16)：9.

[98]佟国峰，杜宪策，李勇，等. 基于切片采样和质心距直方图特征的室外大场景三维点云分类[J]. 中国激光，2018，45(10)：9.

[99]Maltezos E，Doulamis A，Doulamis N，et al. Building Extraction From LiDAR Data Applying Deep Convolutional Neural Networks [J]. IEEE Geoscience and Remote Sensing Letters，2019，16(1)：155-159.

[100]Ni H,Lin X，Zhang J. Classification of ALS Point Cloud with Improved Point Cloud Segmentation and Random Forests[J]. Remote Sensing，2017，9(3)：288.

[101]Nahhas F H，Shafri H Z M，Sameen M I，et al. Deep Learning Approach for Building Detection Using LiDAR-Orthophoto Fusion[J]. Journal of Sensors，2018，2018：1-12.

[102]Huang J，Zhang X，Xin Q，et al. Automatic Building Extraction from High-resolution Aerial Images and LiDAR Data Using Gated Residual Refinement Network[J]. ISPRS Journal of Photogrammetry and Remote Sensing，2019，151：91-105.

[103]Li D，Shen X，Yu Y，et al. Building Extraction from Airborne Multi-Spectral LiDAR

Point Clouds Based on Graph Geometric Moments Convolutional Neural Networks[J]. Remote Sensing, 2020, 12(19): 3186.

[104] Wen C, Li X, Yao X, et al. Airborne LiDAR Point Cloud Classification with Global-local Graph Attention Convolution Neural Network [J]. ISPRS Journal of Photogrammetry and Remote Sensing, 2021, 173: 181-194.

[105] Yuan Q, Shafri H Z M, Alias A H, et al. Multiscale Semantic Feature Optimization and Fusion Network for Building Extraction Using High-Resolution Aerial Images and LiDAR Data[J]. Remote Sensing, 2021, 13(13): 2473.

[106] Zolanvari S M I, Ruano S, Rana A, et al. Dublin City: Annotated LiDAR Point Cloud and its Applications[C]//30th British Machine Vision Conference, 2019.

[107] Costantino D, Angelini M G. Features and Ground Automatic Extraction from Airborne LiDAR Data[J]. International Archives of the Photogrammetry, Remote Sensing and Spatial Information Sciences-ISPRS Archives, 2011, 5-W12(38): 19-24.

[108] Crosilla F, Macorig D, Scaioni M, et al. LiDAR Data Filtering and Classification by Skewness and Kurtosis Iterative Analysis of Multiple Point Cloud Data Categories[J]. Applied Geomatics, 2013, 5(3): 225-240.

[109] Ywata M S Y, Dal Poz A P, Shimabukuro M H, et al. Snake-Based Model for Automatic Roof Boundary Extraction in the Object Space Integrating a High-Resolution Aerial Images Stereo Pair and 3D Roof Models [J]. Remote Sensing, 2021, 13(8): 1429.

[110] Dorninger P, Pfeifer N. A Comprehensive Automated 3D Approach for Building Extraction, Reconstruction, and Regularization from Airborne Laser Scanning Point Clouds[J]. Sensors, 2008, 8(11): 7323-7343.

[111] Poullis C, You S. Photorealistic Large-Scale Urban City Model Reconstruction[J]. IEEE Transactions on Visualization & Computer Graphics, 2009, 15(4): 654-669.

[112] Awrangjeb M, Fraser C S. Automatic Segmentation of Raw LiDAR Data for Extraction of Building Roofs[J]. Remote Sensing, 2014, 6(5): 3716-3751.

[113] Fan H, Yao W, Fu Q. Segmentation of Sloped Roofs from Airborne LiDAR Point Clouds Using Ridge-Based Hierarchical Decomposition[J]. Remote Sensing, 2014, 6(4): 3284-3301.

[114] Ural S, Shan J. A Min-Cut Based Filter for Airborne LiDAR Data [J]. ISPRS

International Archives of the Photogrammetry, Remote Sensing and Spatial Information Sciences, 2016, 41: 395-401.

[115] Zou X, Feng Y, Li H, et al. An Adaptive Strips Method for Extraction Buildings From Light Detection and Ranging Data[J]. IEEE Geoscience and Remote Sensing Letters, 2017, 14(10): 1651-1655.

[116] Cai Z, Ma H, Zhang L. A Building Detection Method Based on Semi-suppressed Fuzzy C-means and Restricted Region Growing Using Airborne LiDAR[J]. Remote Sensing, 2019, 11(7): 848.

[117] Wang Y, Jiang T, Yu M, et al. Semantic-Based Building Extraction from LiDAR Point Clouds Using Contexts and Optimization in Complex Environment[J]. Sensors, 2020, 20(12): 3386.

[118] 王思远, 吴怡凡, 李咏旭, 等. 一种融合 LiDAR 点云与影像的建筑物提取方法[J]. 测绘地理信息, 2024, 49(3): 85-90.

[119] Zhou G, Zhou X. Seamless Fusion of LiDAR and Aerial Imagery for Building Extraction[J]. IEEE Transactions on Geoscience & Remote Sensing, 2014, 52(11): 7393-7407.

[120] Awrangjeb M, Zhang C, Fraser C S. Automatic Reconstruction of Building Roofs Through Effective Integration of Lidar and Multispectral Imagery[J]. ISPRS Annals of the Photogrammetry, Remote Sensing and Spatial Information Sciences, 2012, 1-3: 203-208.

[121] Awrangjeb M, Zhang C, Fraser C S. Automatic Extraction of Building Roofs Using LiDAR Data and Multispectral Imagery[J]. ISPRS Journal of Photogrammetry & Remote Sensing, 2013, 83(3): 1-18.

[122] Qin R, Fang W. A Hierarchical Building Detection Method for Very High Resolution Remotely Sensed Images Combined with DSM Using Graph Cut Optimization[J]. Photogrammetric Engineering & Remote Sensing, 2014, 80(9): 873-883.

[123] Gilani S, Awrangjeb M, Lu G. An Automatic Building Extraction and Regularisation Technique Using LiDAR Point Cloud Data and Orthoimage[J]. Remote Sensing, 2016, 8(3): 258.

[124] Siddiqui F, Teng S, Awrangjeb M, et al. A Robust Gradient Based Method for Building Extraction from LiDAR and Photogrammetric Imagery[J]. Sensors, 2016, 16

(7): 1110.

[125]Lai X, Yang J, Li Y, et al. A Building Extraction Approach Based on the Fusion of LiDAR Point Cloud and Elevation Map Texture Features[J]. Remote Sensing, 2019, 11(14): 1636.

[126]Chen S, Shi W, Zhou M, et al. Automatic Building Extraction via Adaptive Iterative Segmentation with LiDAR Data and High Spatial Resolution Imagery Fusion[J]. IEEE Journal of Selected Topics in Applied Earth Observations and Remote Sensing, 2020, 13: 2081-2095.

[127]McKeown D M. Knowledge-based Aerial Photo Interpretation[J]. Photogrammetria, 1984, 39(3): 91-123.

[128]赖旭东，万幼川. 机载激光雷达距离图像的边缘检测研究[J]. 激光与红外, 2005, 35(6): 3.

[129]Zhou Q Y, Neumann U. Fast and Extensible Building Modeling from Airborne LiDAR Data[C]//16th ACM SIGSPATIAL International Symposium on Advance in Geographic Information Systems, 2008.

[130]Jarzabek Rychard M. Reconstruction of Building Outlines in Dense Urban Areas Based on Lidar Data and Address Points[C]//ISPRS Congress, 2012: 121-126.

[131]霍芃芃，侯妙乐，杨溯，等. 机载 LiDAR 点云建筑物屋顶轮廓线自动提取研究综述[J]. 地理信息世界, 2019, 26(5): 13.

[132]Edelsbrunner H, Kirkpatrick D, Seidel R. On the Shape of a Set of Points in the Plane[J]. IEEE Transactions on Information Theory, 2006, 29(4): 551-559.

[133]洪绍轩，袁枫，王竞雪，等. 机载 LiDAR 点云建筑物边界线规则化算法研究[J]. 测绘科学, 2020, 45(7): 100-105.

[134]沈蔚，李京，陈云浩，等. 基于 LiDAR 数据的建筑轮廓线提取及规则化算法研究[J]. 遥感学报, 2008(5): 692-698.

[135]刘瑞，李云帆，谭德宝，等. 双阈值 Alpha Shapes 算法提取点云建筑物轮廓研究[J]. 长江科学院院报, 2016, 33(11): 4.

[136]Peethambaran J, Muthuganapathy R. A Non-parametric Approach to Shape Reconstruction from Planar Point Sets Through Delaunay Filtering[J]. Computer-Aided Design, 2015, 62: 164-175.

[137]Andrew M A. Another Efficient Algorithm for Convex Hulls in Two Dimensions[J].

Information Processing Letters, 1979, 5(9): 216-219.

[138]Tsenga Y H, Hungb H C. Extraction of Building Boundary Lines from Airborne Lidar Point Clouds[C]//ISPRS International Archives of the Photogrammetry, Remote Sensing and Spatial Information Sciences, 2016.

[139]赵传. 基于机载 LiDAR 点云数据的建筑物三维模型重建技术研究[D]. 郑州: 解放军信息工程大学, 2017.

[140]程亮, 龚健雅. LiDAR 辅助下利用超高分辨率影像提取建筑物轮廓方法[J]. 测绘学报, 2008, 37(3): 4.

[141]Zhang K, Yan J, Chen S C. Automatic Construction of Building Footprints From Airborne LiDAR Data[J]. IEEE Transactions on Geoscience & Remote Sensing, 2006, 44(9): 2523-2533.

[142]Chen D, Wang R, Peethambaran J. Topologically Aware Building Rooftop Reconstruction From Airborne Laser Scanning Point Clouds[J]. IEEE Transactions on Geoscience and Remote Sensing, 2017, PP(12): 7032-7052.

[143]李平昊, 申鑫, 代劲松, 等. 机载激光雷达人工林单木分割方法比较和精度分析[J]. 林业科学, 2018, 54(12): 127-136.

[144]Eysn L, Hollaus M, Lindberg E, et al. A Benchmark of Lidar-Based Single Tree Detection Methods Using Heterogeneous Forest Data from the Alpine Space[J]. Forests, 2015, 6(5): 1721-1747.

[145]Jakubowski M K, Li W, Guo Q, et al. Delineating Individual Trees from Lidar Data: A Comparison of Vector-and Raster-based Segmentation Approaches[J]. Remote Sensing, 2013, 5(9): 4163-4186.

[146]Xiao W, Zaforemska A, Smigaj M, et al. Mean Shift Segmentation Assessment for Individual Forest Tree Delineation from Airborne Lidar Data[J]. Remote Sensing, 2019(11): 1263.

[147]Mongus D, Zalik B. An Efficient Approach to 3D Single Tree-crown Delineation in LiDAR Data[J]. ISPRS Journal of Photogrammetry and Remote Sensing, 2015, 108: 219-233.

[148]Yang J, Kang Z, Cheng S, et al. An Individual Tree Segmentation Method Based on Watershed Algorithm and Three-Dimensional Spatial Distribution Analysis From Airborne LiDAR Point Clouds[J]. IEEE Journal of Selected Topics in Applied Earth

Observations and Remote Sensing, 2020, 13: 1055-1067.

[149] Chen Q, Baldocchi D, Gong P, et al. Isolating Individual Trees in a Savanna Woodland Using Small Footprint LiDAR Data[J]. Photogrammetric Engineering and Remote Sensing, 2006, 72(8): 923-932.

[150] Michele D, Lorenzo F, Damiano G. Estimation of Forest Attributes at Single Tree Level Using Hyperspectral and ALS Data[J]. Remote Sensing of Environment, 2014 (79): 105-115.

[151] Hu X, Chen W, Xu W. Adaptive Mean Shift-Based Identification of Individual Trees Using Airborne LiDAR Data[J]. Remote Sensing, 2017, 9(1482).

[152] Xiao W, Xu S, Elberink S O, et al. Individual Tree Crown Modeling and Change Detection From Airborne LiDAR Data[J]. Ieee Journal of Selected Topics in Applied Earth Observations and Remote Sensing, 2016, 9(8Si): 3467-3477.

[153] Dai W, Yang B, Dong Z, et al. A New Method for 3D Individual Tree Extraction Using Multispectral Airborne Lidar Point Clouds[J]. ISPRS Journal of Photogrammetry and Remote Sensing, 2018, 144: 400-411.

[154] Wei C, Hu X, Wen C, et al. Airborne LiDAR Remote Sensing for Individual Tree Forest Inventory Using Trunk Detection-Aided Mean Shift Clustering Techniques[J]. Remote Sensing, 2018, 10(7): 1078.

[155] Yan W, Guan H, Cao L, et al. A Self-Adaptive Mean Shift Tree-Segmentation Method Using UAV LiDAR Data[J]. Remote Sensing, 2020, 12(3): 515.

[156] Ferraz A, Bretar F, Jacquemoud S, et al. 3-D Mapping of A Multi-layered Mediterranean Forest using ALS Data[J]. Remote Sensing of Environment, 2012, 121: 210-223.

[157] 黄洪宇, 陈崇成, 邹杰, 等. 基于地面激光雷达点云数据的单木三维建模综述[J]. 林业科学, 2013, 49(4): 123-130.

[158] Du S, Lindenbergh R, Ledoux H, et al. AdTree: Accurate, Detailed, and Automatic Modelling of Laser-Scanned Trees[J]. Remote Sensing, 2019, 11 (207418).

[159] Wu S, Wen W, Xiao B, et al. An Accurate Skeleton Extraction Approach From 3D Point Clouds of Maize Plants[J]. Frontiers in Plant Science, 2019, 10(248).

[160] Huang H, Wu S, Cohen-Or D, et al. L-1-Medial Skeleton of Point Cloud[J]. Acm

Transactions on Graphics, 2013, 32(654).
[161]Lu W, Zhang X, Liu Y. L-1-medial Skeleton-based 3D Point Cloud Model Retrieval [J]. Multimedia Tools and Applications, 2019, 78(1): 479-488.
[162]Mei J, Zhang L, Wu S, et al. 3D Tree Modeling from Incomplete Point Clouds Via Optimization and L-1-MST [J]. International Journal of Geographical Information Science, 2017, 31(5): 999-1021.
[163]Cao J, Tagliasacchi A, Olson M, et al. Point Cloud Skeletons via Laplacian Based Contraction[C]//SMI 2010, Shape Modeling International, 2010.
[164]Su Z, Zhao Y, Zhao C, et al. Skeleton Extraction for Tree Models[J]. Mathematical & Computer Modelling, 2011, 54(3-4): 1115-1120.
[165]Cote J, Widlowski J, Fournier R A, et al. The Structural and Radiative Consistency of Three-Dimensional Tree Reconstructions from Terrestrial LiDAR[J]. Remote Sensing of Environment, 2009, 113(5): 1067-1081.
[166]Cote J, Fournier R A, Egli R. An Architectural Model of Trees to Estimate Forest Structural Attributes Using Terrestrial LiDAR [J]. Environmental Modelling & Software, 2011, 26(6): 761-777.
[167]Wang Z, Zhang L, Fang T, et al. A Structure-Aware Global Optimization Method for Reconstructing 3-D Tree Models From Terrestrial Laser Scanning Data [J]. IEEE Transactions on Geoscience and Remote Sensing, 2014, 52(9): 5653-5669.
[168]Gao L, Zhang D, Li N, et al. Force Field Driven Skeleton Extraction Method for Point Cloud Trees[J]. Earth Science Informatics, 2019, 12(2): 161-171.
[169]He G, Yang J, Behnke S. Research on Geometric Features and Point Cloud Properties for Tree Skeleton Extraction[J]. Personal and Ubiquitous Computing, 2018, 22(5-6): 903-910.
[170]Boudreau J, Nelson R F, Margolis H A, et al. Regional Aboveground Forest Biomass Using Airborne and Spaceborne LiDAR in Québec [J]. Remote Sensing of Environment, 2008, 112(10): 3876-3890.
[171]Guo Z F, Hong C, Sun G Q. Estimating Forest Aboveground Biomass Using HJ-1 Satellite CCD and ICESat GLAS Waveform Data[J]. Science China Earth Sciences, 2010, 53(Z1): 16-25.
[172]董立新，吴炳方，唐世浩. 激光雷达 GLAS 与 ETM 联合反演森林地上生物量研

究[J]. 北京大学学报(自然科学版), 2011, 47(4): 703-710.

[173]庞勇, 黄克标, 李增元, 等. 基于遥感的湄公河次区域森林地上生物量分析[J]. 资源科学, 2011, 33(10): 1863-1869.

[174]王成, 习晓环, 骆社周, 等. 星载激光雷达数据处理与应用[M]. 北京: 科学出版社, 2015.

[175]Su Y, Guo Q, Xue B, et al. Spatial Distribution of Forest Aboveground Biomass in China: Estimation Through Combination of Spaceborne Lidar, Optical Imagery, and Forest Inventory Data[J]. Remote Sensing of Environment, 2016, 173: 187-199.

[176]Hu T, Su Y, Xue B, et al. Mapping Global Forest Aboveground Biomass with Spaceborne LiDAR, Optical Imagery, and Forest Inventory Data[J]. Remote Sensing, 2016, 8(5657).

[177]Weiser H, Schaefer J, Winiwarter L, et al. Individual Tree Point Clouds and Tree Measurements from Multi-platform Laser Scanning in German Forests[J]. Earth System Science Data, 2022, 14(7): 2989-3012.

[178]Brede B, Terryn L, Barbier N, et al. Non-destructive Estimation of Individual Tree Biomass: Allometric Models, Terrestrial and Uav Laser Scanning[J]. Remote Sensing of Environment, 2022, 280(113180).

[179]Asner G P, Powell G, Mascaro J, et al. High-resolution Forest Carbon Stocks and Emissions in the Amazon[J]. Proceedings of the National Academy of Sciences of the United States of America, 2010, 107(38): 16738-16742.

[180]Harris N L. Baseline Map of Carbon Emissions from Deforestation in Tropical Regions[J]. Science, 2012, 337(6091): 155.

[181]Asner G P, Mascaro J. Mapping Tropical Forest Carbon: Calibrating Plot Estimates to a Simple LiDAR Metric[J]. Remote Sensing of Environment, 2014, 140: 614-624.

[182]Wang M, Liu Q, Fu L, et al. Airborne LiDAR-Derived Aboveground Biomass Estimates Using a Hierarchical Bayesian Approach[J]. Remote Sensing, 2019, 11(10509).

[183]Qin S, Nie S, Guan Y, et al. Forest Emissions Reduction Assessment Using Airborne LiDAR for Biomass Estimation[J]. Resources Conservation and Recycling, 2022, 181(106224).

[184]Hui Z, Cheng P, Yang B, et al. Multi-level Self-adaptive Individual Tree Detection

for Coniferous Forest Using Airborne Lidar[J]. International Journal of Applied Earth Observation and Geoinformation, 2022, 114(103028).

[185]Jin S, Sun X, Wu F, et al. Lidar Sheds New Light on Plant Phenomics for Plant Breeding and Management: Recent Advances and Future Prospects[J]. ISPRS Journal of Photogrammetry and Remote Sensing, 2021, 171: 202-223.

[186]Liang X, Kukko A, Balenovic I, et al. Close-Range Remote Sensing of Forests: The State of the Art, Challenges, and Opportunities for Systems and Data Acquisitions[J]. IEEE Geoscience and Remote Sensing Magazine, 2022, 10(3): 32-71.

[187]Kuzelka K, Slavik M, Surovy P. Very High Density Point Clouds from UAV Laser Scanning for Automatic Tree Stem Detection and Direct Diameter Measurement[J]. Remote Sensing, 2020, 12(12368).

[188]Guo Q, Su Y, Hu T, et al. An Integrated UAV-borne LiDAR System for 3D Habitat Mapping in Three Forest Ecosystems Across China[J]. International Journal of Remote Sensing, 2017, 38(8-10): 2954-2972.

[189]Brede B, Calders K, Lau A, et al. Non-destructive Tree Volume Estimation Through Quantitative Structure Modelling: Comparing Uav Laser Scanning with Terrestrial Lidar[J]. Remote Sensing of Environment, 2019, 233(111355).

[190]Terryn L, Calders K, Bartholomeus H, et al. Quantifying Tropical Forest Structure Through Terrestrial and Uav Laser Scanning Fusion in Australian Rainforests[J]. Remote Sensing of Environment, 2022, 271(112912).

[191]Puliti S, Breidenbach J, Astrup R. Estimation of Forest Growing Stock Volume with UAV Laser Scanning Data: Can It Be Done without Field Data? [J]. Remote Sensing, 2020, 12(12458).

[192]Xue Y, Yang Z Y, Wang X Y, et al. Tree Biomass Allocation and Its Model Additivity for Casuarina equisetifolia in a Tropical Forest of Hainan Island, China[J]. Plos One, 2016, 11(3): e0151858.

[193]Calders K, Newnham G, Burt A, et al. Nondestructive Estimates of Above-ground Biomass Using Terrestrial Laser Scanning[J]. Methods in Ecology and Evolution, 2015, 6(2): 198-208.

[194]De Tanago J G, Lau A, Bartholomeus H, et al. Estimation of Above-ground Biomass of Large Tropical Trees with Terrestrial Lidar[J]. Methods in Ecology and Evolution,

2018, 9(2): 223-234.

[195]Wang Q, Pang Y, Chen D, et al. LiDAR Biomass Index: A Novel Solution for Tree-level Biomass Estimation Using 3D Crown Information[J]. Forest Ecology and Management, 2021, 499(119542).

[196]Stovall A E L, Vorster A G, Anderson R S, et al. Non-destructive Aboveground Biomass Estimation of Coniferous Trees Using Terrestrial Lidar[J]. Remote Sensing of Environment, 2017, 200: 31-42.

[197]Demol M, Calders K, Verbeeck H, et al. Forest Above-ground Volume Assessments with Terrestrial Laser Scanning: A Ground-Truth Validation Experiment in Temperate, Managed Forests[J]. Annals of Botany, 2021, 128(6Si): 805-819.

[198]Hosoi F, Nakai Y, Omasa K. 3-D Voxel-based Solid Modeling of A Broad-Leaved Tree for Accurate Volume Estimation Using Portable Scanning Lidar[J]. ISPRS Journal of Photogrammetry and Remote Sensing, 2013, 82: 41-48.

[199]Mchale, Melissa R. Volume Estimates of Trees with Complex Architecture from Terrestrial Laser Scanning[J]. Journal of Applied Remote Sensing, 2008, 2(1): 1-19.

[200]Raumonen P, Kaasalainen M, Akerblom M, et al. Fast Automatic Precision Tree Models from Terrestrial Laser Scanner Data[J]. Remote Sensing, 2013, 5(2): 491-520.

[201]Hackenberg J, Wassenberg M, Spiecker H, et al. Non Destructive Method for Biomass Prediction Combining TLS Derived Tree Volume and Wood Density[J]. Forests, 2015, 6(4): 1274-1300.

[202]Hui Z, Cai Z, Liu B, et al. A Self-Adaptive Optimization Individual Tree Modeling Method for Terrestrial LiDAR Point Clouds[J]. Remote Sensing, 2022, 14(254511).

[203]Sithole G, Vosselman G. Experimental Comparison of Filter Algorithms for Bare-Earth Extraction From Airborne Laser Scanning Point Clouds[J]. ISPRS Journal of Photogrammetry and Remote Sensing, 2004, 59(1-2): 85-101.

[204]Jahromi A B, Zoej M J V, Mohammadzadeh A, et al. A Novel Filtering Algorithm for Bare-Earth Extraction From Airborne Laser Scanning Data Using an Artificial Neural Network[J]. IEEE Journal of Selected Topics in Applied Earth Observations & Remote Sensing, 2011, 4(4): 836-843.

[205] Zhang J, Lin X. Filtering airborne LiDAR Data by Embedding Smoothness-constrained Segmentation in Progressive TIN densification[J]. ISPRS Journal of Photogrammetry and Remote Sensing, 2013, 81: 44-59.

[206] Hu X, Yuan Y. Deep-Learning-Based Classification for DTM Extraction from ALS Point Cloud[J]. Remote Sensing, 2016, 8(9): 730.

[207] Rizaldy A, Persello C, Gevaert C, et al. Ground and Multi-Class Classification of Airborne Laser Scanner Point Clouds Using Fully Convolutional Networks[J]. Remote Sensing, 2018, 10(11).

[208] Li Y, Yong B, von Dosterom, et al. Airborne LiDAR Data Filtering Based on Geodesic Transformations of Mathematical Morphology [J]. Remote Sensing, 2017, 9 (11): 1104.

[209] Ni H, Lin X, Zhang J, et al. Joint Clusters and Iterative Graph Cuts for ALS Point Cloud Filtering[J]. IEEE Journal of Selected Topics in Applied Earth Observations & Remote Sensing, 2018, 11(3): 990-1004.

[210] Duda R O, Hart P E, Stork D G. Pattern Classification[M]. 2nd ed. Wiley, 2001.

[211] Bartels M, Wei H, Mason D C. DTM Generation from LiDAR Data using Skewness Balancing[C]//18the International Conference on Pattern Recognition, 2006.

[212] Freidman J H, Bentley J L, Finkel R A. An Algorithm for Finding Best Matches in Logarithmic Expected Time [J]. ACM Transactions on Mathematical Software (TOMS), 1977.

[213] Weinmann M, Urban S, Hinz S, et al. Distinctive 2D and 3D Features for Automated Large-scale Scene Analysis in Urban Areas[J]. Computers & Graphics, 2015, 49 (Jun.): 47-57.

[214] Qin N, Tan W, Ma L, et al. OpenGF: An Ultra-Large-Scale Ground Filtering Dataset Built Upon Open ALS Point Clouds Around the World [C]// 2021 IEEE/CVF Conference on Computer Vision and Pattern Recognition Workshops, 2021.

[215] 孙红岩，孙晓鹏，李华. 基于 K-means 聚类方法的三维点云模型分割[J]. 计算机工程与应用，2006(10): 42-45.

[216] 惠振阳，程朋根，官云兰，等. 机载 LiDAR 点云滤波综述[J]. 激光与光电子学进展，2018，55(6): 7-15.

[217] 李仁忠，刘阳阳，杨曼，等. 基于改进的区域生长三维点云分割[J]. 激光与光电

子学进展，2018，55(5)：325-331.

[218] Wang D，Takoudjou S M，Casella E. LeWoS：A Universal Leaf-wood Classification Method to Facilitate the 3D Modelling of Large Tropical Trees Using Terrestrial LiDAR[J]. Methods in Ecology and Evolution，2020，11(3)：376-389.

[219] Demantké J，Mallet C，David N，et al. Dimensionality Based Scale Selection in 3D LiDAR Point Clouds[J]. ISPRS International Archives of the Photogrammetry Remote Sensing and Spatial Information Sciences，2011，38(5)：97-102.

[220] 岳冲，刘昌军，王晓芳. 基于多尺度维度特征和 SVM 的高陡边坡点云数据分类算法研究[J]. 武汉大学学报：信息科学版，2016，41(7)：7.

[221] 杨书娟，张珂殊，邵永社. 基于多尺度自适应特征的机载 LiDAR 点云分类[J]. 光学学报，2019(2)：7.

[222] 赵中阳，程英蕾，释小松，等. 基于多尺度特征和 PointNet 的 LiDAR 点云地物分类方法[J]. 激光与光电子学进展，2019，56(5)：8.

[223] Hackel T，Wegner J D，Schindler K. Fast Semantic Segmentation of 3D Point Clouds with Strongly Varying Density[J]. ISPRS Annals of Photogrammetry，Remote Sensing & Spatial Informa，2016，Ⅲ-3：177-184.

[224] Hui Z，Jin S，Chen P，et al. An Active Learning Method for DEM Extraction from Airborne LiDAR Point Clouds[J]. IEEE Access，2019，7：89366-89378.

[225] 宋德云，蔡来良，谷淑丹. 基于颜色空间的矿区地表彩色点云分类[J]. 测绘通报，2019(S2)：5.

[226] Smith，Ray A. Color Gamut Transform Pairs[C]//International Conference on Computer Graphic and Interactive Techniques，1978：12-19.

[227] 熊艳，高仁强，徐战亚. 机载 LiDAR 点云数据降维与分类的随机森林方法[J]. 测绘学报，2018，47(4)：11.

[228] Cai Z，Ma H，Zhang L. Model Transfer-based Filtering for Airborne LiDAR Data with Emphasis on Active Learning Optimization[J]. Remote Sensing Letters，2018，9(2)：111-120.

[229] Guo Q，Li W，Yu H，et al. Effects of Topographic Variability and Lidar Sampling Density on Several DEM Interpolation Methods[J]. Photogrammetric Engineering & Remote Sensing，2010，76(6)：701-712.

[230] Maguya A S，Junttila V，Kauranne T. Algorithm for Extracting Digital Terrain Models

Under Forest Canopy from Airborne LiDAR Data[J]. Remote Sensing, 2014, 6(7): 6524-6548.

[231] Chen Y C, Lin C H. Image-based Airborne LiDAR Point Cloud Encoding for 3D Building Model Retrieval [J]. The International Archives of the Photogrammetry, Remote Sensing and Spatial Information Sciences, 2016, 41: 1237-1242.

[232] Yang B S, Huang R G, Li J P, et al. Automated Reconstruction of Building LoDs from Airborne LiDAR Point Clouds Using an Improved Morphological Scale Space[J]. Remote Sensing, 2016, 9(1): 14.

[233] Wu B, Yu B, Wu Q, et al. A graph-based Approach for 3D Building Model Reconstruction from Airborne LiDAR Point Clouds [J]. Remote Sensing, 2017, 9 (1): 92.

[234] Ferraz A, Mallet C, Chehata N. Large-scale Road Detection in Forested Mountainous Areas Using Airborne Topographic Lidar Data[J]. ISPRS Journal of Photogrammetry and Remote Sensing, 2016, 112: 23-36.

[235] Li Y, Hu X, Guan H, et al. An Efficient Method for Automatic Road Extraction Based on Multiple Features from LiDAR Data[J]. The International Archives of the Photogrammetry, Remote Sensing and Spatial Information Sciences, 2016, 41: 289-293.

[236] Grigillo D, Ozvaldič S, Vrečko A, et al. Extraction of Power Lines from Airborne and Terrestrial Laser Scanning Data Using the Hough Transform[J]. Geodetski Vestnik, 2015, 59(2): 246-261.

[237] Zhu L, Hyyppä J. Fully-automated Power Line Extraction from Airborne Laser Scanning Point Clouds in Forest Areas [J]. Remote Sensing, 2014, 6 (11): 11267-11282.

[238] Wang Y, Chen Q, Liu L, et al. Supervised Classification of Power Lines from Airborne LiDAR Data in Urban Areas[J]. Remote Sensing, 2017, 9(8): 771.

[239] Meng X, Currit N, Zhao K. Ground Filtering Algorithms for Airborne LiDAR Data: A Review of Critical Issues[J]. Remote Sensing, 2010, 2(3): 833-860.

[240] Wan P, Zhang W, Skidmore A K, et al. A Simple Terrain Relief Index for Tuning Slope-related Parameters of LiDAR Ground Filtering Algorithms[J]. ISPRS Journal of Photogrammetry & Remote Sensing, 2018, 143(9): 181-190.

[241] Congalton R G. A Review of Assessing the Accuracy of Classifications of Remotely Sensed Data[J]. Remote Sensing of Environment, 1991, 37(1): 35-46.

[242] Pingel T J, Clarke K C, Mcbride W A. An Improved Simple Morphological Filter for the Terrain Classification of Airborne LiDAR Data [J]. ISPRS Journal of Photogrammetry and Remote Sensing, 2013, 77: 21-30.

[243] Özcan A H, Ünsalan C. LiDAR Data Filtering and DTM Generation Using Empirical Mode Decomposition [J]. IEEE Journal of Selected Topics in Applied Earth Observations and Remote Sensing, 2016, 10(1): 360-371.

[244] Rutzinger M, Rottensteiner F, Pfeifer N. A Comparison of Evaluation Techniques For Building Extraction From Airborne Laser Scanning[J]. IEEE Journal of Selected Topics in Applied Earth Observations and Remote Sensing, 2009, 2(1): 11-20.

[245] Nguyen T H, Daniel S, Guériot D, et al. Super-resolution-based Snake Model—An Unsupervised Method for Large-scale Building Extraction Using Airborne LiDAR Data and Optical Image[J]. Remote Sensing, 2020, 12(11): 1702.

[246] Doulamis A D, Doulamis N D, Kollias S D. An Adaptable Neural-network Model for Recursive Nonlinear Traffic Prediction and Modeling of MPEG Video Sources[J]. IEEE Transactions on Neural Networks, 2003, 14(1): 150-166.

[247] Protopapadakis E, Schauer M, Pierri E, et al. A Genetically Optimized Neural Classifier Applied to Numerical Pile Integrity Tests Considering Concrete Piles[J]. Computers & Structures, 2016, 162: 68-79.

[248] Niemeyer J, Rottensteiner F, Soergel U. Conditional Random Fields for Lidar Point Cloud Classification in Complex Urban Areas [J]. ISPRS Annals of the Photogrammetry, Remote Sensing and Spatial Information Sciences, 2012, 1: 263-268.

[249] Wei Y, Yao W, Wu J, et al. Adaboost-based Feature Relevance Assessent in Fusing LiDAR and Image Data for Classification of Trees and Vehicles in Urban Scenes[J]. ISPRS Annals of the Photogrammetry, Remote Sensing and Spatial Information Sciences, 2012, 1: 323-328.

[250] Moussa A, El-Sheimy N. A New Object Based Method for Automated Extraction of Urban Objects from Airborne Sensors Data [J]. The International Archives of the Photogrammetry, Remote Sensing and Spatial Information Sciences, 2012, 39:

309-314.

[251] Yang B S, Xu W X, Zhen D. Automated Extraction of Building Outlines from Airborne Laser Scanning Point Clouds[J]. IEEE Geosci. Remote Sens. Lett., 2013, 10(6): 1399-1403.

[252] Gerke M, Xiao J. Fusion of Airborne Laserscanning Point Clouds and Images for Supervised and Unsupervised Scene Classification [J]. ISPRS Journal of Photogrammetry and Remote Sensing, 2014, 87: 78-92.

[253] Potůčková M, Hofman P. Comparison of Quality Measures for Building Outline Extraction[J]. The Photogrammetric Record, 2016, 31(154): 193-209.

[254] Bigdeli B, Parhampahlavani H A A. DTM Extraction Under Forest Canopy Using LiDAR Data and a Modified Invasive Weed Optimization Algorithm[J]. Remote Sensing of Environment, 2018, 216: 289-300.

[255] NEWFOR Alpine Space Programme. European Territorial Cooperation [EB/OL]. [2023-11-03]. https://www.newfor.net/.

[256] Girardeau-Montaut D. Cloudcompare-open Source Project, Open-Source Project[EB/OL]. [2023-11-03]. http://www.cloudcompare.org/.

[257] Evans J S, Hudak A T. A Multiscale Curvature Algorithm for Classifying Discrete Return LiDAR in Forested Environments [J]. IEEE Transactions on Geoscience & Remote Sensing, 2007, 45(4): 1029-1038.

[258] Montealegre A L, Lamelas M T, Juan D L R. A Comparison of Open-Source LiDAR Filtering Algorithms in a Mediterranean Forest Environment [J]. IEEE Journal of Selected Topics in Applied Earth Observations & Remote Sensing, 2015, 8(8): 4072-4085.

[259] Hui Z, Jin S, Xia Y, et al. A Mean Shift Segmentation Morphological Filter for Airborne LiDAR DTM Extraction Under Forest Canopy [J]. Optics and Laser Technology, 2021, 136(106728).

[260] Ma Z, Pang Y, Wang D, et al. Individual Tree Crown Segmentation of a Larch Plantation Using Airborne Laser Scanning Data Based on Region Growing and Canopy Morphology Features[J]. Remote Sensing, 2020, 12(7): 1078.

[261] Aubry-Kientz M, Dutrieux R, Ferraz A, et al. A Comparative Assessment of the Performance of Individual Tree Crowns Delineation Algorithms from ALS Data in

Tropical Forests[J]. Remote Sensing, 2019, 11(9): 1086.

[262]Hui Z, Jin S, Li D, et al. Individual Tree Extraction from Terrestrial LiDAR Point Clouds Based on Transfer Learning and Gaussian Mixture Model Separation[J]. Remote Sensing, 2021, 13(2232).

[263]Latella M, Sola F, Camporeale C. A Density-Based Algorithm for the Detection of Individual Trees from LiDAR Data[J]. Remote Sensing, 2021, 13(3222).

[264]Pang Y, Wang W, Du L, et al. Nystrm-based Spectral Clustering Using Airborne LiDAR Point Cloud Data for Individual Tree Segmentation[J]. International Journal of Digital Earth, 2021, 14(10/12): 1452-1476.

[265]Liu Y, Guo J, Benes B, et al. TreePartNet: Neural Decomposition of Point Clouds for 3D Tree Reconstruction[J]. ACM Transactions on Graphics, 2021, 40: 1-16.

[266]Safaie A H, Rastiveis H, Shams A, et al. Automated Street Tree Inventory Using Mobile LiDAR Point Clouds Based on Hough Transform and Active Contours[J]. ISPRS Journal of Photogrammetry and Remote Sensing, 2021, 174: 19-34.

[267]Toth C, Jozkow G. Remote Sensing Platforms and Sensors: A survey[J]. ISPRS Journal of Photogrammetry and Remote Sensing, 2016, 115: 22-36.

[268]Zheng G, Moskal L M, Kim S H. Retrieval of Effective Leaf Area Index in Heterogeneous Forests With Terrestrial Laser Scanning[J]. IEEE Transactions on Geoscience & Remote Sensing, 2013, 51(2): 777-786.

[269]Xu S, Xu S, Ye N, et al. Automatic Extraction of Street Trees' Nonphotosynthetic Components from MLS Data[J]. International Journal of Applied Earth Observation and Geoinformation, 2018, 69.

[270]Anne B, Louis G, Matthias K, et al. Automatic Extraction and Measurement of Individual Trees from Mobile Laser Scanning Point Clouds of Forests[J]. Annals of Botany, 2021(6): 6.

[271]Cabo C, Ordo Ez C, García-Cortés S, et al. An Algorithm for Automatic Detection of Pole-like Street Furniture Objects from Mobile Laser Scanner Point Clouds[J]. ISPRS Journal of Photogrammetry and Remote Sensing, 2014, 87: 47-56.

[272]Tao S, Wu F, Guo Q, et al. Segmenting Tree Crowns From Terrestrial and Mobile LiDAR Data by Exploring Ecological Theories[J]. ISPRS Journal of Photogrammetry and Remote Sensing, 2015, 110: 66-76.

[273] Wang D. Unsupervised Semantic and Instance Segmentation of Forest Point Clouds[J]. ISPRS Journal of Photogrammetry and Remote Sensing, 2020, 165: 86-97.

[274] Xing W L, Xing Y Q, Huang Y, et al. Individual Tree Segmentation of TLS poInt Cloud Data Based on Clustering of Voxels Layer by Layer[J]. Journal of Central South University of Forestry & Technology, 2017(12).

[275] 杨玉泽. 基于地基激光雷达的树木点云数据处理及三维建模[D]. 哈尔滨：东北林业大学，2020.

[276] 刘鲁霞. 机载和地基激光雷达森林垂直结构参数提取研究[D]. 北京：中国林业科学研究院，2014.

[277] Wolf B M, Wu J, Yu X, et al. An International Comparison of Individual Tree Detection and Extraction Using Airborne Laser Scanning[J]. Remote Sensing, 2012, 4(4): 950-974.

[278] 郝红科. 基于机载激光雷达的森林参数反演研究[D]. 咸阳：西北农林科技大学，2019.

[279] Beucher S, Lantuéjoul C. Use of Watersheds in Contour Detection[C]. //Interantional Workshop on Image Processing: Real-time Edge and Motion detection/estimetion, 1979.

[280] Brede B, Sarmiento A I L, Raumonen P, et al. Speulderbos Terrestrial (TLS) and Unmanned Aerial Vehicle Laser Scanning (UAV-LS) 2017[J]. 2020.

[281] Liang X, Hyyppä J, Kaartinen H, et al. International Benchmarking of Terrestrial Laser Scanning Approaches for Forest Inventories[J]. ISPRS Journal of Photogrammetry and Remote Sensing, 2018, 144: 137-179.

[282] Fan G, Nan L, Dong Y, et al. AdQSM: A New Method for Estimating Above-Ground Biomass from TLS Point Clouds[J]. Remote Sensing, 2020, 12(308918).

[283] 陈嘉，赵忠明，吴建帮. 采动覆岩“三带”移动变形及裂隙几何分形规律研究[J]. 能源与环保，2023，45(11): 36-43.

[284] Guzmán Q. J A, Sharp I, Alencastro F, et al. On the Relationship of Fractal Geometry and Tree-Stand Metrics on Point Clouds Derived from Terrestrial Laser Scanning[J]. Methods in Ecology and Evolution, 2020, 11(10): 1309-1318.

[285] Xi Z, Hopkinson C, Rood S B, et al. See the Forest and the Trees: Effective Machine and Deep Learning Algorithms for Wood Filtering and Tree Species Classification from

Terrestrial Laser Scanning[J]. ISPRS Journal of Photogrammetry and Remote Sensing, 2020, 168: 1-16.

[286]Åkerblom M, Raumonen P, Mäkipää R, et al. Automatic Tree Species Recognition with Quantitative Structure Models[J]. Remote Sensing of Environment, 2017, 191: 1-12.

[287]Cienciala E, Černý M, Tatarinov F, et al. Biomass Functions Applicable to Scots Pine[J]. Trees, 2006, 20(4): 483-495.

[288]Imani G, Boyemba F, Lewis S, et al. Height-diameter Allometry and Above Ground Biomass in Tropical Montane Forests: Insights from the Albertine Rift in Africa[J]. Plos One, 2017, 12(6): e179653.

[289]He H, Zhang C, Zhao X, et al. Allometric Biomass Equations for 12 Tree Species in Coniferous and Broadleaved Mixed Forests, Northeastern China[J]. Plos One, 2018, 13(1): e186226.

[290]Falster D S, Duursma R A, Ishihara M I, et al. BAAD: A Biomass and Allometry Database for woody plants[J]. Ecology, 2015, 96(5): 1445.

[291]Disney M, Boni Vicari M, Burt A, et al. Weighing Trees with Lasers: Advances, Challenges and Opportunities[J]. Interface focus, 2018, 8(2): 20170048.

[292]Houghton R A, Hall F, Goetz S J. Importance of Biomass in the Global Carbon Cycle[J]. Journal of Geophysical Research Biogeosciences, 2009, 114(G00E03).

[293]Daniel K, Oliver G, Felix M, et al. Above-ground Biomass References for Urban Trees from Terrestrial Laser Scanning Data[J]. Annals of Botany, 2021, 128(6): 709-724.

[294]Price B, Gomez A, Mathys L, et al. Tree Biomass in the Swiss landscape: Nationwide Modelling for Improved Accounting for Forest and Non-Forest Trees[J]. Environmental Monitoring and Assessment, 2017, 189(3): 106.

[295]Roxburgh S H, Paul K I, Clifford D, et al. Guidelines for Constructing Allometric Models for the Prediction of Woody Biomass: How Many Individuals to Harvest? [J]. Ecosphere, 2015, 6(383).

[296]Yang M, Zhou X, Liu Z, et al. A Review of General Methods for Quantifying and Estimating Urban Trees and Biomass[J]. Forests, 2022, 13(6164).

[297]Goldbergs G, Levick S R, Lawes M, et al. Hierarchical Integration of Individual Tree

and Area-based Approaches for Savanna Biomass Uncertainty Estimation from Airborne Lidar[J]. Remote Sensing of Environment, 2018, 205: 141-150.

[298] Zhenyang H, Shuanggen J, Yuanping X, et al. Wood and Leaf Separation from Terrestrial LiDAR Point Clouds Based on Mode Points Evolution[J]. ISPRS Journal of Photogrammetry and Remote Sensing, 2021, 178: 219-239.

[299] Natural Resources Canada C F S C, University Of Copenhagen F O S D, University Of Copenhagen F O S D. Lidar Supported Estimators of Wood Volume and Aboveground Biomass from the Danish National Forest Inventory(2012−2016)[J]. Remote Sensing of Environment, 2018, 211: 146-153.

[300] Mandelbrot B B. The Fractal Geometry of Nature[J]. American Journal of Physics, 1983, 51(3): 468.

[301] Yang H, Chen W, Qian T, et al. The Extraction of Vegetation Points from LiDAR Using 3D Fractal Dimension Analyses[J]. Remote Sensing, 2015, 7(8): 10815-10831.

[302] Seidel D, Annighöfer P, Stiers M, et al. How A Measure of Tree Structural Complexity Relates to Architectural Benefit-to-cost Ratio, Light Availability, and Growth of Trees[J]. Ecology and Evolution, 2019, 9(12): 7134-7142.

[303] Brown S, Gillespie A J R, Lugo A E. Biomass Estimation Methods for Tropical Forests with Applications to Forest Inventory Data[J]. Forest Science, 1989, 35(4): 881-902.

[304] Cannell M G R. Woody Biomass of Forest Stands[J]. Forest Ecology & Management, 1984, 8(3-4): 299-312.

[305] Chave J, Andalo C, Brown S, et al. Tree Allometry and Improved Estimation of Carbon Stocks and Balance in Tropical Forests[J]. Oecologia, 2005, 145(1): 87-99.

[306] Demol M K M S. Consequences of Vertical Basic Wood Density Variation on the Estimation of Aboveground Biomass with Terrestrial Laser Scanning[J]. Trees Structure and Function, 2021, 35(2).

[307] Brown S. Estimating Biomass and Biomass Change of Tropical Forests: A Primer[J]. FAO Forestry Paper, 1997, 18: 23.

[308] Ketterings Q M, Coe R, van Noordwijk M, et al. Reducing Uncertainty in the Use of Allometric Biomass Equations for Predicting Above-ground Tree Biomass in Mixed

Secondary Forests[J]. Forest Ecology and Management, 2001, 146(1): 199-209.

[309]Manuri S, Brack C, Nugroho N P, et al. Tree Biomass Equations for Tropical Peat Swamp Forest Ecosystems in Indonesia[J]. Forest Ecology and Management, 2014, 334: 241-253.

[310]Kenzo T, Furutani R, Hattori D, et al. Allometric Equations for Accurate Estimation of Above-ground Biomass in Logged-over Tropical Rainforests in Sarawak, Malaysia [J]. Journal of Forest Research, 2009, 14(6): 365-372.

[311]Li Y. Comparative Analysis for Biomass Measurement of Tropical Mountain Forest in Hainan Island, China[J]. Acta Ecologica Sinica, 1993(13): 313-320.